普通高等教育"十三五"规划教材

高等学校电子信息类教材

北京大学优秀教材

物联网应用与解决方案

（第 2 版）

Internet of Things: Applications and Solutions, 2nd Edition

张飞舟　杨东凯　编著

U0282726

电子工业出版社·

Publishing House of Electronics Industry

北京·BEIJING

内 容 简 介

本书在介绍物联网的体系框架、核心技术和系统管理的基础上，全面阐述了物联网技术在各行业的应用，重点论述了物联网在智能物流、智能电网、智能交通、现代农业和智慧生活等领域的应用与解决方案。全书共 9 章，内容丰富，取材新颖，结构严谨，图文并茂，具有创新性、前瞻性和应用性等鲜明特色。

本书可作为高等院校电气信息类专业物联网技术课程的教材或教学参考书，也可供物联网工程、传感网、计算机、电子信息、通信、自动化等专业的技术人员和管理人员参考使用或作为职业培训用书。

本书的教学课件（PPT 文档）可从华信教育资源网（www.hxedu.com.cn）注册后免费下载，或者通过与本书责任编辑（zhangls@phei.com.cn）联系获取。

图书在版编目（CIP）数据

物联网应用与解决方案 / 张飞舟，杨东凯编著. —2 版. —北京：电子工业出版社，2019.5
高等学校电子信息类教材
ISBN 978-7-121-36494-5

Ⅰ. ①物…　Ⅱ. ①张…　②杨…　Ⅲ. ①互联网络－应用－高等学校－教材 ②智能技术－应用－高等学校－教材　Ⅳ. ①TP393.4 ②TP18

中国版本图书馆 CIP 数据核字（2019）第 089259 号

责任编辑：张来盛（zhangls@phei.com.cn）
印　　刷：北京京师印务有限公司
装　　订：北京京师印务有限公司
出版发行：电子工业出版社
　　　　　北京市海淀区万寿路 173 信箱　邮编：100036
开　　本：787×1 092　1/16　印张：21.25　字数：571.2 千字
版　　次：2012 年 9 月第 1 版
　　　　　2019 年 5 月第 2 版
印　　次：2021 年 5 月第 6 次印刷
定　　价：69.80 元

凡所购买电子工业出版社图书有缺损问题，请向购买书店调换。若书店售缺，请与本社发行部联系，联系及邮购电话：（010）88254888，88258888。

质量投诉请发邮件至 zlts@phei.com.cn，盗版侵权举报请发邮件至 dbqq@phei.com.cn。

本书咨询联系方式：（010）88254467。

第 2 版前言

高科技从来没有像今天这样贴近人们的生活。从智能手机的普及，到点餐机器人、可穿戴设备、无人驾驶汽车，再到智能家居、扫地机器人、可控调家电、共享单车等，无不体现智能时代的来临。

其实，人工智能的概念早在几十年前就已提出，但由于软硬件设备的限制，直至今天才算是进入了寻常百姓的生活。而所有这些，都和物联网的普及密切相关。有一种说法似乎并不过分：你已经找不到和自身以外的物体不发生关联的物体了。物联网，从字面看仅仅是物物相联，但恰恰是这一"联"，产生了人们预想不到的效果，更是催生了新的产业和经济形态。

《物联网应用与解决方案》自 2012 年 9 月出版以来，受到广大读者的关注和好评，被多所高校选作教材或参考书，2018 年还被评为北京大学优秀教材。6 年多来，物联网技术取得了前所未有的发展，其应用领域不断扩展，使得社会的经济运行方式、人与人之间的联系方式出现了很大的变化，人们的生活品质也得到了极大的改善。鉴于此，我们对本书做一次全面修订，以更好地满足读者需求。第 2 版重点突出了以下内容：

（1）补充对信息通信技术领域的 5G 和 IPv6 的介绍。5G 是未来移动数据传输的发展趋势，也将是物联网的核心信息通道。

（2）增加关于物联网安全的章节。网络安全无论从国家、政府、国防角度还是从经济角度，都被提到战略高度。不仅如此，物联网的应用分支——区块链更是和网络安全密不可分。增加这部分内容无疑使本书结构更加完整。

（3）在智能交通应用一章中增加车联网一节。车联网是无人驾驶的基础，更是交通出行的必然发展方向。当然，车联网可作为物联网的一个子集，亦可作为物联网的一个应用拓展，其技术和架构均与物联网一脉相承。

（4）新增农业物联网应用和智慧生活两章内容。无人超市、智能家居、共享单车的出现，大大影响甚至改变了人们的生活方式，进而导致社会秩序产生了新的形态。农业物联网同样是物联网的应用分支，其得到人们的关注源于农业信息化、农业现代化的发展要求。今天的农民已不同于以往小农经济时代的农民，仅仅种好地已不能适应当今国际化、信息化、网络化的经济特点。而物联网不仅使得农民和土地发生了链接，也使得作物、农业机械和土地、农民都发生了链接，这在很大程度上释放了劳动力，降低了成本，提高了农业生产的质量与水平，提升了整个农业经济的运行效率。

此外，附录 A 汇集了书中出现的缩略语及其相应的中英文全称，以方便读者查阅。

在编写和修订过程中，参考或引用了一些国内外文献资料，其中大多数已在书中注明了出处，但难免有所遗漏。在此，向这些文献的原作者表示衷心的感谢，并对未能注明出处的资料的原作者表示歉意。

由于编著者水平所限，书中定有许多错漏和不足之处，诚望读者不吝指正。联系方式：zhangfz@pku.edu.cn。

编著者

2019 年 2 月于北京

第 1 版前言

在通信、互联网、射频识别等新技术的推动下，"物联网"（Internet of Things）概念正日渐清晰。互联网时代，人与人之间的距离变小了；而继互联网之后的物联网时代，则是物与物之间的距离变小了。物联网是通过互联网和各种感知设备，连接物体与物体的，全自动、智能化地采集、传输与处理信息的，实现随时随地进行信息交换和科学管理的一种新型网络，它主要解决物品到物品（Thing to Thing, T2T）、人到物品（Human to Thing, H2T）、人到人（Human to Human，H2H）之间的互联，具有网络化、物联化、互联化、自动化、感知化、智能化的基本特征。互联网改变了人们的世界观，而物联网的出现将再次强烈改变人们对世界的认识。作为一门新兴的交叉学科，物联网所涉及的传统技术领域很多，既包括电子工程、通信工程、计算机工程，也包括自动控制、精密机械、导航定位，甚至包括交通运输工程、供应链与物流等。但是，就某一种特殊的应用而言，还可能涉及上述所有的技术领域。

国家工信部公布的《物联网"十二五"发展规划》明确提出，物联网应用示范及推广是我国"十二五"期间重点发展的四大领域之一。物联网的应用已经崭露头角，并开始逐步渗透到人们的日常生活中。同时，国民经济中的交通、电力、医疗、物流等行业已经具备了物联网的雏形。特别是物联网在公共安全、民用航空、陆路交通、环境监测、现代农业、智能电网等行业已经得到了初步的规模化应用，部分产品已打入国际市场。物联网应用将在未来数年内呈现蓬勃发展的局面。

为了更好地宣传普及物联网的应用，让广大读者全面了解在具体行业如何应用物联网提高工作效率和服务性能，我们编写了这本《物联网应用与解决方案》，作为 2010 年我们所出版的《物联网技术导论》一书的姊妹篇。

本书紧紧围绕物联网应用相关的基础性问题（如应用框架、核心技术、系统管理、应用示范等）进行阐述，重点就物联网在现代物流、智能交通和智能电网等方面的应用和解决方案展开论述，并将医疗应用、邮政应用、票务票证、防伪、民航等作为典型应用案例进行介绍。全书分为 8 章，具体内容包括：绪论，体系框架及公共技术，核心技术与安全，系统管理，应用分析，以及智能物流、智能电网和智能交通应用案例与解决方案。需要指出，书中所涉及的物联网基础知识，读者可查阅《物联网技术导论》一书或其他文献。

本书由张飞舟、杨东凯编著。在编写过程中，参考或引用了诸多已经在实施的工程项目解决方案，其中大多数已在书中注明了出处，但难免有所遗漏。在此，向有关作者和专家表示感谢，并对未能注明出处的资料的原作者表示歉意。

由于编著者水平有限，书中错误和疏漏在所难免，恳请读者批评指正。

联系方式：zhangfz@pku.edu.cn。

编著者
2012 年 5 月

目　录

第1章 绪 论

物联网（Internet of Things，IoT）是新一代信息技术的重要组成部分，也是信息化时代的重要发展阶段。顾名思义，物联网（IoT）就是物物相联的互联网。物联网是在互联网基础上的延伸和扩展的网络，其核心和基础仍然是互联网；同时，物联网用户端延伸和扩展到了任何物品与物品之间，进行信息交换和通信，也就是"物物相息"。物联网通过智能感知、识别技术与普适计算等通信感知技术，广泛应用于网络的融合中，也因此被称为继计算机、互联网之后世界信息产业发展的第三次浪潮。物联网是互联网的应用拓展，与其说物联网是网络，不如说物联网是业务和应用。因此，应用创新是物联网发展的核心，以用户体验为核心的创新 2.0 是物联网发展的灵魂。

1.1 物联网概述

目前，在通信、互联网、射频识别等技术的推动下，一种能够实现人与人、人与机器、人与物乃至物与物之间直接沟通的全新网络构架——"物联网"（IoT）正日渐清晰。互联网时代，人与人之间的距离变小了；而继互联网之后的物联网时代，则是物与物之间的距离变小了。互联网改变了人们的世界观，而物联网的出现将再次强烈变革人们对世界的认识。

1.1.1 物联网的概念与内涵

物联网作为新兴的物品信息网络，其应用领域很多，其中之一是为实现供应链中物品自动化的跟踪和追溯提供了基础平台。物联网可以在全球范围内对每个物品实施跟踪监控，从根本上提高对物品产生、配送、仓储、销售等环节的监控水平，成为继条码技术之后，再次变革商品零售、物流配送和物品跟踪管理模式的一项新技术。从根本上改变供应链流程和管理手段，对于实现高效的物流管理和商业运作具有重要的意义；对物品相关历史信息的分析，有助于对库存管理、销售计划以及生产控制的有效决策。通过分布于世界各地的销售商可以实时获取其商品的销售和使用情况，生产商则可及时调整其生产量和供应量。由此，所有商品的生产、仓储、采购、运输、销售和消费的全过程将发生根本性的变化，全球供应链的性能将得到极大的提高。

1. 物联网的概念

物联网的概念可从广义和狭义两个方面来理解。广义来讲，物联网是一个未来发展的愿景，等同于"未来的互联网"或者"泛在网络"，能够实现人在任何时间、地点，使用任何网络与任何人和物的信息交换，以及物与物之间的信息交换；狭义来讲，物联网是物品之间通过传感器连接起来的局域网，不论接入互联网与否，都属于物联网的范畴。

虽然目前对物联网还没有一个统一的标准定义，但从物联网本质上看，它是现代信息技术发展到一定阶段以后出现的一种聚合性应用与技术提升。国内通常认为，物联网是通过射频识别（RFID）装置、红外感应器、全球定位系统和激光扫描器等信息传感设备，按约定的协议，把任何物品与互联网相连接，进行信息交换和通信，以实现智能化识别、定位、跟踪、监控和管理的一种网络。物联网通过各种感知、现代网络、人工智能和自动化等技术的聚合与集成应用，使人与物智慧对话，以创造一个智慧的世界。

2．物联网的内涵

物联网的内涵主要体现在互联特征、"识别与通信"特征以及智能化特征等三个方面：

（1）互联特征就是对需要联网的物一定要能够实现互联互通的互联网络；

（2）识别与通信特征就是纳入物联网的"物"一定要具备自动识别与物物通信的功能；

（3）智能化特征就是网络系统应具有自动化、自我反馈与智能控制的特点。

物联网的关键不在"物"，而在"网"。实际上，早在物联网这个概念被正式提出之前，网络就已经将触角伸到了"物"的层面，如交通警察通过摄像头对车辆进行监控，通过雷达对行驶中的车辆进行车速的测量等。然而，这些都是互联网范畴之内的一些具体应用。此外，人们在多年前就已经实现了对物的局域性联网处理，如自动化生产线等。物联网实际上指的是在网络的范围之内，可以实现人对人、人对物以及物对物的互联互通，在方式上可以是点对点，也可以是点对面或面对点，它们经由互联网，通过适当的平台，可以获取相应的信息或指令，或者是传递出相应的信息或指令。例如，通过搜索引擎来获取信息或指令。当某一数字化的物体需要补充电能时，它可以通过网络搜索到自己的供应商，并发出需求信号；当收到供应商的回应时，能够从中寻找一个优选方案来满足自我需求。而这个供应商，既可以由人控制，也可以由物控制。这样的情形类似于人们现在利用搜索引擎进行查询，得到结果后再进行处理一样，具备了数据处理能力的传感器，根据当前状况做出判断，从而发出供给或需求信号。而在网络上对这些信号处理，成为物联网的关键所在。仅仅将物连接到网络，远远不能发挥它的威力。网的意义不仅是连接，更重要的是交互，以及通过互动衍生出来的种种可利用的特性。

1.1.2　物联网的本质特征

物联网是通过各种感知设备、传感器网、互联网以及 M2M（Man to Man；Man to Machine；Machine to Machine）网络连接物体与物体的，全自动、智能化采集、传输与处理信息的，实现随时随地和科学管理的一种新型网络。物联网主要解决物品到物品（Thing to Thing，T2T）、人到物品（Human to Thing，H2T）以及人到人（Human to Human，H2H）之间的互联。其中，H2T 是指人利用通用装置与物品之间的连接，H2H 是指人与人之间不依赖于个人电脑而进行的互联。物联网具有与互联网类同的资源寻址需求，以确保其中联网物品的相关信息能够被高效、准确和安全地寻址、定位和查询，其用户端是对互联网的延伸和扩展，即任何物品和物品之间可以通过物联网进行信息交换和通信。

1．物联网的基本特征

物联网的基本特征就是网络化、物联化、互联化、自动化、感知化以及智能化等。

（1）网络化。网络化是物联网的基础。无论是 T2T、H2T 和 H2H 专网，还是无线、有线传输信息，要感知物体，都必须形成网络状态；不管是什么形态的网络，最终都必须与互联网相连接，这样才能形成真正意义上的物联网（泛在物联网）。目前的所谓物联网，从网络形态来看，多数是专网、局域网，只能算是物联网的雏形。

（2）物联化。人物相联、物物相联是物联网的基本要求之一。电脑和电脑连接成互联网，可以帮助人与人之间交流；而"物联网"，就是在物体上安装传感器、植入微型感应芯片，然后借助无线或有线网络，让人们和物体"对话"，让物体和物体之间进行"交流"。可以说，互联网完成了人与人之间的远程交流，而物联网则完成人与物、物与物之间的即时交流，进而实现由虚拟网络世界向现实世界的连接映射。

（3）互联化。物联网是一个多种网络以及多种接入和应用技术的集成，也是一个让人与自然界、人与物、物与物进行交流的平台，因此在一定的协议关系下，实行多种网络融合，分布式与协同式并存，是物联网的显著特征。与互联网相比，物联网具有很强的开放性，具备随时接纳新器件、提供新服务的能力，即自组织、自适应能力。

（4）自动化。物联网具有典型的自动化特征，通过数字传感设备自动采集数据；根据事先设定的运算逻辑，利用软件自动处理采集到的信息，一般不需要人为干预；按照设定的逻辑条件，如时间、地点、压力、温度、湿度和光照等，可以在系统的各个设备之间，自动地进行数据交换或通信；对物体的监控和管理实现自动的指令执行。

（5）感知化。物联网离不开传感设备。射频识别（RFID）装置、红外感应器、全球定位系统、激光扫描器等信息传感设备，就像视觉、听觉和嗅觉器官对于人的重要性一样，是物联网不可或缺的关键元器件。

（6）智能化。所谓"智能"是指个体对客观事物进行合理分析、判断以及有目的地行动和有效地处理周围环境事宜的综合能力。物联网的产生是微处理器、传感器、计算机网络和无线通信等技术不断发展融合的结果，从其"自动化""感知化"的要求来看，它已能代表人、代替人"对客观事物进行合理分析、判断以及有目的地行动和有效地处理周围环境事宜"，智能化是其综合能力的表现。

与此同时，物联网的精髓不仅是对物实现连接和操控，它还通过技术手段的扩张，赋予网络新的含义，实现人与物、物与物之间的相融与互动，甚至是交流与沟通。作为互联网的扩展，物联网具有互联网的特性，但也具有互联网当前所不具有的特征。物联网不仅能够实现由人找物，而且能够实现以物找人，能对人的规范性回复进行识别。

2．物联网的重要特征

合作性与开放性、长尾理论的适用性，是互联网在应用中的重要特征，引发了互联网经济的蓬勃发展。对物联网来说，通过人物一体化，就能够在性能上对人和物的能力都进行进一步的扩展，犹如一把宝剑能够极大地增加人类的攻击能力与防御能力一样；在网络上可以增加人与人之间的接触，以从中获得更多的商机，如同通信工具的出现可以增加人类之间的交流与互动，而伴随着这些交流与互动的增加，产生出了更多的商业机会；在人物交汇处可建立新的结点平台，使得长尾在结点处显示最高的效用，如在互联网时代，各式各样的大型网站汇集了大量的人气，从而形成了一个个的结点，通过对这些结点的利用，使得长尾理论的效应得到大幅提高，如亚马逊作为一个结点在图书销售中所起到的作用一样。

合作性与开放性不仅仅是指物与物之间，而且也可发生在人与物之间。互联网之所以能有现在的繁荣，是与它的合作性与开放性这两大特征分不开的。开放性使得众多人通过互联网实现了自己的梦想，可以说没有开放性所带来的创新激励机制，就不可能有互联网今天的多姿多彩；合作性使得互联网的效用得到了倍增，使得其运作更加符合经济原则，从而带给它竞争上的先天优势，没有合作性，互联网就不可能大面积地取代传统行业成为主流。物联网实现之后，不仅能够产生新的需求，而且还能够产生新的供给，更可以让整个网络在理论上获得进一步的扩展和提高，从而创造更多的机会。正是由于这些特性，使得物联网在功能上得到更大的扩展，而且不仅仅局限于传感功能。

3．M2M 的概念

物联网是连接物品的网络，有些学者在讨论物联网时常常提到的 M2M 概念，可以解释为人到人（Man to Man）、人到机器（Man to Machine）和机器到机器（Machine to Machine）。实际上 M2M 所有的解释在现有的互联网中都可以实现。人到人之间的交互可以通过互联网进行，有时也可通过其他装置间接实现。例如，第四代移动电话，可以实现十分完美的人到人的交互。人到机器的交互一直是人体工程学和人机界面领域研究的主要课题，而机器与机器之间的交互已经由互联网提供了最为成功的方案。从本质上说，在人与机器、机器与机器的交互中，大部分是为了实现人与人之间的信息交互。互联网技术成功的动因在于：通过搜索和链接，提供了人与人之间异步进行信息交互的快捷方式。本书强调的物联网是指基于 RFID 的物联网，而传感网是指基于传感器的物联网。而对于物联网、传感网、广电网、互联网及电信网等网络相互融合形成的网络，则称为泛在网，即"无处不在，无所不包，无所不能"的网络。另外，在物联网研究中，也有人采用 M2M 概念，然而 M2M 仅仅是物联网的具体应用方式之一。因此，本书采用国际电信联盟（ITU）定义的 T2T、H2T 和 H2H 的概念，以避免造成物联网概念上的混乱。

1.1.3 物联网应用特点

目前，虽然对物联网还没有一个统一的标准定义，但从物联网本质上看，物联网是互联网技术和应用发展到一定阶段后出现的一种聚合性应用与技术提升，是将各种信息感知、下一代信息网络、人工智能与自动化等技术的聚合与集成应用，可使人与物、物与物之间通过互联网建立智能化的联系和对话，创造一个智慧的网络空间，并作用于行为控制与管理决策。物联网在技术与应用层面具有以下特点：

（1）经济发展跨越化。物联网可助推经济发展方式的转变。经历了 2008 年全球金融危机的冲击，越来越多的人认识到了转变发展方式、调整经济结构的重要性。国民经济必须从劳动密集型向知识密集型转变，从资源浪费型向环境友好型转变。新技术产业革命是解决经济危机的最佳手段。例如，以物联网为代表的信息技术革命，曾让美国经济走出衰退，进入了新的历史阶段。目前，人们都看好以物联网为代表的新兴产业，相信它会成为新的经济增长点。在这样的背景条件下，物联网技术有望成为引领经济跨越化发展的重要动力。

（2）感知识别普适化。作为物联网的末梢，自动识别和传感网技术近年来飞速发展，应用广泛。仔细观察就不难发现，人们的衣食住行都折射出感知识别技术的发展，无所不在的感知与识别技术已将物理世界信息化，使传统意义上分离的物理世界和信息世界实现了高度融合。

（3）异构设备互联化。尽管软件平台和硬件平台千差万别，各种异构设备，即不同型号和类别的 RFID 标签、传感器、手机和笔记本电脑等，利用卫星通信模块和标准通信协议，构建成自组织网络；但在此基础上，运行不同协议的异构网络之间却通过"网关"互联互通，实现了网络之间信息的共享和融合。

（4）联网终端规模化。物联网时代的一个重要特征是"物品触网"，即每一件物品均具有通信功能，成为网络终端。据预测，未来 5～10 年内，联网终端的规模有望突破百亿件大关。

（5）管理调控智能化。物联网可将大规模数据高效、可靠地组织起来，为上层行业应用提供智能的支撑平台。数据存储、组织以及检索成为行业应用的重要基础设施。与此同时，各种决策手段（包括运筹学理论、机器学习、数据挖掘、专家系统及优化算法等）广泛应用于各行各业。

（6）应用服务链条化。链条化是物联网应用的重要特点。以工业生产为例，物联网技术覆盖从原材料引进、生产调度、节能减排、仓储物流，到产品销售、售后服务等各个环节，成为提高企业整体信息化程度的有效途径。与此同时，物联网技术在一个行业的应用也将带动与该行业相关的上下游产业，最终服务于整个产业链。

1.1.4 物联网应用分类

物联网应用发展面临互联网发展初期相似的问题，即如何解决内容应用丰富和商业运营模式的统一。互联网虽然到目前为止尚无一个固定的发展模式，但通过开放的内容和形式、采用传统电视广告模式，以及投资者着眼于长线发展等方式逐步解决了整个互联网发展瓶颈。物联网是通信网络的应用延伸，是信息网络上的一种增值应用，其有别于语音电话、短信等基本的通信需求，因此物联网发展初期面临着广泛开展需求挖掘和投资消费引导工作。

在政府高度重视的大环境下，需要产业链各方深度挖掘物联网的优势和价值。

首先，对于消费者来说，物联网可以提供以下功能优势：① 自动化，减低生产成本和效率，提升企业综合竞争能力；② 信息实时性，借助通信网络，及时地获取远端的信息；③ 提高便利性，如 RFID 电子支付交易业务；④ 有利于安全生产，及时发现和消除安全隐患，便于实现安全监控监管；⑤ 提升社会的信息化程度等。总体来说，物联网在提升信息传送效率、改善民生、提高生产率、降低企业管理成本等方面发挥重要的作用。从实际价值和购买能力来看，企业将有望成为物联网应用的第一批用户，其应用也将是物联网发展初期的主要应用。从企业点点滴滴应用开始，逐步延伸扩大，推进产业链成熟和应用的成熟。

其次，物联网应用极其广泛，从日常的家庭个人应用，到工业自动化应用。目前比较典型的应用包括水电行业无线远程自动抄表系统、数字城市系统、智能交通系统、危险源和家居监控系统、产品质量监管系统等，物联网主要应用类型如表 1.1 所示。

在表 1.1 中，家庭安防应用通过感应设备和图像系统相结合，实现对家居安全的远程监控；水电表抄送通过远程电子抄表，减少抄表时间间隔，对企业用电情况能够及时掌握；危险区域/危险源监控实现一些危险的工业坏境如井矿、核电厂等，工作人员可以通过它来实施安全监测，以有效遏制或减少恶性事故的发生。

表 1.1 物联网主要应用类型

应 用 分 类	用户/行业	典 型 应 用
数据采集应用	• 公共事业基础设施 • 机械制造 • 零售连锁行业 • 质量监管行业	自动水电抄送 智能停车场 环境监控 电梯监控 货物信息跟踪 自动售货机 产品质量监管等
自动化控制应用	• 医疗 • 机械制造 • 建筑 • 公共事业基础设施 • 家庭	医疗监控 危险源集中监控 路灯监控 智能交通 智能电网等
日常便利性应用	• 个人	交通卡 新型支付 智能家居 工业和楼宇自动化等
定位类应用 （结合定位功能）	• 交通运输 • 物流	警务人员定位监控 物流车辆定位监控等

当前，物联网在一些领域应用取得了较好的实际效果。在制造业领域，世界上最大的工程机械和矿山设备制造商 Caterpillar 与机器数据分析独角兽 Uptake 合作，将机器联网，然后将设备方位和路径、闲置时间和机器使用等数据汇集并进行分析，对设备的运行路径、停机时间和维护进行优化，减少运营成本并提升产量；在供应链/物流领域，Precyse Technologies 专门提供基于有源 RFID 技术的实时定位和供应链可视化解决方案，主要用于跟踪物体位置和移动人员或实物资产的室内外定位，帮助工作人员有效地识别、定位、检测状态和沟通；在工业可

穿戴设备领域，工业增强现实（Augmented Reality，AR）可穿戴设备内容软件的提供商 Upskill，其 AR 软件平台 Skylight 可以与智能眼镜搭配，将企业工人所需的操作信息直接显示在他们面前，避免翻阅纸质操作文档或通过电脑来找文件所带来的效率低下、容易犯错的问题；在智能办公场所领域，Comfy 旨在解决企业合理利用空调能源的问题，通过一个应用程序可以允许员工使用手机控制自己办公区域的温度，同时采集员工对温度的喜好数据，最终可达到自动调节该员工所在区域温度的能力，帮助企业给员工更好的工作体验。

1.1.5　物联网应用服务类型

由于物联网应用的专属性，其种类千差万别，分类方式也有不同。如类似于计算机网络可划分为专用网络和公众网络，公众物联网是指为满足大众生活和信息的需求提供的物联网服务，而专用物联网就是满足企业、团体或个人特色应用需求，有针对性地提供的专业性的物联网业务应用。专用物联网可以利用公众网络（如：Internet）、专网（局域网、企业网络或移动通信互联网中公用网络中的专享资源）等进行信息传送。按照接入方式可分为简单接入和多跳接入两种；按照应用类型可分为数据采集、自动控制、定位等多种，如表 1.2 所示为物联网分类方式。

表 1.2　物联网分类方式

分类方式	类　　型	说　　明
接入方式	简单接入；多跳接入	对于某个应用这两个方式可以混合使用
网络类型	公众物联网；专用物联网	从承载的类型区分， 不同的网络将影响到用户的使用服务
应用类型	数据采集应用；自动化控制应用；定位型应用；日常便利性应用	按照应用主要的功能类型进行划分

根据物联网自身的特征，物联网应该提供的服务类型包括 5 类：① 联网类服务——物品标识、通信和定位；② 信息类服务——信息采集、存储和查询；③ 操作类服务——远程配置、监测、远程操作和控制；④ 安全类服务——用户管理、访问控制、事件报警、入侵检测和攻击防御；⑤ 管理类服务——故障诊断、性能优化、系统升级和计费管理服务。

以上介绍的通用物联网的服务类型集合，在实际设计时可以根据不同领域的物联网应用需求，针对以上服务类型进行相应的扩展或裁剪。物联网的服务类型是设计、验证物联网体系结构与物联网系统的主要依据。

1.1.6　物联网应用模式

物联网项目目前的规模不大，没有实现信息的开放和共享。在市场方面，物联网的应用项目还都很局限，商业化、产业化的物联网应用需要市场的推动，但是物联网应用 4 大关键领域是 RFID 领域、传感网领域、M2M 领域和两化（工业化与信息化）融合领域，如图 1.1 所示。目前，物联网应用主要分为基于 RFID、基于 WSN（Wireless Sensor Network，无线传感网）以及基于 M2M（Machine to Machine）三类模式。

1. 基于 RFID 的物联网应用模式

电子标签可能是三类技术体系中，能够把"物"改变成为智能物件的最灵活的一种技术体

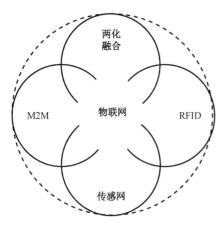

图 1.1 物联网 4 大关键领域

系。它的主要应用是把移动和非移动资产贴上标签，实现各种跟踪和管理。按瑞士 ETH Fleisch 教授的划分，RFID 是穿孔卡、键盘和条码等应用技术的延伸。虽然它比条码等技术自动化程度高，但它们都属于提高"输入"效率的技术，也都应该属于物联网应用技术范畴。Auto-ID 中心的 EPC Global 体系针对的是所有可电子化的编码方式，而不只针对 RFID。RFID 只是编码的一种载体，EPC Global 提出了 Auto-ID 系统的五大技术组成，它们分别是 EPC 标签、RFID 标签阅读器、ALE 中间件实现信息的过滤和采集、EPC 信息服务（EPCIS）系统，以及信息发现服务（包括 ONS 和 PML）。

ONS（Object Name Service，对象命名服务）主要处理电子产品码（EPC）与对应的 EPCIS 信息服务器地址的查询和映射管理，类似于互联网络中已经很成熟的域名解析服务（Domain Name Server，DNS）。在设计 ONS 规范时，EPC Global 组织要求必须结合现有互联网基础设施和相关规范进行，于是 ONS 基本上按 DNS 的原理实现，甚至采用了 DNS 的现有基础设施，现今全球 ONS 服务也是 EPC Global 委托世界最大的 DNS 运营商 VeriSign 运营的。

EPC 识别只是"标签"，所有关于产品有用的信息都用一种新型的标准的可扩展标记语言（XML）——实体标示语言（PML）来描述，PML 的作用就像互联网的基本语言——HTML 一样。有了 ONS 和 PML，以 RFID 为主的 EPC 系统才真正从 Network of Things 走向了 Internet of Things（IoT）。基于 ONS 和 PML，企业对 RFID 技术的应用将由企业内部的闭环应用过渡到供应链的开环应用上，实现真正的"物联网"。ONS 和 PML 作为物联网框架下的关键技术，有着广泛的应用前景。基于 RFID 的物联网典型应用（物品追溯防伪）如图 1.2 所示。

相比之下，WSN 和 M2M 从业群体的技术架构还没有完全上升到 ONS/PML 这样同等的"物联网"技术体系高度。在走向物联网的道路上，WSN 和 M2M 群体应该借鉴和直接采用 ONS/PML 技术体系。

2. 基于 WSN 的物联网应用模式

当人们谈论传感网时，一般主要是指无线传感网（WSN），此外还有视觉传感网（VSN）和人体传感网（BSN）等其他传感网。这里主要讨论 WSN。

WSN 由分布在自由空间里的一组"自治的"无线传感器组成，共同协作完成对特定周边环境状况（包括温度、湿度、化学成分、压力、声音、位移、振动、污染颗粒等）的监控。WSN 中的一个结点（或叫 Mote）一般由 1 个无线收发器、1 个微控制器和 1 个电源组成，所构成的网络为自组织（Ad-hoc）网络，包括无线网状网和移动自组织网络（Mobile Ad-hoc Network，MANET）等。基于 WSN 技术的典型应用如图 1.3 所示。

目前，WSN 是计算机和通信专业的学者们一个非常活跃的研究领域。十多年前 IBM（苏黎世研究中心）、微软等大企业就开始投入巨资研究传感网，但商业收效甚微，因此大企业已经基本不再对纯 WSN 研究进行投入，纯 WSN 的研究主要集中在大学和研究机构。哈佛大学 Welsh 教授认为，目前企业和研究机构对 WSN 的关注点完全不一样，让企业能赚钱的 WSN 技术对研究人员来说太简单，算不上成果；而研究机构做的东西离实用差距又太远。波士顿市的基于哈佛 WSN 先进技术的 City Sense 计划（"感知波士顿"）的失败就是例子，而美国

Oklahoma 市采用更简单、更成熟技术的 Micro CAST 计划却获得了成功。

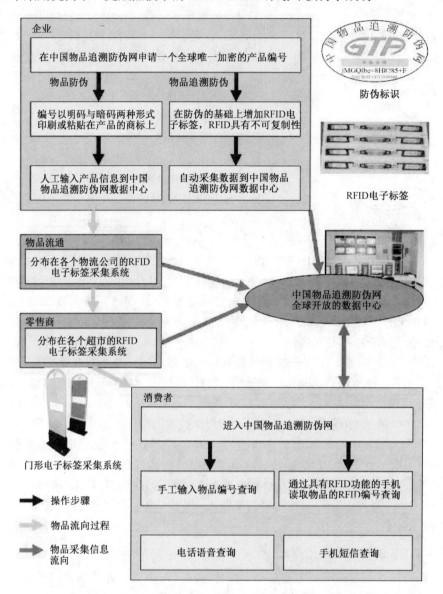

图 1.2　基于 RFID 的物联网典型应用（物品追溯防伪）

关于 WSN 的研究目前大多还专注于网络底层（包括非 IP 协议的 ZigBee、Tiny OS 和基于 IP 的 6LoWPAN 等）以及电源的持久性等问题。另外，WSN 的研究者太热衷于无线技术，忽略了感知层用有线现场总线和传输层用长距离无线通信的组合。从实用和商业推广的角度看，这个组合早已经达到稳定和大规模应用的水平。到目前为止，WSN 研究最成功的成果可能要数加州大学伯克利分校 Culler 教授研究小组所提出的 Mote 概念和他们研制成功的 Mote 结点产品。该研究小组的相关成员 2003 年在硅谷成立了一个名为 Mote IV 的公司，销售 Mote 产品和推广 WSN 应用，后来因经营状况不好而改名为 Sentilla，不再以 WSN 业务为主。按照目前的发展，本书认为 WSN 离真正的"物联网"还有一定距离，对类似 EPC Global 中 ONS 和 PML 等物联网层面的问题的研究还远远不够。

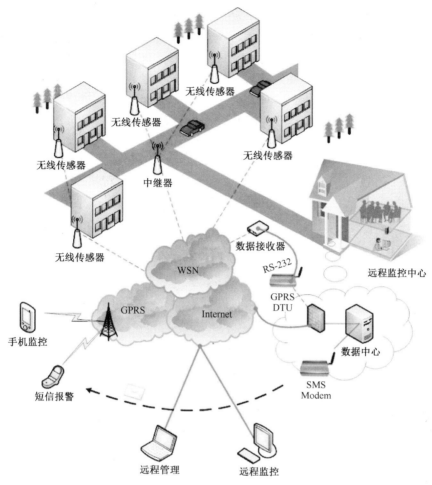

图 1.3　基于 WSN 技术的典型应用

3. 基于 M2M 的物联网应用模式

M2M 理念和技术架构所覆盖的范围应该是最广泛的,其中不仅包含了 EPC Global 和 WSN 的部分内容，也覆盖了有线和无线两种通信方式。典型的 M2M 系统应用如图 1.4 所示。

与此同时，M2M 也覆盖和拓展了工业信息化（两化融合）中传统的监控和数据采集（SCADA）系统。SCADA 系统包括硬件和软件组件，其在工业、建筑、能源和设施管理等领域和现在的 M2M 系统一样，承担设备数据收集和远程监控监测的工作。因此，从表面上看，M2M 和 SCADA 似乎是一样的。然而，由于 M2M 是基于互联网的技术，它以很多标准化的东西（如 XML、Web Service/SOA 等）做基础,因而与传统的 SCADA 是有区别的;许多 SCADA 系统基本上还基于陈旧的 C/S 架构。

M2M 有移动虚拟网络运营商（MVNO）和移动虚拟网络提供商（MVNE）两种业务模式。MVNO 业务模式在中国还未形成（或政策不允许），但在美国早已存在。例如,Jasper Wireless、Aeris 等公司一直在做基于 SaaS（软件即服务）运营的 M2M 业务 MVNO，也就是 MMO。M2M 业务的开展以及智慧地球的发展，催生了许多新的机遇，以前不直接做 M2M 业务的美国各大运营商，如 Verizon、AT&T 等，都纷纷成立了 M2M 业务部门，直接开展 M2M 业务。例如，AT&T 和 Amazon 合作，直接支撑其 Kindle 电子阅读器无线接入服务。结果迫使一些原来的 MVNO 成了 MVNE，Jasper Wireless 就是其中的一个例子，AT&T 正好采用了 Jasper Wireless

平台。在我国，三大基础电信运营商从一开始就直接做 M2M 业务，如今已经开始部署 LTE-M（LTE-Machine to Machine，机器类通信的 LTE）和窄带物联网（Narrow Band Internet of Things，NB-IoT）技术网络，致力于提供全球标准化的可靠解决方案（基于已获得牌照的频谱），将带来更多 M2M 连接。同时，我国电信运营商正在部署软件定义网络（Software Defined Network，SDN）和网络功能虚拟化（Network Function Virtualization，NFV）领域，将有益于数十亿计的设备管理。GSMA 移动智库（GSMA Intelligence）与中国信息通信研究院（CAICT）发布的名为"移动运营商与数字转型"（Mobile Operators and Digital Transformation）的最新报告显示，中国目前是全球最大的 M2M 市场，其中蜂窝 M2M 连接数约为 1 亿个，到 2020 年这一数字有望增至 3.5 亿个；而 LPWA（Low-Power Wide-Area）技术将额外提供 7.3 亿个连接，使得总连接数超过 10 亿个。到 2025 年，预计全球 280 亿台互联设备中有 50%将适用于 LPWA 网络连接。

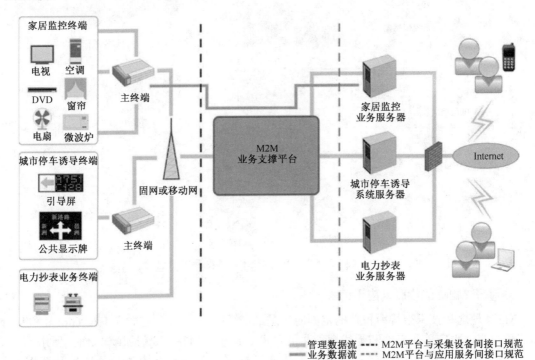

图 1.4　典型的 M2M 系统应用

1.2　国外主要领域物联网发展概况

我国物联网的应用主要在智能交通、智能电网、智慧农业、智慧家居和智慧物流等生产和生活领域，为了借鉴发达国家在这些领域内的发展经验，本节重点分析国外这些领域与物联网融合发展的概况。

1.2.1　国外智能交通领域物联网发展

智能交通是解决当前全球交通运输业面临的能耗、污染以及拥堵等问题的最佳路径之一。智能交通系统（Intelligent Transport System，ITS）在交通运输基础上综合应用感知、通信、信息处理等技术，使它们与交通运输的要素集成联动，从而改善交通运输系统的运行状况。纵观各国智能交通发展历程，可大体分为三个阶段：起步阶段，技术研发和试点阶段，产业化和规模化发展阶段。

美国发展智能交通是由政府将其归为各级政府基础设施投资计划中，并重视为其创建新的投资机制，开发和建设智能交通。美国政府主要投资于基础设施的建设，大部分智能交通建设资金是通过传统方式筹集的，如公路信用基金等。美国也注重对民间资金的吸收，积极为民间企业开发增值服务，如物流、导航等。美国在积极推进智能交通通信设备的协议标准，如美国智能交通协会等组织推荐 DSRC（专用短程通信）协议，该协议还应用于条形码、牌照识别、红外线通信、RFID 标签等领域。

欧洲发展智能交通体系的过程是由政府、企业共同推进。首先是制定"欧洲道路、车辆专用信息系统计划"，由民间机构（如汽车、通信、电子业工厂等）进行具体项目实施。在相关技术领域的研发由政府和民间共同出资。在欧洲智能交通建设上，由各国政府负责基础设施建设的投资，包括交通管理和交通规划以及公益性信息发布；企业则主要推进个性化项目开发，如导航、牌照识别等。例如，奥地利电子收费系统（ETC）覆盖境内 2 000 多千米各类道路，面向载重超过 3.5 吨的客货车。这个系统包括车载电子标签、系统设备、运营服务和外围设备，如收费、执法、充值、移动设备等。德国启用基于卫星定位的卡车收费系统，为几十万辆卡车装上车载记录器，并根据其行驶路线和里程进行计费。

日本的 ITS 研发开始于 1973 年，由政府负责投资基础设施建设，其余由民间投资，政府和研究机构共同进行技术研发。初期，由行业协会主导编制规划，政府根据协会的规划进行平衡，对技术研发和基础设施建设进行资助和补贴。例如，1995—1999 年日本政府投入 3 683.66 亿日元用于智能交通研发和作为实施资金，其中 90% 的资金用于智能交通系统的基本设施建设，10% 用于智能交通技术研发。就内容而言，日本的 ITS 包括导航、不停车收费、安全辅助驾驶、交通管理优化、有效的道路管理、支持公共交通、商用车辆效率化、支持步行街、支持机动车辆运行。随着 ITS 技术的发展以及它在全国范围内的融合，ITS 效益越来越凸显。例如，交通事故发生率逐年降低。2017 年，日本政府联合汽车制造商在高速公路和人车流量较低的偏远区域进行自动驾驶汽车测试，"开足马力"推出 ITS，并计划在 2020 年前实现该服务的商业化，2025 年前后在全国范围内普及自动驾驶技术。日本希望通过自动驾驶汽车的推广和普及来大幅减少交通事故的发生，争取在 2030 年前实现交通事故发生次数近乎为零的目标。

从上述三个发达国家和地区的智能交通发展情况看，其主要的技术路线是通过建立基础设施和车载设备，将车和车、车和路、车和路基设备等之间进行连接，也就是构建交通领域的"物联网"，或者说"车联网"，从而实现对基本的交通业务（如收费、停车、安全检查）的提质增效，并产生新的交通业务或者业态，包括利用卫星定位进行道路收费，利用车联网实现无人自动驾驶等。

另外，除了地面陆路交通以外，隧道交通、水（海）上交通也有广阔的智能化发展空间，对于物联网的技术需求同样日益迫切。

1.2.2 国外智能电网领域物联网发展

近年来，国际上开始推广新能源技术，为全球能源问题、污染问题得以解决提供了新的思路。美国、日本、欧洲和我国都相继启动了"智能电网"计划，推动电网建设的升级，最终实现用电优化配置和节能减排。从总体上看，我国和美国是发展智能电网的主要国家，两国的目的都是为解决供电安全和接入可再生能源发电，提高用电效率。但是，因国家体制、电网基础和布局以及发展战略不同，发展的模式也不同。

（1）美国的智能电网计划称为"统一智能电网"，其发展是基于成本效益分析和利益相关者共同参与决策的。智能电网投资是否合理，用户接受与否，这些问题均由美国政府组织利益相关方参加规划和论证，具体委托国家电力科学研究院做全面的成本效益评估。政府牵头组成涵盖整个能源供应链的智能电网联盟，为智能电网建设提供建议和反馈意见，为提高公众认知进行宣传工作。"统一智能电网"的重点工作集中在配网层，强调用电智能化，智能电表系统是其核心内容。

"统一智能电网"旨在将分散在国内各州的电网结合成全国性电网体系，实现风能、太阳能等可再生能源电力的远距离、大规模输送，优化电力需求管理。例如，科罗拉多州波尔得市已经成为美国第一座智能电网城市。

作为核心内容，"统一智能电网"建设也起步于智能电表的安装。迄今为止，美国全国范围内安装的智能电表超过 7 000 万个，占电力客户的 1/3。美国能源部公布了《智能电网系统报告》，仅智能电网的计量体系就需要投入 270 亿美元，到 2030 年整个智能电网的投入将达到 1.5 万亿美元。智能电网分配系统的年度花费量也会逐渐增多，已经由 2011 年的 12 亿美元增加到 2017 年的 19 亿美元，而先进的测量基础设施花费仍然会降低（例如已经从 2011 年的 36 亿美元降到 2017 年的 12 亿美元）。

（2）欧洲智能电网名为"超级智能电网"，旨在利用欧洲大陆国家的抽水蓄能电站存储太阳能和风能发电，提升系统稳定性并减少储能需求，其最根本出发点是推动欧洲的可持续发展，减少能源消耗和温室气体排放。围绕该出发点，欧洲的智能电网目标是支撑可再生能源和分布式能源的灵活接入，以及向用户提供双向互动的信息交流等功能。欧盟计划在 2020 年实现清洁能源和可再生能源占其能源总消费 20% 的目标，并完成欧洲电网互通整合等核心变革内容。

欧洲智能电网计划开始于各国的交流电网融合，构建统一的欧洲电力市场，实现北非和欧洲全部接入，在提高电力系统可靠性的同时降低电价。从 2002 年到 2014 年第一季度，欧盟28 个成员国加上瑞士和挪威共参与实施了 459 个智能电网项目，总投资额达到 31.5 亿欧元。其中，德国实施的项目最多，共 135 个；而法国和英国则在投资额上领先，各投入了约 5 亿欧元，平均每个项目投资额近 500 万欧元。法国、英国、德国和西班牙四国占到智能电网投资总额的一半以上。

（3）日本的智能电网建设以太阳能发电为核心输电网，在政府的主导下制定整体规划、准则和对外合作方向，智能电网的建设以现有网架集成并对特定环节重点投入为主。2010 年日本开始大规模构建智能电网试验，旨在大规模利用太阳能发电，并统一控制剩余电量、蓄电池等问题。2010 年日本经济产业省在预算中投入 55 亿日元研发智能电表和蓄电池技术，企业则利用政府对新能源的补助金进行太阳能等可再生能源的"岛屿微电网"试验。日立制铁所和东芝公司与美国十多家企业联合在美国南部研发太阳能发电高效控制系统；日本电气事业联合会发布了到 2020 年的可再生能源开发计划，也以太阳能发电为主要研究目标。 2014 年，日本内阁通过了《能源基本计划》草案，在将核电定位为"保障日本能源稳定供应的重要基础能源"的同时，也明确了加速可再生能源的利用，将其作为未来实现能源本土化供应的重要手段；2015年，日本经济产业省提出可再生能源（光伏、风力、水力、生物质和地热）消纳量 2030 年达到 21% 的目标，可再生能源还享有规划和调度优先权。按照这一估算，预计光伏发电的装机容量将达到 614 万 kW，发电量约 700 亿 kW·h，在电力能源构成中占到 7%。另外，日本十分重视开拓国际智能电网市场，凭借其技术优势参与国际市场竞争。在经济产业省主导下，成立了智能社区联盟，共有东芝、东京电力、丰田、松下、日立等知名企业在内的 741 家企业和团体参加；该联盟成立了国际战略、国际标准化、规划、智能住宅 4 个工作组，意在积极关注国际智能电网动向，推进国际标准化，掌握市场主导权。

对于智能电网的建设，每个国家都依据自己独特的国情和体制设计规划本国的发展路径和模式。不管是什么样的规划，智能电网的建设基础都可以归结为"物联网"，即利用各类不同的传感技术获取整个电网中不同位置、不同结点和不同种类的状态信息，使管理部门可以掌握电网的全部动态，便于电力传输、电力分配和电力价格的统筹。

1.2.3 国外云计算产业物联网发展

云计算是技术创新的新兴产业，具有巨大的市场潜力和商业价值，美日韩等国政府和欧盟都相继制定了发展云计算产业的计划。

美国的云计算是由企业带动的新兴产业，其核心技术都集中在 IBM、谷歌和微软等 IT 巨头手中，政府的作用仅限于推广和应用，主要从网络建设、电子政府、网络安全技术开发等三个角度推动云计算发展。从应用模式来说，美国云计算服务主要有亚马逊模式、微软模式、IBM模式以及谷歌模式四类。

欧盟委员会数字议程委员会自 2013 年发布《在欧洲释放云计算潜能》开始实施云计算战略，其目标是在欧盟各国推广云计算，增加就业岗位，降低失业率。欧盟委员会还出台了在与云计算关系最为紧密的领域实行"一站式执行程序"的法规，旨在为云计算的发展提供基础。预计到 2020 年，云计算将创造 250 万个左右的工作岗位，每年创造欧洲国民生产总值的 1%，约 1600 亿欧元。

日本云计算的发展模式是：由政府引导开发，明确主管部门辅助云计算政策的制定，应用技术与标准研究，以及政府云计算平台的建设。日本智能研究会的《智能云战略中间报告》中明确提出了发展云战略和云计算的基本思路、环境建设、主要原则和政府作用等内容。为了能够使政府部门加速信息共享，日本制定了"霞关云"计划以整合各政府部门的信息系统，并着重在医疗、教育、社区管理、农业、公共基础设施以及政府管理等领域推动云计算的应用，各级地方政府及公共机构也都建立各自的"自治体云"来提高其服务水平。

随着美欧日云计算的发展与部署，云计算产业在全球已经初步形成，但是其技术核心集中在美国；欧洲的发展最快，部署也更为详尽；日本则由政府主导推动。

云计算可以说是"物联网"的末端，或者说"物联网"的前哨。没有云计算，物联网就不能充分发挥其优势；而没有物联网，云计算就没有所计算的内容来源。但是，数据安全始终是物联网、云计算的关注点。欧盟将重点放在数据的恢复和隐私安全、用户需求以及使用的方便程度方面；在美国，由政府牵头制定云计算的安全规则和管理办法；日本政府则加大支持对云计算技术开发的力度，并提升云计算的安全性和可靠性。

1.2.4 国外网络融合物联网发展

物联网的推进就是建立一个无所不在、泛在感知的巨大网络，这个网络覆盖所有人类认知的结点，及时快速地获取、传输实时数据，能够更方便快捷地监测、控制和管理整个物理世界。网络融合是不可避免的一环，三网融合、网络基础设施的共建共享都是物联网网络融合的必经阶段。

美国是最早推动网络融合的国家，首先它推进电信和广电市场的相互开放，取消对电信市场业务的各种限制，允许各类电信运营商相互参股，营造自由竞争的法律环境。由此，美国进入电信和广电企业大融合阶段，之后收购、兼并不断，进而进入大通信时代。

欧盟颁布了多条电子通信业相关的法令，针对有关电子基础设施和网络服务方面引入竞争，提高网络服务质量，推进服务价格降低。以英国为例，2001 年英国开始推进电信业与广电业相互进入；2003 年允许传统广电和电信双向进入，监管机构合并，成立英国电信监管机构。英国政府开始制定一系列双向准入的监管法规，对电信业采取竞争开放式监管，经营电信业务不需要许可，但对进入广电业需要政府许可。同时，对电信公司实行"网运"分离，成立网络运营公司。法国的三网融合发展速度飞快，通信业内的运营商投资主要集中在光纤网上。2014 年法国已有一半以上的家庭选择网络融合后的服务模式，用户只要面对一家运营商就能享受所有通信服务。

日本基本实现了三网融合，正着手开发下一代网络。这一阶段的主要任务是打破网络界限，全面夯实网络的基础建设，使各种服务都能以信息网络契合。

网络融合可以看作物联网的基础。在单个网络独立运行的条件下，物联网的构建有可能会出现不同网络传输的数据格式不统一、数据结构不一致等现象，对某一项业务应用在实际操作过程中还需要进一步进行数据融合处理。如果网络融合已完成，则构建物联网中的数据传输通道就可以成为透明通道，大大简化物联网的工程实施和应用流程。

1.3 我国主要领域物联网发展概况

我国政府自 2009 年开始在工业、农业、物流业、交通、电网、环保、安全以及民生服务等领域初步应用物联网技术，已经取得了良好的效果。2013 年，我国智慧城市试点已达 193 个，在公共交通领域已有 35 个城市实现公交一卡通。在发展中国家，物联网产业还不成熟，在高端技术方面存在着明显的劣势，这就限制了物联网应用进程。我国现阶段物联网产业发展重点仍是关注技术突破，进行试点应用，尚未达到规模化应用。2010 年我国 RFID 的市场规模首次突破 100 亿元；2011 年，RFID 市场规模已达 179.7 亿元；2012 年我国物联网产业市场规模达到 3 650 亿元，比上年增长 38.6%。根据工信部的数据，2014 年我国物联网产业规模达到了 6 000 亿元，同比增长 22.6%；2015 年产业规模达到 7 500 亿元，同比增长 29.3%。中国经济信息社在无锡发布的《2016—2017 年中国物联网发展年度报告》显示，2016 年我国物联网市场规模超 9 000 亿元，同比增速连续多年超过 20%。预计到 2020 年，我国物联网产业规模将超过 1.5 万亿元。

2016 年，我国物联网"十三五"路线图出炉，NB-IoT 建设上升为国家战略。2016 年初发布的《信息通信行业发展规划物联网分册（2016－2020 年）》成为我国物联网产业五年发展的指导性文件，该文件要求加快推进移动物联网部署，构建 NB-IoT 网络基础设施。到 2017 年末，实现 NB-IoT 网络覆盖直辖市、省会城市等主要城市，基站规模达到 40 万个。物联网与新技术加速融合，推动技术迭代升级，产业生态全面优化。物联网开源创新生态圈逐步成形，重点上市企业营收、盈利稳步增长。2016 年我国沪深股市板块重点 36 家物联网上市企业以及智慧医疗、智能家居、智能交通三个细分领域重点上市企业的营收总额达 2 775.40 亿元，同比增长 22.3%；净利润总额达到 167.9 亿元，同比增长 15.1%。

1.3.1 智能物流

物联网的出现，给物流业带来新的发展契机。为了解决电子物流出现的问题，物流业率先应用物联网技术，形成一个智能化的物流管理网络。物联网与物流业的融合，为企业减少成本，降低资源浪费，实现科学管理和企业利润最大化提供了重要的技术手段。同时，为企业提供智能化的实时信息采集系统，保证为用户提供优质的信息服务，为物流企业最佳决策提供高效的信息支持。图 1.5 所示为智能物流示意图，其基本特点如下：

（1）精准化：对管理的各个环节进行全程控制，实现零浪费的目标。

（2）智能化：全面应用智能化信息处理系统和智能设备，实现科学管理的目的。

（3）协同化：将信息流、资金流、物资流充分融合，为企业间构建协同发展的平台，实现电子商务、共同配送、全球化生产等商业运营模式。

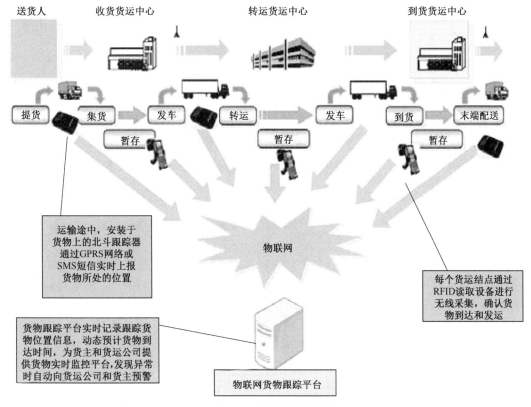

图 1.5　智能物流示意图

　　近年来，我国物流业得到稳步发展，在 2009 年全国新增 200 多个规划、在建和建成的物流园区，规划占地面积达到 4.3134 亿 m^2，利润额实现 3.57 亿元。2010 年我国物流产业继续向利好方向发展，不断降低运输管理成本，构建物流仓储监测和管理系统。但仍有较大的提升空间，例如将业务综合化和精细化管理作为主要竞争手段，对物流园区重新进行科学安排，减少仓储货物的流动，将车辆空载率降至零，提高运输过程的透明度，加强市场监管，发展多种形式联运服务，打造低碳物流园。2015 年，我国的智能物流投资总体规模不断扩大，物流行业基础信息化建设已进入一个相对稳定的状态，软硬件投入成为企业提升自身核心竞争力的重要手段。在此背景下，技术和资本双轮驱动，智能物流产业集群显现出来，各企业纷纷加强了物流科技的研发投入。京东物流对无人仓、无人机、无人车等新技术都在积极的尝试之中；菜鸟物流则成立了"E. T. 物流实验室"，研发出仓内智能搬运机器人、分拨机器人；顺丰推出了"数据灯塔"，让整个物流过程变得数字化、可视化；苏宁物流则积极开发全自动仓储系统，充分利用仓储信息，优化订单管理。2016 年，海尔集团日日顺联合平台企业和品牌企业，共同建立了智能物流生态圈；菜鸟网络联合"三通一达"等快递企业，打造中国智能物流骨干网，形成一套开放的社会化仓储设施网络；在贵阳经济技术开发区，占地1300余亩的"数字物流产业示范基地"，丰富完善了以"物流＋互联网＋金融服务"为特征的中国公路物流新生业态，并形成了物流大数据及相关产业的企业集群。

上海港洋山四期码头自2014年开始建设，历时3年于2017年10月建成，其陆域面积达223万 m^2，集装箱码头岸线达2 350 m，可布置7个大型集装箱深水泊位，设计年吞吐能力初期为400万标准箱、远期为630万标准箱。目前，首批10台桥吊、40台轨道吊、50台自动导引车（AGV）已投入开港试生产。根据规划，洋山四期最终配置26台桥吊、120台轨道吊、130台AGV。AGV可以自定行车路线，有效规避碰撞，使用锂电池驱动，绿色环保，除了无人驾驶、自动导航、路径优化、主动避障外，还支持自我故障诊断、自我电量监控等功能。

1.3.2 智能电网

电力系统的发展与技术水平已经成为世界各国经济发展水平的重要标志。电力系统和电力网络的出现，推动了社会生产各领域的全面发展，深刻地影响了社会生活的各个方面。目前，我国在多年的电力体制改革努力下，对输电网信息化建设投入较大，信息化程度很高。主网目前基本实现了自动化，形成了较为旺盛的光纤通信网，数字信息交换速度得以提高；但仍存在下列情况：

（1）全国形成两大电网公司，各省区域间电网互联互通发展较为缓慢。长期以来形成的"以省为实体"的格局中都在力求自我平衡，导致电网内部互联互通壁垒难以短时间打破，跨区域送电量较小。

（2）尽管输电线路发展较快，里程总数已居世界第一，但是我国的整体发电量和装机容量都比美国低，而且就配用点环节而言，自动化程度较低，发展速度相对滞后，配电自动覆盖范围目前不到 9%，未能延伸到用户端。

（3）电力体制改革虽然基本实现了"厂网分离"，但输配独立的改革没有完成，电网和用户之间不能形成有效的互动，未形成有效的电价信号传导机制。

（4）以集中式供电为主，在全国建设大型煤电、水电和可再生能源基地，然后输送到各个消费地，无法适应分布式能源系统的需要。而分布式电网适合多种能源类型的发电需要，也是未来智能电网发展的趋势，我国尚处在刚刚起步阶段。

为此，政府开始推进电力网络与物联网的融合，即智能电网建设。尽管行业标准尚未成形，但是基本上认可的内容是通过物联网构建实现电网设备的互联互通，营造现代化电力系统。图1.6所示为智能电网示意图。

智能电网的核心内涵是实现电网的信息化、数字化和智能化。当前阶段主要实现电力设施监测、智能变电站、配网自动化、智能用电、智能调度以及远程抄表六大环节的调整升级。国家电网公司在 2009 年明确了到 2020 年智能电网的建设规划。将其分三个阶段发

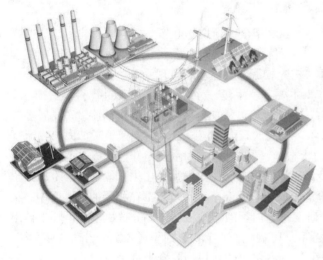

图1.6 智能电网示意图

展：第一阶段，2009—2010 年为规划试点阶段，展开对技术管理标准的制定，对电网的关键技术和设备进行研发和应用试验工作，主要对特高压与智能变电站进行测试；第二阶段，2011—2015 年对电网进行覆盖全国的升级，建成智能控制互动服务体系的框架，对关键技术、设备进行推广试验；第三阶段，2016—2020 年工作重点是智能电网体系的建设，其设施配备达到发达国家一流水平。

根据我国电力体制和电网发展的现状分析，发展智能电网需要重点关注如下方面：

（1）智能电网建设和电力市场化改革应同步进行，发展智能电网是为了更好地节能减排，降低能源消耗，可以通过增加居民用电选择途径刺激电价市场化的实现。

（2）进一步加强配用电网的智能化建设，提高电力质量，特别是分布式能源技术的开发，快速缩短与发达国家间的距离。

（3）智能电网的发展和应用将面临信息安全的要求，对信息和通信基础设施的依赖不断增强。具体内容主要包括：确保电力通信网络的安全，保护隐私，保障用户信息不被泄露。

（4）提高研发能源统一标准，完善相应的管理办法和行政条款。我国电力系统采用的分布式能源论证应持续进行，对全国电网的建设发展提供先导性建议，并促进可再生能源的发展。

（5）智能电网涉及众多部门和全国民众的利益，需要政府的引导、组织和建设，协调各方平等参与。

1.3.3　智能交通

交通是国民经济的重要支柱，也是整个国家的战略要点。工业时代加快城市化进程，推动汽车工业快速发展，致使车辆增加、二氧化碳排放量超标，导致空气污染，能源过度消耗、交通堵塞等一系列问题的出现。据粗略统计，各国交通拥堵造成的经济损失占 GDP 的 1.5%～4%。我国面临的问题尤其突出。目前加速发展工业经济，城市化进程不断加快，城市规模快速膨胀，人口大量增加，对城市的交通基础设施造成了巨大压力，同时带来了严重的空气污染和安全隐患。为了解决交通系统的压力，为我国城镇化建设提供有力保障，将物联网与交通网络融合在一起，是从根本上解决我国城市所面临的交通困扰的有效途径之一。图 1.7 所示为结合物联网的智能交通示意图。

将物联网融合于智能交通系统中，可使交通增添环保、便捷、安全、高效、可视性、可预测性等新的特性。在我国的智能交通和物联网融合中，当前的重点放在交通状态感知与交换、交通诱导与智能化管控、车辆定位与调度、车辆远程监测与服务以及车路协同控制五方面。

随着物联网技术的具体应用和工程实施，在城市间道路的信息化、城市间的交通管理和城市公交等方面我国有了长足的进步，但是各个地区发展并不平衡，与发达国家在整体上还有很大的差距，具体如下：

（1）交通管理机构众多，数据格式不能互通，信息沟通不及时，无法进行相互间操作。虽然成立了系统指导小组，但协调机制还不够完善，协调力度仍不够。

（2）交通管理服务技术领域研发缓慢，难以实现自主创新。例如，传感器寿命短、成本高、可靠性差，依然是 ITS 全面应用的瓶颈。

（3）ITS 发展主要靠政府投资，存在资金短缺现象。

（4）国家地域辽阔，地区差异较大，系统之间无法有效协同、整合，集成度较低，标准化工作滞后。

（5）研发机构、制造商、集成商和运营商的联动不足，产业链整合力度缺乏，产品种类单一，规模较小。

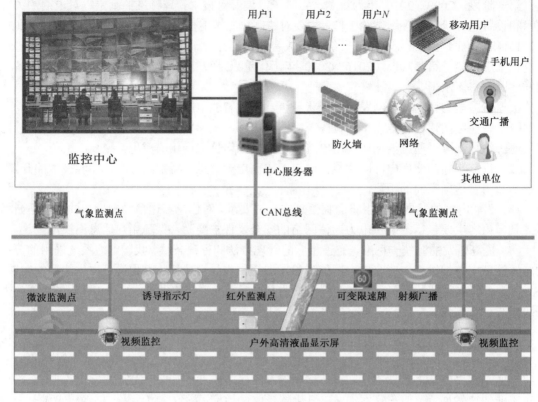

图 1.7　结合物联网的智能交通示意图

1.3.4　精准农业

物联网技术在农业中的应用,大大减少了传统因素对农业发展的制约。我国属于农业大国,整体生产方式仍然较为传统,过多依赖传统的作业方式。随着我国全面进入世界贸易组织(WTO),国内的农业生产方式在一定程度上受到世界农业的影响和制约,这就要求我国农业加快推进物联网技术的应用,提高生产方式与农业技术,缩小与世界水平的差距,增强国际竞争力。目前农业领域所使用的物联网相关技术主要集中在遥感信息获取,遥测数据传输,农作物长势、自然条件以及病虫害信息监测等方面。将物联网技术应用于农业领域,所构建的农业系统也称为"精准农业",这必将改变粗放的农业经营管理方式,确保农产品的质量安全,引领现代农业发展。

精准农业(Precision Agriculture)是当今世界农业发展的新潮流,其基本含义是融入物联网技术,根据作物生长的土壤性状,调节对作物的投入,即一方面查清田块内部的土壤性状与生产力空间变异,另一方面确定农作物的生产目标,进行"系统诊断、优化配方、技术组装、科学管理",调动土壤生产力,以最少的或最节省的投入达到同等收入或更高的收入,并改善环境,高效地利用各类农业资源,取得经济效益和环境效益。图 1.8 所示为精准农业示意图。

近年来,移动、电信和联通三大公司纷纷将业务与农村物联网建设相结合。中国电信公司针对国内农村的自然环境,推出了"环保 E 通"业务,研发了山洪预警系统;中国移动公司开展了与农村相关的一系列业务,促进地区物联网技术的应用,如在新疆农业生产中的实时监控、作物灌溉、对自然气候条件的监测等工程;中国联通公司与政府部门合作,将自己的业务系统在农业相关示范区进行物联网技术应用尝试,如成立我国乐意蔬菜诊疗防治中心,帮助农民减少病虫害的疫情。特别是近些年来，物联网与农村生产经营活动联系越来越紧密，有些地区建立了农业监测网络，与物联网技术融合建立信息集成系统，实现了农业数据的智能化提取和处理。与传统方式相比，农业物联网监测系统为农田信息获取提供了一个崭新的思路，将传感器结点布设于农田等目标区域，大量网络结点实时、精确地采集温度、湿度、光照、气体浓度等环境信息，这些信息在数据汇聚结点汇集，通过网络对汇集的数据进行分析，帮助生产者有针对性地投放农业生产资料等，从而更好地实现耕地资源的合理高效利用和农业现代化精准管理，推进农业生产的高效管理，提升农业生产效能。

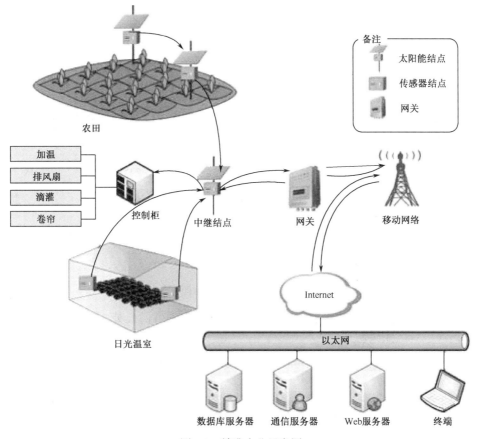

图 1.8　精准农业示意图

当前，农田信息获取的主要方式有：手持设备的人工获取方式、基于 GPRS（通用分组无线服务）的监测方式和基于 WLAN（无线局域网）的监测方式等。利用手持设备人工打点来获取农田土壤信息是最原始的方式，该方式不但需要耗费大量的人力，不具有实时性，而且数据的获取量有限，显然已不能满足当前农田土壤墒情监测的需求。WSN 作为一种全新的信息获取和处理技术，凭借其低功耗、低成本、高可靠性等特点，已逐渐渗透到农业领域。例如，用 WSN 进行农田土壤墒情信息的获取，可以满足快速、精确、连续测量的要求。随着物联网的出现，对于实施农田精准作业过程，农田环境信息的采集则会更加精确、及时。

1.3.5　环境监测

环境保护是为促进人类与环境之间协调发展、保障经济社会持续发展而采取的各种行动。最近 30 年全球经济的高速发展，使全球气候变化和环境污染日益加重。例如，我国西南地区在 2010 年发生百年一遇的特大旱灾被认为是环境遭到极端破坏的案例之一；2013 年以来东北以及华北地区雾霾气候的滞留不散，更是环境污染的典型事例,环境问题的解决已经迫在眉睫。据调查数据显示,我国的固体废弃物排放量高达 7 亿吨,城市居民中仅有一半能获得安全的饮水,而农村中仅有七分之一的安全饮水。物联网技术应用到环境保护领域方面可以起到监测监督的作用,能防患于未然。目前,物联网在环境方面的应用主要集中于生态监测、水质监测和保护系统、空气监测以及污染源监测系统,以建立智能环保信息采集网络和平台。图 1.9 所示为环境监测示意图。

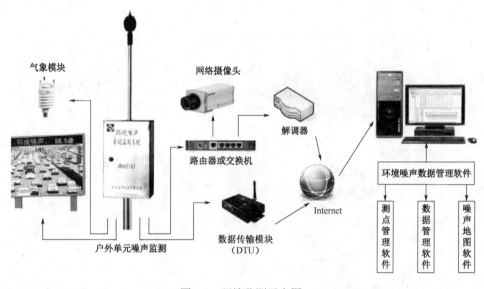

图 1.9　环境监测示意图

环境监测的典型应用,通常是在某些严酷环境中（如桥梁、水坝、矿山等）部署相应的传感器结点,通过自组织路由形成 WSN,再由网关接入互联网,其中所使用的传感器包括位移传感器、震动传感器、液位传感器、压力传感器、温度传感器等。例如,煤矿采用的支架压力监测系统是以工业 CAN 总线为基础,井下监测系统与地面信息中心通过电缆或光纤连接,构成有线信息传输网络,带有压力传感器的结点嵌入到各支架上形成自组织路由,可有效解决压力等环境参数的采集和监测任务。图 1.10 所示为矿井环境监测系统示意图。

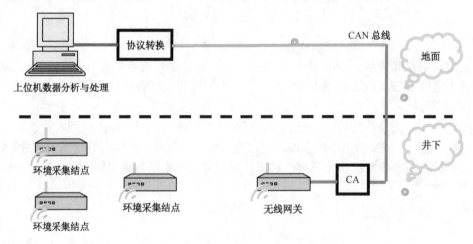

图 1.10　矿井环境监测系统示意图

1.3.6 智能家居

物联网为我们的生活带来了极大的便利和新的生活方式、生活空间,其专属的名称即为"智能家居"。智能家居一方面指的是方便人们的日常生活,实现电视、电脑、手机的连接,使用户在办公室或下班途中就能遥控家用电器;另一方面,物联网的介入使得家居本身具有了智能的特点,可以记忆用户的爱好和需求,提前创造出适宜主人生活的空间,例如温度适宜、湿度适宜, 还包括空气清新程度、负氧离子浓度等。图 1.11 所示为一个简单的智能家居示意图,由此可以概略地看出:家庭网络、家庭安防、家电智能控制、能源智能计量、节能低碳和远程教育等, 是智能家居的重要发展目标和方向。

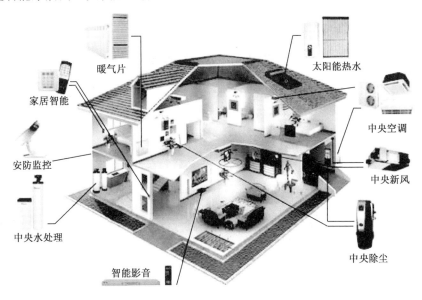

暖气片
太阳能热水
家居智能
中央空调
安防监控
中央新风
中央水处理
中央除尘
智能影音

图 1.11 简单的智能家居示意图

目前, 国内智能家居领域的商机和潜力市场已经出现,运营商纷纷抢占先机。例如,中国电信构建 5A 智能家居;中国移动已经研发出"宜居通"产品,同时在制定我国智能家居标准,并与韩国相关公司合作解决市场应用的相关问题。未来智能家居将随着网络和技术的创新而扩大其延伸范围。例如,物业、社区与附近的楼宇相连,最终与智能建筑融合,使得物联网技术应用的整体效益最大化。

1.3.7 智慧医疗

医疗行业是国民经济和社会生活的重要组成部分,切实关系到公民的健康和生活质量的提高,对国家发展和人民日常生活起着重要作用。现阶段已经初步实现了数字医疗,通过自动识别技术帮助医生实时监控病人病情,科学管理会诊和医疗记录,跟踪医疗器械,为医院管理提供更为科学、方便的平台。随着物联网技术的发展和应用,未来医疗信息化将全部纳入药品流通、医院管理等环节,利用可穿戴设备进行人体生理数据采集,为有需要的家庭提供远程会诊治疗或者自动挂号等服务。另外,还可以实现医疗机构对用药过程的防误告警,以及处方的开立、调剂、护理给药以及药效追踪等功能,构建完整的"电子医疗"体系,降低医疗成本,提升全社会医疗资源的利用效率。

具体来说, 在医疗卫生领域的物联网技术应用,有物资管理的可视化、医疗信息的数字化以及医疗过程的数字化三个方面。例如,医疗器械与药品的监控管理借助于物资管理的可视化,可以实现医疗器械与药品的生产、配送、防伪、追溯,避免公共医疗安全问题,实现医疗器械与药品从科研、生产、流动到使用过程的全方位实时监控。

更进一步,医院对医疗信息管理的需求主要集中在身份识别、样品识别、病案识别等方面。其中,身份识别主要包括病人的身份识别、医生的身份识别;样品识别包括药品识别、医疗器械识别、化验品识别等;病案识别包括病况识别、体征识别等。远程医疗监护主要以患者为中心,构建基于危急重病患的远程会诊和持续监护服务体系,以减少患者进医院和诊所的次数。

目前,我国医疗健康物联网的发展还处于起步阶段,物联网技术应用还存在许多问题,缺乏顶层设计,高投入、低回报,偏离医疗核心业务需求,应用效果不佳。此外,医疗健康设备准入政策法规研究滞后,给医疗健康数据采集和融合应用造成困惑。这些都是随着物联网技术应用出现的新问题或者是老问题的凸显,需要应用管理部门共同努力寻求有效途径加以解决。

1.4 物联网产业发展与产业结构

1.4.1 物联网产业发展模式

1. 物联网产业链的基本构成

物联网产业链中包括设备提供商(前端和终端设备、网络设备、计算机系统设备提供商等)、应用开发商、方案提供商、网络提供商、业务运营商和最终用户,如图1.12所示。

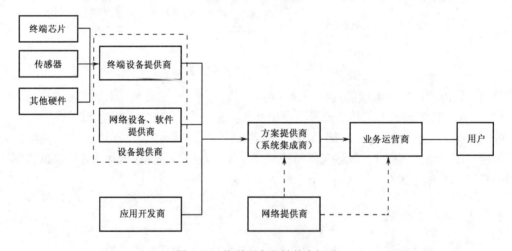

图1.12 物联网产业链基本组成

在物联网发展初期,业务的推动以终端设备提供商为主。终端设备提供商通过获取行业客户需求,寻求应用开发商根据需求进行行业业务开发;网络提供商(电信运营商)提供网络服务,方案提供商将整体解决方案提供给业务使用方或业务应用方。这种终端设备厂商推动型模式,虽然能够适时满足客户对终端设备多样化的需求,但由于市场零星,缺乏规模化发展的条件,市场比较混乱,业务功能比较单一。特别是对于系统可靠性、安全性要求较高的行业应用,该模式下很难得到整体质量的保障。随着产业规模的进一步扩大,物联网发展面临产业规划和统筹发展的问题,其中包括技术规划、业务发展规划。因此,在政府引导和鼓励的环境下,利用一定的产业扶持政策，将形成国家统筹指导，需求方主导，科研、设备制造、网络服务等产业链多方通力合作的局面。目前，网络提供商已在推动物联网的发展中发挥了主动的作用，特别是我国电信成立的物联网应用和推广中心、我国移动物联网研究院等在大型网络的通用性和可规模化应用方面发挥了关键作用。但是，物联网目前大发展除技术成熟度外，还面临规模和成本的问题。例如，传感器网络需要使用数量庞大的微型传感器。据预测，2020年物联网传感器结点与人口比例为30∶1，即一个人平均将拥有30个结点，其成本已经成为制约物联网初期发展的重要因素。

若采购成本太高，物联网的发展和应用将面临巨大压力；而采购成本压得太低，研发和制造又将失去利润和动力，不利于物联网的长远发展。因此，在推动物联网规模化发展时，需从近期利益和长远发展中寻求平衡点。虽然物联网概念下的泛在网络的应用尚需时日，但近期来看，企业提升生产力和竞争力发展的实际需求将有望得到实现。尽管目前物联网技术存在完备性不足、产品成熟度低和成本偏高等诸多制约因素，但在良好外部环境的推动下，点点滴滴的业务必将构建出未来的"泛在网络"。同时，随着IPv6技术和5G的发展与普及，物联网产业将会得到飞速发展。

2．物联网应用的商业模式

目前，物联网主要有移动运营商主导运营和系统集成服务商主导运营两种商业模式，而未来的物联网则可能以下5种商业模式并存：

（1）模式1：运营商在应用领域选择合适的系统集成商，然后由系统集成商开发业务和进行售后服务，而运营商只负责检验业务运行情况，并代表系统集成商推广业务和进行计费，如图1.13所示。在这种模式中，运营商占主导地位，而合作的系统集成商多为小型企业。这种模式是目前运营商进入物联网市场的主流方式。

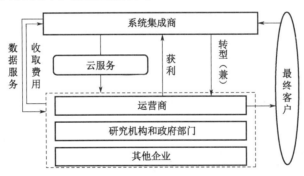

图1.13　物联网商业模式1

（2）模式2：运营商提供网络连接，收取流量费用，系统集成服务商在其网络上运行业务，如图1.14所示。这是目前使用最多的一种商业模式，电信运营商不管对物联网是否感兴趣都可以采用这种模式。

（3）模式3：运营商直接给已经使用物联网业务的企业提供所需的数据流量，而不通过物联网服务商，如图1.15所示。例如，Verizon直接为通用的OnStar业务提供数据流量，然后收取费用。这种模式适合用于有实力自行定制物联网业务的一些大企业。

（4）模式4：电信运营商自行开发业务，直接提供给客户，如图1.16所示。电信运营商制定全套业务和解决方案，直接提供给客户，而不与其他企业合作。

（5）模式5：电信运营商为客户量身制定业务，如图1.17所示。物联网业务范围非常广，电信运营商提供的业务往往不能满足客户需求，这就需要电信运营商根据客户的具体需求制定相应的物联网业务。

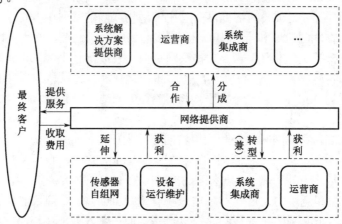

图 1.14　物联网商业模式 2

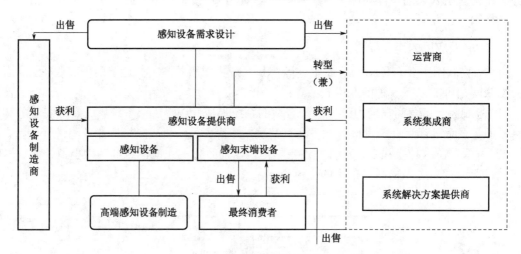

图 1.15　物联网商业模式 3

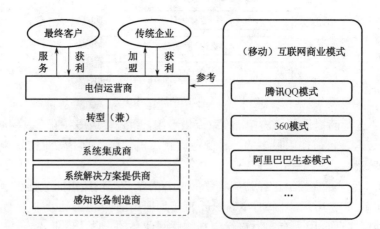

图 1.16　物联网商业模式 4

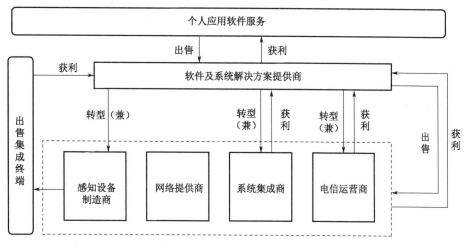

图 1.17　物联网商业模式 5

1.4.2　物联网的产业链与产业结构

物联网是涉及多种技术、多个行业和多个环节的复杂技术体系，因此其产业链与产业结构也非常庞杂繁复，如图 1.18 和图 1.19 所示。

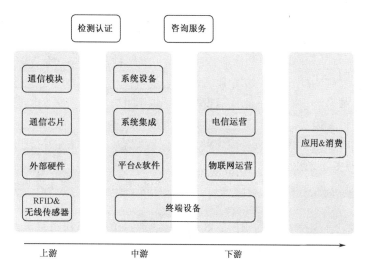

图 1.18　物联网产业链

从整体上来看，物联网产业链的上游由通信模块供应商、通信芯片供应商、外部硬件供应商、RFID 和无线传感器供应商等组成，其中 RFID 和无线传感器是一种给物品贴上身份标识和赋予智能感知力的设备。产业链的中游部分由系统设备商、系统集成商、平台和软件集成商组成，其中主要是各类设备开发和集成企业。产业链的下游由电信运营商和物联网运营商组成，其中物联网运营商是海量数据处理和信息管理服务提供商，最终面向应用和消费市场。

物联网产业链可以细分为标识、感知、处理和信息传送 4 个环节，每个环节的关键分别为 RFID 技术、传感器技术以及电信运营商和物联网运营商的无线传输网络。2016 年全球 RFID 市场规模已从 2007 年的 49.3 亿美元上升到 542.7 亿美元，这个数字覆盖了 RFID 市场的方方面面，包括标签、阅读器、其他基础设施、软件和服务等，主要归功于超高频无源

RFID 标签的迅猛增长。麦姆斯咨询预测，到 2023 年，全球 RFID 市场规模将达到 314.2 亿美元，2017—2023 年年复合增长率达到 7.7%。其中，服务行业应用是重要盈利市场。据 Technavio Research 预测，到 2019 年全球零售业 RFID 应用市场规模将达到 39.1 亿美元。

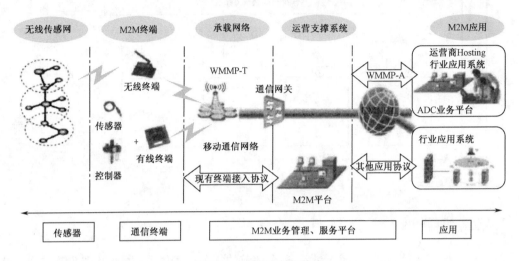

图 1.19　物联网产业结构

我国每年近 4 亿标签主要应用在 RFID 票证、制造物流与供应链、军事、图书档案、商业零售、动物、车辆、医疗、航空以及邮政等领域，其中票证的应用量最大，占 87.7% 左右。RFID 在我国经过十多年的紧跟发展，已驶入应用的快车道，广泛应用于制造过程控制和管理、交通运输管理、工农业产品追溯管理、零售业物流配送、电子口岸及检验检疫管理、大型活动、军事、应急物资和图书档案管理等领域，并已逐步形成规模化应用。在我国已经有典型的 RFID 应用案例，如铁路车号的自动识别系统是我国最早应用 RFID 的系统，也是应用 RFID 范围最广的系统，该系统可实现实时、准确无误地采集机车、车辆的运行状态数据，例如机车车次、车号、位置、去向和到发时间等信息，实时追踪车辆状态。该系统的应用目前已经遍及全国 18 个铁路局、10 万多千米铁路线。

通常，物联网产业链各环节存在一定的竞争与合作关系，这种关系体现在时间和空间两个维度。

从时间维度看，首先受益的是 RFID 和传感器厂商，由于物联网最先用到 RFID 和无线传感器进行物品的标识和信息的传递；其次受益的是系统集成商；最后受益的才是物联网运营商。

从空间维度看，业绩增长最大的是物联网运营商，其次是系统集成商，增长最小的是 RFID 和传感器供应商。

（1）短期看，二维码、RFID 厂商和 SIM 卡企业业绩前景更为突出，特别应关注从设备商逐渐向系统集成商扩展的企业，尤其是那些 RFID 技术应用已经非常广泛的企业；另一个典型的应用是第二代身份证。

（2）中期看，系统集成企业业绩会激增。在物联网导入阶段，应用多处于垂直行业，对系统集成的要求并不特别高，RFID 厂商可以兼顾。在物联网成长阶段，由于所涉及的技术和界面开始增多，专业的系统集成企业需求会激增，但此过程要经历 2～3 年。

（3）长期看，物联网运营企业的业绩最有潜力。物联网运营商将经历一个从无到有的过程，在导入阶段和成长阶段的前期，由于下游需求应用较为分散，物联网运营企业的竞争力难以辨别，投资风险较大；而在 5 年左右之后，此行业里具有较强竞争力的企业即可凸显其实力，投资风险也将逐渐降低，竞争力逐渐显现。

1.4.3 国外物联网产业链发展

1. 欧美物联网产业链发展

欧美物联网产业的外部发展环境相对成熟，主要以政府推动为核心，其产业链结构如图 1.20 所示。例如，美国"智慧的地球"和电子商务等，以及欧盟的"e-Call"和"物联网行动计划"等都体现了政府和行业监管是物联网产业发展的主导因素。欧美物联网发展的环境优势主要体现在以下三方面：

（1）研发能力强。产业聚集了全球 100 强企业，技术标准相对完善，生产制造水平在全球处于领先地位。

（2）市场认知度高。客户认知度和接受度较高，目前在工业上的应用相对领先。在客观条件方面，其基础设施完备、网络带宽大、资费低等，都在一定程度上促进了物联网市场认知度的提高。

（3）产业链发展较快。产业链发展的规模已经初步形成，并通过内部并购和整合推进发展。

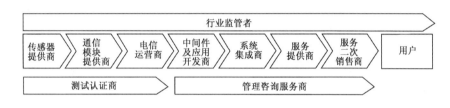

图 1.20 欧美物联网产业链结构

2. 日韩物联网产业链发展

日韩物联网产业的发展也离不开政府的大力支持，如日本的"E-Japan"和"I-Japan"战略，韩国的"U-Korea"等战略，都大大推动了物联网产业的发展。日韩物联网在产业环境方面的优势主要体现在以下三个方面：

（1）研发能力强。日韩的物联网研发能力强，拥有世界领先技术，紧跟欧美推行自主研发标准体系。

（2）市场认知度高。客户认知度较高，尤其是个人用户；个人用户在物联网的应用市场中占有较高的比重。另外，宽带网络基础好，这一点与欧美相似，即带宽大、资费低。

（3）产业链各环节清晰，但是产业链内部的整合与欧美相比尚存在一定差距。

日韩物联网的产业链结构如图 1.21 所示。

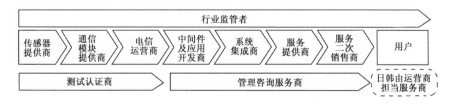

图 1.21 日韩物联网产业链结构

1.4.4 我国物联网产业市场

物联网在我国市场经济环境中,已经深入发展到国民经济的各个领域和社会生活的方方面面。虽然它处在发展初期,但以极快的速度发展,不断地扩张产业领域。

1. 我国物联网产业运营商业模式

我国物联网产业没有形成稳定成熟的商业模式,产业链中上下游联动效应不明显。推动物联网产业发展的关键是建立成熟稳定的商业模式,让相关利益方都获得共赢的利润空间,形成稳定的商业格局。物联网技术让所有物品都与网络连接起来,识别和管理更为方便快捷。物联网就是以遥感技术为基础,结合现有的数据库、互联网和中间件等技术构建一个由阅读器和标签组成的更为庞大的物物相联的网络。在这个网络中,系统可以实时、自动地对目标物体进行识别、定位、跟踪、监控和管理,它可完全覆盖区域内所有目标物体。要发展规模如此巨大的物联网,必须让物联网的商业驱动力更加强劲,这就必然要求物联网在广阔的市场前景下找到稳定的商业模式,从而得到相应的商业回报。

从当前物联网的应用范围看,我国物联网产业形成如下几种商业模式:

(1)由政府投资建设买单。我国目前大部分物联网项目的建设都由政府出资建设,领域基本上在关系物联网发展全局以及重点示范区的一些民生领域和公共服务工程项目上。从市场经济的角度看,任何商业模式的形成都需要市场主体的自发参与,但是在我国商业领域内的物联网项目市场主体参与较少,这也是物联网商业模式没有形成的原因之一。

(2)增值回收成本模式。这种模式是当前企业领域采取的主要方式,即是公司或企业通过免费向用户提供产品或服务来吸引客户,当客户稳定到一定数量后,通过对产品或服务的升级来回收前期投入的成本。这种商业策略基本上代表着未来数字化网络发展的方向,例如谷歌和百度就是这种模式。

(3)运营商主导推动模式。我国三大基础运营商(中国电信、中国联通、中国移动)都投入到物联网产业的发展中,它们根据自身定位的客户市场和客户群体的需求特征,在不同的方向对物联网进行推动,直接带动其应用创新和人们生活方式的改变。

(4)行业直接应用模式。这种模式应用的前提是该行业内具有高度标准化、专业性强和业务要求高的特点,物联网技术可以和企业业务流程紧密结合,无须辅助推动就能与企业战略一起完美地推进,如电力、石油、铁路等领域。

(5)构建行业公共平台联动模式。物联网在融入各领域和各行业过程中,必然会有大大小小的企业不能得到规模化发展,这就需要推出一个公共平台的支持和服务,让这些企业借助政府、行业和企业的共同合作,扩大物联网应用市场。

(6)以满足用户需求为切入点的企业推动模式。这种模式针对用户需求,让物联网企业发挥自身优势,制定满足用户需求的智能化服务方案。它可以应用在民生领域,促进社会生活健康高效的发展。

当前我国在社会主义制度下发展市场经济,在物联网商业模式创新的过程中驱动力来自政府驱动与市场驱动两个方面。政府作为市场经济中"看得见的手"驱动物联网产业发展的第一个阶段,主要是在公共管理部门的应用和购买,以及在社会领域的监管应用,如环境监测、食品药品安全、城市管理等方面。在这个阶段,物联网能够增强政府的行政执法效果,降低行政管理成本,促进吸引地方物联网商业领域的兴趣。在市场"看不见的手"的驱动是在社会管理模式改变之后,物联网将大规模进入低成本化运营的经济组织,集中在感知聚合的产品和技术创新上。这一发展过程将是以大型经济组织的需求满足为主要动力。这个时期物联网商业模式的创新将围绕着管理模式的创新,以及内部成本的改善和控制,并降低信息不对称导致的风险。不同行业间将实行运行信息聚合模式,促进自身行业的技术研发和产品更新。

2. 我国物联网产业市场环境

在市场经济机制运营方面,我国仍然需要进一步完善。从经济体制发展的时间来看,欧美日等发达国家和地区运行市场经济已经很长时间,发展也已经完全成熟,社会监管机制完备。相比之下,我国发展市场经济仅仅 30 多年,各方面都有很大的发展空间。若要推动物联网在市场经济中健康发展,必然要有健康有序的市场环境作为基础。我国物联网产业市场环境从行业市场、家庭应用市场以及个人应用市场三个维度进行剖析。

(1)行业市场。物联网作为信息化发展的未来方向,将会在很多领域产生深远影响。例如前面所述领域中的应用,各个行业的实际特征和需求各有不同,运营思路个性化明显,如何选择最适合本行业领域的商业模式成为制约物联网发展的瓶颈。其中的基础就是各行业都需要专业的智能化网络连通渠道,在此基础上进行各个行业的应用推广。

(2)家庭应用市场。家庭是社会最小单位,物联网在家庭领域的应用空间很大。例如,家庭成员之间的娱乐保健,对房屋内的温度监控和噪音监控,家庭安防系统的实时监控,房屋内所有家电设施的智能控制等,都是物联网在家庭市场中的应用方向。物联网的全面应用将把家庭间通过信息终端联动起来,随时随地通过终端控制器连接和定位家庭成员,并对家庭物品进行管理和操作。

(3)个人应用市场。作为个人市场的物联网应用而开发的产品,将涵盖个人生活的每个方面,如智能手表、可溯源背包、智能太阳镜等。这些物联网产品的推出都将建立在优质的网络服务基础上,智能化技术的支持是保障,且完全能够满足用户的个性化需求。

3. 我国物联网产业投资环境

我国正处在工业化和城市化的加速发展时期,重工业化是经济增长的主导,大规模的基础设施建设呈现出对能源和资源的高增长需求。世界各国开始纷纷聚焦在“能源经济”“低碳经济”上。面对节能减排的责任和压力,我国将发展物联网作为战略转折点;发展物联网产业可以起到支撑作用,带领经济方式的转变,为社会的可持续发展提供原动力。当前,我国物联网处在进入各领域的引入期,作为战略新兴产业的代表,物联网产业极具投资价值,所带来的经济价值也是不容置疑的。在物联网发展的狂潮中,我国物联网整体落后于发达国家。在引入期中物联网投资风险较大,需求应用较为分散,企业竞争力无法显现,资金缺口较大。物联网企业的融资难题制约着它的发展速度,为缩短物联网产业化过程,可以借鉴互联网发展兴起的经验——风险投资,缓解物联网发展瓶颈。风险投资有着自身的一套运作规范和机制,完全是依靠市场运营规则而出现的方法,它能提供增值服务,而且能提供资金,变得更有价值。在美国,风险投资对资本市场产生了重要影响,并逐渐培养出一批按市场机制运作的管理人才。在我国,能够理解国际市场运作规则并懂得国际销售市场的职业经理人仍然太少。我国风险投资面临的最大问题,是风险投资公司和融资方的治理结构问题,被投资企业的好坏很大程度上取决于最初创投公司和投资企业的协议。因此,我国市场机制的不断完善是物联网产业形成的重要基石。物联网企业的经济投资可以分为有形资产投资和货币投资两种。其中,有形资产投资是将厂房、机器设备等固定资产投入到企业中以获取一定利润的方式;货币投资就透过出资的方式参与物联网企业的经营中获取利润。

4. 电子商务、网络经济与物联网的相关性

电子商务是指通过互联网进行的各种商务活动,它几乎覆盖了商务活动的所有方面,是传

统商务领域的巨大变革。电子商务将信息流、物流以及资金流三者有机地融合，建立了自己的商业运营模式。它通过信息技术和网络平台的信息流加速物流的流通过程，提高商业销售额，同时达到零库存和减少资金周转时间，从而获得更高的利润。

在我国市场经济发展过程中，网络经济已经脱颖而出，占据了商品市场中的一片不可忽视的领域，并以极快的速度扩展着自己的领域。网络经济追根溯源是在电子商务领域发展起来的，因此它无法脱离电子商务的运营管理方式。网络产品的获利途径一般有两种：一种是无形资产代替有形投入，解决资金初始投入过高的难题；另一种是利用互联网产品边际成本递减的优势，获得相对大的利润空间。例如微软产品的复制，前期投资固定后，市场份额扩大后产品的销售成本就显得微不足道。早在 2013 年李克强总理指出："大力发展电子商务，逐步取缔中间销售环节。"那时在淘宝网中开始推出保障质量、7 天无理由退换货的业务环节，这使长期以来制约网络买家的难题得到了解决，也让网络经济得以继续推动并蓬勃发展。网络经济虽然发展得如火如荼，但它有着无法跨越的瓶颈——安全和信誉问题。

物联网技术与互联网的融合，使电子商务所有的环节得到有效的管理和监控。从产品的生产、销售、运输、服务到最后的质量监督，都因物联网技术的进入而得到有效的提高。可以看出，物联网技术在商务领域与互联网的有机融合，使得商业运营发生了极大的改变。从整体上看，物联网已经开始改变网络经济无法解决的瓶颈，但要完全代替实体销售仍需依靠信息技术的进一步研发。

1.4.5　我国物联网的优先发展领域

在肯定物联网发展前景的同时，全国物联网专家委员会主任邬贺铨院士认为："物联网产业发展要有冷思考，要创新，不要包装；要战略，不要应景。"在发展物联网产业时要有所为，有所不为，我国物联网优先发展领域如下：

（1）智能物流。智能物流在实施的过程中强调的是物流过程数据智慧化、网络协同化和决策智慧化。物联网为物流业将传统物流技术与智能化系统运作管理相结合提供了一个很好的平台，进而能够更好更快地实现智能物流的信息化、智能化、自动化、透明化、系统化的运作模式。

（2）智能电网。智能电网在发电、输电、配电和用电等环节应用以物联网为主的新技术，充分满足用户对电力的需求，确保电力供应的安全性、可靠性和经济性，满足环保约束、保证电能质量、适应电力市场化发展，实现对用户可靠、经济、清洁、互动的电力供应和增值服务的优化配置，从而达到节能减排的目的。

（3）智能交通。智能交通是将先进的信息、数据通信传输、电子传感、控制以及计算机等技术有效地集成运用于整个地面交通管理系统而建立的一种大范围、全方位发挥作用的，实时、准确、高效的综合交通运输管理系统。例如，在汽车的相关部件上装上传感器，通过网络与智能指挥中心联系起来，人们在驾驶汽车时就可以提前知道哪个地方出了故障、哪个路段特别拥挤，以减少汽车的追尾事故、等待时间和尾气排放等。

（4）智慧医疗。将物联网技术用于医疗领域，借由数字化、可视化模式，可使有限医疗资源让更多人共享。将嵌入式芯片装在患者身上，就可以随时感知患者的血糖、血压和脏器情况，通过网络与后台的医疗、保健系统联系在一起，就可随时给出警示和应对建议。此外，物联网技术在药品管理和用药环节的应用过程也将发挥巨大作用。

（5）智能家居。智能家居是以住宅为平台，利用综合布线、网络通信、安全防范、自动控制以及音视频等技术将与家居生活有关的设施集成，构建高效的住宅设施与家庭日程事务的管理系统，提升家居安全性、便利性、舒适性、艺术性，并实现环保节能的居住环境。除了通常所说的电表、气表、水表的智能化处理之外，空调、冰箱等家用电器设备也都可以接入物联网，以监控其运行情况，减少故障等。

1.4.6　我国物联网产业发展

我国物联网产业在政府的大力推动下，通过在国内建立各物联网产业示范区、攻克物联网核心技术、组成物联网产业联盟等方式，积极探索出物联网发展的路径。

1. 我国物联网产业发展现状

在国家战略层面，我国物联网与世界其他国家是相同的。在技术层面，我国在传感器、射频识别技术等感知技术与产业、高端软件与集成服务等方面与发达国家相比，存在较大差距，发达国家完全掌握了大部分通信层标准；而我国在网络技术、产业能力上与世界水平相去不远。物联网产业是由 RFID、WSN、M2M 和两化融合四大技术为支柱形成的产业集群。在这四个技术应用范围中，RFID 技术的研发和应用较早，因此在现阶段物联网技术实际应用中占据较大比重。从长期看，WSN 应该是物联网发展的重要增长点。

1）我国物联网运行的基础环境

互联网是物联网得以正常运行的基础，也是物联网不可或缺的一环，甚至称物联网是下一代的互联网。我国近些年互联网的提升空间较大。2011 年我国互联网信息中心发布的《第 28 次我国互联网络发展状况报告》指出：截至 2011 年 6 月，我国互联网用户达到 4.85 亿户，互联网普及率攀升至 36.2%，与 2010 年相比提高 1.9 个百分点。第 40 次《中国互联网络发展状况统计报告》显示：截至 2017 年 12 月，我国网民规模达 7.72 亿户，普及率达到 55.8%，超过全球平均水平（51.7%）4.1 个百分点，超过亚洲平均水平（46.7%）9.1 个百分点；我国手机网民规模达 7.53 亿户，网民中使用手机上网的比例由 2016 年底的 95.1%提升至 97.5%，手机上网比例持续提升；我国移动支付用户规模持续扩大，网民在线下消费使用手机网上支付的比例由 2016 年底的 50.3%提升至 65.5%，线上支付加速向农村地区网民渗透，农村地区网民使用线上支付的比例已由 2016 年底的 31.7%提升至 47.1%；我国购买互联网理财产品的网民规模达到 1.29 亿户（同比增长 30.2%），货币基金在线理财规模保持高速增长，同时 P2P 行业政策密集出台与强监管举措推动着行业走向规范化发展。

与此同时，使用电视上网的网民比例也提高了 3.2 个百分点，达 28.2%；台式电脑、笔记本电脑、平板电脑的使用率均出现下降，手机不断挤占其他个人上网设备的使用。以手机为中心的智能设备，成为"万物互联"的基础，车联网、智能家电促进"住行"体验升级，构筑个性化、智能化应用场景。我国共享单车国内用户规模已达 2.21 亿户，并渗透到 21 个海外国家。移动互联网服务场景不断丰富，移动终端规模加速提升，移动数据量持续扩大，为移动互联网产业创造更多价值挖掘空间。

2）RFID 技术

射频识别（RFID）产业潜力无穷，应用范围遍及各行各业，大到国防小到商品零售业。早在 2006 年政府部门就发布了《我国射频识别技术政策白皮书》，以推进其发展。之后政府促进射频识别技术的应用推广，在交通、制造业、车辆管理等方面开展应用示范。2009 年我国政府开始大力扶持 RFID 技术，为其发展创造了一个良好的环境；同年 9 月，《中国射频识别技术与应用发展报告》正式发布，由于 RFID 技术研发的成熟和成本的降低，其应用在政府的引导下逐步与其他产业相融合。这是我国 RFID 产业发展的一个里程碑。2009 年 RFID 产业市场规模已达 85.1 亿元，比 2008 年增长 29.3%。我国 RFID 产业链中各环节初步完善起来，例如射频芯片、系统集成等环节开始壮大，使我国 RFID 市场开始迅速发展。2010 年传感器市场规模超过 400 亿元，RFID 技术市场规模超过 100 亿元。随着 RFID 和物联网行业的快速发展，RFID 行业市场规模快速增长。中国产业信息研究网发布的《2017—2022 年中国 RFID 行业运行现状分析与市场发展态势研究报告》显示，2016 年我国 RFID 的市场规模达到 542.7 亿元。RFID 行业主要市场增长要归功于超高频无源 RFID（也称 RAINRFID）标签的迅猛增长。对于波长较短的 HFRFID 技术而言，业务应用也得到不断发展，因为银行都相继采用安全性能更高的 RFID 卡，实现非接触式支付。NFC（近场通信）也是 RFID 技术的一种，可实现与 HFRFID 技术标准向后兼容。RFID 利基市场（Niche Market）存在很大的增长空间，且具有高收益性。从区域结构上看，目前中国 RFID 产业链已经基本搭建起来，并呈现了以北京为代表的环渤海湾、以上海为代表的长三角和以广东/香港为代表的粤港地区遥相呼应且快速发展的态势。上海地区以前端（芯片）为龙头，深圳企业以中后端（绑定与封装）和应用为先导，而北京以系统集成为代表。从市场分布数据来看，华南、华北、华东是目前我国 RFID 市场相对成熟的区域。从产业链的分布结构来看，阅读器和电子标签企业以深圳企业数量最多。深圳作为国内最主要的电子信息产品生产基地，具有极其发达的电子信息产业中游和下游市场，为 RFID 电子标签和读写器制造企业的发展提供了一个良好的发展环境。同时，深圳地区以远望谷为代表的众多 RFID 企业，近年来不断通过企业间的兼并和收购活动，整合产业链的上下游企业，增强了企业间的协同效应，完善了产业链结构，进一步推动了深圳地区 RFID 产业的发展。而在系统集成方面，RFID 产业更多的还是以政府项目为主导。这使得北京及其周边成为 RFID 应用较早的地区，并逐渐形成了一批以项目集成为主的企业群体。此外，西南地区的 RFID 企业也出现了高速发展的势头。在 RFID 应用方面，RFID 已经在国内的金融支付、身份识别、交通管理、军事与安全、资产管理、防盗与防伪、金融、物流、工业控制等领域的应用中取得了突破性的进展，并在部分领域开始进入规模应用阶段。2016 年，金融支付是 RFID 应用的最大市场，占到 26.73%；其次是交通管理，占 11.56%。未来 RFID 在金融支付、物流、零售、制造业、服装业、医疗、身份识别、防伪、资产管理、交通、食品、动物识别、图书馆、汽车、航空以及军事等其他领域都将发挥越来越重要的作用。

3）无线传感网（WSN）

泛在的感知是物联网带给人们神奇的能力之一，能实现"无所不在"就是依靠物联网的 WSN。WSN 分为基于基础设施的无线网络和无基础设施的无线网络两类。无线网络包括构成个人区域网的蓝牙技术、ZigBee 技术、无线局域、无线城域网、无线自组织网络和 WSN。无线网络是在 2000 年后得到重视并发展起来的，它为物联网提供了更优化的网络结构。

近年来，我国 WSN 市场处于快速发展期。国内传感器市场持续快速增长，年均增长速度超过 20%，2011 年传感器市场规模为 480 亿元，2012 年达到 513 亿元，2016 年则达到 1 126 亿元。据《传感器行业"十三五"市场前瞻与发展规划分析报告》显示，2014 年我国工业 WSN 产品在工业传感器市场中的占比约为 4.3%，规模已达到 6.2 亿元。到 2019 年，我国工业 WSN 在工业传感器市场中的占比将达到 10.0%，市场规模预计达到 24.2 亿元，年复合增长率高达 27.1%。此外，我国工业感测终端的数量保持着飞速增长的态势，2014 年我国工业感测终端数量为 7 亿个左右，伴随着"中国制造 2025"的推行，到 2020 年，我国工业感测终端将突破 20 亿个。目前，WSN 已经广泛应用于监测物理世界、数字化油田、智能工业、工业环境检测、电子病历以及安全保障等方面。

4）M2M

M2M 的技术目标是将所有机器设备都进行联网和通信，将一切机器纳入网络中来。通信网络的形成，可以使所有的事物、人、机器之间更加快捷地沟通，信息的交流更为顺畅。目前，我国无线 M2M 设备主要应用于客运车辆、货运车辆、危险品运输车辆，预计 2019 年无线 M2M 车载终端的数量将增长至 590 万台。2012 年全球 M2M 连接终端的出货量已经达到了 530 万台，2017 年该终端出货量达到 1380 万台，平均年复合成长率为 21.1%。2015 年，我国成为全球最大的 M2M 市场，拥有 7400 万个 M2M 连接，成为物联网部署领域的全球领导者。2016 年，蜂窝 M2M 连接数约为 1 亿个，到 2020 年这一数字有望增至 3.5 亿个；而 LPWA（Low Power Wide Area，低功耗广域）技术将额外提供 7.3 亿个连接，使得总连接数超过 10 亿个。新兴的 M2M 连接终端不能归类于手机、个人电脑和平板电脑，也不属于传统的 M2M 连接终端，但有强劲的增长潜力。如今，电子阅读器和便携式自动导航系统是最常见的 M2M 终端消费品，出货量已达到上百万台。在全球范围内，已有 1 500 万余台 M2M 终端消费品投入使用。2017 年，智能手表和个人追踪终端成为畅销的两种 M2M 终端，分别占 M2M 终端总出货量的 23% 和 17%。

2. 我国物联网产业区域发展

我国物联网的发展空间很大，物联网分布呈现区域层级特性。我国的区域分布基本上按照行政级别区域划分国家、地区、省、市和县。处于顶层的国家物联网，进行协调各行业与地区的网络信息汇集以及资源调配，制定物联网产业政策，同时建立各个地方物联网发展的战略。在每个行政区域内的物联网发展都会分为应用于政府、行业、社会和公众四个方面。政府部门主要负责物联网标准的建立和信息主导权方面，国家以下各地区层级的物联网发展与各个行业出现较高的可交换性。我国物联网发展从地域上主要集中在环渤海的京津唐地区，以重庆和成都为代表的西南地区，以广州和深圳为代表的珠三角地区，以无锡、上海、杭州为代表的长三角地区。这四个地区物联网由于经济优势和物联网发展基础条件较好而较为成熟，在全国物联网产业发展中起到了先锋和示范区的重要作用。其中，北京和无锡主要致力于研究和联盟性质的工作，以政策驱动为主；重庆、杭州、上海、深圳等主要集中于 M2M 平台的发展；上海和武汉则以 RFID 技术研发为主。

1）环渤海的京津唐地区

北京市主要以研发物联网技术标准和建立产业间联盟。在北京召开的"2009 信息城市高峰论坛"，提出的目标是在 3～5 年时间内北京物联网产业规划基本成形，产业链和产业群初步形成。同时，由 40 家企业、机构参与和发起的物联网产业联盟在北京正式成立。该联盟包括 IT、通信、传感、网络平台等行业内的众多企业和科研机构。北京市开始建设物联网示范工程，产业布局的重点是芯片等产业。北京市在传感网、物联网应用的基础条件较好，在城市智能交通、食品溯源、视频监控等方面有全国领先的成功典型应用，形成了产业链。同时，北京市的物联网科研单位开始进行物联网国家标准的研制工作。

天津市发展物联网产业主要优势集中在移动通信、新型元器件、数字视听三个方面。天津市为加强信息技术产业优势、发展高端产业，重点提高高性能计算机服务器、集成电路、嵌入式电子、软件潜力领域，加快培育物联网、云计算、信息安全、人工智能、光电子五大新兴领域。为了推动经济社会各领域信息化，全面提升城市综合信息化水平，打造"智慧天津"，天津加快三网融合和两化融合的关键性技术研发。同时，建设物联网发展必不可少的信息基础设施,提高宽带网络覆盖率和建设新型无线宽带城域网,启动了智慧城市建设示范点工程,从而推进物联网和云计算在政府、公共领域的广泛应用。

2)西南地区

成都市 2009 年电子信息产业实现增值 550 亿元,占区域生产总值的 12.21%。其 RFID 产业的相关产品销售收入占全国市场的 10%,卫星导航定位终端、编解码器芯片等在国内视频和定位跟踪行业领域处于领先水平。成都成为国家电子信息高技术产业基地,拥有物联网技术的科技优势。近年来,成都市将物联网相关技术创新和前沿研究与应用相结合,率先启动实施一系列信息化重大应用和示范工程,如食品安全溯源、数字城管、智能交通、现代物流等物联网试点工程。成都高新区打造一流物联网科技园区,为物联网产业的发展提供条件。成都市开展 4G 网络、无线城市、互联网网际同城直联、高性能云计算等重大基础工程建设,初步形成了满足数据传输和智能处理的基础体系,为物联网产业的发展创造了良好基础。成都政府将高新区规划为物联网关键技术研发基地,以及成都物联网产业发展的助推器。

重庆市在信息敏感材料与器件研发方面处于国内领先水平,信息化发展基础较好。重庆市现已成为国内最大的自动化和仪器仪表的生产者,计算机技术处在国内顶级位置;其物联网相关标准和技术都已处在国际前沿水平,制定的国际 ISO/IEC JTC1 系列 WSN 标准的关键技术申请了国际专利;国际工业无线标准之一的 WIA-PAH 是由其参与制定的。在商业市场方面,重庆市的中国移动 M2M 中心成为其全国运营支撑中心,联合制定出其标准和业务运营方法。

3)珠三角地区

广东省依托广州、深圳两个国家创新型城市,构建珠三角"广佛肇""珠中江""深莞惠"三大物联网产业核心圈,推进物联网产业在工业生产、农渔业生产、商贸服务领域、政府公共服务智能化和社会民生服务领域的应用。广东省物联网市场规模全国最大,发展势头强劲。2015年,广东省物联网产业规模达到 2 800 亿元,同比增长 16.7%;物联网相关企业达 3 400 家,同比增长 9%。从全国范围看,广东省物联网市场规模约占全国产值(约 7000 亿元)的 40%,整体上物联网依旧是发展强劲、效益较高的产业之一。2017 年和 2020 年广东省物联网产业市场规模将分别达到 4 300 亿元和 7 400 亿元。

深圳集聚了一批物联网产业的企业集团总部和区域总部,利用自主研发的先进技术抢占物联网核心产业的制高点,在 RFID、传输技术、信息集成平台、智能控制等领域形成了优势,以深圳为中心的珠三角地区物联网核心产业群正初步形成。深圳物联网骨干企业在超高频产品领域占据国内 90%的市场份额,尤其是国内 RFID 读写机市场几乎为深圳企业所包揽。另外,深圳市标准院携手众多本行业龙头企业,组建了深圳市物联网产业标准联盟和深圳市 RFID 产业标准联盟,在物联网标准制定、行业推广等方面取得了丰硕成果:开展了 60 多项标准研制工作,其中参与国际标准 2 项,参与国家物联网基础标准 21 项,主导地方物联网应用标准 16 项,制定和发布联盟标准 16 项。

广州市以"智慧广州"建设为契机,大力推进物联网的技术研发与产业化发展,发展至今在北斗导航射频等芯片、物联网应用平台等核心技术领域取得关键突破,形成了以各类物联网应用创新平台为引领,物联网信息集成服务与电子信息制造业互动发展的态势。广州智慧城市建设带动了物联网在智能交通、智能物流、智能制造、智能安全监管、智能食品溯源、智能环保、智能电网、智能医护、智能支付等重点领域的示范应用与产业化发展,推动了物联网产业链完善和规模增长。据不完全统计,截至 2015 年年底,广州市 RFID、二维码、条形码、传感器、卫星导航、视频监控等物联网企业约 980 家,核心产业规模突破 300 亿元,同比增长 23%,相关电子产品制造和信息集成服务的产值规模超过 2 000 亿元。

4）长三角地区

2009 年，无锡市开始建设"感知中国"中心、无锡市传感网新示范区。到 2012 年，无锡市涉及传感网的企业已有百余家，其规模价值达上百亿元。随着物联网的发展，无锡高新区组建微纳传感中心，以网络带动系统、器件、材料等的需求为牵引，带动整个无锡微纳产业链的发展，促进产业集群的形成，催熟这个产业链的联动发展，使之规模逐渐扩大。无锡市建设辐射全国的"感知中国"中心，将会为我国传感网产业的发展起到支撑作用。到 2012 年，无锡市完成了传感网产业示范基地建设，在新型传感器、网络运营等方面的运营企业 500 家以上，基本完成产业空间布局和功能定位。江苏省政府、无锡市政府和中国科学院共同投资建设中国物联网研究中心。无锡市与中国电子科技集团公司签署"国家传感信息中心"协议，同时与东南大学等高校科研机构横向联合，形成传感网科技合作基地。围绕传感网的创新服务，江苏省各方联合投入 4.2 亿元，研发"无锡传感网产业产学研联合创新服务平台"。

杭州市物联网技术的研究和应用领先于其他大部分地区，在 WSN、RFID 的技术应用领域拥有自己的核心技术，在公众领域应用物联网技术取得了较好的成绩（如智能交通、环境保护等），为物联网产业进一步发展打下良好基础。杭州市从政策上引导、规划物联网产业发展，积极培育物联网企业的发展平台。

上海市在国内的物联网技术和应用占有领先地位，但在总体上处于起步阶段，与世界先进水平仍存在一定差距。上海市在物联网技术研发累计投入 6 000 多万元，承担了 10 余项与物联网相关的国家科技重大专项，总经费超过 1 亿元；在 WSN 工程化、实用化关键技术方面取得了重大突破，在物联网技术标准化方面已达到国际标准。上海市企业展开相应的设备开发，成为国内信息产品制造业的重要基地，形成信息产品制造产业群。同时，上海市开始构建提供公共服务的物联网网络体系，并推进各类行业应用。

5）其他地区

我国其他地区的经济相对落后，其物联网的发展速度远远滞后。虽然全国每个省份都有物联网典型示范区，但能够起到经济效益并不显著，甚至前期投资成本过高，超出该地区政府的资金预算。各省、自治区内的经济发展水平不同，对物联网的应用也有所差异。只有物联网技术垂直应用的行业才能打破区域经济限制，在该区域内得到较好的发展。例如，随着网络经济的蓬勃发展，仓储物流产业也得到了井喷式发展，从而拉动当地的经济和劳动力就业。

讨论与思考题

（1）物联网与互联网的联系和区别是什么？

（2）物联网的基本特征和应用特点是什么？

（3）目前全球还没有对物联网概念统一定义，你如何理解物联网的内涵？请举例说明。

（4）对比国外物联网发展状况，我国物联网发展有哪些优劣势？

（5）结合物联网的应用模式，举例说明其中一个具体应用场景。

（6）试从规模、结构、地域、前景等方面简述我国物联网产业发展。

第2章　物联网原理与体系结构

各国在物联网体系结构上研究的深入和实际设计经验的积累，必然会推动物联网体系结构更加统一、规范和完善，实现物联网网络的大统一。现有的物联网体系结构仍停留在描述物联网功能构造这一点上，不能实现完成物联网体系的形式化说明和验证。从功能角度出发，物联网是一个含有感知、互联、计算和控制能力的智能化网络计算体系。这样，从功能角度所获取的物联网体系结构，一般包含有收发、感知、分析和执行等关键部分。简单地说，现有的物联网体系结构大多从功能性的角度给物联网做出说明，而对功能部件和部件之间连接关系的抽象定义和说明没有详细的研究和结论。因此，未来物联网的发展，将是以运用恰当的形式化方法给物联网体系结构的各种具体功能结构做出属性的描述，以便对物联网体系结构做出精确的改进和完善。

2.1　物联网的结构组成与工作原理

计算机互联网可以把世界上不同地区、不同国家的人们通过计算机紧密地联系在一起，而采用感知识别技术的物联网也可以把世界上不同国家、地区的物品联系在一起，彼此之间可以互相"交流"数据信息，从而形成一个全球性物物相联的智能化社会。从不同的角度来看，物联网会有多种类型，而不同类型的物联网，其软硬件平台组成也会有所不同。从物联网系统组成的角度来看，可以把物联网分为软件平台和硬件平台两大系统。

2.1.1　物联网硬件平台构成

物联网是以数据为中心的面向应用的网络，主要具有信息感知、数据处理、数据回传和决策支持等功能，其硬件平台可由传感网、核心承载网和信息服务系统硬件设施等部分组成，如图 2.1 所示。其中，传感网包括感知结点（数据采集、控制）和末梢网络（汇聚结点、接入网关等），核心承载网为物联网业务的基础通信网络，信息服务系统硬件设施主要负责信息处理和决策支持。

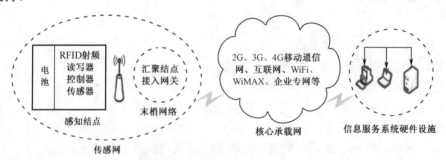

图 2.1　物联网硬件平台示意图

1. 感知结点

感知结点由各种类型的采集和控制模块组成，如温度传感器、声音传感器、振动传感器、压力传感器、RFID 读写器和二维码识读器等，完成物联网应用的数据采集和设备控制等功能。

感知结点由传感单元、处理单元、通信单元以及电源/供电部分 4 个基本单元组成。其中，传感单元由传感器和模数转换功能模块组成，如 RFID、二维码识读设备、温感设备；处理单元由嵌入式系统构成，包括 CPU 微处理器、存储器、嵌入式操作系统等；通信单元由无线通信模块组成，实现末梢结点间以及它们与汇聚结点之间的通信。感知结点综合了传感器、嵌入式计算、智能组网、无线通信和分布式信息处理等技术，能够通过各类集成化的微型传感器协作地实时监测、感知和采集各种环境或监测对象的信息，然后通过嵌入式系统对信息进行处理，并通过随机自组织无线通信网络以多跳中继方式将所感知的信息传送到接入层的基站结点和接入网关，最终到达信息应用服务系统。

2. 末梢网络

末梢网络即接入网络，包括汇聚结点、接入网关等，完成应用末梢感知结点的组网控制和数据汇聚，或完成向感知结点发送数据的转发等功能。也就是在感知结点之间组网之后，若感知结点需要上传数据，则将数据发送给汇聚结点或基站，汇聚结点收到数据后，通过接入网关完成和承载网络的连接；当用户应用系统需要下发控制信息时，接入网关接收到承载网络的数据后，由汇聚结点将数据发送给感知结点，完成感知结点与承载网络之间的数据转发和交互功能。

感知结点与末梢网络承担物联网的信息采集和控制任务，构成传感网并实现传感网的功能。

3. 核心承载网

核心承载网可以有多种类型，主要承担接入网与信息服务系统之间的数据通信任务。根据具体的应用需要，承载网既可以是公共通信网，如 3G、4G、5G 移动通信网，WiFi，WiMAX，互联网，以及企业专用网，甚至还可以是新建的专用于物联网的通信网。

4. 信息服务系统硬件设施

物联网信息服务系统的硬件设施由各种应用服务器和数据库服务器组成，还包括 PC、手机等用户设备、客户端等，主要用于对采集数据的融合/汇聚、转换、分析，以及对用户呈现的适配和事件的触发等。对于信息采集，由于从感知结点获取的是大量的原始数据，这些原始数据对于用户来说只有经过转换、筛选和分析处理后才有实际价值。对这些有实际价值的信息，由服务器根据用户端设备进行信息呈现的适配，并根据用户的设置触发相关的通知信息；当需要对末端结点进行控制时，信息服务系统硬件设施生成控制指令并进行发送，以进行控制。针对不同的应用，将设置不同的信息服务系统服务器。

2.1.2 物联网软件平台构成

在构建一个信息网络时，硬件往往被作为主要因素来考虑，而软件仅在事后才考虑。不过，目前网络软件是高度结构化、层次化的，物联网系统也是这样，既包括硬件平台也包括软件平台，软件平台是物联网的神经系统。不同类型的物联网，其用途不同，因此其软件平台也不相同。但是，软件系统的实现技术与硬件平台密切相关。相对硬件技术而言，软件平台的开发与实现更具有特色。一般来说，物联网软件平台建立在分层的通信协议体系之上，通常包括数据感知系统软件、中间件系统软件、网络操作系统（包括嵌入式系统）以及物联网管理与信息中心（包括企业物联网管理中心、国家物联网管理中心、国际物联网管理中心及其信息中心）的管理信息系统（MIS）等。

1．数据感知系统软件

数据感知系统软件主要完成物品的识别和物品 EPC（电子产品代码）的采集与处理，由企业生产的物品、物品电子标签、传感器、读写器、控制器和物品代码（即 EPC）等主要部分组成。存储 EPC 的电子标签在经过读写器的感应区域时，其中物品的 EPC 会自动被读写器捕获，从而实现 EPC 信息采集的自动化；所采集的数据交由上位机信息采集软件进行进一步处理，如数据校对、数据过滤和数据完整性检查等；这些经过整理的数据可以为物联网中间件系统软件和信息管理系统使用。对于物品电子标签，国际上多采用 EPC 标签，该标签采用 PML 标记每一个实体和物品。

2．中间件系统软件

中间件系统软件是位于数据感知设施（读写器）与后台应用软件之间的一种应用系统软件。中间件系统软件具有两个关键特征：① 系统应用提供平台服务，这是一个基本条件；② 需要连接到网络操作系统，并保持运行工作状态。中间件系统软件为物联网应用提供一系列的计算和数据处理功能，主要完成对数据感知系统采集的数据进行捕获、过滤、汇集、计算、校对、解调、传送、存储和任务管理，减少从感知系统向应用系统中心传送的数据量。同时，中间件系统软件还具有与其他 RFID 支撑软件系统进行互操作等功能。引入中间件系统软件使得原先后台应用软件系统与读写器之间非标准的、非开放的通信接口，变成了后台应用软件系统与中间件系统软件之间，读写器与中间件系统软件之间的标准的、开放的通信接口。

通常，物联网中间件系统软件包括读写器接口、事件管理器、应用程序接口、目标信息服务和对象名解析服务（ONS）等功能模块。

（1）读写器接口。物联网中间件必须优先为各种形式的读写器提供集成功能。协议处理器确保中间件能够通过各种网络通信方案连接到 RFID 读写器；RFID 读写器与其应用程序之间通过普通接口标准相互作用，其中大多数采用由 EPC Global 组织制定的标准。

（2）事件管理器。事件管理器用来对读写器接口的 RFID 数据进行过滤、汇集和排序操作，并通告数据与外部系统相关联的内容。

（3）应用程序接口。应用程序接口是应用程序系统控制读写器的一种接口，需要中间件能够支持各种标准的协议，如支持 RFID 以及配套设备的信息交互和管理。同时，应用程序接口还要屏蔽前端的复杂性，尤其是要屏蔽前端硬件（如 RFID 读写器等）的复杂性。

（4）目标信息服务。目标信息服务由目标存储库和服务引擎两部分组成。其中，目标存储库用于存储与标签物品有关的信息并使之能用于以后的查询；服务引擎拥有用于目标存储库管理信息的接口。

（5）对象名解析服务。对象名解析服务（ONS）是一种目录服务，主要是将对每个带标签物品所分配的唯一编码，与一个或者多个拥有关于该物品更多信息的目标信息服务的网络定位地址进行匹配。

3．网络操作系统

网络操作系统（NOS）是一种能代替操作系统的软件程序，是网络的心脏和灵魂，是向网络计算机提供服务的特殊的操作系统。NOS 借由网络达到互相传递数据与各种消息，分为服务器（Server）及客户端（Client）。其中，服务器的主要功能是服务器和网络上的各种资源的管理以及网络设备的共享，加以统合并控管流量，避免有瘫痪的可能性；客户端具有接收服务器所传递的数据的功能，通过它可以清楚地搜索所需的资源。因此，物联网通过互联网实现物理世界中的任何物品的互联，在任何地方、任何时间可识别任何物品，使物品成为附有动态信息的"智能产品"，并使物品信息流和物流完全同步，从而为物品信息共享提供一个高效、快捷的网络通信和云计算平台。

因所提供的服务类型不同，NOS与运行在工作站上的单用户操作系统或多用户操作系统（UNIX、Linux）有差别。通常，NOS以使网络相关特性达到最佳为目的，如共享数据文件、软件应用，以及硬盘、打印机、调制解调器、扫描仪和传真机等。

为防止一次由一个以上的用户对文件进行访问，通常NOS都具有文件加锁功能。若系统没有这种功能，用户将不会正常工作。文件加锁功能可跟踪使用中的每个文件，并确保一次只能一个用户对其进行编辑。文件也可由用户的口令加锁，以维持专用文件的专用性。

4．物联网信息管理系统

类似于互联网上的网络管理，物联网也需要管理。目前，物联网信息管理系统大多是基于简单网络管理协议（SNMP）而建设的管理系统，与一般的网络管理类似，提供ONS是非常重要的。ONS要有授权，且有一定的组成架构。ONS能把每一种物品的编码进行解析，再通过统一资源定位符（URL）服务获得相关物品的进一步信息。

物联网信息管理中心负责管理本地物联网，它是最基本的物联网信息服务管理中心，为本地用户提供管理、规划及解析服务。国家物联网信息管理中心负责制定和发布国家总体标准，负责与国际物联网互联，并对企业物联网管理中心进行管理。国际物联网信息管理中心负责制定和发布国际框架性物联网标准，负责与各个国家的物联网互联，并对各个国家的物联网信息管理中心进行协调、指导和管理等。

2.1.3 物联网工作原理

在物联网时代，无处不在的传感设备犹如无数双"锐眼"，将众多的贴有电子标签的物品尽收眼底。物联网中央信息处理系统则通过云计算等技术，对整个网络内的人员、设备、物品和基础设施实施实时的运算、控制和管理。在这个网络中，物品（商品）能够彼此进行"交流"，而不需要人的干预。

1．物联网参考体系结构

物联网的实质是利用射频识别（RFID）技术，通过计算机互联网实现物品（商品）的自动识别和信息的互联与共享。RFID标签中存储着规范而具有互用性的信息，通过无线数据通信网络可将这些信息自动采集到中央信息系统，实现物品（商品）的识别，进而通过开放性的计算机网络实现信息的交换和共享，实现对物品的"透明"管理。物联网的参考体系结构可分为三层，即感知层、网络层和应用层，如图2.2所示。

（1）感知层。感知层是物联网的皮肤和五官，主要完成信息的收集与简单处理。感知层包括二维码标签和识读器、RFID标签和读写器、摄像头、GNSS（全球导航卫星系统）、传感器、终端和传感器网络等，主要用于识别物体和采集信息，与人体结构中的皮肤和五官的作用类似。

（2）网络层。网络层是物联网的神经中枢和大脑，主要完成信息的远距离传输等功能。网络层包括通信网与互联网的融合网络、网络管理中心、信息中心和智能处理中心等。网络层将感知层获取的信息进行传递和处理，其作用类似于人体结构中的神经中枢和大脑。

（3）应用层。应用层主要完成服务发现和服务呈现的工作，其作用是将物联网的"社会分工"与行业需求相结合，实现广泛的智能化。应用层通过物联网与行业专业技术深度融合，与行业需求相结合，实现行业智能化，其作用类似于人类的社会分工。

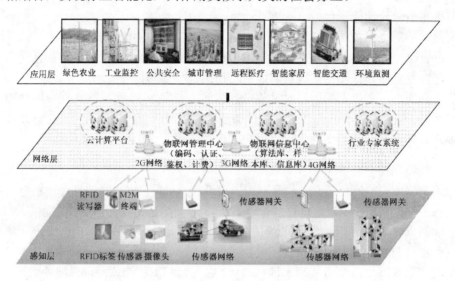

图 2.2　物联网三层参考体系结构

当然，在感知层与网络层之间通常还应该包括接入层。接入层主要完成各类设备的网络接入，该层重点强调各类接入方式，比如 2G/3G/4G、Mesh 网络、WiFi、有线或者卫星等方式。

与此同时，网络层与应用层之间也应该包括支撑层，又称中间件或者业务层。支撑层对下需要对网络资源进行认知，进而达到自适应传输的目的；该层完成信息的表达与处理，最终达到语义互操作和信息共享的目的。支撑层对上提供统一的接口与虚拟化支撑，其中虚拟化包括计算虚拟化和存储虚拟化等，较为典型的技术是云计算。

2. 物联网的实现步骤

物联网的实现步骤主要包括三部分：① 对物体属性进行标识，属性包括静态属性和动态属性，静态属性可以直接存储在标签中，动态属性需要先由传感器实时探测；② 需要识别设备完成对物体属性的读取，并将信息转换为适合网络传输的数据格式；③ 将物体的信息通过网络传输到信息处理中心（处理中心可能是分布式的，如家中的电脑或者手机；也可能是集中式的，如中国移动的 IDC），由处理中心完成物体通信的相关计算。

物联网的实现是通过一系列的产业链来完成的，由应用解决方案、传感感知、传输通信和运算处理等四大关键环节构成；物联网以应用解决方案为核心，集成应用解决方案、传感感知、传输通信和运算处理等关键环节，构成创新价值链。

（1）应用解决方案是核心。物联网在今后的一个相当长的时期内，都将是面对某项具体的应用而存在的，因此物联网的创新、普及和应用，均将以具体的应用解决方案的整合创新为核心。

（2）传感感知是基础。作为物联网的神经末梢，传感器是整个链条最基础的环节，其需求量也是最大的。随着物联网的发展，大量的通用传感设备将得到普及，特定领域的高端传感器件也将获得长足发展。

（3）传输通信是保障。对于大量细节和结点信息的感知，需要通过更便捷、更可靠和更安全的方式传输汇集到中心结点或者提供给信息处理单元，可以提供海量结点地址的下一代互联网 IPv6 技术，以及无线数据传输的 3G/4G 和 LTE 技术，都为大范围的物联网应用传输提供了可能。

（4）运算处理是能力。物联网的应用是以大量信息结点的实时感知和综合智能反馈处理为突出特征的。集中式的超级运算以及分布式的云计算已成为物联网运算发展的两条可选路径，针对具体应用所选择的数据模型与算法是提升处理智能和效能的关键。

2.2 物联网体系结构

物联网作为新兴的信息网络技术，将对 IT 产业的发展起到巨大的推动作用。然而，由于物联网尚处于起步时期，因此至今还没有一个广泛认同的体系结构。在公开发表物联网应用系统的同时，很多研究人员也发表了若干物联网的体系结构。例如，物品万维网（Web of Things，WoT）的体系结构定义了一种面向应用的物联网，它将万维网服务嵌入到系统中，可以采用简单的万维网服务形式使用物联网。这是一个以用户为中心的物联网体系结构，它试图把互联网中成功的、面向信息获取的万维网应用结构移植到物联网上，用于简化物联网的信息发布和获取。当前，较具代表性的物联网架构有欧美支持的 EPC Global 物联网体系结构和日本的 UID（Ubiquitous ID）物联网体系结构等。我国也积极参与了物联网体系结构的研究，目前正在积极制订符合社会发展实际情况的物联网标准和架构。

2.2.1 物联网自主体系结构

为了适应异构的物联网无线通信环境的需要，Guy Pujolle 提出了一种采用自主通信技术的物联网自主体系结构，如图 2.3 所示。所谓自主通信是指以自主件（Self Ware）为核心的通信，自主件在端到端层次以及中间结点，执行网络控制面已知的或者新出现的任务，自主件可以确保通信系统的可进化特性。由图 2.3 可以看出，物联网的这种自主体系结构由数据面、控制面、知识面和管理面组成。数据面主要用于数据分组的传送；控制面通过向数据面发送配置信息，优化数据面的吞吐量和可靠性；知识面是最重要的一个面，它提供整个信息网络的完整视图，并将其提炼成网络系统的知识，用于指导控制面的适应性控制；管理面协调和管理数据面、控制面与知识面的交互，提供物联网的自主能力。

在如图 2.3 所示的自主体系结构中，其自主特征主要表现为由 STP/SP 协议栈和智能层取代了传统的 TCP/IP 协议栈，如图 2.4 所示。其中，STP 为智能传输协议，SP 为智能协议。物联网结点的智能层主要用于协商交互结点之间对于 STP/SP 的选择，用于优化无线链路上的通信和数据传输，以满足异构物联网设备之间的联网需求。

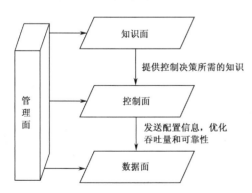

图 2.3　物联网的一种自主体系结构

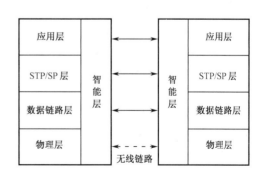

图 2.4　实现 TCP/IP 协议栈的自主体系结构

这种面向物联网的自主体系结构涉及的协议栈比较复杂，适用于计算资源较为充裕的物联网结点。

2.2.2 物联网 EPC 体系结构

随着全球经济一体化和信息网络化进程的加快，为满足对单个物品的标识和高效识别，美国麻省理工学院（MIT）的自动识别（Auto-ID）实验室在美国统一代码协会（Uniform Code Council，UCC）的支持下，提出要在计算机互联网的基础上，利用 RFID 和无线通信技术，构造一个覆盖世界万物的系统，同时还提出了电子产品代码（EPC）的概念。也就是说，每一个对象都将被赋予一个唯一的 EPC，并由采用 RFID 技术的信息系统进行管理和彼此联系；数据传输和数据存储均由 EPC 网络进行处理。随后，欧洲物品编码协会（EAN）和美国统一代码协会（UCC）于 2003 年 9 月共同成立了非营利性组织 EPC Global，将 EPC 纳入了全球统一标识系统，实现了全球统一标识系统中的 GTIN（全球贸易项目代码）编码体系与 EPC 概念的完善结合。EPC Global 关于物联网的描述是，一个物联网主要由 EPC 编码体系、RFID 系统和 EPC 信息网络系统三部分组成。

1．EPC 编码体系

物联网实现的是全球物品信息的实时共享。显然，首先要做的是实现全球物品的统一编码，即对在地球上任何地方生产出来的任何一件产品，都要给它打上电子标签。在这种电子标签里携带有一个电子产品编码，且全球唯一。电子标签代表了该物品的基本识别信息，如"A 公司于 B 时间在 C 地点生产的 D 类产品的第 E 件"。目前，欧美支持的 EPC 编码和日本支持的 UID 编码是两种常见的电子产品编码体系。

2．RFID 系统

RFID 系统包括 EPC 标签和读写器。EPC 标签是编号（每个商品的唯一号码，即牌照）的载体，当 EPC 标签贴在物品上或内嵌在物品中时，该物品与 EPC 标签中的产品电子代码就建立起了一对一的映射关系。EPC 标签从本质上来说是一个电子标签，通过 RFID 读写器可以实现对 EPC 标签中内存信息的读取。这个内存信息通常就是产品电子代码。产品电子代码经读写器上报给物联网中间件，经处理后存储在分布式数据库中。用户查询物品信息时只要在网络浏览器的地址栏中，输入物品名称、生产商和供货商等数据，就可以实时获悉物品在供应链中的状况。目前，涉及这部分的标准也已制定，其中包括电子标签封装标准以及电子标签和读写器之间的数据交互标准等。

3．EPC 信息网络系统

EPC 信息网络系统包括 EPC 中间件、EPC 信息发现服务以及 EPC 信息服务（EPCIS）三部分。

1）EPC 中间件

为了实现每个小的应用环境或系统的标准化以及它们之间的通信，在后台应用系统和读写器之间必须设置一个通用平台和接口，通常将其称为中间件。EPC 中间件用于实现 RFID 读写器和后台应用系统之间的信息交互，捕获实时信息和事件，或上行给后台应用数据库系统以及 ERP 系统，或下行给 RFID 读写器。EPC 中间件采用标准的协议和接口，是连接 RFID 读写器和信息系统的纽带。目前，应用级事件（ALE）标准已在制定。

2）EPC 信息发现服务

EPC 信息发现服务（Discovery Service）包括 ONS 及配套服务，它基于 EPC，获取 EPC 数据访问通道信息。目前，根 ONS 系统和配套的发现服务系统由 EPC Global 委托 Verisign

公司进行运维，其接口标准正在形成之中。

3）EPC 信息服务

EPC 信息服务（EPCIS）即 EPC 系统的软件支持系统，用于实现最终用户在物联网环境下交互 EPC 信息。EPCIS 的接口和标准将为 EPC 数据提供一整套标准接口，一旦 EPCIS 标准获得认可，极有可能为 RFID 产业的发展带来很大的推动作用，从而给捕获和共享由无线频率识别芯片收集的信息业务提供了一种标准的方式。

EPC 物联网体系结构主要由 EPC 编码、EPC 标签和 RFID 读写器、中间件系统、ONS 服务器和 EPCIS 服务器等部分构成，如图 2.5 所示。

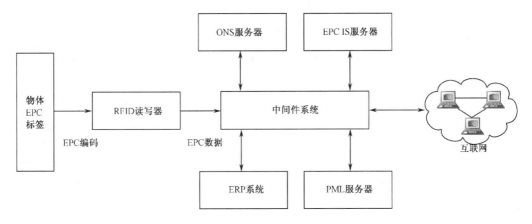

图 2.5　EPC 物联网体系结构示意图

从图 2.5 中可以看到，一个企业物联网应用系统的基本构架由 RFID 识别系统、中间件系统和计算机互联网系统三部分组成。其中，RFID 识别系统包含 EPC 标签和 RFID 读写器，两者通过 RFID 空中接口通信；EPC 标签贴于每件物品上。中间件系统含有 EPCIS、PML 和 ONS 及其缓存系统，其后台应用数据库系统还包含 ERP 系统等；中间件系统与计算机互联网相连，能够及时、有效地跟踪、查询、修改或增减数据。

综上所述，EPC 系统是在计算机互联网的基础上，通过 EPC 中间件、ONS 和 EPCIS 来实现全球物物互联的。

2.2.3　物联网 UID 技术体系结构

目前，UID 技术正在随着它的编码体系、标签分级体系、泛在通信器以及 U-code 解析服务器等子系统的成熟和完善而不断向前发展。鉴于在电子标签方面的发展，日本早在 20 世纪 80 年代中期就提出了实时操作系统内核（TRON）。TRON 工程是由日本东京大学的坂村健博士倡导的全新的计算机体系，旨在构筑"计算无处不在"的理想环境。其中的 T-Engine 是其体系结构的核心。在 T-Engine 论坛领导下，设立在东京大学的泛在 UID 中心于 2003 年 3 月成立，并得到日本政府经产省和总务省以及大企业的支持；2004 年 4 月，T-Engine 授权的 UID 中国中心在北京成立。目前，UID 中心包括微软、索尼、三菱、日立、日电、东芝、夏普、富士通、NTT、DoCoMo、KDDI、J-Phone、伊藤忠、大日本印刷、凸版印刷和理光等诸多企业。组建 UID 中心是为了建立和普及自动识别"物品"所需的基础技术，实现"计算无处不在"的理想环境。

UID 是一个开放性的技术体系结构，由泛在识别码（uCode）、泛在通信器（UC）、信息系统服务器和 uCode 解析服务器四部分构成。UID 使用 uCode 作为现实世界物品和场所的标识。UC 从 uCode 电子标签中读取 uCode，以获取这些设施的状态，并对它们进行控制；UC 类似于 PDA 终端。UID 可在多种行业中广泛应用，利用 UID 可将现实世界中用 uCode 标签的物品、场所等各种实体与虚拟世界中存储在信息服务器中的各种相关信息联系起来，实现物物互联。

2.2.4　物联网体系结构特点与构建原则

1. 物联网体系结构的特点

物联网属于一种传感器网加上互联网的网络结构。传感器网作为末端的信息拾取或者信息馈送网络，是一种可以快速建立，不需要预先存在固定的网络底层构造（Infrastructure）的网络体系结构。物联网特别是传感网中的结点可以动态、频繁地加入或者离开网络，不需要事先通知，也不会中断其他结点间的通信。网络中的结点可以高速移动，从而使结点群快速变化，结点间的链路通断频繁变化。传感器网络的这些使用特点，导致物联网或者传感网具有如下特点：

（1）网络拓扑结构变化快。传感器网络密布在需要拾取信息的环境之中。传感器数量大，设计寿命的期望值长，结构简单，通常独立开展工作。而实际上，传感器的寿命受环境的影响较大，失效是常事。传感器的失效，往往造成传感器网络拓扑结构的变化。这一点在复杂和多级的物联网系统中表现得尤其突出。

（2）传感器网络难以形成网络的结点和中心。传感器网络的设计和操作与其他传统的无线网络不同，它基本上没有一个固定的中心实体。在标准的蜂窝无线网中，正是靠这些中心实体来实现协调功能的，而传感器网络则必须靠分布算法来实现协调功能。因此，传统的基于集中的归属位置寄存器（HLR）和漫游位置寄存器（VLR）的移动管理算法，以及基于基站和移动交换中心（MSC）的媒体接入控制算法，在传感器网络中都不再适用。

（3）传感器网络的作用距离一般比较短。传感器网络自身的通信距离一般多为几米、几十米的范围。例如，对于射频电子标签 RFID 中的非接触式 IC 卡，阅读器和应答器之间的作用距离，密耦合的工作环境是二者贴近，近耦合的工作距离一般小于 10 mm，疏耦合的工作距离也只有 50 mm 左右。有源的 RFID，如电子收费系统（ETC），其工作距离通常在 1 m 至数米的范围之内。

（4）传感器网络数据的数量不大。在物联网中，传感器网络是前列的信息采集器件或者设备。由于其工作的特点，一般是定时、定点、定量地采集数据并完成向上一级结点的传输，故数据的数量不大。这一点与互联网的工作情况有很大的差别。

（5）物联网对数据的安全性要求较高。物联网工作时一般少有人员的介入，完全依赖网络自动采集、传输和存储数据，以及分析数据，并且报告结果和采取相应的措施。如果数据发生错误，必然引起系统的错误决策和行动。物联网对数据的安全性要求较高，这一点与互联网不一样。互联网由于使用者具有相当的智能和判断能力，因此在发生网络和数据的安全性受到攻击时，往往可以主动采取措施。

（6）网络终端之间的关联性较低。在物联网中，终端结点之间的信息传输很少，因此终端之间的独立性较大。通常，物联网的传感终端和控制终端工作时均通过网络设备或者上一级结点传输信息，这样传感器之间的信息相关性不大，相对比较独立。

（7）网络地址的短缺导致网络管理的复杂性。众所周知，物联网中的每个传感器都应该获得唯一的地址，这样网络才能正常地工作。但是，目前 IPv4 地址即将用完，以致互联网地址也已经非常紧张。对于物联网这样大量使用传感器结点的网络，对于地址的寻求就更加迫切。尽管 IPv6 已经考虑到了这一问题，但是由于 IPv6 的部署需要考虑与 IPv4 的兼容，而且巨大的投资并不能立即带来市场的巨大商机，因此各大运营商对于 IPv6 的部署一直小心谨慎。由于目前还是倾向于采取内部的浮动地址对这一问题加以解决，这样就增加了物联网管理技术的复杂性。

2．物联网体系结构的构建原则

物联网概念的问世，打破了传统的思维模式。在提出物联网概念之前，人们一直将物理基础设施和 IT 基础设施分开：一方面是机场、公路和建筑物；另一方面是数据中心、个人计算机和宽带等。在物联网时代，将把钢筋混凝土、电缆、芯片及宽带整合为统一的基础设施，这种意义上的基础设施像是一块新的地球工地，世界在它上面运转，包括经济管理、生产运行、社会管理及个人生活等。研究物联网的体系结构，首先需要明确架构物联网体系结构的基本原则，以便在已有的物联网体系结构基础之上，形成参考标准体系结构。

物联网有别于互联网，互联网的主要目的是构建一个全球性的计算机通信网络，而物联网则主要以数据为中心并从应用出发，利用互联网、无线通信网络资源进行业务信息的传送，是互联网、移动通信网应用的延伸，是自动化控制、遥控遥测及信息应用技术的综合展现。当物联网概念与近程通信、信息采集和网络技术、用户终端设备结合后，其价值才逐步得到展现。从不同的功能角度或模型角度建立的物联网体系结构，可能具有不同的样式和性能。一般来说，构建物联网体系结构模型，应该遵循以下原则（或者说评价标准）：

（1）多样性原则。物联网体系结构应根据物联网服务类型和结点的不同，分别设计多种类型的体系结构，不能也没有必要建立统一的标准体系结构。

（2）时空性原则。物联网尚在发展之中，其体系结构应满足物联网在时间、空间和能源方面的需求，可以集成不同的通信、传输和信息处理技术，应用于不同的领域。

（3）互联性原则。物联网体系结构需要平滑地与互联网实现互联互通，试图另行设计一套互联通信协议及其描述语言将是不现实的。

（4）互操作性原则。对于不同的物联网系统，可以按照约定的规则互相访问、执行任务和共享资源。

（5）扩展性原则。对于物联网体系结构，应该具有一定的扩展性，以便最大限度地利用现有的网络通信基础设施，保护已投资利益。

（6）安全性原则。物联网系统可以保证信息的私密性，具有访问控制和抗攻击能力，具备相当好的健壮性和可靠性。物物互联之后，物联网的安全性将比计算机互联网的安全性更为重要，因此物联网的体系结构应具有防御大范围网络攻击的能力。

2.2.5 物联网体系结构层次分析

上述内容分别从某个具体应用的角度讨论了物联网的系统结构，然而这类结构无法构成一个通用的物联网系统。借鉴计算机网络体系结构模型的研究方法，将物联网系统组成部分按照功能分解成若干层次，由下（内）层部件为上（外）层部件提供服务，上（外）层部件可以对下（内）层部件进行控制。根据物联网的服务类型和结点等情况，依照工程科学的观点，为使物联网系统的设计、实施与运行管理做到层次分明、功能清晰，有条不紊地实现，进一步将感知层细分成感知控制层、数据融合层两个子层，网络层细分成接入层、汇聚层和核心交换层三个子层，应用层细分成智能处理层、应用接口层两个子层。考虑到物联网的一些共性功能需求，

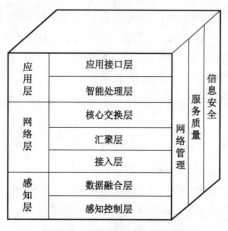

图 2.6 物联网体系结构层次

还应有贯穿各层的网络管理、服务质量和信息安全 3 个面。物联网体系结构层次如图 2.6 所示。

1．感知层

在物联网体系结构层次中，感知层位于底层，是实现物联网的基础，是联系物理世界与虚拟世界的纽带。感知层相当于人的眼、耳、鼻、喉和皮肤等的神经末梢，其主要功能是信息感知、采集与控制；感知层主要包括二维码标签和识读器、RFID 标签和读写器、各种传感器、视频摄像头等，如温度感应器、声音感应器、震动感应器、压力感应器、RFID 读写器和二维码识读器等，完成物联网应用的数据采集和设备控制。感知层可分为感知控制层和数据融合层两个子层。

（1）感知控制层。作为物联网的神经末梢，感知控制层的主要任务是实现全面感知与自动控制，即通过实现对物理世界各种参数（如环境温度、湿度、压力、气体浓度等）的采集与处理，根据需要进行行为自动控制。感知控制层的设备主要包括自动感知设备和人工生成信息的智能设备等两大类型。其中，自动感知设备是能够自动感知外部物理物体与物理环境信息的设备，主要包括二维码标签和识读器、RFID 标签和读写器、传感器、GNSS，以及智能家电、智能测控设备、智能机器人等；人工生成信息的智能设备包括智能手机、PDA、计算机、视频摄像头/摄像机等。

（2）数据融合层。在许多应用场合，由单个传感器所获得的信息通常是不完整、不连续或不精确的，需要其他信息源的数据协同。数据融合层的任务就是将不同感知结点、不同模式、不同媒质、不同时间、不同表示的数据进行相关和综合，以获得对被感知对象的更精确描述。融合处理的对象不局限于所接收到的初级数据，还包括对多源数据进行不同层次抽象处理后的信息。

总体来说，感知层的功能具有泛在化的特点，能够全面采集数据信息，使物联网建立在全面感知基础之上。

2．网络层

网络层位于物联网体系结构的中间，为应用层提供数据传输服务，因此也可称为传输层。从应用系统体系结构的视角，将一个大型网络应用系统分为网络应用与传输两部分，凡是提供数据传输服务的部分都作为传输网或承载网。承载网络主要是现行的通信网络，如 3G/4G 网络，或者互联网、WiFi、WiMAX、无线城域网（WMAN）、企业专用网等，用于完成物联网网络层与应用层之间的信息通信。按照这个设计思想，互联网（包括广域网、城域网、局域网与个人域网）以及无线通信网、移动通信网、电话交换网、广播电视网等，都属于传输网范畴，并呈现出互联网、电信网与广播电视网融合化发展。最终，将主要由融合化网络通信基础设施承担起物联网数据传输任务。

网络层的主要功能是利用各种通信网络，实现感知数据和控制信息的双向传递。物联网需要大规模的信息交互及无线传输，可以借助现有通信网设施，根据物联网特性对其加以优化和改造，以承载各种信息的传输；也可开发利用一些新的网络技术，例如软件定义网络（SDN）承载物联网数据通信。因此，网络层的核心组成是传输网，由传输网承担感知层与应用层之间的数据通信任务。鉴于物联网的网络规模、传输技术的差异性，将网络层分为接入层、汇聚层和核心交换层三个子层。

（1）接入层。接入层由基站结点（汇聚结点）和接入网关（Access Gateway）组成，完成应用末梢各结点信息的组网控制和信息汇集，或完成向末梢结点下发信息的转发等功能。也就是说，在末梢结点之间完成组网后，若末梢结点需要上传数据，则将数据发送给基站结点；基站结点收到数据后，通过接入网关完成和承载网络的连接。当应用层需要下传数据时，接入网关收到承载网络的数据后，由基站结点将数据发送给末梢结点，从而完成末梢结点与承载网络之间的信息转发和交互。接入层的功能主要由传感网（指由大量各类传感器结点组成的自治网络）来承担。

（2）汇聚层。将位于接入层和核心交换层之间的部分称为汇聚层。该层是区域性网络的信息汇聚点，为接入层提供数据汇聚、传输、管理和分发。汇聚层应能够处理来自接入层设备的所有通信量，并提供到核心交换层的上行链路。同时，汇聚层也可以提供接入层虚拟网之间的互联，控制和限制接入层对核心交换层的访问，保证核心交换层的安全。

汇聚层的具体功能是：① 汇集接入层的用户流量，进行数据分组传输的汇聚、转发与交换；② 根据接入层的用户流量进行本地路由、包过滤和排序、流量均衡与整形、地址转换以及安全控制等；③ 根据处理结果把用户流量转发到核心交换层，或者在本地重新路由；④ 在虚拟局域网（VLAN）之间进行路由并完成其他工作组所支持的功能；⑤ 定义组播域和广播域等。

一般来说，用户访问控制设置在接入层，也可以安排在汇聚层。在汇聚层实现安全控制、身份认证时，采用集中式管理模式。

（3）核心交换层。核心交换层主要为物联网提供高速、安全、具有服务质量保障的通信环境。通常，将网络骨干部分划归为核心交换层，主要目的是通过高速转发交换，提供优化、可靠的骨干传输网络结构。传感网与移动通信技术、互联网技术相融合，完成物联网层与层之间的通信，实现广泛的互联功能。

3．应用层

物联网应用层利用经过分析处理的感知数据，为用户提供不同类型的特定服务，其主要功能包括对采集数据的汇集、转换、分析，以及用户层呈现的适配和事件触发等。网络层传送过来的数据在这一层进入各类信息系统进行处理，通过各种设备解决数据处理和人机交互问题。对于信息的采集，由于从末梢结点获取的是大量的原始数据，这些原始数据对于用户来说只有经过转换、筛选和分析处理后才有实际价值；这些有实际价值内容的应用服务器，根据用户不同的呈现设备来完成信息呈现的适配，并根据用户的设置触发相关的通告信息。同时，当需要完成对末梢结点的控制时，应用层还可完成控制指令的生成和指令的下发控制。应用层按功能可划分为智能处理层和应用接口层两个子层。

（1）智能处理层。以数据为中心的物联网，其核心功能是对感知数据的智能处理，包括对感知数据的存储、查询、分析、挖掘、理解，以及基于感知数据的决策和行为控制。物联网的价值主要体现在对海量数据的智能处理与智能决策水平上。智能处理利用云计算、数据挖掘、中间件等实现感知数据的语义理解、推理和决策。智能处理层对下层（网络层）的网络资源进行认知，进而达到自适应传输的目的；对上层（应用接口层）提供统一的接口与虚拟化支撑。虚拟化包括计算虚拟化和存储资源虚拟化等。智能决策支持系统是由模型库、数据仓库、联机分析处理（OLAP）、数据挖掘及交互接口集成在一起的。

智能处理层主要包括：① 数据库。为适应物联网数据的海量性、多态性、关联性及语义性等特点的需求，在物联网中主要使用关系数据库和新兴数据库系统。② 海量信息存储。海量信息早期采用大型服务器存储,基本上是以服务器为中心的处理模式,使用直连存储（DAS）,存储设备（包括磁盘阵列、磁带库、光盘库等）作为服务器的外设使用。随着网络技术的快速发展,服务器之间交换数据或向磁盘库等存储设备备份时,都需要通过局域网进行,此时主要应用网络附加存储（NAS）技术来实现网络存储;但这将占用大量的网络开销,严重影响网络的整体性能。③ 数据中心。数据中心不仅包括计算机系统和配套设备（如通信/存储设备）,还包括冗余的数据通信连接、环境控制设备、监控设备及安全装置,这样通过高度的安全性和可靠性提供及时、持续的数据服务,可为物联网应用提供良好的支持。④ 搜索引擎。Web 搜索引擎是一个能够在合理响应时间内,根据用户的查询关键词,返回一个包含相关信息的结果列表服务的综合体。传统的 Web 搜索引擎是基于查询关键词的,对于相同的关键词,会得到相同的查询结果;而物联网时代的搜索引擎必须从智能物体角度思考搜索引擎与物体之间的关系,主动识别物体并提取有用信息。⑤ 数据挖掘。物联网需要对海量的数据进行更透彻的感知,要求对海量数据进行多维度整合与分析,更深入的智能化需要普适性的数据搜索和服务,需要从大量数据中获取潜在有用的且可被人理解的模式,其基本类型有关联分析、聚类分析、演化分析等,这些需求都使用了数据挖掘算法。

（2）应用接口层。物联网应用涉及面广,涵盖业务需求多,其运营模式、应用系统、技术标准、信息需求、产品形态均不相同,需要统一规划和设计应用系统的业务体系结构,才能满足物联网全面实时感知、多业务目标、异构技术融合的需要。应用接口层的主要任务就是将智能处理层所提供的数据信息,按照业务应用需求,采用软件工程方法,完成服务发现和服务呈现,包括对采集数据的汇聚、转换、分析,以及用户层呈现的适配和事件触发等。

应用接口层是物联网与用户（包括组织机构、应用系统、人及物品）的能力调用接口,包括物联网运营管理平台、行业应用接口、系统集成、专家系统等,用于支撑跨行业、跨应用、跨系统之间的信息协同、共享、互通。除此之外,应用接口层还可以包括各类用户设备（如 PC、手机）、客户端、浏览器等,以实现物联网的智能应用。

应用接口层是物联网发展的体现。目前,物联网的应用领域主要包括绿色农业、工业监控、公共交通、公共安全、城市管理、远程医疗、智能家居、智能交通和环境监测等。在这些应用领域均已有成功的尝试,某些行业已经积累了很好的应用案例。物联网应用系统的特点是多样化、规模化和行业化,为了保证应用接口层有条不紊地交换数据,需要制定一系列的信息交互协议。应用接口层的协议一般由语法、语义与时序组成。其中,语法规定智能处理过程的数据与控制信息的结构和格式;语义规定需要发出什么样的控制信息,以及完成什么动作与响应;时序规定事件实现的顺序。对于不同的物联网应用系统,应制定不同的应用接口层协议。例如,智能电网应用接口层的协议,与智能交通应用接口层的协议不可能相同。通过应用层接口协议,实现物联网的智能服务。

物联网是一个十分复杂而又庞大的系统,其体系结构是影响未来发展应用的关键所在,因此需要分阶段、有计划地开展深入的科学研究。

4. 支持物联网共性需求的功能

物联网体系结构还应包括贯穿各层的网络管理、服务质量（QoS）、信息安全等共性需求的功能面,为用户提供各种具体的应用支持。

（1）网络管理。网络管理是指通过某种方式对网络进行管理,使网络能正常、高效地运行。国际标准化组织（ISO）为网络管理定义 5 个功能:配置管理、性能管理、记账管理、故障管理和安全管理。ISO 认为,开放系统互连（OSI）参考模型是指这样一些功能,它们控制、协调、监视 OSI 环境下的一些资源,这些资源保证 OSI 环境下的通信。所谓 OSI 参考模型,是指 ISO 制定的一个用于计算机或通信系统间互联的标准体系，一般称为 OSI 参考模型或七层模型（物理层、数据链路层、网络层、传输层、会话层、表示层、应用层）。

（2）服务质量。物联网传输的信息既包含海量感知信息，又包括反馈的控制信息；既包括对安全性、可靠性要求很高的多媒体信息，也包括对安全性、可靠性与实时性要求很高的控制指令。网络资源总是有限的，只要存在网络资源的竞争使用，就会有 QoS 要求。QoS 是相对网络业务而言的，在保证某类业务服务质量的同时，可能是在损害其他业务的服务质量。例如，在网络总带宽固定的情况下，若某类业务占用带宽较多，其他业务能使用的带宽就会减少。因此，需根据业务的特点对网络资源进行合理规划、分配，使得网络资源得到高效利用。可以说，物联网对数据传输的 QoS 要求比互联网更复杂，需贯穿于物联网体系结构的各个层级，通过协同工作的方式予以保障。

（3）信息安全。物联网场景中的实体均具有一定的感知、计算和执行能力，这些感知设备将会对网络基础设施、社会和个人信息安全构成安全威胁。就传感网而言，其感知结点大都部署在无人监控的环境，具有能力脆弱、资源受限等特点。由于物联网是在现有网络基础上扩展了传感网和应用平台，互联网的安全措施已不足以提供可靠的安全保障，使得安全问题更具特殊性。物联网信息安全包括物理安全、信息采集安全、信息传输安全和信息处理安全，目标是确保信息的机密性、完整性、真实性和网络的容错性。因此，信息安全需要贯穿在物联网体系结构的各个层级。

2.2.6 物联网结点类型以及它们之间的连接

1. 物联网结点类型

国际上把利用计算技术监测和控制物理设备行为的嵌入式系统称为信息物理系统（CPS）或者深度嵌入式系统（DES），其中 CPS 也可以翻译为"物理设备联网系统"。为了构建物联网，首先需要划分物联网中结点的类型。物联网结点可以分成无源 CPS 结点、有源 CPS 结点、互联网 CPS 结点等，其特征可从电源、移动性、感知性、存储能力、计算能力、联网能力和连接能力等方面进行描述，如表 2.1 所示。

表 2.1 物联网结点类型与特征

特 征	结 点 类 型		
	无源 CPS	有源 CPS	互联网 CPS
电源	无	有	不间断
移动性	有	可有	无
感知性	被感知	感知	感知
存储能力	无	有	强
计算能力	无	有	强
联网能力	无	有	强
连接能力	T2T	T2T，H2T，H2H	H2T，H2H

无源 CPS 结点是指具有电子标签的物品，它们是物联网中数量最多的结点。例如，携带电子标签的人就可以成为一个无源 CPS 结点。无源 CPS 结点通常不带电源，可以具有移动性和被感知性，以及较弱的数据存储能力，不具备计算和联网能力，可提供被动的 T2T 连接。

有源 CPS 结点是指具备感知性以及联网和控制能力的嵌入式系统，它们是物联网中的核心结点。例如，装备了可以传感人体信息的穿戴式电脑的人，就可以成为一个有源 CPS 结点。

有源 CPS 结点带有电源，具有移动性和感知性，以及存储、计算和联网能力，可提供 T2T、H2T 和 H2H 连接。

互联网 CPS 结点是指具备联网和控制能力的计算系统，它们是物联网的信息中心和控制中心。例如，具有物联网安全性、可靠性要求的，能够提供时间和空间约束服务的互联网结点，就是一个互联网 CPS 结点。互联网 CPS 结点不是一般的互联网结点，而是属于物联网系统中的结点，它们采用互联网的联网技术相互连接，但具有物联网系统中特有的时间和空间的控制能力，配备了物联网专用的安全性和可靠性的控制体系。互联网 CPS 结点具有不间断电源，不具备移动性，可以具有感知性，具有较强的存储、计算和联网能力，可提供 H2T 和 H2H 连接。

2. 物联网结点之间的连接

根据上述对物联网结点的分类，结点之间可能存在的连接类型，包括无源 CPS 结点与有源 CPS 结点之间、有源 CPS 结点与有源 CPS 结点之间以及有源 CPS 结点与互联网 CPS 结点之间的连接。无源 CPS 结点与有源 CPS 结点的互连结构如图 2.7 所示，两者通过物理层协议连接。例如，通过 RFID 协议，有源 CPS 结点可以获取无源 CPS 结点上的电子标签信息。

有源 CPS 结点与有源 CPS 结点的互连结构如图 2.8 所示。有源 CPS 结点之间通过物理层、数据链路层和应用层的协议交互，可实现有源 CPS 结点之间的信息采集、传递和查询。考虑到大部分有源 CPS 结点的资源限制十分严格，因此有源 CPS 结点不适合配置已有的 IP 协议；配置的数据链路层协议也应该是面向物联网的数据链路层协议，这样可以保证可靠、高效、节能地采集、传递和查询信息，满足物联网结点交互的应用需求。有源 CPS 结点之间的信息转发和汇集可以通过应用层协议实现，也就是说，可以按照应用需要，设计灵活的信息采集和转发协议，而不需要采用通用的、低效的互联网中的 IP 协议。

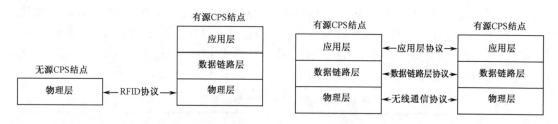

图 2.7　无源 CPS 结点与有源 CPS 结点的互连结构　　图 2.8　有源 CPS 结点与有源 CPS 结点的互连结构

有源 CPS 结点与互联网 CPS 结点的互连结构如图 2.9 所示，有源 CPS 结点需要通过 CPS 网关，才能与互联网 CPS 结点连接。CPS 网关实际上是一个有源 CPS 结点与互联网 CPS 结点的组合，其中实现了完整的互联网协议栈。通过 CPS 网关，可以在应用层与互联网连接，实现物联网与互联网之间的信息传递，以及物联网应用与互联网应用之间的互联互通和互操作。这种互连结构允许不同类型的物联网采用满足自身需要的联网结构，以便简化不必要的联网功能，降低网络系统的复杂性。不同的物联网技术，如汽车电子联网技术、环境监测联网技术等，可以采用适用于各自应用领域的有源 CPS 结点之间连接的协议结构，且需要通过 CPS 网关，就可与互联网相连接。

在上述三种互连结构中，物理层协议提供在物理信道上采集和传递信息的功能，具有一定的安全性和可靠性控制能力；数据链路层协议提供对物理信道访问的控制和复用，以及在链路层安全、可靠、高效地传递数据的功能，具有较为完整的可靠性和安全性控制能力，可以提供服务质量保证；应用层协议提供信息采集、传递和查询功能，具有较为完整的用户管理、联网配置、安全管理及可靠性控制能力。

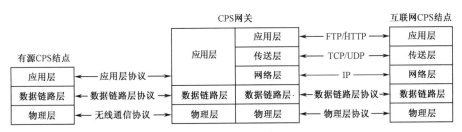

图 2.9　有源 CPS 结点与互联网 CPS 结点的互连结构

讨论与思考题

（1）阐述物联网的工作原理。
（2）EPC 概念是在什么情况下提出的？EPC 体系涉及哪些技术？回答问题并简述其定义。
（3）物联网体系结构的构建要遵循哪些原则？
（4）物联网结构有哪些特点？
（5）物联网体系结构划分为哪几层？试阐述各层的功能与意义。
（6）简述物联网中结点类型与结点互联结构。

第3章 物联网核心技术

众所周知，物联网开启了"万物互联"的时代。既然是"万物互联"，物联网核心技术所涉及的领域就比较宽，从底层的通信，到云计算、大数据，再到最后的应用，无一不涉及核心技术。本章从物联网的感知层、网络层及应用层三个层次结构介绍物联网核心技术。

3.1 物联网感知层技术

感知层是物联网的核心，是信息采集的关键部分。感知层位于物联网三层结构中的最低层，其功能为"感知"，即通过网络获取环境信息。感知层由基本的感应器件和感应器组成的网络两大部分组成。感知层所需的核心技术主要包括感知、检测、编码、标识、解析以及信息服务等技术。

3.1.1 物联网感知技术

1. 红外感应技术

红外感应技术也称为红外探测技术，是物联网应用中的基本技术（其中还包括 RFID 和 GPS 定位技术等）之一。

1）红外感应技术原理

红外感应技术利用目标与背景之间的红外辐射差异所形成的热点或图像来获取目标和背景信息。红外接收光学系统由光学系统和探测器、信息处理器、扫描与伺服控制器、显示装置、信息输出接口、中心计算机等一系列器件组成。其中，红外接收光学系统的作用就是把目标上或目标区域内的红外辐射聚焦在探测器上，其结构类似于通常的接收光学系统，但由于工作在红外波段，其光学材料和镀膜必须与其工作波长相适应。红外感应器将目标和背景的红外辐射转换成电信号，经过非均匀性修正和放大后以视频形式输出至信息处理器。例如，人体红外感应器的感应范围如图 3.1 所示。

信息处理器由硬件和软件组成，对视频进行快速处理后获得目标，然后通过数据接口输出。显示装置可以实时显示视频信号和状态信息。中

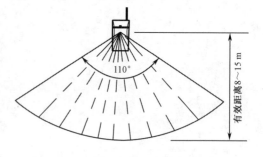

图 3.1 人体红外感应器感应范围

心计算机的作用是对整个系统提供时序、状态、接口以及对内和对外指令等控制。扫描与伺服控制器用于控制光学扫描镜或伺服平台的工作，并把光学扫描镜或伺服平台的角度位置信息反馈给中心计算机。

红外感应技术的主要优点在于符合隐身自身高度隐蔽性的要求，即被动探测、不辐射电磁波，且因工作波长较微波雷达短 3～4 个数量级，因此可以形成具有高度细节的目标图像，而且目标分辨率也较高。

2）红外感应器类别

红外感应器已有100多年的发展史，近代发展尤为迅速。红外感应器分为热敏感应器和光敏感应器两大类型。

（1）热敏感应器。热敏感应器是将温度转换成电信号的器件，分为有源和无源两类。其中，有源热敏感应器的工作原理是利用热释电效应、热电效应、半导体结效应；无源热敏感应器即热敏电阻，约占热敏感应器的55%，其工作原理是利用电阻的热敏特性。热敏电阻如图3.2所示，它可以采用金属、超导体、半导体、金属氧化物半导体及铁电半导体等固体材料制成。其中，采用氧化钴等陶瓷制作的感应器件性能稳定，价格低廉；采用碳和半导体锗、硅及超导测辐射热计的探测率高，响应速度快，但只能在深低温下工作；利用三甘氨酸硫酸盐等铁电晶体的宏观自发极化现象制成的热释电红外感应器适合在室温条件下工作，又具有较高的感应率和较快的响应速度，使用很广。

（2）光敏感应器。光敏感应器又称为光电器件，可分为"外光电"和"内光电"两类。外光电器件是基于金属或半导体的光电子发射效应制成的。工作在红外波段的光电子发射材料主要有锑化物半导体。内光电器件大多是利用半导体锗、硅、锑化铟、碲镉汞等材料的光电效应、光生伏特效应等物理现象制成的，主要有光导探测器、光伏探测器、扫积探测器和光磁电探测器等多种类型。此外还有异质结型器件。例如，利用金属-半导体接触形成肖特基势垒研制的感应器、金属-绝缘体-半导体（MIS）感应器、金属-绝缘体-金属（MIM）感应器以及约瑟夫森感应器；新型的半导体超晶格量子阱红外感应器也属于此类。光敏感应器如图3.3所示。

图3.2　热敏电阻

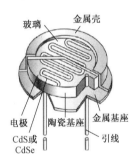

图3.3　光敏感应器

3）红外感应技术发展趋势

为了在未来的技术竞争中取得优势，世界许多国家对大规格、多波段（多色）以及非制冷红外感应器技术都进行了深入研究。目前，红外感应技术的发展趋势主要有红外焦平面阵列、红外光电子物理、双波段探测以及复合探测等技术。

2．全球定位技术

要建立一个有效的物联网，有两大难点必须解决：一是规模性，只有具备了规模，才能使物品的智能发挥作用；二是流动性，物品通常都不是静止的，而是处于运动状态的，必须保持物品在运动状态，甚至高速运动状态下都能随时实现对物品的监控和追踪。在当前技术条件下，对运动状态物品的追踪最好的方法是依托全球定位系统（GPS）来实现。

1）全球定位系统概述

GPS是经美国国防部批准，由美国军方主导研制的空间信息基础设施，可向全球用户提供连续、实时、高精度的三维位置、三维速度和时间信息。目前，国际上一致将这一全球定位系统简称为GPS。此外，俄罗斯建成和维护的全球定位系统称为GLONASS，欧盟的称为

Galileo，我国建设的系统称为北斗导航卫星系统（BNSS）。这些系统统称为 GNSS（全球导航卫星系统）。

以美国的 GPS 为例，它主要由三大部分组成，即空间星座部分、地面监控部分和用户接收部分。

（1）空间星座部分。空间星座部分由 24 颗卫星组成，其中 3 颗为备用。每颗工作卫星上装有高精度原子钟，它发射标准频率，提供高精度的时间标准，是卫星的核心部分。24 颗卫星均匀分布在 6 个轨道平面上，平均高度为 20 200 km，倾角为 55°，卫星运行周期为 11 h 58 min。这样的分布保障了在地球上任何地点、任何时刻至少可以同时观测到 4 颗卫星。加上卫星信号的传播和接收不受天气影响，因此可以实现全球性、全天候的连续实时定位。

（2）地面监控部分。地面监控部分由监测站（Monitor Station）、主控制站（Master Monitor Station）和地面天线（Ground Antenna）组成。它们分别完成监测采集卫星信息、编制星历和修正参数以及对卫星进行信息注入。各站之间采用现代化通信系统进行联系，在原子钟和计算机的驱动和精确控制下，各项工作实现高度的自动化。

（3）用户接收部分。用户接收部分主要利用 GPS 接收机接收卫星发射的信号，捕获按一定卫星截止角所选择的待测卫星，并跟踪这些卫星的运行，然后将获取的定位观测值经数据处理而完成导航定位任务。当接收机捕获到跟踪的卫星信号后，就可测量出接收天线至卫星的伪距离和距离的变化率，解调出卫星轨道参数等数据。根据这些数据，接收机中的微处理器就可按定位解算方法进行定位计算，计算出用户所在地理位置的经纬度、高度、速度和时间等信息。

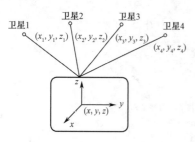

$$[(x_1-x)^2+(y_1-y)^2+(z_1-z)^2]^{1/2}+c(v_{t_i}-v_{t_0})=d_1$$
$$[(x_2-x)^2+(y_2-y)^2+(z_2-z)^2]^{1/2}+c(v_{t_i}-v_{t_0})=d_2$$
$$[(x_3-x)^2+(y_3-y)^2+(z_3-z)^2]^{1/2}+c(v_{t_i}-v_{t_0})=d_3$$
$$[(x_4-x)^2+(y_4-y)^2+(z_4-z)^2]^{1/2}+c(v_{t_i}-v_{t_0})=d_4$$

图 3.4　GPS 定位原理示意图

2）定位基本原理

GPS 具有两类基本观测，即伪距测量和相位测量。GPS 根据这两类测量来完成相应的定位、测速、授时等基本功能。GPS 定位原理示意图如图 3.4 所示。

（1）伪距定位。伪距定位所采用的观测值为 GPS 伪距观测值，所采用的伪距观测值既可以是 C/A 码伪距，也可以是 P 码伪距。伪距定位的优点是数据处理简单，对定位条件的要求低，不存在整周模糊度问题，可以非常容易地实现实时定位；其缺点是观测值精度低，C/A 码伪距观测值的精度一般为 3 m，P 码伪距观测值的精度一般在 30 cm 以内，从而导致定位结果精度低。另外，若采用精度较高的 P 码伪距观测值，还存在长码捕获的问题。

（2）载波相位定位。载波相位定位所采用的观测值为 GPS 的载波相位观测值，即 L1、L2 或它们的某种线性组合。载波相位定位的优点是观测值的精度高，一般优于 2 mm；其缺点是数据处理过程复杂，存在整周模糊度问题。

3）全球定位系统在物联网中的应用

GPS 对于物流中物品的监控与追踪十分有效。利用单片机将 GPS 芯片的定位信息进行适当处理，然后由 GSM 芯片将物品坐标发送至手机终端，即可实现物品在流动过程中的实时监控和追踪。

图 3.5 所示是基于 GPS/GSM 的物品流动监控技术方案的示意图。在图 3.5 中，流动物品从储存地（如商店）搬运到运输工具上时，采用 RFID 射频自动识别仪器，将此批运输的物品信息发送到绑定在物品中的流动监控套件上（由 GPS/GSM 芯片和单片机组成），发送是通过

仪器依托移动通信网 GSM 来实现的，并伴随流动物品所需的信息存储在单片机上，随物品运送到流动的终点。在流动过程中，GPS 通过获得多颗定位卫星的信号可计算出自身的位置（还可以包含位移和速度），并传递到单片机；单片机提取所需信息后将此批物品的其他信息捆绑编码，然后由 GSM 芯片将其发送到 GSM 网络，由 GSM 接收装置（如手机）接收后，传递到互联网终端。最后，由终端对物品的流动状态信息进行处理并通过互联网传递到相关端点。

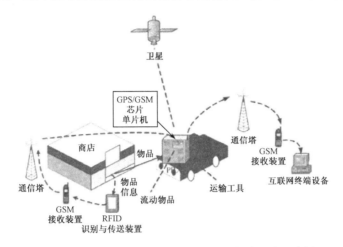

图 3.5　基于 GPS/GSM 的物品流动监控技术方案示意图

3．遥感技术

遥感（Remote Sensing）技术是 20 世纪 60 年代兴起的一种探测技术，是根据电磁波理论，应用各种传感仪器对远距离目标所辐射和反射的电磁波信息进行收集、处理，并最后成像，从而对地面各种景物进行探测和识别的一种综合技术。

1）遥感基本原理

任何物体都具有光谱特性，具体地说，它们都具有不同的吸收、反射、辐射光谱的性能。不仅在同一光谱区各种物体反映的情况不同，而且同一物体对不同光谱的反映也有明显差别。即使是同一物体，但在不同的时间和地点，由于太阳光照射角度不同，它们反射和吸收的光谱也各不相同。遥感技术就是根据这些原理，对物体的属性做出判断。

遥感技术通常使用绿光、红光和红外光三种光谱波段进行探测。绿光段一般用于探测地下水、岩石和土壤的特性；红光段一般用于探测植物的生长和变化及水污染等；红外段一般用于探测土地、矿产及资源。此外，还有微波段，用于探测气象云层及海底鱼群的游弋。

2）遥感系统的组成

遥感是一门对地观测综合性技术，它的实现既需要一整套的技术装备，又需要多种学科的参与和配合，因此实施遥感是一项复杂的系统工程。遥感系统由遥感器、遥感平台、信息传输设备、接收装置以及图像处理设备等组成。遥感器装在遥感平台上，它是遥感系统的重要设备，它可以是照相机、多光谱扫描仪、微波辐射计或合成孔径雷达等。信息传输设备是用于在飞行器和地面之间传递信息的工具。图像处理设备对地面接收到的遥感图像信息进行处理（几何校正、滤波等）以获取反映地物性质和状态的信息。图像处理设备可分为模拟图像处理设备和数字图像处理设备两类，现代常用的是后一类。判读和成图设备是把经过处理的图像信息提供给判释人员直接判释，或进一步用光学仪器或计算机进行分析，找出特征，与典型地物特征进行比较，以识别目标。地面目标特征测试设备用于测试典型地物的波谱特征，为判释目标提供依据。

3）遥感分类

为了便于专业人员研究和应用遥感技术，人们从不同的角度对遥感进行分类。

（1）按搭载传感器的遥感平台进行分类。根据遥感探测所采用遥感平台的不同，可以将遥感分为以下 3 类：

- 地面遥感：把传感器设置在地面平台上，如车载、船载、手提、固定或活动高架平台等。
- 航空遥感：把传感器设置在航空器上，如气球、航模、飞机及其他航空器等。
- 航天遥感：把传感器设置在航天器上，如人造卫星、宇宙飞船及空间实验室等。

（2）按遥感探测的工作方式进行分类。根据遥感探测工作方式的不同，可以将遥感分为以下两类：

- 主动式遥感：由传感器主动地向被探测的目标物发射一定波长的电磁波，然后接收并记录从目标物反射回来的电磁波。
- 被动式遥感：传感器不向被探测的目标物发射电磁波，而是直接接收并记录目标物反射太阳辐射或目标物自身发射的电磁波。

（3）按遥感探测的工作波段进行分类。根据遥感探测工作波段的不同，可以将遥感分为以下 6 类：

- 紫外遥感：其探测波段在 $0.3 \sim 0.38\,\mu m$ 之间，主要遥感方法是紫外摄影。
- 可见光遥感：应用比较广泛的一种遥感方式，对波长为 $0.4 \sim 0.7\,\mu m$ 的可见光的遥感一般采用感光胶片（图像遥感）或光电探测器作为感测元件。可见光摄影遥感具有较高的地面分辨率，但只能在晴朗的白昼使用。
- 红外遥感：近红外遥感和摄影红外遥感，波长为 $0.7 \sim 1.5\,\mu m$，用感光胶片直接感测；中红外遥感，波长为 $1.5 \sim 5.5\,\mu m$；远红外遥感，波长为 $5.5 \sim 1\,000\,\mu m$。中、远红外遥感通常用于遥感物体的辐射，具有昼夜工作的能力。常用的红外遥感器为光学机械扫描仪。红外遥感的探测波段为 $0.76 \sim 14\,\mu m$。
- 多谱段遥感：利用几个不同的谱段同时对同一地物（或地区）进行遥感，从而获得与各谱段相对应的各种信息。将不同谱段的遥感信息加以组合，可以获取更多有关物体的信息，有利于判释和识别。常用的多谱段遥感器有多谱段相机和多光谱扫描仪。
- 微波遥感：对波长 $1\,mm \sim 1\,m$ 的电磁波（即微波）的遥感。微波遥感具有昼夜工作能力，但空间分辨率较低。雷达是典型的主动微波系统，常采用合成孔径雷达（Synthetic Aperture Radar，SAR）作为微波遥感器。
- 多光谱遥感：其探测波段在可见光与红外波段范围之内。

4）遥感应用领域

在军用方面，遥感技术广泛用于军事侦察、导弹预警、军事测绘、海洋监视、气象观测和毒剂侦检等；在民用方面，遥感技术广泛用于地球资源普查、植被分类、土地利用规划、农作物病虫害和作物产量调查、环境污染监测、海洋研制、地震监测等。遥感应用领域可分为环境遥感、大气遥感、资源遥感、海洋遥感、地质遥感、农业遥感以及林业遥感等。遥感技术总的发展趋势是：提高遥感器的分辨率和综合利用信息的能力，研制先进遥感器、信息传输和处理设备，以实现遥感系统的全天候工作和实时获取信息，以及增强遥感系统的抗干扰能力。

3.1.2 RFID 技术

1. RFID 概述

射频识别技术是从 20 世纪 80 年代开始走向成熟的一项自动识别技术。RFID 即射频识别，俗称电子标签。RFID 是一种非接触式的自动识别技术，它通过射频信号自动识别目标对象并获取相关数据，识别工作无须人工干预，可工作于多种恶劣环境。RFID 技术可识别高速运动物体上的标签，可同时识别多个标签，操作快捷方便。

RFID 技术是指利用无线电波对记录媒体进行读写的一种自动识别技术。无线射频识别的距离可从几厘米到几十米，且根据读写方式的不同，可以输入多至数千字节的信息，同时还具有极高的保密性和不可伪造性。典型 RFID 系统的组成框图如图 3.6 所示，其中包括标签（Tag）、读写器（Reader）和天线（Antenna），三部分协同工作，完成 RFID 标签的识别。读写器和天线可集成一体，以节省成本和减小体积。

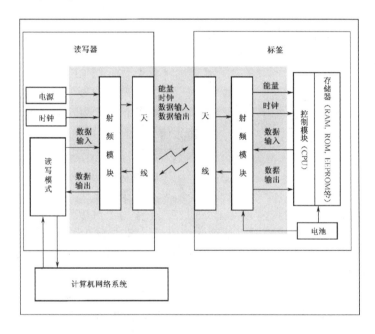

图 3.6　典型 RFID 系统组成框图

根据标签是否有源，RFID 系统可分为有源系统和无源系统。有源 RFID 系统识别距离较远，但标签需要电池供电，体积较大，寿命有限，而且成本高，限制了其应用范围。无源 RFID 系统中的标签无须电池供电，标签体积非常小，并可以按照用户的要求进行个性化封装，标签的理论寿命无限，价格低廉，但其识别距离比有源系统要短。

RFID 技术和其他识别技术相比，具有无须接触、自动化程度高、耐用可靠、识别速度快、适应多种工作环境、可实现高速识别和多标签同时识别等特点，在物流和供应链管理、门禁安防系统、道路自动收费、航空行李处理、文档追踪/图书馆管理、电子支付、生产制造和装配、物品监视、汽车监控以及动物身份标识等领域都有着广泛的应用前景。

埃森哲实验室首席科学家弗格森认为，与条形码相比，RFID 用于物品识别时具有很多优势：① 可以识别单个非常具体的物体，而不是像条形码那样只能识别一类物体；② 采用无线电，可以透过外部材料读取数据，而条形码必须靠激光扫描在可视范围内读取信息；③ 可以同时对多个物体进行识读，而条形码每次只能读取一个；④ 存储的信息量非常大。

2. RFID 工作原理

RFID 技术可识别高速运动物体并可同时识别多个标签，操作快捷方便，其系统工作原理框图如图 3.7 所示。RFID 是一种简单的无线系统，只有两个基本器件，可用于控制、检测和跟踪物体。RFID 技术的基本工作原理并不复杂：标签进入磁场后，接收解读器发出的射频信号，凭借感应电流所获得的能量发送存储在芯片中的产品信息（Passive Tag，无源标签或被动标签），或者主动发送某一频率的信号（Active Tag，有源标签或主动标签）；解读器读取信息并解码后，送至中央信息系统进行有关数据处理。

一套完整的 RFID 系统由阅读器、电子标签（即应答器，Transponder）及应用软件系统三部分组成，其工作原理是 Reader 发射一特定频率的无线电波能量给 Transponder，用以驱动 Transponder 电路将内部的数据送出，此时 Reader 依序接收并解读数据，然后送给应用程序进行相应的处理。

下面具体介绍 RFID 系统的基本工作流程：

（1）读写器将要发送的信息，经编码后加载到高频载波信号上，再经天线发送出一定频率的射频信号，当附着电子标签的目标对象进入发射天线工作区域时会产生感应电流，电子标签凭借感应电流所获得的能量发送出存储在芯片中的产品信息，或者主动发送某一频率的信号。

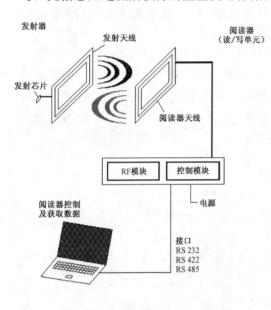

图 3.7　RFID 系统工作原理框图

（2）进入读写器工作区域的电子标签接收此信号，读写器对接收天线接收到的电子标签发送来的载波信号进行倍压整流、调制、解调和解码后，将其送到数据管理系统进行命令请求、密码、权限等相关判断处理；数据管理系统根据逻辑运算判断该电子标签的合法性，并针对不同的设置做出相应的处理和控制。

（3）若为读命令，控制逻辑电路则从存储器中读取有关信息，经加密、编码、调制后通过片上天线发送给阅读器，阅读器将接收到的信号进行解调、解码、解密后送至信息系统进行处理。

（4）若为修改信息的写命令，则有关控制逻辑引起电子标签内部的电荷泵提升工作电压，提供电压擦写 E^2ROM。若经判断其对应密码和权限不符，则返回出错信息。

以 RFID 卡片阅读器与电子标签之间的通信方式和能量感应方式来看，RFID 的工作方式大致上可以分成感应耦合（Inductive Coupling）和后向散射耦合（Backscatter Coupling）两种。通常一般的低频 RFID 大都采用第一种方式，而较高频 RFID 则大多采用第二种方式。

根据使用的结构和技术的不同，阅读器可以是读或读/写装置。阅读器是 RFID 系统的信息控制和处理中心，通常由耦合模块、收发模块、控制模块和接口单元组成。阅读器和应答器之间一般采用半双工通信方式进行信息交换，同时阅读器通过耦合给无源应答器提供能量和时序。在实际应用中，可进一步通过 Ethernet 或 WLAN 等实现对物体识别信息的采集、处理及远程传送等管理功能。应答器是 RFID 系统的信息载体，目前的应答器大多是由耦合元件（线圈、微带天线等）和微芯片组成的无源单元。

3. RFID 系统组成

RFID 系统由一个询问器（或阅读器）和多个应答器（或标签）组成，其组成框图如图 3.8

所示。电子标签（Tag）由耦合元件和微芯片组成，每个标签具有唯一的电子编码，附着在物体上以标识目标对象；阅读器（Reader）是用于读取（有时还可以写入）标签信息的设备，可设计为手持式或固定式；天线（Antenna）在标签和读取器之间传递射频信号。

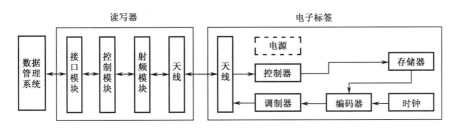

图 3.8　RFID 系统组成框图

1）电子标签

电子标签是 RFID 系统的真正载体，通常电子标签由标签天线和标签专用芯片组成。每个电子标签具有唯一的电子编码，附着在目标对象上。电子标签相当于条形码技术中的条形码符号，用来存储需要识别和传输的信息。依据电子标签供电方式的不同，电子标签可以分为有源电子标签和无源电子标签；从功能方面来看，可将电子标签分为只读标签、可重写标签、带微处理器标签和配有传感器的标签；按调制方式来看，电子标签可以分为主动式标签和被动式标签。

RFID 电子标签在某些特定领域，如工厂自动化生产线、仓库中的物品管理或车站检票等领域已经应用多年。随着技术的日益成熟，电子标签形态越来越小，成本越来越低，因此 RFID 越来越适用于商品包装和物流管理。目前，国际上有两家权威的 RFID 电子标签标准研究机构，代表着 RFID 电子标签标准的发展方向。一家是 1999 年成立的总部设在美国麻省理工学院（MIT）的 Auto ID（自动识别）中心，另一家是日本 2003 年 3 月成立的泛在 ID 中心（Ubiquitous ID Center）。两家中心所推出的标准化规格存在一些差别。例如，在"自动 ID 中心"的规格中，采用 96 位编码描述在电子标签中所容纳的数据，而"泛在 ID 中心"则采用 128 位编码。"自动 ID 中心"以利用互联网为前提探讨电子标签机制，而"泛在 ID 中心"则考虑在不连接互联网的情况下使用电子标签。目前，两中心均已开发完成各自的基础架构。"Auto ID 中心"提出的是由被称为 EPC 的 96 位 ID、管理 ID 信息的 PML 服务器以及检索 PML 服务器位置的 ONS 服务器组成的架构。"泛在 ID 中心"提出的基础架构，其应用将面向 T-engine 的技术，包括 128 位 ID 和名为 ETP（实体传输协议）的专用协议，以及用于搜索电子标签和服务器位置的地址解析服务（ARS）。标准的不统一是制约 RFID 推广的一个重要因素。

目前，我国电子标签的生产和应用仅有一些行业标准支撑，各厂家自主开发的射频标签产品在容量、信息格式等方面不一致、不兼容。尽快制定具有我国自主知识产权的"电子标签"国家标准，并和目前国际的相关标准互通兼容，以促进中国"电子标签"发展的标准化和规范化，是推广 RFID 技术应用发展的必由之路。

2）读写器

读写器是负责读取或写入标签信息的设备，它可以单独完成数据的读写、显示和处理等功能，也可以与计算机或其他系统进行联合，完成对电子标签的操作。典型的读写器包括控制模块、射频模块、接口模块以及读写器天线。此外，许多读写器还配有附加接口，如 RS-232、RS-485 和以太网接口等，以便将获得的数据传给应用系统或从应用系统接收命令。

RFID 系统中电子标签和读写器工作时所使用的频率称为 RFID 工作频率。全球频谱管理由国际电信联盟（ITU）负责和控制，ITU 把全球分为欧洲和非洲区、美洲区和亚洲区三个频谱区。在不同的频谱区域及各自的国家，其实际波段和规则的需求各不相同，所有的国家都各自制定使用各段频谱的法规，且自由选择工作频段。为了确保电子标签在全球网络中能够正常工作，其工作频率应能适应兼容多频段的读写器，以适应各个国家和地区的频段和标准的多样化，使用户能更好地实现信息共享。多频段兼容读写器能够在国际上比较通用的 HF13.56 MHz、UHF 868/915 MHz 和 2.4 GHz 等 3 个频段上执行对电子标签的识别和数据采集操作，并通过 Internet 通信协议与主机之间进行通信，接受主机命令实现主机对读写器的管理。读写器在 RFID 系统中作为分布式客户端服务器的一部分负责采集数据并管理电子标签，在数据采集和管理的操作中无须人工干涉。读写器必须有可动态配置的软件与硬件相匹配，以便实现多频段兼容。可配置的后端多协议网络接口可与主机进行通信，与中间件通过良好的接口完成传送数据的任务，同时在实现功能需求的前提下应保证合理的制造价格，以利于 RFID 系统推广和应用。

在整个物联网系统当中，电子标签和 RFID 读写器实现了整个物联网系统的数据采集，所有在物联网中传输的数据，包括用于企业间信息交互和共享的所有数据，全部都是通过数据采集完成的。在物联网中，信息的采集是一项重要的基础性工作，其核心内容是实时、准确地获取不同结点处的分布式读写器所采集到的数据（电子标签中的数据信息），并根据业务需求传输所需的数据。若是读写器的数据采集出现误差或发生错误，后续的数据处理结果也将无效。因此，如何正确、有效地从分布式读写器中采集数据，如何防止多个标签同时被一个读写器读取时的信息丢失，以及如何准确传输所获取的数据等，是当前 RFID 系统研究的重点，也是物联网实现的基础。

3）数据管理系统

数据管理系统主要完成数据信息的存储、管理以及对电子标签进行读写控制。数据管理系统既可以是市场上现有的各种大小不一的数据库或供应链系统，也可以是面向特定行业的、高度专业化的库存管理数据库。

4. RFID 工作频率特征

目前，不同的 RFID 产品可工作于低频、高频和超高频等不同的频率范围，并可能符合不同的标准。不同频段的 RFID 产品具有不同的特性。下面介绍感应器工作于不同频率时的特性以及主要应用。

1）无源低频（125～134 kHz）

实际上，RFID 技术首先是在低频得到广泛应用和推广的。该频段的感应器主要通过电感耦合方式进行工作，即在读写器线圈和感应器线圈之间存在着变压器耦合作用。通过读写器交变场的作用在感应器天线中感应的电压被整流，可作为供电电压使用。虽然该频段感应器的磁场区域能量足以有效接收，但是场强下降得太快。

（1）特性：

- 工作频率为 120～134 kHz（TI 的工作频率为 134.2 kHz），频段波长约为 2 500 m；
- 除金属材料影响外，一般低频能够穿过任意材料的物品而不降低它的读取距离；
- 工作在低频的读写器在全球没有任何特殊的许可限制；
- 低频产品有不同的封装形式，好的封装形式价格偏贵，但是有 10 年以上的使用寿命；
- 虽然该频率磁场区域的强度下降很快，但是能够产生相对均匀的读写区域；
- 相对于其他频段的 RFID 产品，该频段的数据传输速率较慢；
- 感应器价格相对于其他频段来说偏贵。

（2）主要应用：

- 畜牧业的管理系统；
- 汽车防盗和无钥匙开门系统；
- 马拉松赛跑系统；
- 自动停车场收费和车辆管理系统；
- 自动加油系统；
- 酒店门锁系统；
- 门禁和安全管理系统。

（3）符合的国际标准：

- ISO 11784（RFID 畜牧业的应用-编码结构）；
- ISO 11785（RFID 畜牧业的应用-技术理论）；
- ISO 14223-1（RFID 畜牧业的应用-空气接口）；
- ISO 14223-2（RFID 畜牧业的应用-协议定义）；
- ISO 18000-2 定义的低频物理层、防冲撞和通信协议；
- DIN 30745，主要内容为欧洲对垃圾管理应用定义的标准。

2）无源高频（13.56MHz）

在该频率的感应器不再需要进行线圈绕制，而是通过腐蚀或者印刷方式制作天线。感应器一般通过负载调制方式进行工作，即通过感应器上的负载电阻的接通和断开促使读写器天线上的电压发生变化，实现用远距离感应器对天线电压进行振幅调制。当通过数据控制负载电压的接通和断开时，这些数据就能够从感应器传输到读写器。

（1）特性：

- 工作频率为 13.56MHz，波长约为 22m；
- 除金属材料外，该频率的波长可以穿过大多数材料，但往往会降低读取距离，而且感应器需要离开金属材料一段距离；
- 该频段在全球都已经得到认可，并没有特殊的限制；
- 感应器一般采用电子标签形式；
- 虽然该频率磁场区域的强度下降很快，但是能够产生相对均匀的读写区域；
- 该系统具有防冲撞特性，可以同时读取多个电子标签；
- 某些数据信息可以写入电子标签中；
- 数据传输速率比低频要快，价格也不是很贵。

（2）主要应用：

- 图书管理系统的应用；
- 瓦斯钢瓶管理系统；
- 服装生产线和物流系统的管理和应用；
- 三表预收费系统；
- 酒店门锁的管理和应用；
- 大型会议人员通道系统；
- 固定资产管理系统；
- 医药物流系统的管理和应用；
- 智能货架管理系统。

（3）符合的国际标准：

- ISO/IEC 14443（近耦合 IC 卡，最大读取距离为 10 cm）；
- ISO/IEC 15693（疏耦合 IC 卡，最大读取距离为 1 m）；
- ISO/IEC 18000-3，定义了 13.56 MHz 系统的物理层、防冲撞算法和通信协议；
- 13.56 MHz ISM Band Class 1，定义 13.56 MHz 符合 EPC 的接口定义。

3）无源超高频（860～960 MHz）

超高频系统通过电场来传输能量。电场能量下降得不是很快，但是读取区域不是很好定义；该频段读取距离比较远，无源可达 10 m 左右；主要通过电容耦合的方式实现。

（1）特性：

- 在该频段，全球的定义不完全相同。欧洲和部分亚洲定义的频率为 868 MHz，北美定义的频段为 902～905 MHz，日本建议的频段为 950～956 MHz，该频段的波长约为 30 cm；
- 目前该频段功率输出的统一定义是，美国为 4 W，欧洲为 500 mW，但是欧洲可能会上升到 2 W；
- 超高频频段的电波不能通过许多材料，特别是水、灰尘以及雾等悬浮颗粒物，相对于高频的电子标签来说，该频段的电子标签不需要和金属分开；
- 电子标签的天线一般为长条或标签状，分为线性和圆极化两种，可满足不同应用的需求；
- 该频段有较好的读取距离，但是对读取区域很难进行定义；
- 具有很高的数据传输速率，在很短的时间内可以读取大量的电子标签。

（2）主要应用：

- 供应链上的管理和应用；
- 生产线自动化的管理和应用；
- 航空包裹的管理和应用；
- 集装箱的管理和应用；
- 铁路包裹的管理和应用；
- 后勤管理系统应用。

（3）符合的国际标准：

- ISO/IEC 18000-6，定义了超高频的物理层和通信协议，空气接口定义了 Type A 和 Type B 两部分，支持可读和可写操作；
- EPC Global，定义了电子物品编码的结构和甚高频的空气接口以及通信协议，如 Class 0、Class 1 和 UHF Gen2；
- Ubiquitous ID，日本的一家标准化组织，定义了 UID 编码结构和通信管理协议。

预计未来，超高频的产品将得到大量的应用。例如，WalMart、Tesco、美国国防部和麦德龙超市，都将在它们的供应链上应用 RFID 技术。

4）有源 RFID 技术（2.45 GHz，5.8 GHz）

有源 RFID 具有低发射功率、通信距离长、传输数据量大、可靠性高和兼容性好等特点，与无源 RFID 相比，在技术上的优势非常明显，被广泛地应用于公路收费、港口货运管理等系统。

5．RFID 的选取

在选择 RFID 标签时，除了要考虑频率与距离的关系（如表 3.1 所示），同时还要考虑如下几点：

（1）频点。目前市场上的 RFID 产品具有多种频点，频点的选择应该考虑到地区、应用环节和性能要求。选择标签时，必须首先统筹考虑性能要求和当地允许使用的频点。标签的实际频点由标签的天线决定，和芯片的关系不大。

表 3.1　标签频率性能表

频　段	低　频	高　频	超　高　频		微　波
识别距离	125.125 kHz ＜60 cm	13.56 MHz ～60 cm	433.92 MHz 50～100 m	860～960 MHz ～3.5 m～5 m(P)～ 100 m (A)	2.45 GHz ～1 m 以内(P)～ 50 m (A)
一般特性	• 比较高价 • 几乎没有环境变化引起的性能下降	• 比低频低廉 • 适合短识别距离和需要多重标签识别的应用领域	• 长识别距离 • 实时跟踪、对集装箱内部湿度、冲击等环境敏感	• 先进的 IC 技术使最低廉的生产成为可能 • 多重标签识别距离和性能最突出	• 特性与 900 频带类似 • 受环境的影响最多
运行方式	无源型	无源型	无源型	有源型/无源型	有源型/无源型
识别速度	低速←——→高速				
环境影响	迟钝←——→敏感				
标签大小	大型←——→小型				

（2）读/写技术。"写标签"是指随时改变存储在标签中数据的能力。由于业务操作、信息交换、行业标准和用户需求等因素的随时变化，RFID 系统应能充分适应这些变化。过去的只读 RFID 标签，其中的数据不允许改变。而在生猪饲养、屠宰环节中应采用能够读写的标签，可以根据不同阶段的实际情况改变标签中的数据，或者按照权限设置，更好地保护、锁闭数据。

（3）识读距离。标签的识读距离通常是一个要考虑的重要指标。标签的识读距离与附着物的材质有关，搭配不当将会降低这一性能。不过并非所有的应用都需要较大的识读距离，有时识读距离过大对于系统应用反而有负面影响，因此一种标签可以通过附着不同的材质表面来满足不同应用的需要。写标签的有效距离通常为识读距离的 70%。

（4）标签外形。识读距离虽然被视为标签的一个最重要的指标，不过标签的外形因素也不应该被忽视。经验认为，尺寸大的标签识读距离也较大；然而大标签却不是对于任何场合都合适的。因此，必须在结合实际生产需要的基础上进行标签的外形尺寸和识读距离性能的权衡。

（5）环境条件。在选择了正确的标签的情况下，在什么地方使用和如何使用标签也会对使用效果产生影响。标签周围的材质会影响识读的性能，其他环境因素诸如温度、湿度等也会影响标签的使用效果。不同系列标签和芯片产品应能够贴在各种材质上并在极其恶劣环境下使用。

（6）采用标准。为了适应供应链的各个环节，标准在选择标签时扮演了重要的角色。目前，世界各个 RFID 标准组织正在积极工作，并将不断发展自己的产品来适应未来的各种标准要求，以保证它们与实际产品的匹配和兼容，保障用户投资的长期效益。

在选择 RFID 电子标签时，要兼顾考虑频段、识读距离和成本等因素。RFID 电子标签的数据结构如图 3.9 所示。

6．RFID 的测试

每一个 RFID 通信系统都必须通过监管要求并符合所用标准。然而，目前系统

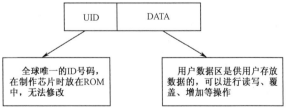

图 3.9　RFID 电子标签的数据结构

优化将这个快速增长产业中的胜者与输者分离开来，从而引出 RFID 系统的设计所面对的监管测试、标准符合性和优化等方面的测试挑战。RFID 技术有几个不同寻常的工程测试挑战，如瞬时信号、带宽效率低的调制技术和反向散射数据。传统的扫频调谐频谱分析仪、矢量信号分析仪和示波器已被用于无线数据链路的开发。但是，这些工具用于 RFID 测试时都存在以下不足：扫频调谐频谱分析仪难以准确捕获和刻画瞬时射频（RF）信号，矢量信号分析仪实际上不支持频谱效率低的 RFID 调制技术及特殊解码要求，快速示波器的测量动态范围小且不具备调制和解码功能，等等。实时频谱分析仪（RTSA）克服了这些传统测试工具的局限性，具备对瞬时信号的优化，通过泰克公司享有专利的频率模板触发器能够可靠触发复杂的真实频谱环境下的特定频谱事件。

1）监管测试

每个电子设备制造商都必须符合设备销售地或使用地的监管标准。许多国家正在修改监管法规以紧跟无源 RFID 标签的独特数据链路特点。大多数监管部门禁止设备的载波（CW）发射，除非用于短期测试。无源标签要求以向标签供应能量并经过反向散射实现调制。即使无源标签没有一个典型的发射器，仍能发出一个被调制的信号。然而，许多规定并没有涉及基于无发射器的调制。多种频谱发射测试并没有明确地包含在阅读器的 RFID 标准中，但却已成为规定。

政府的相关规定要求控制发射信号的功率、频率和带宽。这些规定用于防止有害干扰并保证每个发射者都是频带内其他用户的友好邻居。对于许多频谱分析仪，特别是通常用于脉冲信号能量测量的扫频频谱分析仪，进行此类测量是具有挑战性的。通过实时频谱分析仪既能够分析一个完整的分组发射过程的能量特点，也能直接测量跳频信号的载波频率，而无须将信号置于一个跨度的中心。按一下按键，分析仪就能识别一个瞬时 RFID 信号的调制方式并能够对其功率、频率和带宽进行监管测量，使预一致性（pre-compliance）测试过程变得非常灵活和方便。预一致性测试有助于确保产品一次通过一致性测试，而无须重新设计和重新测试。

2）标准符合性

阅读器和标签之间要可靠地相互作用，就要求与 RFID 空中接口规范/标准相符合。该要求增加了许多超出基本要求的测试以满足政府的频谱发射要求。空中接口符合性测试十分关键，因为它有助于确保标签和阅读器之间能够可靠地协同工作。

通过预编程测量能减少进行这些测试所需的建立时间。例如，ISO 18000-6C 类型的一个重要测量是启动时间和关闭时间。载波能量上升时间必须足够快，以保证标签采集到使其正常工作的充足能量。信号也必须迅速达到稳定状态。发射结束时，载波能量下降时间必须足够快，以防止其他发射受到干扰。

一些 RFID 设备使用了经过优化的面向特定应用的专用通信机制。在这种情况下，工程师需要一种分析仪能够提供多种调制和编码机制，并根据所使用的特定格式，对这些调制和编码机制进行编程调整。

3）优化

一旦满足基本规范，对 RFID 产品的性能进行优化，以赢得某一特定市场空间的竞争优势就显得尤为重要。性能指标包括标签的读取速度、标签在多阅读器环境中的工作能力以及标签与阅读器之间的距离。在消费应用中，标签与阅读器之间的通信速度直接影响用户的满意度。例如，使用 RFID 的公共运输业，读取时间由 5 s 降低到小于 0.5 s 后，才得到广泛认可。由于无源标签需要从 RFID 阅读器获得它们正常工作所需的能量，因此多个阅读器可能导致标签试图对询问它的每一个阅读器都进行响应。在多阅读器情况下，为改善系统的吞吐量需要使用某种防冲突协议。最后，为最大化标签的读取范围，载波对噪声的要求应当最小化，但是这可能与通过最小化载波的不工作时间以防止标签耗尽能量的需要相冲突。这些优化措施对工程师和测量设备提出了挑战。

3.1.3 编码技术

在移动通信中，传输最多的信息是语音信号。语音信号属于模拟信号，语音的编/解码是指在发送端将语音的模拟信号转换为二进制数字信号，而到了接收端，再将收到的数字信号还原为模拟语音。因此，语音编码技术在数字移动通信中具有非常关键的作用。

那么，为什么要采用"编码技术"呢？因为即使是在数字通信中，通信质量比模拟通信时有了很大提高，但是仍然不能令人十分满意。特别是在移动通信中，由于信道环境等因素的影响，使得不得不通过其他方法来提高传输质量，采用编码技术就是一种有效的方法。在数字信号中，语音的模拟信号已经被转换为二进制数字信号，用 1 和 0 来表示。在编码技术中，通过一些方式，把数码进行变换，可得到另外一组适于传输的数码，或者用其他的一些数码对原来的数码进行监察，以保证其在传输过程中不被误判，这就是信道编码技术。

语音编码是一种信源编码。语音编码技术在其发展的几十年里研究出了多种方案，并且在不断地研究日趋成熟，形成了各种实用技术，成为通信技术中的一个相当重要的学科，在各类通信网中得到了广泛的应用。

移动通信对语音编码的要求如下：

（1）编码的速率要适合在移动信道内传输，纯编码速率应低于 16 kbps；

（2）在一定编码速率下语音质量应尽可能高，即解码后的复原语音的保真度要高，主观评分（MOS）应不低于 3.5 分（按长途话音质量要求）；

（3）编解码时延要短，总时延不得超过 65 ms；

（4）要能适应衰落信道的传输，即抗误码性能要好，以保持较好的语音质量；

（5）算法的复杂程度要适中，应易于大规模电路的集成。

在上述的这些要求之间，往往存在着矛盾。例如，要求高质量话音，编码速率就应高一些，而这往往又与信道带宽有矛盾。由于信道带宽是有限的，编码速率过高就无法在信道内传输，因此只能综合考虑和对比，选择最佳的编码方案。从移动通信的要求看，分配给移动通信的频谱资源本来就很少，数字信道的带宽也不能再宽，这样很难有比较大的容量。高速编码的语音，语音质量高，但占用的带宽大，适用于宽带信道；中速编码的语音，语音质量略差，占用的带宽也小一些；低速编码的语音质量较差，但占用的带宽较小，可用于对语音质量要求不高的窄带信道。

1. EPC 编码技术概述

EPC 技术是近年来发展起来的一项综合技术，包含了可用于单品识别的编码技术、射频识别（RFID）技术、互联网技术和电子商务技术等。其中，EPC 编码体系是新一代的与全球贸易项目代码（GTIN）兼容的编码标准，也是 EPC 系统的核心。

EPC 的目标是为物理对象提供唯一的标识，通过计算机网络来标识和访问单个物体。EPC 编码采用一组编号来代表制造商及其产品，不同的是 EPC 还用另外一组数字来唯一地标识单品。EPC 是唯一存储在 RFID 标签微型芯片中的信息，这样可使得 RFID 标签能够维持低廉的成本并保持灵活性，使数据库中的动态数据能够与 EPC 标签相链接。EPC 代码是由 EPC-Global

组织和各应用方协调制定的编码标准，具有科学、兼容、全面和无歧视等特性。

2．EPC 编码系统及其特点

EPC 编码是 EPC 系统的重要组成部分，它可对实体及实体的相关信息进行代码化，并通过统一、规范化的编码建立全球通用的信息交换语言。EPC 编码是国际条码组织（EAN·UCC）在原有的全球统一编码体系的基础上提出的，它是新一代的全球统一标识的编码体系，是对现行编码体系的拓展和延伸。

EPC 的编码容量可达到亿级，具体字节的分配情况考虑了所有实体对象的数量，其主要功能与特点如下：

（1）EPC 提供的对世界上各种对象的唯一标识（Unique Identification），这个数量级的编码容量可以包括世界上各种有形产品和无形服务，因此能够满足物流客体的标识需要；

（2）一个 EPC 编码分配给一个且仅一个物品使用，且在全世界都具有唯一性，可以消除物流客体在物流信息系统中的逻辑位置或属性状态表达的二义性；

（3）EPC 编码体系可以通过兼容现有的编码方案和定义新的编码方案来满足不同行业的需求，不同编码方案的地域标识符不同；

（4）EPC 编码的组织和分配由 EPC-Global 及其各国的编码组织负责，保证了 EPC 编码分配的唯一性，并可解决可能产生的编码冲突，从制度上保证了编码的唯一性。

3．EPC 编码规则

EPC 编码是与 EAN·UCC 编码兼容的新一代编码标准。在 EPC 系统中，EPC 编码可与现行的 GTIN 相结合，因而 EPC 并不是取代现行的条形码标准，而是由现行的条形码标准逐渐过渡到 EPC 标准，或者是在未来的供应链中 EPC 和 EAN·UCC 系统共存。EPC 编码是存储在射频标签中的唯一信息，且已经得到 UCC 和 EAN 两个主要国际标准监督机构的支持。

EPC 码段的分配是由 EAN·UCC 来管理的。在我国，EAN·UCC 系统中 GTIN 编码由中国物品编码中心（ANCC）负责分配和管理。目前，中国物品编码中心已启动 EPC 服务来满足国内企业使用 EPC 的需求。

（1）唯一性。与当前广泛使用的 EAN·UCC 代码不同，EPC 提供对物理对象的唯一标识。换句话说，一个 EPC 编码仅仅分配给一个物品使用。同种规格同种产品对应同一个产品代码，同种产品不同规格对应不同的产品代码。根据产品的不同性质，如重量、包装、规格、气味、颜色和形状等，对产品赋予不同的产品代码。为了确保实体对象唯一标识的实现，EPC Global 采取了足够的编码容量、组织保证以及使用周期等基本措施。其中，足够的编码容量就是对于从世界人口总数（大约 60 亿人）到大米总粒数（粗略估计 1 亿亿粒）这些对象，EPC 都有足够大的地址空间来标识；组织保证就是必须保证 EPC 编码分配的唯一性并寻求解决编码碰撞的方法，EPC-Global 通过全球各国编码组织负责分配本国的 EPC 代码，建立了相应的管理制度；关于使用周期，对于一般实体对象使用周期和其生命周期一致，而对于特殊的产品 EPC 代码的使用周期是永久的。

（2）永久性。产品代码一经分配，就不再更改，且是终身的。当此种产品不再生产时，其对应的产品代码只能搁置起来，不得重新起用或分配给其他的商品。

（3）简单性。EPC 的编码既简单，又能提供对实体对象的唯一标识。以往的编码方案，很少能被全球各国和各行业广泛采用，原因之一是编码过于复杂导致的不适用。

（4）可扩展性。EPC 编码留有备用空间，具有可扩展性。EPC 地址空间是可扩展的，具有足够的冗余，从而确保 EPC 系统的升级和持续发展。

（5）保密性与安全性。由于与安全技术和加密技术相结合，因此 EPC 编码具有高度的保密性和安全性。保密性和安全性是配置高效网络要解决的首要问题之一。安全的传输、存储和实现是 EPC 能被广泛采用的基础。

（6）无含义。为了保证代码有足够的容量以适应产品频繁更新换代的需要，最好采用无含义的顺序码。

4．EPC 标签编码结构

EPC 标签编码的通用结构是一个比特串（如一个二进制数），由一个分层次、可变长度的标头以及一系列数字字段组成，码的总长、结构和功能完全由标头的值决定。标头之后的 3 段数据依次为 EPC 管理者、对象分类和序列号。设计者采用版本号标识 EPC 的结构，并指出了 EPC 中编码的总位数和其他 3 部分中每部分的位数。EPC 标签的编码结构如表 3.2 所示。

表 3.2　EPC 标签的编码结构

EPC 版本	类　型	标头字段	EPC 管理者	对象分类	序列号
	类型 I	2	21	17	24
EPC-64	类型 II	2	15	13	34
	类型 III	2	26	13	23
EPC-96	类型 I	8	28	24	36
	类型 I	8	32	56	192
EPC-256	类型 II	8	64	56	128
	类型 III	8	128	56	64

（1）EPC 的标头字段（EPC Header）。标头字段标识 EPC 的总长、识别类型和 EPC 编码结构。当前，标头字段有 2 位和 8 位两种。2 位有 3 个可能值，8 位有 63 个可能值。标签长度可以通过检查标头最左边的标头字段进行识别。

（2）EPC 管理者（EPC Manager）。EPC 管理者是描述与此 EPC 相关的生产厂商的信息，如"可口可乐公司"。不同版本的 EPC 管理者编码因其长度的可变性，使得较短的 EPC 管理者编号变得更为宝贵。EPC-64 II 型的 EPC 管理者编码部分最短，它只有 15 位。因此，只有 EPC 管理者编号小于 $2^{15}=32\ 768$ 时才可以由该 EPC 版本表示。

（3）对象分类（Object Class）。对象分类用来记录产品精确类型的信息，标识厂家的产品种类。例如，"中国生产的 330 mL 罐装无糖可乐"。对于拥有特殊对象分类编号者来说，其对象分类编号的分配没有限制。

（4）序列号（Serial Number）。序列号唯一标识货品，它会精确地指明所标识的究竟是哪一罐 330 mL 罐装无糖可乐。此编码只是简单地填补序列号值的二进制数 0。一个对象分类编号的拥有者对其序列号的分配没有限制。

3.1.4　标识技术

自动标识技术是信息数据自动识读、自动输入计算机的重要方法和手段，它是以计算机技术和通信技术的发展为基础的一门综合性科学技术。当今信息社会离不开计算机，而正是自动标识技术的崛起，才提供了快速、准确地进行数据采集和输入的有效手段，解决了由于计算机数据输入速度慢、错误率高等造成的"瓶颈"。因而，自动识别技术作为一种革命性的高新技术，已经迅速为人们所接受，目前主要有以下几种。

1. 条码技术

自动识别技术的形成过程是与条码的发明、使用和发展分不开的。条码由一组规则排列的条和空以及相应的数字组成，这种由条和空组成的数据编码可以供机器识读，而且很容易译成二进制数和十进制数。这些条和空有各种不同的组合方法，可以构成不同的图形符号，即各种符号体系，也称码制，适用于不同的应用场合。

条码技术主要包括条码的编码、条码标识符号设计、快速识别和计算机管理等技术，它是实现计算机管理和电子数据交换不可少的前端采集技术。目前，使用频率最高的几种码制分别是 EAN、UPC、39 码、交叉 25 码和 EAN-128 码，其中 UPC 条码主要用于北美地区，EAN 条码为国际通用符号体系，它们都是一种定长、无含义的条码，主要用于商品标识。

2. 光学字符识别（OCR）

光学字符识别（OCR）已有 30 多年历史，近年来又出现了图像字符识别（ICR）和智能字符识别（ICR）。实际上，这 3 种自动识别技术的基本原理大致相同。

OCR 是指电子设备（例如扫描仪或数码相机）检查纸上打印的字符，通过检测亮暗的模式确定其形状，然后用字符识别方法将形状翻译成计算机文字的过程。也就是说，OCR 针对印刷体字符，采用光学的方式将纸质文档中的文字转换成为黑白点阵的图像文件，并通过识别软件将图像中的文字转换成文本格式，供文字处理软件进一步编辑加工的技术。衡量一个 OCR 系统性能好坏的主要指标有：拒识率、误识率、识别速度、用户界面的友好性、产品的稳定性、易用性及可行性等。

OCR 的三个重要应用领域是办公室自动化中的文本输入、邮件自动处理、与自动获取文本过程相关的其他要求。这些领域包括：零售价格识读；订单数据输入，单证、支票和文件识读；微电路及小件产品上状态特征识读等。由于在识别手迹特征方面的进展，目前正在探索在手迹分析及鉴定签名方面的应用。

3. 磁条（卡）技术

磁条技术应用了物理学和磁力学的基本原理。对自动识别方面的制造商来说，磁条就是一层薄薄的由定向排列的铁性氧化粒子组成的材料（也称为涂料），用树脂将其黏合在一起并粘贴在诸如纸或塑料这样的非磁性基片上。

磁条技术的优点是：数据可读写，即具有现场改造数据的能力；数据存储量能满足大多数需求，便于使用，成本低廉并具有一定的数据安全性；能粘贴在许多不同规格和形式的基材上。这些优点，使之在很多领域得到了广泛应用，如信用卡、银行 ATM 卡、机票、公共汽车票、自动售货卡、会员卡和现金卡（如电话磁卡）等。

4. 语音识别技术

语音识别技术的目标是将人类的语音中的词汇内容转换为计算机可读的输入，例如按键、二进制编码或者字符序列。与说话人识别及说话人确认不同，后者尝试识别或确认发出语音的说话人而非其中所包含的词汇内容。

语音识别技术的迅速发展以及高效、可靠的应用软件的开发，使语音识别系统在很多方面得到了应用。这种系统可以用语音指令拟应用特定短句实现"不用手"的数据采集，其最大特点是不用手和眼睛；这对于那些在采集数据的同时还要手脚并用地完成工作的场合，以及标签仅为识别手段时数据采集不实际或不合适的场合尤为适用。

5．虹膜识别

虹膜识别技术基于眼睛中的虹膜进行身份识别，应用于安防设备（如门禁等）以及有高度保密需求的场所。虹膜是一种在眼睛中瞳孔内的织物状各色环状物，每一个虹膜都包含一个独一无二的基于像冠、水晶体、细丝、斑点、结构、凹点、射线、皱纹和条纹等特征的结构，据称，没有任何两个虹膜是一样的。因此，虹膜识别系统能获取视觉图像，并通过一个特征抽取和分析的过程，能自动识别限定的标志、字符和编码结构，或可作为确切识断基础而呈现在图像内的其他特征。这些特征决定了虹膜特征的唯一性，也决定了身份识别的唯一性。这样，可以将眼睛的虹膜特征作为每个人的身份识别对象。

6．射频标识技术

射频标识（RFID）技术是一种非接触式的自动识别技术，它通过射频信号自动识别目标对象并获取相关数据，识别工作无须人工干预，可工作于各种恶劣环境。

射频系统的优点是：不局限于视线，识别距离比光学系统远；射频识别卡具有读写能力，可携带大量数据；难以伪造和具有智能等。短距离射频产品不怕油渍、灰尘污染等恶劣的环境，可以替代条码识别技术，如用在工厂的流水线上跟踪物体。长距离射频产品多用于交通上，识别距离可达几十米，如自动收费或识别车辆身份等。RFID 适用于物料跟踪、运载工具和货架识别等要求非接触数据采集和交换的场合，由于 RF 标签具有可读写能力，对于需要频繁改变数据内容的场合尤为适用。

7．便携式数据终端和射频通信

便携式数据终端（PDT）可把那些采集到的有用数据存储起来或传送至信息管理系统。PDT一般包括一个扫描器、一个体积小但功能很强并带有存储器的计算机、一个显示器和一个供人工输入用的键盘。在只读存储器中装有常驻内存的操作系统，用于控制数据的采集和传送。PDT 基本工作原理是：首先按照用户的要求，将应用程序在计算机编制后下载到便携式数据采集器中，便携式数据采集器中的基本数据信息必须通过 PC 的数据库获得，而存储的信息也必须及时导入到数据库中。

PDT 硬件具有计算机设备的基本配置有 CPU、内存、依靠电池供电、各种外设接口；软件上具有计算机运行的基本要求包括操作系统、可以编程的开发平台及独立的应用程序。PDT可以将电脑网络的部分程序和数据传至手持终端，并可以脱离电脑网络系统独立进行某项工作，通常都是可编程的，允许编入一些应用软件。PDT 存储器中的数据可随时通过射频通信技术传送到主计算机上。操作时先扫描位置标签，货架号码、产品数量就都输入到了 PDT，再通过 RF/DC 技术把这些数据传送到计算机管理系统，可以得到客户产品清单、发运标签以及该地所存产品的代码和数量等。

8．智能卡

随着集成电路技术和计算机信息系统技术的全面发展，科学家们将具有处理能力和具有安全可靠、加密存储功能的集成电路芯片嵌装在一个与信用卡一样大小的基片中，这就是"集成电路卡"，国际上称为"Smart Card"，通常译为"智能卡"，即内嵌有微芯片的塑料卡（通常是一张信用卡的大小）的通称。智能卡配备有 CPU 和 RAM，可自行处理数量较多的数据而不会干扰到主机 CPU 的工作。智能卡还可过滤错误的数据，以减轻主机 CPU 的负担。适应于端口数目较多且通信速度需求较快的场合。卡内的集成电路包括 CPU、EEPROM、RAM 和固化在 ROM 中的卡内操作系统（COS）。卡中数据分为外部读取和内部处理部分。

智能卡的最大特点是具有独立的运算和存储功能，在无源情况下数据也不会丢失，数据的安全性和保密性也都非常好，而且成本适中。智能卡与计算机系统相结合，可以方便地满足对各种各样信息的采集、传送、加密和管理，它在国外的许多领域，如银行、公路收费、水表收费、煤气收费、海关车辆检查（使用射频卡，车辆通过时即已读写完毕）等，均得到了广泛应用。

表 3.3 所示对各种自动标识技术分别从可视性、可读写性、读写距离、识别速度、使用寿命、国际标准和成本等方面进行了对比，从中可以看出，RFID 技术是其中最有发展前景的标识技术。

表 3.3　各种识别技术比较

识别技术	条　　码	光学字符	语音识别	生物识别	磁　　卡	接触 IC 卡	射频识别
信息载体	纸、塑料薄膜、金属表面	物质表面	—	—	磁性物质（磁条）	EEPROM	EEPROM
信息量	小	小	大	大	较小	大	大
读写性能	R	R	R	R	R/W	R/W	R/W
读取方式	CCD 或激光束扫描	光电转换	机器识读	机器识读	电磁转换	电擦写	无线通信
人工识读性	受约束	简单	不可	不可	不可	不可	不可
保密性	无	无	好	好	一般	好	好
智能化	无	无	—	—	无	有	有
环境适应性	不好	不好	—	—	一般	一般	很好
光遮盖	全部失效	全部失效	—	可能	—	—	没有影响
方向位置影响	很小	很小	—	—	单向	单向	没有影响
识别速度	低	低	很低	很低	低	低	很快
通信速度	低	低	低	较低	快	快	很快
读取距离	近	很近	很近	直接接触	接触	接触	远
使用寿命	一次性	较短	—	—	短	长	很长
国际标准	有	无	无	无	有	有	有
成本	最低	一般	较高	较高	低	较高	较高
多标签同时识别	不能	不能	不能	不能	不能	不能	能

3.1.5　解析技术

物联网中的对象名解析服务（ONS）是 RFID 公共信息网络体系的核心和基础，是一个自动的网络服务系统，类似于互联网中的域名解析服务（DNS），给 EPC 中间件指明了存储产品相关信息的服务器。对象名称解析服务器将处理比互联网上的域名解析服务更多的请求。当一个包含某种产品信息的服务器崩溃时，对象名称解析服务器又能够引导系统找到存储着同种产品信息的另一台服务器。

1．解析技术概述

EPC 标签中只存储了产品电子编码，而中间件系统则需要根据这些产品电子编码匹配到相应的商品信息，这一寻址功能就是由 ONS 提供的。ONS 将一个 EPC 映射到一个或者多个 IP/URI，在这些 IP/URI 中可以查找到关于这个物品的更多的详细信息，通常就是对应着一个

EPCIS 服务器。ONS 服务是联系前台中间件软件和后台 EPCIS 服务器的网络枢纽。运行在本地服务器中的 ONS 解析服务帮助本地服务器吸收用标签读写器侦测到的 EPC 标签的全球信息。当然也可以将 EPC 关联到与这些物品相关的 Web 站点或者其他 Internet 资源。ONS 提供静态和动态两种内容服务。其中，静态内容服务可以返回物品制造商提供的 IP/URL，动态内容服务可以顺序记录物品在供应链上的移动过程的细节。

ONS 存有制造商真实位置的权威记录，以引导产品信息的查询请求，是建立在 Internet 架构之上的一个分布式信息系统，用来提供权威的、有效的、可扩展的、可靠的全球 ONS。DNS 作为互联网定位技术的基础，其简单性、易见性是最根本的特点，为到达 Web 站点的请求提供真实位置的权威系统，并提供对多种协议的支持。鉴于 ONS 解析和 DNS 解析具有很大的相似性，通过对 ONS 方案的可行性分析和论证，本节将 ONS 设计运行在 DNS 之上，并研究其简单、有效、灵活、安全的通信协议，这是 RFID 公共信息网络规范制定与系统开发的重要基础。作为 RFID 公共信息网络的核心寻址技术，ONS 应该设计得具有可扩展性、兼容性，并可满足海量资源的寻址与定位需求。

2. ONS 工作流程

ONS 系统具有类似于 DNS 系统的分布式层次结构，具有自身的查询机制。ONS 基础解析网络主要由映射信息、根 ONS（Root ONS）服务器、本地 ONS（Local ONS）服务器、ONS 本地缓存（ONS Cache）和本地 ONS 解算器（Local ONS Resolver）5 部分组成。

（1）映射信息是 ONS 所提供服务的实质性内容，用于指定 EPC 与相关的 URI 的映射关系。映射信息分布式存储在各个不同层次的 ONS 服务器中，以便于分层管理大量的映射信息。

（2）根 ONS 服务器处于 ONS 层次结构中的最高层，拥有 EPC 名字空间中的最高层域名。基本上所有的 ONS 查询都是从根 ONS 服务器开始的，对根 ONS 服务器的性能要求很高。同时，各层 ONS 服务器的本地缓存也显得非常重要，因为这些缓存可以明显地减少对根 ONS 服务器的查询请求数量。

（3）任何本地 ONS 服务器均可申请查询物品的详细信息，并将阅读器读取的物品标签代码通过查询与物品信息服务器中的物品信息进行映射。

（4）ONS 本地缓存可以将经常查询的和最近查询的"查询－应答"值保存起来，作为 ONS 查询的第一入口点，这样可以减少对外查询的数量，既提高了本地响应效率也减小了对根 ONS 服务器的查询压力。ONS 本地缓存同时也用于响应企业内部的 ONS 查询，这些内部 ONS 查询用于对物品的跟踪。通过将这些本地缓存中的内部 EPC 作为寄存 EPC 注册到动态 ONS，即可实现在物流链上对物品移动位置的跟踪。

（5）本地 ONS 解算器负责 ONS 查询前的编码和查询语句格式化工作。本地 ONS 解算器首先将需要查询的 EPC 转换为 EPC 域前缀名，再将 EPC 域前缀名与 EPC 域后缀名结合成一个完整的 EPC 域名，最后由本地 ONS 解算器负责用这个完整的 EPC 域名进行 ONS 查询。

ONS 工作流程如图 3.10 所示。下面结合图 3.10 对 ONS 系统的工作流程进行叙述。

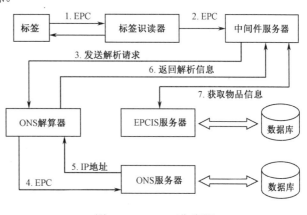

图 3.10　ONS 工作流程

首先，标签解读器从 RFID 标签上读取 EPC 序列，并将这个 EPC 序列发送到本地中间件服务器。其次，中间件服务器（根据标签数据标准）把这些比特流转换成 URI 形式，再将此 URI 发送给本地 ONS 解算器。本地 ONS 解算器接收到此 URI 后将其转换为域名形式，然后进行一次 ONS 查询（ONS Query），将 EPC 域名发送到指定的 ONS 基础架构服务器，以获取所需的信息。ONS 基础架构服务器返回一系列记录回答，其中包含指向一个或者多个相关服务的 URI。最后，本地 ONS 解算器从返回的记录中提取出需要的 EPCIS 服务器的 URI，并将其返回给本地 ONS 服务器，中间件服务器最终连接上目的 EPCIS 服务器。

3. ONS 协议

ONS 协议主要包括解析流程、加密认证、解析协议、管理协议、动态更新和解析控制服务这 6 个方面。ONS 客户端要想查询对象名称的解析数据，就需要使用 ONS_Entry（ONS 信息模型结构）的解析协议。ONS_Entry 管理协议允许 ONS 客户端管理 ONS_Entry，包括添加、删除 ONS_Entry 和更新 ONS_Entry 值；允许客户端管理名字资源空间，进行添加名字、删除注册的名字，或者修改名字资源属性等操作。ONS 服务器可以通过名字权威的授权来处理名字权威的管理和维护。ONS 的解析或者管理都需要对客户端的安全进行认证，认证通过 ONS 的加密认证协议实现。

1）解析流程

ONS 解析服务是使用 DNS 的客户-服务器架构的解析体系，是构建在 DNS 架构上的服务，解析流程同 DNS。ONS 客户端可以直接发送请求给服务器解析接口，服务器返回请求的响应消息，或者将请求转给其他服务模块。一个典型的迭代解析处理过程如图 3.11 所示。宿主服务器是某个 LONS，客户端想要解析 ONS_Entry 的 data 为 "117.15.1.onsroot.org" 的对象名称，并且可以在 RONS 中发现它的宿主服务器。LONS 向 RONS 发送一个请求 "15.1.onsroot.org"，就可以发现它的宿主服务器 DONS，并且可以得到负责名字权威 "15.1.onsroot.org" 的 DONS 的相关信息。该服务信息允许 LONS 客户端与 DONS 通信，以解析 ONS_Entry "117.15.1.onsroot.org"。

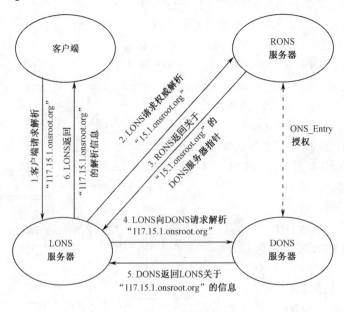

图 3.11　ONS 解析流程

2）加密认证

作为公共信息网络资源寻址定位的基础，ONS 基础网络解析服务必须具备基本的安全加密认证机制，这样可以统一不同应用中功能基本一致的安全加密认证服务，满足公共信息网络安全解析的需求。

ONS 在公共信息网络上对所有的对象名称分布式数据库进行管理，其解析控制可以定义到每个对象名称载体 ONS_Entry 数据记录上。用于 ONS 加密认证的协议是所有 ONS 服务器用来认证 ONS 客户端管理对象名称请求的协议，其数据加密的常用方法有对称密钥加密、非对称加密和不可逆加密等三种。

ONS 加密认证协议只在服务器端对客户端进行认证，并不执行客户端对服务器的认证。但是，客户端可以通过请求服务器使用数字签名的方式认证从服务器端发来的响应。

当收到客户端的一个请求时，服务器就向客户端发送一个请求认证消息，此时由服务器产生一个随机数与客户端请求的结果相结合。为了安全认证，客户端必须返回一个相应的响应消息。这个消息描述了安全认证的密文的处理方法，采用密钥进行处理。响应消息可以使服务器认证客户端是否是所允许的服务端。认证成功以后，服务器还要确认请求是否满足许可条件，然后才能执行客户端的请求。

针对具体服务的特殊安全机制，则由具体应用决定各自不同的实现。可根据具体情况采用不同的认证机制：一方面提供无认证机制的解析协议，保证对安全不敏感的服务的高效性；另一方面对于安全敏感的服务，则采用加密认证机制。

3）解析协议

ONS 解析协议通过使用标准 DNS 解析协议和扩展的 DNS 安全解析协议，可以为对象名称解析提供标准 DNS 解析服务和扩展的安全 DNS 解析服务两类不同的解析服务。标准 DNS 解析服务，无须过多地考虑安全方面。DNS 客户端发送请求，DNS 服务器接口得到该请求后，不需要通过认证协议判断 DNS 子模块的可靠性，也不需要判断客户端的访问权限，直接进行名字的解析，获得 DNS 类型的响应消息。DNS 获得该响应消息后，进行协议转换，转换成 DNS 响应消息，返回给请求客户端。该过程虽然没有判断响应消息是否为真正的、未被篡改的响应消息，可能会存在安全方面的漏洞，但是对于一般的 DNS 解析请求来说，能够提供比较高的解析效率。

ONS 原型系统解析服务采用了 DNS 安全加密认证协议，保证只有合法有效的客户端才能得到服务器中相应的信息，而非法的客户端或者权限不够的用户则无法得到相关信息。在这种解析服务流程中，客户端发送一个标记了的对象名称解析请求，ONS 接口得到该请求后向 ONS 子模块发出安全解析请求。ONS 子模块在通过认证之后，确定该客户端具备解析的权力，才返回相应的响应消息；否则，返回认证失败的消息。显然，增加了安全 DNS 认证的 ONS 解析服务比标准 DNS 解析服务要慢一些。ONS 解析服务器内部数据流程如图 3.12 所示，图中假设 ONS 客户端请求解析的对象名称属于该接收端 ONS 服务器所负责管理的 DNS 区域内的名字空间。

由图 3.12 可以清晰地看到，ONS 服务器接收到客户端解析请求后，首先判断该解析请求是安全的对象名称解析请求，还是非安全的对象名称解析请求。若是前者，要经过安全认证检查，若认证失败，则返回错误信息给客户端；若认证成功，则通过 SDB 模块交由 ONS 子模块进行解析处理，并返回解析结果给客户端。若是后者，则无须进行任何其他处理，直接通过 SDB 模块交由 ONS 子模块进行解析处理，然后返回解析结果给客户端。默认情况下，ONS 返回所有的可以"PUBLIC-READ"的值作为解析请求的结果。从服务器得到一系列的解析返回

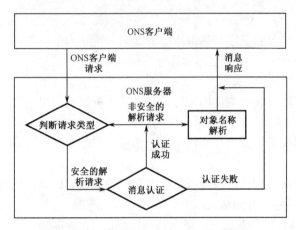

图 3.12　ONS 解析服务器内部数据流程

结果后，ONS 客户端可以选择只访问一个索引所对应的值。

4）管理协议

ONS 的管理工作包括对自身系统的管理和对所提供的对象名称解析服务的管理。对自身系统的管理，用于完善和扩展 ONS 系统的服务功能；ONS 的管理包括添加、删除域名或者更新域名所对应资源记录的数据值。另外，ONS 还允许通过名字权威 ONS_Entry 来处理名字权威的管理维护，实现分布式的域名管理。

在对 ONS 服务的管理中，相应的加密认证机制和安全机制是必不可少的。另外，为实现安全、可靠、高效的管理模式，ONS 在进行的多个操作中，允许认证信息或者网络资源的共享。例如，权威的管理员可以在解析建立的时候进行一次认证，然后就可以对服务器进行多次该认证下的 ONS_Entry 注册和管理，以及进行多次该服务器中的 ONS 子模块的管理操作，以提高服务管理效率。

5）动态更新

在 ONS 服务器中需要支持区域信息更新的能力，因此下面讨论 ONS 的动态更新策略。由于 ONS 服务需要包括其他的名字空间，在这个环境下对新记录的更新速率要求就造成了 ONS 需要标准的区域更新 DNS 的区域文件。目前，存在标准的动态更新标准，如动态名称服务，可以进行在 ONS 上的扩展。对于 ONS 动态更新的扩展通常从安全与授权、名字服务的选择以及扩展配置三方面考虑。

（1）安全与授权：EPC 网络使用 DNS 的安全与授权系统，其精确度对 ONS 的需求来说可能还不够。为了安全地进行服务器的动态更新，系统需要进一步通过扩展 ONS_Entry 的资源记录字段，进行更深层次的安全控制。

（2）名字服务的选择：对资源记录提供一种方法，用于选择动态更新的服务和服务器，以便资源记录对象能对什么时候进行更新和注册的操作产生影响。

（3）扩展配置：不是所有的名字服务都有能力进行更新操作，即使当所更新的操作有用时，每个服务器的更新操作方法也都不同。因此，对于高层次的操作来说，ONS 的解析器将屏蔽这些不同。这一点可通过对 ONS 中 DNS 模块的解析器进行扩展配置来实现。

6）解析控制

ONS 服务器对于分层管理、缓存、服务器备份、信息维护、安全、更新和注册等的需求，对 ONS 提出了更高的要求。例如，当提供某种高可靠性服务应用时，对某些信誉较高的企业可以提供服务，而对于那些信誉程度不够的企业则要限制访问。网格资源中的一些服务资源，也对解析的控制机制提出了相应的需求。

ONS 服务系统提供一个基本的解析控制机制，可满足多种服务类型在访问过程中的基本解析控制需要。解析控制包括对解析的解析控制（Read）和对管理的解析控制（Write）。通过设置名字资源 ONS_Entry 记录中相应的解析控制属性，可实现简单的解析控制策略，增强服务的可靠性和个性化服务性能。在 ONS 中，解析控制机制被应用于对 ONS_Entry 的解析和管理服务，配合客户端的认证机制，使得 ONS 服务更加具有安全性。通常的解析控制定义为可读、可写和可执行。每个对象名称空间可以在 ONS_Entry 的 permission 字段定义如下许可类别：PUBLIC_WRITE、PUBLIC_READ、ADMIN_WRITE、ADMIN_READ、PUBLIC_EXECUTE、ADMIN_EXECUTE，并允许客户端和服务器可任意组合地设置这些属性值，在具体的执行操作之前进行合法权限认证判断。

4. 构建 ONS 系统的意义

构建 ONS 系统的意义主要体现在以下方面：

（1）建立 ONS 系统是构建 RFID 公共信息网络体系的前提，是建立无线射频技术和信息服务的桥梁。

（2）ONS 系统的研制能够很好地带动其他相关行业的发展，在未来网络体系中，企业的神经网络将有能力延伸到整个行业全流程。RFID 带来的海量实时数据会有助于企业做出更有效的判断，进行更精益化的生产，以及更及时地进行物流配送，以减少库存，提高效率。

（3）RFID 公共信息网络的目标是为用户提供及时、准确、方便的分类信息甚至单件物品信息，这些信息有助于企业为用户提供良好的管理服务。它将以完善、先进的基础设施和技术装备为基础，利用信息技术整合资源，按照用户的需求实现各种个性化的服务功能。

目前，全球的 RFID 公共信息网络建设还处于研究和探讨阶段，从我国经济利益、商业信息安全、系统稳定性以及 RFID 国际标准制定中的话语权等方面考虑，对 ONS 系统进行研究与设计，无疑具有重要的现实意义。

3.1.6 信息服务

1. 信息服务概述

在 EPC 网络中，EPC 信息服务器中存储着 EPC 相关数据，同时配有相应的接口为 EPC 网络的其他组件提供查询和访问服务。EPC 信息服务器内部数据流程如图 3.13 所示。

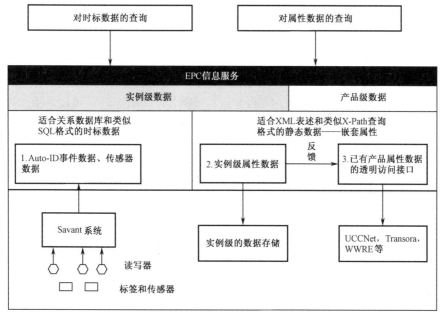

图 3.13　EPC 信息服务器内部数据流程

与其他技术相比，Auto-ID 技术的特别之处主要表现在：读写器和传感器读取的事件数据、物体识别的实例粒度以及单个物体相应数据的存储，因此 EPC 信息服务的角色有以下 3 种：

（1）提供对底层 Auto-ID 事件数据的存储和访问。这些数据主要是指当标签被读写器侦听到时的一套记录（时标、读写器 ID 和 EPC）。Savant 系统主要用于数据的快速收集和高效过滤，而不提供对这些数据的长期存储。在一般情况下，Auto-ID 事件数据也包括传感器测量数据。射频读写器是识别传感器的一种形式，其相应的数据也是被标识物体的识别信息（EPC）。

（2）提供对实例层次上物体属性数据的存储和访问（单个产品级）。在当前存在的商业系统中这种粒度的数据可能没有被存储，如单个产品的温度历史、制造日期和过期时间等。

（3）为已经存在于其他数据仓库和数据同步系统中的产品属性数据提供一个访问接口，而在这些数据库系统中没有定义实例级的属性。

2. EPCIS 中的数据分类

EPC 相关数据分为时标数据和静态属性数据两类，如表 3.4 所示。

表 3.4　EPC 相关数据

时 标 数 据	静态属性数据
标签读数或传感器读数	定义在单个产品上的属性
商业交易数据	定义在产品级上的属性数据

1）时标数据

时标数据可以表述为一系列底层的标签读数或者商业交易数据，如买卖订单、高级的装运告示等。下面列出了三种明显的时标数据的子类，这些数据用于回答对贴有 EPC 标签物体的查询访问：

（1）读写数据类：主要描述哪些物体被哪些读写器在什么时候读取；

（2）交易信息类：一个特定交易关联了哪些物体；

（3）测量数据类：主要是指来自传感器的数据，可以从这些历史数据推断温度、湿度等相关信息。

2）静态属性数据

静态属性数据包含的属性比时标数据广泛，而且对于一个特定的行业，这些属性可能更加特别。

为保证贸易伙伴之间的互操作性，采用 XML schema 表述静态属性数据。例如，简单的属性"size"在不同的环境中可能表达不同的含义，在描述一个鞋子时，可能单用长度这个变量即可，然而在描述一个盒子时，则必须用到长、宽、高三个变量。在一个特定的上下文或工业环节中制定一个特定的 schema，它可以用来精确定义所指定的属性。XML schema 通过定义 XML 元素和内嵌的属性，可表达一个层次化的 XML 标记结构，它们将以特定的标签出现，同时也为各种元素彼此怎样嵌套、哪些元素是可选的，以及哪些元素可能不止出现一次，定义了一些规则。

例如，一个西红柿罐头，可能希望在毛重和净重之间进行区别。虽然两者可能都指"mass"或"weight"，但是在 XML 标记中，一个属性可能被包含在 grossDimensions 容器中，而另一个属性则可能被包含在 netDimensions 容器中。如图 3.14 所示，这里采用 XML 方法将属性放到属性名中，使得每个人能够用同一个统一的方式精确指定同一个属性，由此消除了语言的差异和术语的选择。

代替使用关键字，如"size""expiry date"等一个简单的字符串访问一个特定属性，可以先通过 URI 指向一个特别的 XML schema，然后用一个路径表述指向那个 XML schema 内的一个特定的元素或属性，如采用 XQL 或者 Xpath 在 XML schema 内识别一个特定的结点。在图 3.14 所示的例子中，可以用 Xpath 表述如/productData/grossDimensions/weight/value()来访问 gross weight，用/productData/netDimensions/weight/value()来访问 net weight。

```
<productData>
    <grossDimensions>
        <weight units = "kg">0.450</weight>
    </grossDimensions>
    <netDimensions>
        <weight units="kg">0.400</weight>
    </netDimensions>
</productData>
```

图 3.14　用 XML 方法表示的属性

这个方法重用了现有的工业标准 XML schema，允许清楚地访问一个物体特定的属性。它能够被用在整个工业环节，而不是仅仅用于某个特定环节。通过定义 XML schema，可以灵活地添加新属性。

3．EPCIS 中的查询类型

前面介绍了 EPC 信息服务中的两种完全不同的数据结构，即时标数据和静态属性数据。关系数据库适用于处理能用一些有限的域或列表述的表格式的时标数据，而 XML 工具（如 DOM、Xpath 或 XQL——XML Query Language）则更适合访问和处理一些静态属性数据。

在静态属性数据中，经常要做一些键值查询，如在图 3.14 描述的文档中寻找一个恰当属性名的匹配。为了从 XML 标签中抽取一个特定元素，采用 Xpath 或者 XQL 方法在一个特定的 XML schema 中识别感兴趣的属性可能是一个比较有效的方式。然而，对时标数据来说，可能会提出几种不同类型的查询，如"哪些读写器读取过这个标签""哪些标签被这个读写器读取过"等。这几种不同的查询类型可以采用通用的 SQL 格式再配以不同的约束来获取相关的数据值，如"SELECT * FROM tablename WHERE constraints_are_true"。若由上述查询语句能够产生结果集的话，查询中对列或域的约束的表述条件必须为真，这种方法允许有很大程度的灵活性，包括 AND、OR 和 NOT 布尔值规则的组合，以及数字范围匹配、时间/日期匹配和模式匹配。

对于两种完全不同的数据，一种是时标数据，另一种是时间独立的静态属性文档，并且这些文档拥有任意的域，提出了两种完全不同的查询方法。

（1）时标数据的查询。对时标数据的查询采用类似的 SQL 语句方式，如：

GetTimestampedData(tablename，constraints)

表名可以是 reader_data、sensor_data 和 transaction_data，约束是对所选择的表域的 SQL 格式的约束。

（2）静态属性数据的查询。对静态属性数据的查询采用如下方法：

GetStaticData(epc，xml_schema_uri，xpath)

在一个 XML 文档中可用一个特定的 EPC、XML Schema 和 Xpath 组合，指定一个特定的 XML 属性。

4．EPCIS 组成

EPCIS 作为 EPC 相关数据存储的容器，同时配有相应的接口以提供查询和访问服务。在供应链中，EPCIS 存储的信息主要包括相应厂商的产品信息、库存信息以及产品在供应链中流通时的路径信息等，因此 EPCIS 在产品物流路径跟踪、自动化库存管理等方面发挥着重要作用。一个典型的 EPCIS 的运行原理框图如图 3.15 所示。

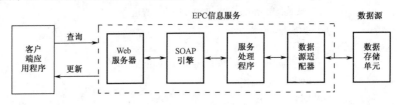

图 3.15　EPCIS 运行原理框图

EPCIS 被设计成一个平台，它带有一个统一的查询和更新接口以便连接到应用程序，然而实际的实现细节以及到已存数据库和信息系统的数据绑定却没有被 EPC 信息服务指定。EPCIS 应该能够支持来自不同厂商的多个数据库和信息系统的并行绑定。下面介绍图 3.15 中各模块的功能。

（1）Web 服务器：接收客户端请求，并将处理结果返回客户端，是 EPC 信息服务中唯一直接与客户端交互的模块，是位于整个 EPC 信息服务最前端的模块。其功能包括：接收客户端请求，进行解析、验证，确认无误后发送给 SOAP 引擎，处理完毕后将结果返回给客户端。

（2）SOAP 引擎：EPC 信息服务中所有已部署服务的注册中心，其功能包括：对所有已部署服务进行注册，提供相应服务实现组件的注册信息，对来自 Web 服务器的请求服务定位到特定的服务处理程序，并将处理结果返回给 Web 服务器。

（3）服务处理程序：客户端请求服务的实现程序，每一个服务处理程序完成一项客户端提出的具体请求。它接收客户端传送过来的参数，完成一些逻辑处理和数据存取操作，并将结果返回给 SOAP 引擎。

（4）数据源适配器：EPC 信息服务数据存取的接口单元，通过它可以连接不同的数据源，如关系数据库、XML 数据库等。

（5）数据存储单元：用于存储 EPC 信息服务数据，主要用于客户端请求数据的存储；存储介质包括各种关系数据库或者其他数据库，如 XML 数据库等。

3.2　物联网网络层技术

网络层是物联网架构的中间环节，是基于现有的通信网络和互联网基础上建立起来的，是架设在感知层与应用层之间的桥梁，主要负责信息接入、传输与承载。网络层综合多种通信技术，实现有线与无线的结合、宽带与窄带的结合、感知网与通信网的结合，将感知层采集到的信息进行汇总、传输，从而将大范围内的信息加以整合，以备处理。网络层的主要核心技术包括：WSN、4G/5G、低速近距离无线通信、ZigBee、IP 承载技术以及 M2M 技术等。

3.2.1　WSN 技术

1．WSN 概述

近年来，随着微电子、微机电系统（MEMS）、片上系统（SoC）、无线通信和低功耗嵌入式技术的飞速发展，孕育出了无线传感网（WSN），并以其低功耗、低成本、分布式和自组织的特点带来了信息感知的一场变革。WSN 是一种全新的信息获取平台，能够实时监测和采集网络分布区域内的各种检测对象的信息，并将这些信息发送到网关结点，以实现复杂的指定范围内的目标检测与跟踪，具有快速展开、抗毁性强等特点，因此有着广阔的应用前景。

WSN 能扩展人们与现实世界进行远程交互的能力，如感知战场状态（军事应用）、环境监控（气候、地理、污染变化的监控）、物理安全监控、城市道路交通监控以及安全场所的视频监控等。WSN 在无线通信框架中的位置如图 3.16 所示。图 3.16 描述了 WSN 的主要应用——无线通信技术，并在通信距离、数据传输速率两个方面对 WSN 应用的这些无线通信技术与其他无线技术进行了比较。通过图 3.16 中的形象比较可以清晰地看到，WSN 的通信距离较短，在 100 m 范围之内，一般为 1～10 m，数据传输速率也比较低。

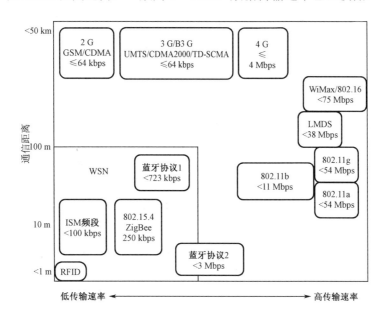

图 3.16　WSN 在无线通信框架中的位置

WSN 与传统的无线网络（如 WLAN 和蜂窝移动电话网络）有着不同的设计目标。后者可在高速移动的环境中通过优化路由和资源管理策略最大化带宽的利用率，同时为用户提供一定的服务质量保证。WSN 则是由部署在监测区域内大量的廉价微型传感器结点组成，通过无线通信方式形成的一个多跳自组织网络。在 WSN 中，除少数结点需要移动外，大部分结点都是静止的。WSN 是一种特殊的 Ad-hoc 网络，可应用于布线和电源供给困难的区域、人员不能到达的区域（如受到污染、环境被破坏或敌对区域）和一些临时场合（如发生自然灾害时，固定通信网络被破坏）等，它不需要固定网络支持，具有快速展开、抗毁性强等特点，可广泛应用于军事、工业、交通、环保等领域。

WSN 的典型工作方式如下：使用飞行器将大量传感器结点（数量可从几百个到几千个）抛撒到感兴趣区域，结点通过自组织快速形成一个无线网络；结点既是信息的采集者和发出者，也充当信息的路由者，采集的数据通过多跳路由到达网关；网关（一些文献也称 Sink 结点）是一个特殊的结点，可以通过 Internet、移动通信网络和卫星等与监控中心通信，也可以利用无人机飞越网络上空，通过网关采集数据。WSN 原理示意图如图 3.17 所示。

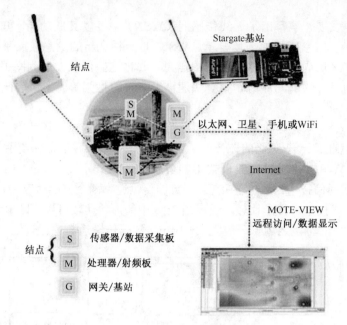

图 3.17　WSN 原理示意图

WSN 的基本功能是将一系列空间上分散的传感器单元通过自组织的无线网络进行连接，从而将各自采集的数据通过无线网络进行传输汇总，以实现对空间分散范围内的物理或环境状况的协作监控，并根据这些信息进行相应的分析和处理。WSN 技术贯穿物联网的三个层面，是结合了计算、通信、传感器三项技术的一门新兴技术，具有较大范围、低成本、高密度、灵活布设、实时采集和全天候工作等优势，且对物联网其他产业具有显著的带动作用。

目前，WSN 尚处于研究阶段，为了加快其实用化进程，国外建设了很多演示系统，相关的理论研究成果也很多。近年来，国内一些科研院所和高校也开展了 WSN 理论和应用的研究。美国商业周刊和 MIT《技术评论》在预测未来技术发展的报告中，分别将 WSN 列为 21 世纪最有影响的 21 项技术和改变世界的 10 大技术之一。

2．WSN 体系结构

WSN 系统是由无线传感器结点、汇聚结点、数据处理中心以及数据浏览中心等构成的一种新型信息获取系统。传感器结点负责采集物理世界的各类信息，然后通过专用网络协议实现信息的交流、汇聚，之后物理世界的信息经过 Internet、GPRS 和 GSM 等途径汇聚于网络数据库服务器中，这样物理世界的信息就完全进入到信息世界中了。最终信息用户可以通过浏览器、手机和 PDA 等方式随时随地地获取这些信息。这样一套系统可以极大地扩展人们感知和了解世界的能力。

1）WSN 结构组成

WSN 是指在物理环境中布置的传感器结点以无线通信方式组织成的网络。传感器结点用于完成数据采集工作，并通过传感器网络将数据发送到网络中，最终由特定的应用系统接收。典型的 WSN 结构组成如图 3.18 所示。

WSN 分层结构如图 3.19 所示，通常分为物理层、数据链路层、网络层、传输层和应用层。

（1）物理层定义 WSN 中基站（Sink）和结点（Node）间的通信物理参数，如使用哪个频段、使用何种信号调制解调方式等。

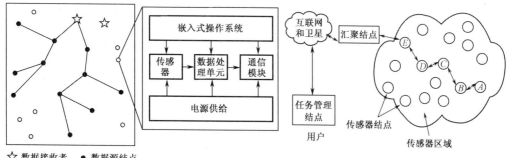

☆ 数据接收者　● 数据源结点

● 中间处理结点　○ 其他传感结点

（a）　　　　　　　　　　　　　　　（b）

图 3.18　典型的 WSN 结构组成

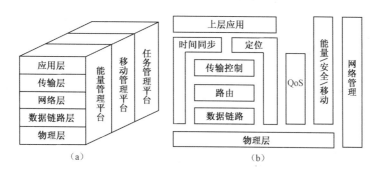

（a）　　　　　　　　　　　　　　　（b）

图 3.19　WSN 分层结构

（2）数据链路层定义各结点的初始化，通过收发设置（Beacon）、请求（Request）、连接（Associate）等消息完成自身网络定义，同时定义数据链路层（MAC）帧的调试策略，避免多个收发结点间的通信冲突。

（3）网络层负责完成逻辑路由信息的采集，使收发网络数据包能够按照不同策略，通过最优化路径到达目标结点。

（4）传输层提供数据包传输的可靠性，为应用层提供入口。

（5）应用层最后将收集到的结点信息进行整合处理，满足不同应用程序的计算需要。

WSN 结点的典型硬件结构如图 3.20 所示，主要包括电池及电源管理电路、传感器、信号调理电路、A/D 转换器、存储器、微处理器和射频模块等。结点采用电池供电，一旦电源耗尽，结点就失去了工作能力。为了最大限度地节约电源，在硬件设计方面，需要尽量采用低功耗器件，在没有通信任务时，要切断射频部分电源；在软件设计方面，各层通信协议都应该以节能为中心，必要时可以牺牲一些其他网络性能指标，以获得更高的电源效率。

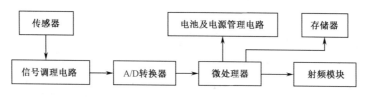

图 3.20　WSN 结点的典型硬件结构

2）WSN 组网结构

WSN 通常有平面拓扑结构和逻辑分层结构等两种组网结构。平面拓扑结构如图 3.21 所示，所有网络结点处于相同的平等地位，不存在任何等级和层次差别，因此也被称为对等式结构；逻辑分层结构如图 3.22 所示，网络结点按照某种规则（如地理位置、应用需求等）分成各个簇，每个簇由簇头和成员结点构成。

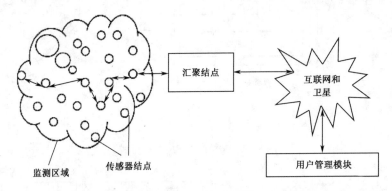

图 3.21　平面拓扑结构

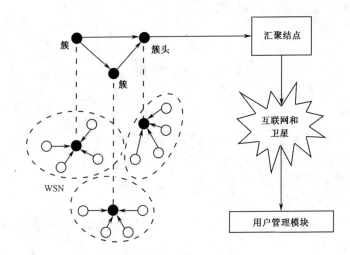

图 3.22　逻辑分层结构

3）WSN 结点结构

为了符合各种已有的无线和有线网络技术及协议的要求，把各种传感器输出的标准及非标准信号转化为网络要求的信号，产生了相应的结点技术及结点产品。WSN 结点的基本结构如图 3.23 所示。在 WSN 结点的基本结构中，包括传感单元（由传感器和 A/D 转换器组成）、处理单元（包括处理器、存储器、嵌入式操作系统等）、无线通信单元（由无线网络、MAC和收发器组成）及能量单元等。此外，可以选择的其他功能单元包括定位系统、移动系统及电源自供电系统等。

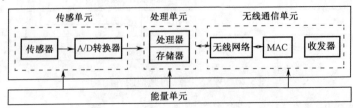

图 3.23　WSN 结点的基本结构

在 WSN 的结点中，除处理单元和无线通信单元外，最重要的是能量单元，它决定了传感器整体的寿命周期，对能量单元的要求是体积小、无污染、成本低、放电特性好和环境适应性强等。结点技术和网络技术的特征是技术含量高、标准复杂、已有基础好、成就大企业的可能性比较大，尤其是在市场不断扩大的条件下。

在 WSN 中，结点可以通过飞机布撒或人工布置等方式，大量部署在被感知对象内部或者附近，这些结点通过自组织方式构成无线网络，以协作的方式实时感知、采集和处理网络覆盖区域中的信息，通过多跳网络将区域内的数据信息经由接收发送器传送到远程控制管理中心（Savant 系统中的用户管理模块）。此外，远程控制管理中心也可对网络结点进行实时控制和操作。

3. WSN 与其他技术的融合

在物联网的关键技术中，RFID 和 WSN 各有侧重且优势互补。RFID 侧重于识别，能够实现对目标的标识和管理，同时 RFID 系统具有读写距离有限、抗干扰性差、实现成本较高等不足；WSN 侧重于组网，能够实现数据的传递，具有部署简单、实现成本低廉等优点，但一般 WSN 不具有结点标识功能。RFID 与 WSN 的结合存在很好的契机。RFID 与 WSN 可以在两个不同的层面进行融合：物联网构架下 RFID 与 WSN 的融合，如图 3.24 所示；传感器网络构架下 RFID 与 WSN 的融合，该构架下的融合又分为智能基站、智能结点和智能传感标签 3 种情况，分别如图 3.25 至图 3.27 所示。

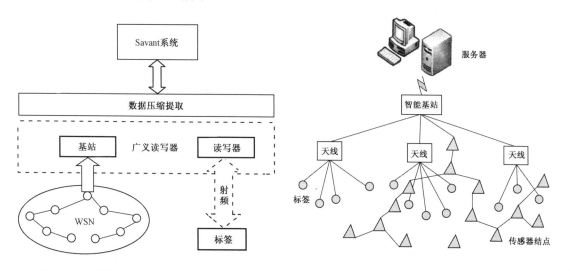

图 3.24　物联网构架下 RFID 与 WSN 的融合　　　　图 3.25　智能基站

WSN 除可以与 RFID 融合外，还可以与其他无线通信技术融合，如 DWT_RE 算法。

在大规模 WSN 中，由于每个传感器的监测范围及可靠性都是有限的，在放置传感器结点时，有时要使传感器结点的监测范围互相交叠，以增强整个网络所采集信息的鲁棒性和准确性。因此，WSN 中感测的数据就会具有一定的空间相关性，即距离相近的结点所传输的数据具有一定的冗余度。在传统的数据传输模式下，每个结点都将传输全部的感测信息，其中包含了大量的冗余信息，即有相当一部分的能量用于不必要的数据传输。由于在 WSN 中传输数据的能耗远大于处理数据的能耗，因此在大规模 WSN 中，在各个结点多跳传输感测数据到汇聚结点之前，使用数据融合技术对数据进行融合处理是非常有必要的。

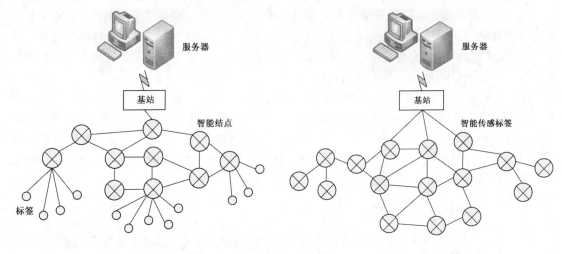

图 3.26　智能结点　　　　　　　　　　　　图 3.27　智能传感标签

目前，WSN 中的数据融合技术主要采用集中式数据融合算法和分布式数据融合算法实现。其中，集中式数据融合算法主要包括分簇模型的 LEACH 算法和 PEGASIS 算法；分布式数据融合算法主要包括规则网络情况下的分布式数据融合算法和不规则网络情况下的分布式数据融合算法。

1）LEACH 算法

LEACH 算法由 MIT 的 Heinzelman 等人提出。该算法在 WSN 中使用分簇概念，将网络分为不同的层次，是一种低功耗自适应分簇算法。LEACH 算法的基本思想是以循环的方式随机选择簇头结点，将整个网络的能量负载均匀分配到网络中的每个传感器结点，从而达到降低网络能耗，提高网络生存周期的目的。该算法通过某种方式周期性随机选举簇头，簇头在无线信道中广播信息，其余结点检测信号并选择信号最强的簇头加入，从而形成不同的簇。簇头之间的连接构成上层骨干网，所有簇间通信都通过骨干网进行转发。簇内成员将数据传输给簇头结点，簇头结点再向上一级簇头传输，直至汇聚结点（参见图 3.22）。这种方式能够降低结点的发送功率，减少不必要的链路和结点间的干扰，保持网络内部能量消耗的均衡，延长网络的寿命。

LEACH 在运行过程中不断地循环执行簇的重构。算法操作使用了"轮"的概念，每一轮由初始化和稳定的工作两个阶段组成。在初始化阶段，每个结点产生一个 0～1 之间的随机数；如果某个结点产生的随机数小于所设的阈值 $T(n)$，则该结点发布自己是簇头的消息。

LEACH 算法的缺点是：在 LEACH 算法中，每一轮循环都要重新构造簇，而构造簇的能量开销比较大。其次，远离汇聚结点的簇头结点可能会由于长距离发送数据而过早耗尽自身能量，造成网络分割。另外，LEACH 算法没有考虑簇头结点当前的能量状况，如果能量很低的结点当选为簇头结点，那么将会加速该结点的死亡，影响整个网络的生命周期。

2）PEGASIS 算法

Lindsey 等人在 LEACH 算法的基础上提出了 PEGASIS 算法。该算法是 LEACH 的改进，其基本思想是为了延长网络的生命周期，结点只需和其最近的邻居之间进行通信。结点与汇聚结点间的通信过程是轮流进行的，当所有结点都与汇聚结点通信后，结点间再进行新一轮的通信。由于这种轮流通信机制使得能量消耗能够统一的分布到每个结点上，因此降低了整个传输所要消耗的能量。不同于 LEACH 的多簇结构，PEGASIS 协议在传感器结点中采用链式结构进行链接。运行 PEGASIS 协议时每个结点首先利用信号的强度来衡量其所有邻居结点距离的远近，在确定其最近邻居的同时调整发送信号的强度，以便只有这个邻居结点能够"听"到。其次，链中每个结点向邻居结点发送或接收数据，且只选择一个结点作为链首向汇聚结点传输数据。采集到的数据以点对点的方式传递、融合，并最终被送到汇聚结点。

该算法假定网络中的每个结点都是同构的且静止不动，结点通过通信来获得与其他结点之间的位置关系。每个结点通过贪婪算法找到与其最近的邻居结点并连接，从而使整个网络形成一个链，同时将一个距离汇聚结点最近的结点设定为链头结点，它与汇聚结点进行一跳通信。数据总是在某个结点与其邻居之间传输，结点通过多跳方式将数据轮流传输到汇聚结点（参见图 3.21）。这种方式通过数据融合降低了收发过程的次数，能够降低结点的发送功率，减少不必要的链路和结点的干扰，降低了能量的消耗，保持网络内部能量消耗均衡。与 LEACH 相比，PEGASIS 能够提高网络的生存周期近 2 倍，延长网络的寿命。

PEGASIS 算法的缺点是：每个传感器结点能够直接与汇聚结点通信，而在实际网络中传感器结点一般需要采用多跳方式到达汇聚结点；假定所有的传感器结点都具有相同级别的能量，结点很可能在同一时间内全部死亡；尽管协议避免了重构簇的开销，但由于传感器结点需要知道邻居的能量状态以便传送数据，协议仍需要动态调整拓扑结构，对那些利用率高的网络而言，拓扑的调整会带来更大的开销；在协议所构建的链接中，远距离的结点会引起过多的数据延迟，而且链首结点的唯一性使得链首会成为瓶颈。

3）规则网络情况下的分布式数据融合算法

可以将一个规则传感器网络拓扑图等效为一幅图像，获得一种将小波变换应用到 WSN 中的分布式数据融合技术，这方面的研究已取得了一些阶段性成果。

Servetto 首先研究了小波变换的分布式实现，并将其应用于解决 WSN 中的广播问题。南加利福尼亚大学的 Ciancio 进一步研究了 WSN 中的分布式数据融合算法，引入 Lifting 变换，提出一种基于 Lifting 变换的规则网络中分布式小波变换数据融合算法（DWT_RE），并将其应用于规则 WSN 中。DWT_RE 算法如图 3.28 所示，网络中结点规则分布，每个结点只与其相邻的左右两个邻居进行通信，对数据进行相关计算。

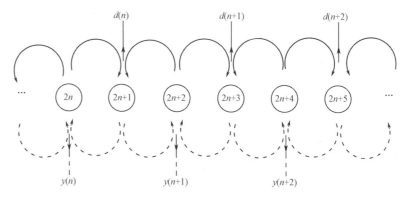

图 3.28　DWT_RE 算法

DWT_RE 的实现分为两步：第一步，奇数结点接收到来自其偶数邻居结点的感测数据，并经过计算得出细节小波系数；第二步，奇数结点把这些系数送至其偶数邻居结点及 Sink 结点，偶数邻居结点利用这些信息计算出近似小波系数，并将这些系数送至 Sink 结点。

小波变换在规则分布网络中的应用是数据融合算法的重要突破，然而实际应用中的结点分布是不规则的，因此需要找到一种算法解决不规则网络的数据融合问题。

4）不规则网络情况下的分布式数据融合算法

莱斯大学的 Wanger 在其博士论文中首次提出了一种不规则网络环境下的分布式小波变换方案——DWT_IRR，并将其扩展到三位情况。DWT_IRR 算法建立在 Lifting 算法的基础上，分为分裂、预测和更新三步，其示意图如图 3.29 所示。

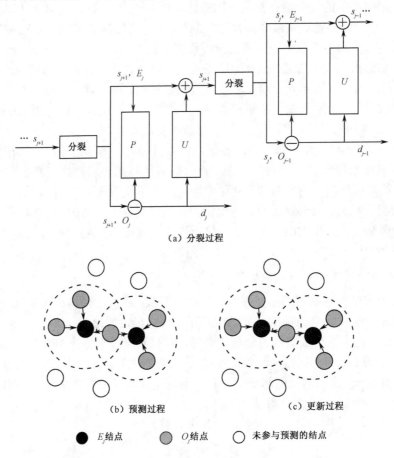

（a）分裂过程

（b）预测过程　　　　　　　　　　（c）更新过程

● E_j 结点　　　● O_j 结点　　　○ 未参与预测的结点

图 3.29　DWT_IRR 算法示意图

首先，根据结点之间的不同距离（数据相关性不同），按一定算法将结点分为偶数集合 E_j 和奇数集合 O_j。以 O_j 中的数据进行预测，O_j 结点与其相邻的 E_j 结点进行通信后，用 E_j 结点信息预测出 O_j 结点信息，将该信息与原来 O_j 中的信息相减，从而得到细节分量 d_j。然后，O_j 发送 d_j 至参与预测的 E_j 中，E_j 结点将原来信息与 d_j 相加，从而得到近似分量 s_j，该分量将参与下一轮的迭代。以此类推，直到 $j=0$ 为止。

DWT_IRR 算法依靠结点与一定范围内的邻居进行通信。经过多次迭代后，结点之间的距离进一步扩大，小波也由精细尺度变换到了粗糙尺度，近似信息被集中在少数结点中，细节信息被集中在多数结点中，从而实现了网络数据的稀疏变换。通过对小波系数进行筛选，将所需信息进行 Lifting 逆变换，可以将其应用于有损压缩处理。该算法的优点是：充分利用感测数据的相关性，进行有效的压缩变换；分布式计算，无中心结点，避免热点问题；将原来网络中瓶颈结点及簇头结点的能量平均分配到整个网络中，充分起到了节能作用，延长了整个网络的寿命。

然而，该算法也有其自身的一些设计缺陷。首先，结点必须知道全网位置信息；其次，虽然最终与汇聚结点的通信数据量减少了，但有很多额外开销用在了邻居结点之间的局部信号处理上，即很多能量消耗在了局部通信上。因此，对于越密集、相关性越强的网络，该算法的效果越好。在此基础上，南加利福尼亚大学的 Shen 考虑到 DWT_IRR 算法中没有讨论关于计算反向链路所需的开销，从而对该算法进行了优化。由于反向链路加重了不必要的通信开销，有学者提出预先为整个网络建立一棵最优路由树，使结点记录通信路由，从而消除反向链路开销。

面向物联网的传感器网络技术具有各种各样的优点，在应用成本、可行性、可靠性等方面为物联网感知层的实现提供了一项技术支持，但同时也存在很多技术难点需要进一步研究，此处不再赘述。

4．WSN 特点

（1）硬件资源有限：结点由于受价格、体积和功耗的限制，其计算能力、程序空间和内存空间比普通的计算机功能要弱很多。这一点决定了在结点操作系统设计中，协议层次不能太复杂。

（2）电源容量有限：网络结点由电池供电，电池的容量一般不是很大。其特殊的应用领域决定了在使用过程中，不能给电池充电或更换电池，一旦电池能量用完，这个结点也就失去了作用（死亡）。因此，在传感器网络设计过程中，任何技术和协议的使用都要以节能为前提。

（3）无中心：WSN 中没有严格的控制中心，所有结点地位平等，是一个对等式网络。结点可以随时加入或离开网络，任何结点的故障不会影响整个网络的运行，具有很强的抗毁性。

（4）自组织：网络的布设和展开无须依赖于任何预设的网络设施，结点通过分层协议和分布式算法协调各自的行为；结点开机后就可以快速、自动地组成一个独立的网络。

（5）多跳路由：网络中结点的通信距离有限，一般在几百米范围内，而且结点只能与其邻居结点直接通信。若希望与其射频覆盖范围之外的结点进行通信，则需要通过中间结点进行路由。固定网络的多跳路由使用网关和路由器来实现，而 WSN 中的多跳路由是由普通网络结点完成的，没有专门的路由设备。这样每个结点既可以是信息的发起者，也可以是信息的转发者。

（6）动态拓扑：WSN 是一个动态的网络，结点可以随处移动；一个结点可能会由于电池能量耗尽或其他故障，退出网络运行；一个结点也可能由于工作的需要而被添加到网络中。这些都会使网络的拓扑结构随时发生变化，因此网络具有动态拓扑组织功能。

（7）结点数量众多、分布密集：为了对一个区域执行监测任务，往往有成千上万传感器结点空投到该区域。传感器结点分布非常密集，利用结点之间的高连接性可保证系统的容错性和抗毁性。

（8）传感器结点出现故障的可能性较大：由于 WSN 中的结点数目庞大，分布密度超过 Ad-hoc 网络那样的普通网络，而且所处环境可能会十分恶劣，这样其出现故障的可能性很大。有些结点可能是一次性使用，可能无法修复，因此要求其具有一定的容错率。

3.2.2　4G/5G 技术

1．4G 技术概述

2008 年 5 月，由国务院国有资产监督管理委员会牵头的电信业务重组方案正式公布：中国联通的 CDMA 网与 GSM 网被拆分，前者并入中国电信组建为新的中国电信，后者吸纳中国网通成立新的中国联通；中国铁通并入中国移动成为其全资子公司；中国卫通的基础电信业务将并入中国电信。根据电信业务重组方案，3G 牌照的发放方式是：重组后的中国移动获得 TD-SCDMA 牌照，中国电信获得 cdma2000 牌照，中国联通获得 WCDMA 牌照。2009 年 1 月 7 日 14:30，工业和信息化部为中国移动、中国电信和中国联通发放 3 张 3G 牌照，此举标志着我国正式进入 3G 时代。

　　3G 与 2G 的主要区别是在传输语音和数据的速度上的提升，它能够在全球范围内更好地实现无线漫游，并处理图像、音乐、视频流等多种媒体数据，提供包括网页浏览、电话会议、电子商务等多种信息服务，同时也考虑到与 2G 的良好兼容性。移动通信技术 1G～4G 演进过程如图 3.30 所示。

　　4G 是英文 Fourth Generation 的缩写，指第四代移动通信系统，是 3G 的延伸。由于 3G 暴露出很多问题，人们期望通过 4G 来解决 3G 中通信速率低等问题，真正实现"任何人在任何地点以任何形式接入网络"的梦想。4G 通信技术大幅提高了通话质量及数据通信速率，其数据传输速率是 3G 移动电话传输速率的 50 倍。随之而来的高清晰电视、电影节目将推动手机新的应用模式。此外，4G 技术集成了不同模式的无线通信协议，从无线局域网和蓝牙等室内无线网络到室外的蜂窝信号、广播电视信号和卫星通信，移动用户可以自由地从一个标准漫游到另一个标准。简而言之，4G 是一种超高速无线网络，一种不需要电缆的信息超级高速公路；这种网络可使电话用户以无线形式实现全方位虚拟连接。4G 最突出的特点之一，就是其网络传输速率达到了 100 Mbps，完全能够满足用户的上网需求。

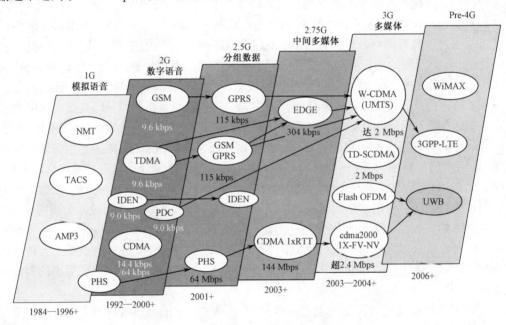

图 3.30　移动通信技术 1G～4G 演进过程

　　4G 的技术目标和特点可以概括为：具有更高的数据率、更好的服务质量（QoS）、更高的频谱利用率、更高的安全性、更高的智能性、更高的传输质量及更高的灵活性；同时支持多种业务和非对称性业务，具备移动网和无线接入网与 IP 网络不断融合的发展趋势。

　　4G 的标准和规范是 IEEE 等标准化组织制定的。但是，融合现有的各种无线接入技术的4G 系统将成为一个无缝连接的统一系统，实现跨系统的全球漫游和业务的可携带性，是满足未来市场需求的新一代的移动通信系统，它帮助人们实现充满个性化的通信梦想。国际电信联盟（ITU）对 4G 标准的征集于 2009 年年底结束，正式标准于 2011 年确定。现在主推的 4G标准包括由 3GPP 主推的 LTE（长期演进）、由 IEEE 主推的 WiMAX 以及 UWB（超宽带）标准。在完成 TD-SCDMA 商业应用后，我国政府自主制定了 4G 标准。中国移动的下一代移动网络已升级为 TD-LTE（分时长期演进）。4G 的主要特点如下：

（1）数据传输速率高：对于大范围高速移动用户，数据速率为 2 Mbps；对于中速移动用户，数据速率为 20 Mbps；对于低速移动用户，数据速率为 100 Mbps。

（2）真正实现了无缝漫游：4G 实现全球统一的标准，能使各类媒体、通信主机及网络之间进行"无缝连接"，真正实现一部手机在全球的任何地点都能进行通信。采用智能技术的 4G 是一个高度自治、自适应的网络，它采用智能信号处理技术，可对信道条件不同的各种复杂环境进行正常发送与接收，有很强的智能性、适应性和灵活性。

（3）覆盖性能良好：4G 具有良好的覆盖范围并能提供高速、可变的速率传输。对于室内环境，由于提供了高速传输，小区的半径更小。

（4）基于 IP 网络：4G 采用了 IPv6 协议，能在 IP 网络上实现语音和多媒体业务以及不同 QoS 的业务，并通过动态带宽分配和调节发射功率来提供不同质量的业务。

2．4G 关键技术

1）接入方案

第一代无线通信（1G）标准使用的是普通的 TDMA 或 FDMA。TDMA 在高速率信道上，为了避免多径效应，需要加大保护周期，这使 TDMA 变得低效。2G 无线通信标准 GSM 使用 TDMA 和 FDMA 的结合形式作为接入方案；CDMA 标准使用的则是另外一种接入技术。在 3G 中，IS-2000、UMTS、HSXPA、1xEV-DO 和 TD-SCDMA 的接入方案都为 CDMA。在 4G 中，部署的接入方案包括 OFDMA、SC-FDMA 和 MC-CDMA 等。

2）正交频分复用（OFDM）技术

4G 主要以 OFDM 为核心技术。OFDM 技术实际上是多载波调制技术中的一种，其主要思想是：将信道分成若干正交子信道，将高速数据信号转换成并行的低速子数据流，调制在每个子信道上进行传输。正交信号可以通过在接收端采用相关技术来分开，这样可以减少子信道之间的相互干扰。每个子信道上的信号带宽小于信道的相关带宽，因此每个子信道可以看成具有平坦性衰落特性，从而可以消除信号间的干扰。由于每个子信道的带宽仅仅是原信道带宽的一小部分，信道均衡变得相对容易。

3）IPv6 支持

在 3G 标准的基础架构中，同时（并行）使用电路交换和包交换网络。而在 4G 中，将只支持包交换网络，以有利于数据传输的低延迟。IPv6 拥有用之不尽的 IP 地址，足以满足全球所有手机终端的编号支持。

4）智能天线技术

在 4G 中，将会使用多天线技术，这将意味着高速率、高稳定和远距离通信的实现。多天线意味着对于空间的利用（Spatial Multiplexing），对功耗限制和宽带保留的实现将起重要作用。多输入多输出（MIMO）技术是多天线系统中的代表技术，在下一代无线局域网 802.11n 中，已得到广泛部署，未来的手机和移动基础设施也将会大量部署 MIMO 技术。

智能天线采用空分多址（SDMA）技术，利用信号在传输方向上的差异，可将同频率、同时隙或同码道的信号进行区分，动态改变信号的覆盖区域，将主波束对准用户方向，旁瓣或零陷对准干扰信号方向，能够自动跟踪用户和监测环境变化，为每位用户提供优质的上行链路和下行链路信号，从而达到抑制干扰、准确提取有效信号的目的。

5）无线链路增强技术

可以提高容量和覆盖的无线链路增强技术有：分集技术，如通过空间分集、时间分集（信道编码）、频率分集和极化分集等方法来获得最好的分集性能；多天线技术，如采用 2 或 4 天线来实现发射分集，或采用 MIMO 技术来实现发射和接收分集。MIMO 技术是指利用多发射、多接收天线进行空间分集的一种技术，它采用的是分立式多天线，能够有效地将信道链路分解成为许多并行的子信道，从而大大提高其容量。

6）多用户检测技术

4G 系统的终端和基站将采用多用户检测技术，以提高系统的容量。多用户检测技术的基本思想是：把同时占用某个信道的所有用户或部分用户的信号都当作有用信号，而不是作为噪声处理，利用多个用户的码元、时间、信号幅度以及相位等信息联合检测单个用户的信号，即综合利用各种信息及信号处理手段，对接收信号进行处理，从而达到对多用户信号的最佳联合检测。多用户检测技术在传统检测技术的基础上，充分利用造成多址干扰的所有用户的信号进行检测，从而具有良好的抗干扰和抗远近效应性能，降低了系统对功率控制精度的要求，因此可以更加有效地利用链路频谱资源，显著提高系统容量。

3．5G 技术概述

2016 年 11 月，在乌镇举办的第三届世界互联网大会上，美国高通公司带来的可以实现"万物互联"的 5G（第 5 代移动通信系统）技术原型入选 15 项"黑科技"——世界互联网领先成果，高通 5G 向千兆移动网络和人工智能迈进。由于物联网尤其是互联网汽车等产业的快速发展，对网络速度有着更高的要求，这无疑成为推动 5G 网络发展的重要因素。因此，全球各地均在大力推进 5G 网络，以迎接下一波科技浪潮。

5G 是 4G 之后的下一代移动通信网络标准，其上网速度将比 4G 高出 100 多倍，运营商的服务能力也将极大增强，5G 网络将会对家庭现有的宽带连接形成有益的补充。5G 是新一代移动通信技术发展的主要方向，是未来新一代信息基础设施的重要组成部分。与 4G 相比，5G 是它的延伸，不仅将进一步提升用户的网络体验，同时还将满足未来万物互联的应用需求。目前，中国（华为）、韩国（三星电子）、日本、欧盟都在投入相当大的资源研发 5G 网络。

2017 年 2 月 9 日，国际通信标准组织 3GPP 宣布了"5G"的官方 Logo。2017 年 12 月 21 日，在国际电信标准组织 3GPP RAN 第 78 次全体会议上，5G NR 首发版本正式冻结并发布。2017 年 10 月，诺基亚与加拿大运营商 Bell Canada 合作，完成加拿大首次 5G 网络技术的测试。测试中使用了 73 GHz 范围内的频谱，数据传输速率为加拿大现有 4G 网络的 6 倍。鉴于两者的合作，外界分析加拿大很有可能将在 5 年内启动 5G 网络的全面部署。

在全球市场，一些国家的运营商也已经进行前期试验和测试。欧盟的 5G 网络将在 2020—2025 年之间投入运营。2015 年 9 月 7 日，美国移动运营商 Verizon 无线公司宣布，从 2016 年开始试用 5G 网络，2017 年在美国部分城市全面商用。美国多家移动运营商将会争取获得 5G 网络的运营牌照。目前，AT&T、Verizon 等公司已经开始进行 5G 网络的测试。

我国 5G 技术研发试验在 2016-2018 年进行，分为 5G 关键技术试验、5G 技术方案验证和 5G 系统验证三个阶段实施。2017 年 11 月 15 日，工信部发布《关于第五代移动通信系统使用 3300～3600 MHz 和 4800～5000 MHz 频段相关事宜的通知》，确定 5G 中频频谱，能够兼顾系统覆盖和大容量的基本需求。2017 年 11 月下旬工信部发布通知，正式启动 5G 技术研发试验第三阶段工作，于 2018 年年底前实现第三阶段试验基本目标。不过从目前情况来看 5G 网络离商用预计还需 2～3 年时间。

从用户体验看，5G 具有更高的速率、更宽的带宽，只需几秒即可下载一部高清电影，能够满足消费者对虚拟现实、超高清视频等更高的网络体验需求。

从行业应用看，5G 具有更高的可靠性，更低的时延，能够满足智能制造、自动驾驶等行业应用的特定需求，拓宽融合产业的发展空间，支撑经济社会创新发展。

随着 5G 技术新标准和协议的诞生，传统的网络架构已经不能满足其要求，新的 5G 网络架构有待破土而出，其主要特点如下：

（1）硬件归一化，接口标准化：硬件功能简化，软硬件分离，降低成本，简化网络设计；接口标准化利于互通解耦，实现全网统一管理，降低运维复杂度。

（2）网络架构扁平化：5G 新架构包含接入、转发、控制三个功能平面。其中，快速灵活的接入平面包含各种类型的基站和无线接入设备；高效低成本的转发平面可作为用户下沉的分布式网关；智能开放的控制平面可对网络集中控制，实现资源全局调度。

基于 SDN 的 5G 网络架构如图 3.31 所示。它是 Emulex 网络的一种网络创新架构，是网络虚拟化的一种实现方式，其核心技术 OpenFlow 通过将网络设备控制平面与数据平面分离开来，从而实现了网络流量的灵活控制，使网络作为管道变得更加智能。

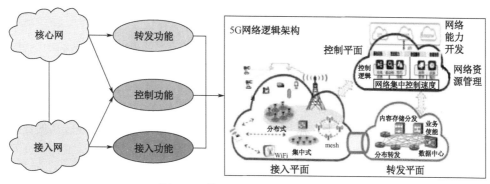

图 3.31　基于 SDN 的 5G 网络架构

SDN 是未来网络的发展方向，行业发展迅速。5G 网络和 SDN 融合后可以使控制平面和数据平面解耦，控制平面集中部署在控制器中，数据平面下沉更接近用户；在网络侧，将网络功能虚拟化和模块化，便于新业务的部署；在无线侧，一些控制功能能够集中在无线控制器中，联合优化，提高用户体验。

4．5G 关键技术

1）高频段传输

移动通信的传统工作频段主要集中在 3 GHz 以下，这使得频谱资源十分拥挤，而在高频段（如毫米波、厘米波频段）可用频谱资源丰富，能够有效缓解频谱资源紧张的状况，可以实现极高速短距离通信，支持 5G 容量和传输速率等方面的需求。

高频段在移动通信中的应用是未来的发展趋势，业界对此高度关注。足够的可用带宽、小型化的天线和设备、较高的天线增益是高频段毫米波移动通信的主要优点；但也存在传输距离短、穿透和绕射能力差、容易受气候环境影响等缺点。射频器件、系统设计等方面的问题也有待进一步研究和解决。高频段资源虽然目前较为丰富，但仍需进行科学规划，统筹兼顾，从而使宝贵的频谱资源得到最优配置。

2）新型多天线传输

多天线技术经历了从无源到有源、从 2D 到 3D、从高阶 MIMO 到大规模阵列的发展，将有望实现频谱效率提升数十倍甚至更高，是目前 5G 技术重要的研究方向之一。

由于引入了有源天线阵列，基站侧可支持的协作天线数量将达到 128 根。此外，原来的

2D 天线阵列拓展为 3D 天线阵列，形成新颖的 3D-MIMO 技术，支持多用户波束智能赋型，减少用户间干扰，结合高频段毫米波技术，将进一步改善无线信号覆盖性能。目前，研究人员正在针对大规模无线信道测量与建模、阵列设计与校准、导频信道、码本及反馈机制等问题进行研究，未来将支持更多的用户空分多址（SDMA），显著降低发射功率，实现绿色节能，提升覆盖能力。

3）同时同频全双工

近年来，同时同频全双工技术吸引了业界的注意力。利用该技术，在相同的频谱上，通信的收发双方同时发射和接收信号；与传统的 TDD（时分双工）和 FDD（频分双工）方式相比，该技术从理论上可使空口频谱效率提高 1 倍。

全双工技术能够突破 FDD 和 TDD 方式的频谱资源使用限制，使得频谱资源的使用更加灵活。然而，全双工技术需要具备极高的干扰消除能力，这对干扰消除技术提出了极大的挑战，同时还存在相邻小区同频干扰问题。在多天线和组网场景下，全双工技术的应用难度更大。

4）D2D

传统的蜂窝通信系统的组网方式是以基站为中心实现小区覆盖，而基站和中继站无法移动，其网络结构在灵活度上有一定的限制。随着无线多媒体业务不断增多，传统的以基站为中心的业务提供方式已无法满足海量用户在不同环境下的业务需求。

D2D（Device to Device）技术无须借助基站就能实现通信终端之间的直接通信，从而拓展网络连接和接入方式。由于短距离直接通信，信道质量高，D2D 能够实现较高的数据速率、较低的时延和较低的功耗；通过广泛分布的终端，它能够改善覆盖，实现频谱资源的高效利用；支持更灵活的网络架构和连接方法，提升链路灵活性和网络可靠性。目前，D2D 采用广播、组播和单播技术方案，未来将发展其增强技术，包括基于 D2D 的中继技术、多天线技术和联合编码技术等。

5）超密集网络

在未来的 5G 通信中，无线通信网络正朝着网络多元化、宽带化、综合化、智能化的方向演进。随着各种智能终端的普及，数据流量将出现井喷式的增长。未来数据业务将主要分布在室内和热点地区，这使得超密集网络成为实现未来 5G 的 1 000 倍流量需求的主要手段之一。超密集网络能够改善网络覆盖，大幅提升系统容量，并对业务进行分流，具有更灵活的网络部署和更高效的频率复用。未来，面向高频段、大带宽，将采用更加密集的网络方案，部署的小小区/扇区将多达 100 个以上。

与此同时，愈发密集的网络部署也使得网络拓扑更加复杂，小区间干扰已经成为制约系统容量增长的主要因素，极大地降低了网络能效。干扰消除、小区快速发现、密集小区间协作、基于终端能力提升的移动性增强方案等，都是目前密集网络方面的研究热点。

6）新型网络架构

目前，LTE 接入网采用网络扁平化架构，减小了系统时延，降低了建网成本和维护成本。未来 5G 可能采用 C-RAN 接入网架构。C-RAN 是基于集中化处理、协作式无线电和实时云计算构架的绿色无线接入网构架。C-RAN 的基本思想是通过充分利用低成本高速光传输网络，直接在远端天线和集中化的中心结点间传送无线信号，以构建覆盖上百个基站服务区域，甚至上百平方千米的无线接入系统。C-RAN 架构适于采用协同技术，能够减小干扰，降低功耗，提升频谱效率，同时便于实现动态使用的智能化组网，其集中处理有利于降低成本，便于维护，减少运营支出。目前相关的研究内容包括 C-RAN 的架构和功能，如集中控制、基带池 RRU

接口定义、基于 C-RAN 的更紧密协作，如基站簇、虚拟小区等。

全面建设面向 5G 的技术测试评估平台，能够为 5G 技术提供高效、客观的评估机制，有利于加速 5G 的研究和产业化进程。5G 测试评估平台将在现有认证体系要求的基础上平滑演进，从而加速测试平台的标准化和产业化，有利于我国参与未来国际 5G 认证体系，为 5G 技术的发展搭建腾飞的桥梁。

3.2.3 UWB 技术

1. UWB 技术概述

超宽带（Ultra-wideband，UWB）技术起源于 20 世纪 50 年代末，此前主要作为军事技术在雷达等通信设备中使用。随着无线通信的飞速发展，人们对高速无线通信提出了更高的要求，超宽带技术又被重新提出，并备受关注。UWB 是指信号带宽大于 500 MHz 或者信号带宽与中心频率之比大于 25%。与常见的通信方式使用连续的载波不同，UWB 采用极短的脉冲信号来传送信息，通常每个脉冲的持续时间只有几十皮秒（ps）到几纳秒（ns），这些脉冲所占用的带宽甚至高达数吉赫兹（GHz），这样最大的数据传输速率可以达到数百 Mbps。在高速通信的同时，UWB 设备的发射功率却很小，仅仅是现有设备的几百分之一，这对于普通的非 UWB 接收机来说近似于噪声。因此，从理论上讲，UWB 可以与现有无线电设备共享带宽。UWB 是一种高速而又低功耗的数据通信方式，它有望在无线通信领域得到广泛的应用。目前，Intel、Motorola 和 Sony 等知名大公司正在进行 UWB 无线设备的开发和推广。

UWB 与其他的"窄带"或者"宽带"相比，主要有两方面的区别：一是超宽的带宽，在美国联邦通信委员会（FCC）的所定义中，其带宽比中心频率高 25%或者大于 1.5 GHz，这一带宽明显大于目前所有通信技术的带宽。二是超宽带典型的用于无载波应用方式。传统的"窄带"和"宽带"都是采用射频（RF）载波来传送信号的，频率范围为从基带到系统被允许使用的实际载波频率。与之相反，UWB 的实现方式是能够直接地调制一个大的激增和下降时间的"脉冲"，这样所产生的波形占据了几个 GHz 的宽带。

UWB 无线通信技术与现有的无线通信技术有着本质的区别。现有的无线电技术所使用的通信载波是连续的电波，几乎所有的无线通信包括移动电话、无线局域网通信都是这样的，即用某种调制方式将信号加载在连续的电波上。与此相比，UWB 无线通信产品可以发送大量的非常短、非常快的能量脉冲。这些脉冲都是经过精确计时的，每个只有数纳秒长，脉冲可以覆盖非常广泛的区域。脉冲的发送时间是根据一种复杂的编码而改变的，脉冲本身既可以代表数字通信中的 0，也可以代表 1。UWB 超宽带技术在无线通信的创新性、利益性方面具有很大的潜力，在商业多媒体设备、家庭和个人网络方面，可极大地提高一般消费者和专业人员的适应性和满意度。因此，很多工业界人士都在全力开发超宽带技术及其产品，相信这一超宽带技术不仅为用户所喜欢，而且在一些高端技术领域，如雷达跟踪、精确定位和无线通信方面也具有广阔的前景。

从时域上看，UWB 系统有别于传统的通信系统。通常通信系统是通过发送射频载波进行信号调制的，UWB 则是利用起、落点的时域脉冲直接实现信号的调制，UWB 的传输把调制信号过程放在一个非常宽的频带上进行，而且以这一过程中所持续的时间来决定宽带所占据的频率。由于 UWB 的发射功率有限，进而限制了其传输距离。相关资料表明，UWB 信号的有效传输距离在 10 m 以内，因此民用 UWB 普遍定位于个人局域网范畴。

从频域上看，UWB 有别于传统的窄带和宽带，其频带更宽。窄带是指相对宽带（信号带宽与中心频率之比）小于 1%，相对带宽为 1%～25%时称为宽带，相对带宽大于 25%且中心频率大于 500 MHz 时称为超宽带。UWB 与传统通信系统相比，其工作原理迥异，因此 UWB 具有传统通信系统无法比拟的技术特点，如系统结构的实现比较简单、数据传输速度快、功耗低、安全性好、多径分辨能力强、定位精确、工程简单以及造价便宜等。

2．UWB 的主要特点

UWB 可用于军事和民用两个领域。在军事领域，UWB 可以用于低截获率（LPI/D）的内部无线通信系统、LPI/D 地波通信、LPI/D 高度计、战场手持和网络 LPI/D 电台、UWB 雷达、防撞雷达、警戒雷达、无线标签、接近引信、高精度定位系统、无人驾驶飞行器和地面战车以及通信链路、探测地雷和检测目标地址等。在民用领域，UWB 可用于 20 Mbps 以上的高速无线局域网、高度计、民航防撞雷达、汽车防撞感应器、高精度定位、无线标签和工业射频监控等。

鉴于 UWB 信号是一种持续时间非常短的脉冲串，占用带宽大，它具有一些十分独特的优点和用途。在通信方面，UWB 可以提供高速率的无线通信；在雷达方面，UWB 雷达具有高分辨力（ns 级）。当前隐身技术采用的隐射涂料和隐身特殊结构，都只能在一个不大的频带内有效，在超宽频带内目标隐身性能会有所下降。UWB 雷达具有很强的穿透能力，UWB 信号能穿透树叶、土地、混凝土和水体等介质。因此，军事上 UWB 雷达可用来探测地雷，民用上可用于查找地下金属管道、探测高速公路地基等。在定位方面，UWB 可以提供很高的定位精度。UWB 使用极微弱的同步脉冲就可以辨别隐藏的物体或墙体后的运动物体，定位误差只有一两厘米。也就是说，一个 UWB 设备可以同时实现通信、雷达和定位三大功能。

UWB 无线通信除带宽大、通信速率高之外，还有许多优点。首先，UWB 通信的保密性强。UWB 系统的发射功率谱密度非常低，有用信息完全淹没在噪声中，被截获概率很小，被检测的概率也很低，这一点在军事通信上有很大的应用前景。其次，UWB 通信采用调时序列，能够抗多径衰落。多径衰落是指反射波和直射波叠加后造成的接收点信号幅度的随机变化，而 UWB 系统每次的脉冲发射时间很短，在反射波到达之前，直射波的发射和接收已经完成。因此，UWB 系统特别适合在高速移动环境下使用。更重要的是，UWB 通信又被称为无载波的基带通信，UWB 通信系统几乎是全数字通信系统，所需的射频和微波器件很少，这样可以减小系统的复杂性，降低成本。可以说，低成本、低功耗、高速率、简单有效的 UWB 通信正是人类所期望的梦幻般的无线通信方式。

当然，UWB 通信也存在不足，主要问题是 UWB 系统占用的带宽很大，可能会对现有的其他无线通信系统产生干扰，因此 UWB 系统的频率许可问题一直在争论之中。另外，还有学者认为，尽管 UWB 系统发射的平均功率很低，不过由于它的脉冲持续时间很短，它的瞬时功率峰值可能会很大，这甚至可能影响民航等许多系统的正常工作。但是，学术界的种种争论并不影响 UWB 的开发和使用，2002 年 2 月 FCC 批准了 UWB 用于短距离无线通信的申请。

3．UWB 通信与其他短距离无线通信的对比

UWB 技术与现有其他无线通信技术有着很大的不同，它为无线局域网（WLAN）和无线个人域网（WPAN）的接口和接入带来低功耗、高带宽并且相对简单的无线通信技术。虽然 UWB 技术解决了困扰传统无线技术多年的有关传播方面的重大难题，具有对信道衰落不敏感、发射信号功率谱密度低、低截获能力、系统复杂度低以及能提供厘米级定位精度等优点。UWB 尤其适用于室内等密集多径场所的高速无线接入和军事通信应用，但是 UWB 通信也不会很快取代现有的其他无线通信技术。

UWB 通信所需的频带相当宽，从 500 MHz 直至数吉赫（GHz），如英特尔的样机使用的

就是从 2GHz 频带至 6GHz 频带之间的 4GHz 频带。然而，实际上并不存在如此之宽的空闲频带，无论采取什么办法，UWB 通信使用的频带与现有无线通信使用的频带必定会发生重叠。为了避免 UWB 通信对其他系统的干扰，UWB 用户必须申请频率许可。2002 年 2 月 FCC 准许 UWB 技术进入民用领域的条件是："在发送功率低于美国放射噪声规定值 41.3 dBm/MHz（换算成功率则为 1mW/MHz）的条件下，可将 3.1～10.6GHz 的频带用于对地下和隔墙之物进行扫描的成像系统、汽车防撞雷达以及在家电终端和便携式终端之间进行测试和无线数据通信"。发射功率的大小决定了传输距离，按照 FCC 的规定，UWB 通信在近期内将只可能用于极短距离的无线通信，这就意味着在一定时期内 UWB 将与现有短距离无线技术共同生存，共同发展。

1）UWB 与 IEEE 802.11a

IEEE 802.11a 是 IEEE 最初制定的一个无线局域网标准之一，它主要用来解决办公室局域网和校园网中用户与用户终端的无线接入，工作在 5GHz U-NII 频带，物理层速率为 54Mbps，传输层速率为 25Mbps；采用正交频分复用（OFDM）扩频技术；可提供 25Mbps 的无线 ATM 接口和 10Mbps 的以太网无线帧结构接口，以及 TDD/TDMA 的空中接口；支持语音、数据、图像业务。IEEE 802.11a 用于无线局域网时的通信距离可以达到 100m，而 UWB 只能在 10m 以内的范围通信。根据英特尔按照 FCC 的规定而进行的演示结果显示，对于 10m 以内的距离，UWB 可以发挥高达数百 Mbps 的传输性能，但是在 20m 处反而是 IEEE 802.11a/b 的无线局域网设备的传输性能更好一些。因此，在目前 UWB 发射功率受限的情况下，UWB 只能用于 10m 以内的高速数据通信，而 10～100m 的无线局域网通信，还需要由 802.11 来完成，当然与 UWB 相比，802.11 的功耗大且传输速率低。

2）UWB 与蓝牙

自从 2002 年 2 月 14 日，FCC 顶住多方压力批准 UWB 用于无线通信以来，就不断有人将 UWB 评论为蓝牙（Bluetooth）的杀手，因为从性能价格比上看，蓝牙是现有无线通信方式中最接近 UWB 的，但是 UWB 真的会取代蓝牙吗？从目前的情况看，答案是否定的。首先，从应用领域来看，蓝牙工作在无须申请的 2.4GHz ISM 频段上，主要用来连接打印机、笔记本电脑等办公设备；其通信速率通常在 1Mbps 以下，通信距离可以达到 10m 以上。而 UWB 的通信速率为数百 Mbps，通信距离仅为数米，因此二者的应用领域不尽相同。其次，从技术上看，经过多年的发展，蓝牙已经具有较完善的通信协议。蓝牙的核心协议包括物理层协议、链路接入协议、链路管理协议及服务发展协议等，而 UWB 的工业实用协议还在制定之中。此外，蓝牙是一种短距离无线连接技术标准的代称，蓝牙的实质是要建立通用的无线电空中接口及其控制软件的公开标准。从这方面讲，UWB 可以看作采用一种特殊无线电波来高速传送数据的通信方式。严格地讲，它不能构成一个完整的通信协议或标准。考虑到 UWB 高速、低功耗的特点，也许在下一代蓝牙标准中，UWB 可能被用作物理层的通信方式。最后，从市场角度分析，蓝牙产品已经成熟并得到推广和使用，而 UWB 的研究还处在起步阶段。基于上述原因，在未来的几年内，UWB 和蓝牙更有可能既是竞争对手，又是合作伙伴。

3）UWB 与 HomeRF

HomeRF（家庭射频）标准是由 HomeRF 工作组开发的，是指在家庭范围内，使计算机与其他电子设备之间实现无线通信的开放性工业标准。HomeRF 是 IEEE 802.11 与 DECT（数字增强无绳电话）的结合，使用这种技术能降低语音数据成本。HomeRF 采用扩频技术，工作在 2.4GHz 频带，能同步支持 4 条高质量语音信道，但是 HomeRF 的传输速率只有 1～2Mbps。

由于 HomeRF 技术没有完全公开，目前只有几十家小企业支持，在抗干扰等方面相对于其他技术而言尚有欠缺，因此其应用前景还不十分明朗。同 IEEE 802.11 一样，HomeRF 的通信距离比 UWB 远，而传输速率比 UWB 低，在 UWB 发射功率受限的前提下，二者各有千秋。

3.2.4　ZigBee 技术

1. ZigBee 概述

ZigBee 是一种近距离、低复杂度、低功耗、低速率及低成本的双向无线通信协议，其具有的上述特点使它能在智能交通、环境保护、政府工作、公共安全、平安家居、智能消防、工业监测、老人护理及个人健康等领域有所作为；主要用于距离短、功耗低且传输速率不高的各种电子设备之间的数据传输以及典型的周期性数据、间歇性数据和低反应时间数据的传输。由于物联网在这一领域大有发展潜力，因此 ZigBee 在物联网中将一展风采。目前，虽然处于起步阶段，但其巨大的应用前景还是引起了工业界和学术界的极大关注。

ZigBee 是 IEEE 802.15.4 协议的代名词。这个协议规定的技术是一种短距离、低功耗的无线通信技术。这一名称来源于蜜蜂的八字舞，由于蜜蜂（Bee）是靠飞翔和"嗡嗡"（Zig）地抖动翅膀的"舞蹈"来与同伴传递花粉所在的方位信息，也就是说蜜蜂依靠这样的方式构成了群体中的通信网络。ZigBee 主要针对低传输速率、低功耗方向的射频应用，如无线开关控制照明、室内环境的距离测量以及小范围应用的消费电子产品等。

简单地说，ZigBee 是一种高可靠的无线数据传输网络，类似于CDMA和GSM网络。ZigBee 数据传输模块类似于移动网络基站。通信距离从标准的 75 m 到几百米或几千米，并且支持无限扩展。ZigBee 传输的范围及数据传输率如图 3.32 和图 3.33 所示。ZigBee 是一个低成本、低功耗的无线网络标准。首先，它的低成本使之能广泛适用于无线监控领域的应用；其次，低功耗使之具有更长的工作周期；最后，它所支持的

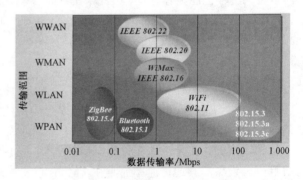

图 3.32　ZigBee 传输范围及其数据传输率（一）

无线网状网络具有更高的可靠性和更广的覆盖范围。ZigBee 主要适合用于自动控制和远程控制领域，可以嵌入各种设备。简而言之，ZigBee 是一种低成本、低功耗的近距离无线组网通信技术。ZigBee 与其他近距离无线传输系统的比较如表 3.5 所示。

图 3.33　ZigBee 传输范围及其数据传输率（二）

表 3.5　ZigBee 与其他近距离无线传输系统的比较

	GRRS/GSM	WiFi	蓝牙（Bluetooth）	ZigBee
标准名称	1XRTT/CDMA	802.11b	802.15.1	802.15.4
应用重点	广阔范围声音&数据	Web，E-mail，图像	电缆替代品	监测&控制
系统资源	16 MB+	1 MB+	250 KB+	4～32 KB
电池寿命/日	1～7	0.5～5	1～7	100～1 000+
网络大小	1	32	7	255/65 000
带宽/kbps	64～128+	11 000+	720	20～250
传输距离/m	1 000+	1～100	1～10+	1～100+
成功尺度	覆盖面大，质量	速度，灵活性	价格便宜，方便	可靠，低功耗，价格便宜

2．ZigBee 协议

ZigBee 协议的物理层（PHY）和 MAC 层均直接采用了 IEEE 802.11.4 标准。IEEE 802.11.4 的物理层采用直接序列扩频（DSSS）技术，以化整为零方式，将一个信号分为多个信号，再经过编码方式传送信号以避免干扰。在 MAC 层主要沿用了 IEEE 802.114 系列标准的 CSMA/CA 方式，以提高系统的兼容性。所谓 CSMA/CA，是在传输之前先检查信道是否有数据传输：若信道无数据传输，则开始进行数据传输动作；若传输时产生碰撞，则稍后重新再传。

ZigBee 的高层协议是由 ZigBee 联盟主导推出的，定义了网络层（Network Layer）、安全层（Security Layer）、应用层（Application Layer）以及各种应用产品的资料（Profile）。ZigBee 协议栈如图 3.34 所示。

ZigBee 联盟成立于 2002 年 8 月，由英国 Invensys 公司、日本三菱电气公司、美国摩托罗拉公司以及荷兰飞利浦半导体公司组成，如今已经吸引了上百家芯片公司、无线设备公司和开发商的加入。将 ZigBee 协议与其他常用短距离通信协议进行比较，其结果如表 3.6 所示。从表 3.6 中可以看出，ZigBee 特别适合低数据速率下的控制以及传感信号的传输，ZigBee 联盟也正在这方面大力拓展市场。

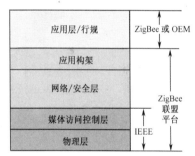

图 3.34　ZigBee 协议栈

表 3.6　常用的几种短距离通信协议比较

	ZigBee	蓝牙	RFID	NFC	WiFi	UWB
传输速率	20～250 kbps	1 Mbps	1 kbps	424 kbps	11～110 Mbps	54～480 Mbps
传输距离	10～75 m	10 m	1 m	20 m	20～200 m	40 m
频段	2.4 GHz	2.4 GHz		13.56 MHz	2.4 GHz	3.1～10.6 GHz
安全性	高	中等		极高	低	高
国际标准	802.15.4	802.15.1x		尚无	802.11b/g/n	ISO 18092
功耗	5 mA	20 mA	10 mA	10 mA	10～50 mA	10～50 mA
成本/美元	2～5	2～5	1	2.5～5	25	20
主要应用	无线传感、控制	通信、IT、数据	常用以取代条形码	手机、近场通信技术	无线上网、PDA、PC	多媒体、数字电视

3．ZigBee 网络拓扑结构

ZigBee 是一个由可多至 65000 个无线数据传输模块组成的一个无线数据传输网络平台。在整个网络范围内，每个 ZigBee 网络数据传输模块之间可以相互通信，每个网络结点之间的距离可以从标准的 75 m 扩展至无限。ZigBee 网络结构如图 3.35 所示。从图 3.35 中可以看出，ZigBee 网络的拓扑结构有星状、网状和簇状 3 种类型；ZigBee 网络设备包括网络协调器、全功能设备（FFD）和简约功能设备（RFD），其具体拓扑结构与设备类型如表 3.7 所示。ZigBee 网络设备的具体功能如下。

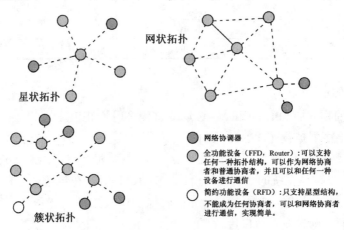

图 3.35　ZigBee 网络拓扑结构

表 3.7　ZigBee 设备与拓扑结构类型

	拓 扑 类 型	可否成为协调器	通 话 对 象
全功能设备（FFD）	星状，树状，网状	可以	任何 ZigBee 设备
简约功能设备（RFD）	星状	不可以	只能与协调器通话

（1）网络协调器。网络协调器中包含所有的网络消息，是 3 种设备中最复杂的一种，存储容量最大，计算能力最强；可以发送网络信标、建立一个网络、管理网络结点、存储网络结点信息、寻找一对结点间的路由消息以及不断地接收信息。

（2）全功能设备（FFD）。FFD 可以担任网络协调者，形成网络，让其他的 FFD 或简约功能设备（RFD）相互连接；FFD 具备控制器的功能，可提供信息的双向传输；附有由标准指定的全部 IEEE 802.15.4 功能和所有特征，其充足的存储和计算能力可使其在空闲时起到网络路由器的作用，也可用作终端设备。

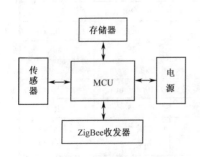

图 3.36　ZigBee 结点硬件结构

（3）简约功能设备（RFD）。RFD 只能传送信息给 FFD 或从 FFD 处接收信息。为了控制成本和复杂性 RFD 只附有有限的功能，在网络中通常用作终端设备。RFD 由于省掉了内存和其他电路，降低了 ZigBee 部件的成本，而简单的 8 位处理器和小协议栈也有助于进一步降低成本。

除此之外，每一个 ZigBee 网络结点（FFD）还可在自己信号覆盖的范围内，和多个不承担网络信息中转任务的孤立的子结点（RFD）进行无线连接。ZigBee 结点硬件结构如图 3.36 所示。与用于移动通信的 CDMA 网络或 GSM 网络不同的是，ZigBee 网络主要用于工业现场自动化控制数据的传输，因而它必须具有简单、使用方便、工作可靠和价格低等特点。移动通信网主要是为语音通信而建立的，每个基站价值一般都在百万元以上，而每个 ZigBee "基站" 却不到 1000元。每个 ZigBee 网络结点不仅本身可以作为监控对象（如其所连接的传感器直接进行数据采集和监控），还可以自动中转别的网络结点传过来的数据资料。

4. ZigBee 自组织网络通信方式

ZigBee 技术采用自组织网络。例如，当一队伞兵空降后，每人持有一个 ZigBee 网络模块终端降落到地面后，只要他们彼此间在网络模块的通信范围之内，通过彼此自动寻找，很快就可以形成一个互联互通的 ZigBee 网络。由于人员的移动，彼此间的联络状态会发生变化。然而网络模块可以通过重新寻找通信对象，确定彼此间的联络，对原有网络进行刷新，这就是自组织网络的通信机制。

1）ZigBee 采用自组织网络通信

网状网通信的实质是多通道通信。在实际工业现场，由于各种原因，往往并不能保证每一条无线通道都能够始终畅通，就像城市的街道一样，可能由于车祸或道路维修等，使得某条道路的交通出现暂时中断，此时由于有多个通道，车辆（相当于控制数据）仍然可以通过其他道路到达目的地。这一点对于工业现场的控制非常重要。

2）自组织网络采用动态路由方式

动态路由是指网络中数据的传输路径不是预先设定的，而是在传输数据前，通过对网络当时可利用的所有路径进行搜索，分析它们的位置关系以及远近情况，然后选择其中的一条路径进行数据传输。在网络管理软件中，路径选择采用 "梯度法"，即先选择路径最近的一条通道进行传输，若传不通，再使用另外一条稍远一点的通道进行传输，以此类推，直到数据送达目的地为止。在实际的工业现场，预先确定的传输路径随时都可能发生变化，或者因各种原因路径被中断了，或者过于繁忙不能进行及时传送。动态路由结合网状拓扑结构，可以很好地解决这个问题，从而保证数据的可靠传输。

5. ZigBee 频带

在当前的物联网网络层组网技术研究中，主要技术路线有两条：一条是基于 ZigBee 联盟的 ZigBee 路由协议（基于 Ad-hoc 路由），进行传感器结点或者其他智能物体的互联；另一条是 IPSO 联盟倡导的，通过 IP 实现传感器结点或者其他智能物体的互联。

但是，不同国家或地区所采用的 ZigBee 频带有所不同：① 868 MHz 频带，传输速率为 20 kbps，适用于欧洲；② 915 MHz 频带，传输速率为 40 kbps，适用于美国；③ 2.4 GHz 频带，传输速率为 250 kbps，全球通用。由于此 3 个频带的物理层不相同，其各自信道的带宽也不同，分别为 0.6 MHz、2 MHz 和 5 MHz，且分别有 1 个、10 个和 16 个信道。

不同频带的扩频和调制方式也有区别。虽然各频带都使用了直接序列扩频（DSSS）方式，但从比特到码片的变换方式却有较大差别。调制方式虽然采用的都是调相技术，但 868 MHz 和 915 MHz 频带采用的是 BPSK，而 2.4 GHz 频带采用的是 OQPSK。

在发射功率为 0 dBm 的情况下，蓝牙的作用范围通常为 10 m。而基于 IEEE 802.15.4 的 ZigBee 在室内的作用距离通常能达到 30～50 m，在室外且障碍物少的情况下，其作用距离甚至可以达到 100 m。因此，ZigBee 可归为低速率的短距离无线通信技术。

6. ZigBee 特点

ZigBee 是一种无线连接技术，可工作在 2.14 GHz（全球流行）、868 MHz（欧洲流行）和

915MHz（美国流行）3 个频段上，分别具有最高 250kbps、20kbps 和 40kbps 的传输速率，其传输距离为 10～75 m，但可以继续增加。作为一种无线通信技术，ZigBee 具有的主要特点如下：

（1）低功耗：由于 ZigBee 的传输速率低，发射功率仅为 1mW，加之采用了休眠模式，进一步降低了功耗，因此 ZigBee 设备非常省电。在低耗电待机模式下，2 节 5 号干电池可支持 1 个结点工作 6～24 月，甚至更长。与蓝牙能工作数周、WiFi能工作数小时相比，这是 ZigBee 的突出优势。目前，TI 公司和德国的 Micropelt 公司共同推出了新能源的 ZigBee 结点，该结点采用 Micropelt 公司的热电发电机给 TI 公司的 ZigBee 提供电源。

（2）低成本：通过大幅度地简化协议（不到蓝牙的 1/10），ZigBee 降低了对通信控制器的要求。预测分析，以 8051 的 8 位微控制器测算，全功能的主结点需要 32KB 代码，子功能结点少至 4KB 代码，且 ZigBee 不必支付协议专利费。这样，每块芯片的价格大约为 2 美元，如此低的成本是 ZigBee 应用广泛的一个关键因素。

（3）低速率：ZigBee 工作在 20～250 kbps 的较低速率，分别提供 250 kbps（2.4 GHz）、40kbps（915MHz）和 20kbps（868MHz）的原始数据吞吐率，可满足低速率传输数据的应用需求。

（4）近距离：ZigBee 的传输范围一般为 10～100m，在增加 RF 的发射功率后，也可增加到 1～3 km。这里指的是相邻结点间的距离。若采用路由和结点间的通信接力，传输距离可以更远。

（5）短时延：通信时延和从休眠状态激活的时延都非常短，即 ZigBee 的响应速度较快，典型的搜索设备的时延为 30ms，休眠激活的时延为 15ms，活动设备信道接入的时延为 15ms。因此，ZigBee 技术适用于对时延要求苛刻的无线控制（如工业控制场合等）应用；相应的，蓝牙需要 3～10s、WiFi 需要 3s。

（6）网络容量大：ZigBee 可采用星状、片状和网状网络结构，由一个主结点管理若干子结点，最多一个主结点可管理 254 个子结点（从设备和一个主设备）；同时主结点还可由上一层网络结点管理，一个区域内可以同时存在最多 100 个 ZigBee 网络，最多可组成 65 000 个结点的大网，而且网络组成灵活。

（7）高可靠性：采取碰撞避免策略，同时为需要固定带宽的通信业务预留了专用时隙，避开了发送数据的竞争和冲突。MAC 层采用完全确认的数据传输模式，每个发送的数据包都必须等待接收方的确认信息。若传输过程中出现问题可以进行重发。

（8）高安全性：ZigBee 提供了三级安全模式，使用接入控制列表（ACL）防止非法获取数据；提供了基于循环冗余校验（CRC）的数据包完整性检查功能；支持鉴权和认证，采用高级加密标准（AES 128）的对称密码算法。因此，对于 ZigBee 的各个应用可以灵活地确定其安全属性。

（9）免执照频段：在工业科学医疗（ISM）频段采用直接序列扩频，ISM 频段即 2.4 GHz（全球）、915MHz（美国）和 868MHz（欧洲）。

7. ZigBee 应用前景

ZigBee 技术在物联网中的应用涉及 3 个层次：一是传感网络，即以二维码、RFID 和传感器为主，实现"物"的识别；二是传输网络，即通过现有的互联网、广电网、通信网或者下一代互联网，实现数据的传输和计算；三是应用网络，即输入/输出控制终端，包括手机等终端。图 3.37 所示是 ZigBee 联盟规划好的 ZigBee 应用前景图，ZigBee 与物联网二者在很多领域有着密切的结合，因此其在物联网中大有作为。

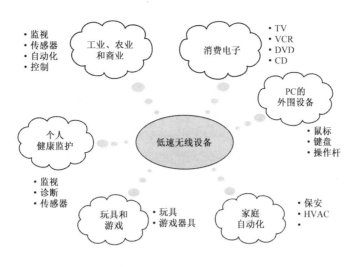

图 3.37 ZigBee 应用前景图

物联网用途广泛，遍及智能交通、环境保护、政府工作、公共安全、平安家居、智能消防、工业监测、老人护理、个人健康等多个领域。专家预计，这一技术将会发展成一个上万亿元规模的高科技市场。图 3.38 所示是 ZigBee 在智能停车管理系统中的应用。一般大型停车场可分为入口管理系统、停车泊位和防盗报警系统、出口收费管理系统以及中心管理系统 4 部分。当车辆进入停车场感应区时，在距离停车场 10～15 m 的范围时，由协调器发送信号，激活处于休眠状态的 ZigBee 识别标签（车载路由结点）；识别标签自动连接到协调器，并向协调器发送芯片内部存储的车辆相关信息；协调器将读出的信息通过 ZigBee 无线网络传输到控制台。确认进入后，控制台根据现有车位安排停车位置，从起始位置开始，经 ZigBee 识别标签与路由结点及协调器通信，确定行驶路径，途径中间位置最后到达限位位置（停车位置）。停车结束后，经由同样的方式可以驶出停车场；根据时间计费，然后使 ZigBee 识别标签休眠，完成整个过程。中心管理系统在线监控停车场进出日期、收费以及停车场内部所有车辆安全状况，处理并记录停车场内部的各种安全事件。

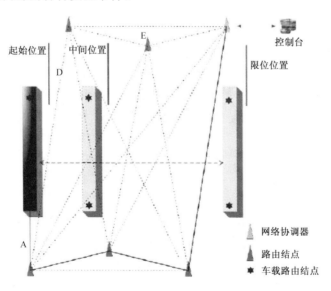

图 3.38 ZigBee 在智能停车场管理系统中的应用

ZigBee 以其低功耗、高可靠等优点在短距离无线传输技术中占有一席之地，而物联网在互联网日渐普及的今天，也离我们越来越近。ZigBee 与物联网的融合时机和商机也日渐成熟。通过 ZigBee 可以使各个覆盖区域中的物体结点有机地结合起来，充分发挥物联网的作用，让生活更舒适，工作更轻松。

3.2.5　IPv6 技术

对于物联网而言，无论是采用自组织方式，还是采用现有的公众网进行连接，结点之间的通信必然涉及寻址问题。为了满足 IP 地址需求量的空前提升，物联网协议必须尽快过渡到 IPv6。

1. IP 承载技术

IP 承载技术伴随互联网的普及而迅速发展，并从服务质量（QoS）机制、安全性、可靠性等方面逐渐达到了电信级网络应用的要求。IP 承载网是各运营商以 IP 技术构建的一张专网，用于承载对传输质量要求较高的业务（如软交换、视讯、重点客户 VPN 等），一般采用双平面、双星双归属的高可靠性设计，精心设计各种情况下的流量切换模型，采用 MPLS-TE（多协议标签交换-流量工程）、FRR（快速重路由）、BFD（双向转发检测）等技术，快速检测网络断点，缩短故障设备/链路倒换时间。在实际网络中，部署二层/三层 QoS，保障所承载业务的质量，使网络既具备低成本、扩展性好、承载业务灵活等特点，同时具备传输系统的高可靠性和安全性。图 3.39 所示为 IP 承载网络结构示意图。

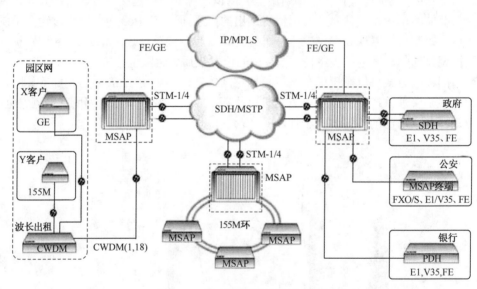

图 3.39　IP 承载网络结构示意图

2. IPv6 技术简介

IPv6 是 Internet 工程任务组（IETF）用于替代现行版本 IPv4 的下一代 IP 协议，其地址空间为 128bit，可以解决 IPv4 地址不足的问题。现有的互联网是在 IPv4 协议的基础上运行的，IPv4 定义的有限地址空间将被耗尽，而地址空间不足必将影响互联网的进一步发展。为了扩大地址空间，可通过 IPv6 重新定义地址空间。IPv6 严格按照地址的位数划分地址，而不用子网掩码区分网络号和主机号。在 128 位的地址中，前 64 位为地址前缀，表示该地址所属的子网络并用于路由；后 64 位为接口地址，用于子网络中标识结点。图 3.40 所示为 IPv4 向 IPv6 过渡网络的结构示意图。

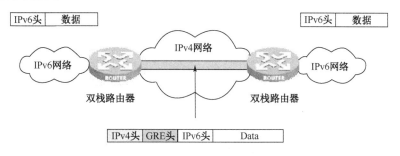

图 3.40　IPv4 向 IPv6 过渡网络结构示意图

在物联网应用中可以使用 IPv6 地址中的接口地址来标识结点，在同一子网络下，可以标识 264 个结点，该标识空间约有 185 亿亿个地址空间，完全可以满足结点标识的需要。

对于海量的地址分配问题，IPv6 采用了无状态地址分配的高效率解决方案，其基本思想是网络侧不管理地址的状态，如地址联系、有效期等，且不参与地址分配过程。结点设备连接到网络后，将自动选择接口地址（即 64 位），加上 FE80 的前缀，作为本地链路地址，该地址只在结点与邻居之间的通信中有效，路由器设备将不路由以该地址为源地址的数据包。在生成本地链路地址后，结点将进行 DAD（地址冲突检测），检测该接口地址是否已有邻居结点使用。

若结点发现地址冲突，则无状态地址分配过程终止，结点将等待手工配置 IPv6 地址。若在检测定时器超时后仍没有发现地址冲突，则结点认为该接口地址可以使用，此时终端将发送路由器前缀通告请求，寻找网络中的路由设备。当网络中配置的路由设备接收到该请求，则发送地址前缀通告响应，将结点应该配置的 IPv6 地址的 64 位地址前缀通告给网络结点，网络结点将地址前缀与接口地址组合后构成结点自身的全球 IPv6 地址。采用无状态地址分配之后，网络侧不再需要保存结点的地址状态和维护地址的更新周期。这大大简化了地址分配的过程，网络可以以很低的资源消耗来达到海量地址分配的目的。

3. IPv6 的移动性

IPv6 协议设计之初就充分考虑了对移动性的支持。针对移动 IPv4 网络中的三角路由问题，移动 IPv6 提出了相应的解决方案。

首先，从终端角度 IPv6 提出了 IP 地址绑定缓冲的概念，即 IPv6 协议栈在转发数据包之前需要查询 IPv6 数据包目的地址的绑定地址。若在绑定缓冲中查询到目的 IPv6 地址存在绑定的转交地址，则直接使用这个转交地址作为数据包的目的地址。

其次，MIPv6 引入了探测结点移动的特殊方法，即某一区域的接入路由器以一定时间间隔进行路由器接口的前缀地址通告。当移动结点发现路由器前缀通告发生了变化，则表明结点已经移动到新的接入区域。与此同时，根据移动结点获得的通告，结点又可以生成新的转交地址，并将其注册到家乡代理上。

MIPv4 与 MIPv6 的转发比较如图 3.41 所示。由图 3.41 可知，MIPv6 的数据流量可以直接发送到移动结点，而 MIPv4 的数据流量则必须经过家乡代理的转发。在物联网应用中，传感器有可能密集地部署在一个移动物体上。例如，为了监控地铁运行参数等，需要在地铁车厢内部署许多传感器，从整体上来看，地铁的移动就等同于一群传感器的移动，在移动过程中必然发生传感器的群体切换。在 MIPv4 的情况下，每个传感器都需要建立到家乡代理的隧道连接，

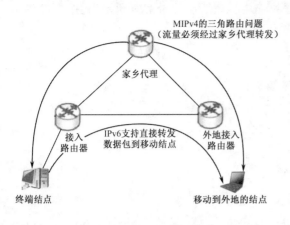

图 3.41　MIPv4 与 MIPv6 的转发比较

这样对网络资源的消耗非常大，很容易导致网络因资源耗尽而瘫痪。而在 MIPv6 网络中，传感器进行群切换时只需要向家乡代理注册，之后的通信完全在传感器和数据采集设备之间直接进行，这样就可以使网络资源消耗的压力大大下降。

4．IPv6 的安全性与可靠性

首先，在物联网安全保障方面，由于物联网应用中的结点部署方式比较复杂，结点可能通过有线方式或无线方式连接到网络，因此结点的安全保障情况也比较复杂。在使用 IPv4 的场景中，一个黑客可能通过在网络中扫描主机 IPv4 地址的方式来发现结点，并寻找相应的漏洞；而在 IPv6 场景中，由于同一个子网支持的结点数量极大（达到百亿亿个数量级），黑客通过扫描方式找到主机的难度大大增加。

其次，在 IP 基础协议栈的设计方面，IPv6 通过将互联网协议安全（IPSec）嵌入到基础的协议栈中，使通信的两端均可以启用 IPSec 加密通信信息和通信过程。网络中的黑客将不能采用中间人攻击方法对通信过程进行破坏或劫持。同时，黑客即使截取了结点的通信数据包，也会由于无法解码而不能窃取通信结点的信息。此外，由于 IP 地址的分段设计，可将用户信息与网络信息相分离，使用户在网络中的实时定位变得很容易，这也保证了在网络中可以对黑客行为进行实时监控，提升了网络的监控能力。

最后，由于成本限制，物联网应用中的结点通常比较简单，其可靠性还需靠结点之间的互相冗余来实现。由于结点不可能实现较复杂的冗余算法，采用网络侧的任播技术来实现结点之间的冗余。采用 IPv6 任播技术后，多个结点采用相同的 IPv6 任播地址（任播地址在 IPv6 中被特殊定义）。在通信过程中发往任播地址的数据包将被发往由该地址标识的"最近"的一个网络接口，其中"最近"的含义是指在路由器中该结点的路由矢量计算值最小。当一个"最近"结点发生故障时，网络侧的路由设备将会发现该结点的路由矢量不再是"最近"的，从而会将后续的通信流量转发到其他的结点，由此物联网的结点之间就自动实现了冗余保护功能。

5．IPv6 的主要特点

IPv6 的主要优势体现在扩大了地址空间、提高了网络整体吞吐量、改善了服务质量（QoS）、安全性得到更好的保证、支持即插即用和移动性以及可以更好地实现多播功能等几个方面。

与 IPv4 相比，IPv6 具有以下优势：

（1）更大的地址空间。IPv4 采用 32 位地址长度，总共只有大约 43 亿（2^{32}）个地址；而 IPv6 采用 128 位地址长度，最大地址个数为 2^{128}，与 32 位地址空间相比，其地址空间增加了（$2^{128}-2^{32}$）个。按保守方法估算，IPv6 实际可分配的地址在整个地球每平方米面积上可分配 1000 多个地址。IPv6 如此丰富的地址空间为实名制的互联网认证和"一人一证"提供了可能。

（2）更好的头部格式。IPv6 使用新的头部格式，其选项与基本头部分开，若需要可将选项插入到基本头部与上层数据之间，这就简化和加速了路由选择过程。IPv6 采用一系列固定格式的扩展头部来取代 IPv4 中可变长度的选项字段，其报头选项部分的出现方式也有所变化，使路由器可以简单地路过选项而不做任何处理，加快了报文处理速度，提高了网络的

整体吞吐量。

（3）更小的路由表。IPv6 的地址分配一开始就遵循聚类（Aggregation）的原则，这使得路由器能在路由表中用一条记录（Entry）表示一片子网，大大减小了路由器中路由表的长度，提高了路由器转发数据包的速度。同时，增强的组播（Multicast）支持以及对流的控制（Flow Control），使得网络上的多媒体应用有了长足发展的机会，为 QoS 控制提供了良好的网络平台。

（4）安全性高。身份认证和隐私权是 IPv6 所具有的关键特性，在使用 IPv6 网络时，用户可以对网络层的数据进行加密并对 IP报文进行校验，加密与鉴别选项提供了分组的保密性与完整性，可获得较高的可靠性，因此极大的增强了网络的安全性。

（5）服务类型种类多。IPv6 加入了对自动配置（Auto Configuration）的支持，这是对 DHCP（动态主机配置协议）的改进和扩展，可使对网络（尤其是局域网）的管理更加方便和快捷，因此可支持更多的服务类型。

（6）协议可扩展。IPv6 允许协议继续演变，可增加新的功能使之适应未来技术的发展。

6．IPv6 的应用前景

作为下一代网络协议，IPv6 凭借丰富的地址资源以及支持动态路由机制等优势，能够满足物联网对通信网络在地址、网络自组织以及扩展性等诸多方面的要求。然而，在物联网中应用 IPv6，并不能简单地"拿来就用"，而是需要进行一次适配。IPv6 在应用于传感器设备中之前，需要对 IPv6 协议栈和路由机制进行相应的精简，以满足对网络低功耗、低存储容量和低传送速率的要求。

目前，相关标准化组织已开始积极推动精简 IPv6 协议栈的工作。例如，IETF 已成立了6LoWPAN 和 ROLL 两个工作组，正在进行相关技术标准的研究工作。与传统方式相比，IPv6 协议栈能支持更大的结点组网，但对传感器结点的功耗、存储、处理器能力也要求更高，因而成本更高。另外，基于 IEEE 802.15.4 的网络射频芯片目前也有待于进一步开发，以支持 IPv6 协议栈进行精简。

从总体上看，物联网应用 IPv6 可按照"三步走"策略进行实施。首先，承载网支持 IPv6；其次，智能终端、网关逐步应用 IPv6；最后，传感器结点逐步应用 IPv6。有理由相信，在 IPv6 的积极适配与广泛应用下，物联网产业有望实现真正的大繁荣。

3.2.6　M2M 技术

物联网的核心部分是机器之间的互联互通，也就是俗称的 M2M。从总体架构来看，M2M 是物联网实现的底层平台，是处理物联网设备之间信息的交互通道。随着物联网的发展，更多具有行业特点的应用软件和中间软件也将不断出现。下面介绍 M2M 的概念及应用构架等。

1．M2M 概述

M2M 是 Machine-to-Machine/Man 的简称，是一种以机器终端智能交互为核心的网络化的应用与服务。M2M 通过在机器内部嵌入无线通信模块，以无线通信等为接入手段，为客户提供综合的信息化解决方案，以满足客户对监控、指挥调度、数据采集和测量等方面的信息化需求。根据其应用的服务对象，M2M 可以分为个人、家庭和行业三大类。

通信网络技术的出现和发展，给社会和人们的生活带来了极大的变化。人与人之间可以更加快捷地进行沟通，信息的交流也更加顺畅。但是，目前仅仅是计算机和其他一些 IT 类设备具备这种通信和网络能力，而众多的普通机器设备几乎还不具备联网和通信能力，如家电、车辆、自动售货机和工厂设备等。M2M 技术的目标是使所有机器设备都具备联网和通信能力，其核心理念是网络一切（Network Everything）。M2M 技术的出现具有非常重要的意义，其广阔的市场和应用将推动社会生产和生活方式的新一轮变革。

M2M 是一种理念，也是所有增强机器设备通信和网络能力的技术的总称。人与人之间的沟通很多也是通过机器实现的，如通过手机、电话、电脑、传真机等机器设备之间的通信可实现人与人之间的沟通。另外，还有一类技术是专门为机器和机器建立通信而设计的，如许多智能化仪器仪表都配有 RS-232 接口和 GPIB（通用接口总线）通信接口，这样就增强了仪器与仪器之间，仪器与电脑之间的通信能力。目前，绝大多数的机器和传感器尚不具备本地或者远程通信和联网能力。

2．M2M 应用架构

M2M 应用的行业非常广泛，其中包括电力管理、物流管理、交通管理、工业自动化、移动金融、智能家居、视频安防和远程医疗等。每个行业的应用都有各自的特点，其需求也是非常个性化的，因此对于运营商来说，如何处理好规模化和个性化之间的关系非常重要。目前，所有的 M2M 解决方案都具有行业终端、M2M 终端、无线传输网络、M2M 后台服务器以及应用模块五要素。M2M 应用架构如图 3.42 所示。

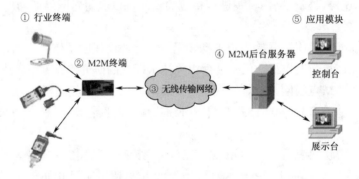

图 3.42　M2M 应用架构

图 3.42 中 5 个组成部分的含义与作用如下：

（1）行业终端。行业终端主要包括各种传感器、视频监控探头和扫描仪等，其主要作用是完成行业应用所需的数据采集并通过接口传递给 M2M 终端。例如，温度传感器采集温度数据后，通过该设备接口将数据传递给 M2M 终端设备。行业终端可能有多种接口，如 RS-232、RS-485、USB、RJ-45 以及其他 I/O 接口，这也是 M2M 标准化的难点之一。

（2）M2M 终端。M2M 终端是整个 M2M 应用系统中的关键部分之一，其功能是把数据传输给无线网络（或者同时从无线网络得到遥控数据）。由于 M2M 终端传输的不是语音而是数据，因此 M2M 终端的操作系统和数据压缩所使用的标准都是不同于普通手机的，需要单独进行开发和设计。

（3）无线传输网络。WSN 在整个 M2M 系统中起承上启下的作用，只有高效且有保障的传输网络才能确保系统的正常运作。WSN 并不局限于某种特定网络，它可以包括 GSM、CDMA、TD-SCDMA、WCDMA、WiFi、ZigBee 以及 LTE 网络；而在传输中需要采取一定的加密措施，以提高整个系统的安全性。

（4）M2M 后台服务器。M2M 后台服务器主要完成两类工作。一类工作是完成数据的接收和转发。通过解码无线网络传输的数据，M2M 后台服务器可以将这些数据进行存储和转发，以供应用模块使用和分析。另一类工作是对 M2M 终端的管理。通过无线网络，M2M 后台服务器可以完成对 M2M 终端的实时、批量的配置，如通过后台服务器对视频探头的方向进行调整以及对前端软件进行升级等。

（5）应用模块。应用模块是整个 M2M 系统的末端，其功能是负责对后台服务器的数据进行处理、分析以及人性化界面的展示等。在应用过程中通常伴随着原有应用软件的升级或新应用软件的开发。

目前，M2M 产业链中的各个环节均发展迅猛。M2M 的末端设备正在不断增加，这些设备的数量将远远超过联网的人数和计算机数量。实现 M2M 连接的通信技术日趋成熟，Internet 正向 IPv6 过渡，移动通信网络也在向 4G 甚至 5G 过渡，无线连接的选择越来越多。此外，M2M 的硬件和软件平台也在得到丰富与完善。在硬件制造方面，M2M 硬件是使机器具有通信或联网能力的部件，可以从各种机器/设备那里获取数据，并传送到通信网络硬件厂商。目前，推出的无线 M2M 硬件产品可以满足不同环境、不同应用的移动信息处理。在软件管理平台方面，M2M 管理软件是对末端设备和资产进行管理、控制的关键，其中包括 M2M 中间件（Middleware）和（嵌入式）M2M Edgeware（也可统称为软件通信网关）、实时数据库、M2M 集成平台或框架、通用的基础 M2M 应用构件库以及行业化的应用套件等。

M2M 技术的应用几乎涵盖了各行各业，通过"让机器开口说话"使机器设备不再成为信息孤岛，实现了对设备和资产有效地监控与管理；通过优化成本配置和改善服务，可推动社会向更加高效、安全、节能和环保的方向发展。

3.3　物联网应用层技术

物联网应用层是服务的发现与服务的呈现，是物联网和用户的接口，并与行业需求紧密结合，实现物联网的智能应用。物联网应用的核心技术主要包括：中间件技术、智能技术以及云计算技术等。

3.3.1　中间件技术

1. 中间件技术概述

中间件（Middleware）是物联网的神经系统，是连接标签读写器和应用程序的纽带，用于加工和处理来自读写器的所有信息和事件流，包括对标签数据进行过滤、分组和计数，以减少发往信息网络系统的数据量，并防止错误识读、漏读和冗余信息的出现。中间件是一种面向消息的程序，信息以消息的形式，从一个程序传送到另一个或多个程序。传送方式可以是异步的，也可以是同步的。不同应用程序对信息处理的需求大相径庭，而且物联网目前尚处在发展的初期，随着它的不断完善和成熟，会对各应用程序进行改进和升级，因此对中间件的要求比较复杂。

物联网中间件也被定义为具有一系列特定属性的"程序模块"或"服务"，并可被用户集成而满足他们的特定需求，并能够支持不同群体对模块的扩展需求。根据 Auto-ID 中心提出的中间件规范，物联网中间件由读写器接口、程序模块集成器及应用程序接口三部分组成，其整体框架如图 3.43 所示。程序模块集成器通过读写器接口和应用程序接口与外界交互。其中，读写器接口提供与标签读写器和传感器的连接，应用程序接口（API）提供中间件与外部应用

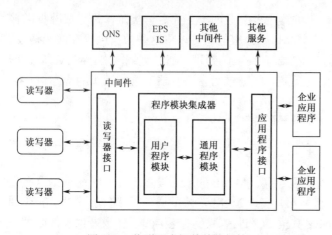

图 3.43　物联网中间件整体架构

程序的连接。外部应用程序通常为企业正在使用的应用程序，也包括新的特定应用程序或其他中间件。从应用程序端使用中间件所提供的一组通用的应用程序接口，即可连到读写器读取标签数据。当存储标签信息的数据库软件或后端应用程序增加或改由其他软件取代，或者 RFID 读写器种类增加等情况发生时，应用程序端不需要修改仍能继续进行处理，这样就降低了系统维护的复杂度。

中间件是介于应用系统和系统软件之间的一类软件，它使用系统软件所提供的基础服务（功能），衔接网络上应用系统的相关部分或不同的应用系统，能够达到资源共享、功能共享的目的。中间件是一种独立的系统软件或服务程序，分布式应用软件借助这种软件在不同的技术之间共享资源；中间件位于客户机、服务器的操作系统之上，管理计算资源和网络通信。从这个意义上讲，可以用一个等式来表示中间件，即"中间件=平台+通信"，这也就限定了只有用于分布式系统中的这类软件才能称为中间件，同时也把它与支撑软件和实用软件区分开来了。

中间件必须同时具备两个关键特征：一是要为上层的应用服务，这是一个基本条件；二是必须连接到操作系统层面，并保持运行工作状态。除这两个关键特征外，中间件还有一些其他特点。例如，满足大量应用的需要；运行于多种硬件和操作系统平台；支持分布计算，提供跨网络、硬件和操作系统平台的透明性的应用或服务的交互；支持标准的协议；支持标准的接口。由于标准接口对于可移植性，以及标准协议对于互操作性的重要性，因此中间件已成为许多标准化工作的主要部分。

物联网中的众多终端物品及感知设备，都是基于不同硬件构建的，因而也具有不同的软件执行环境。中间件可以屏蔽这些软硬件环境的差异，从而可以基于中间件设计跨平台的软件代码，实现统一的安全和规范部署。

2．物联网中间件的分类

目前，针对不同的应用涌现出了各具特色的中间件产品。从不同的角度和层次对中间件可进行不同的分类。根据中间件在系统中所起的不同作用和采用的不同技术，可以把中间件大致划分为以下 7 种：

（1）数据访问中间件（DAM）。在分布式系统中，重要的数据都集中存放在数据服务器中，它们可以是关系型、复合文档型、不同存放格式的多媒体型，或者是经过加密或压缩的数据。数据访问中间件可在这种系统中建立数据应用资源互操作模式，实现异构环境下的数据库连接或文件系统连接，从而为网络数据的虚拟缓冲存取、格式转换和解压等带来方便。数据访问中间件在所有的中间件中，是应用最广泛、技术最重要的一种。一个典型的例子是开放数据库连接（ODBC）。ODBC 是一种基于数据库的中间件标准，它允许应用程序和本地或者异地的数据库进行通信，并提供了一系列的 API。当然，在多数情况下这些 API 都隐藏在开发工具中，不被程序员们直接使用。在数据访问中间件的处理模型中，数据库是信息存储的核心单元，中间件则完成通信功能。这种方式虽然灵活，但是并不适用于一些性能处理要求高的场合，因为它需要大量的数据通信，而且当网络发生故障时，系统将不能正常工作。

（2）远程过程调用（RPC）中间件。RPC 中间件是另一种形式的中间件，它在客户-服务器模式的计算方面，比数据库中间件又迈进了一步。通过这种远程过程调用机制，程序员在编写客户应用程序时，可根据需要调用位于远端服务器上的过程。它的工作方式如下：当一个应用程序 A 需要与远程的另一个应用程序 B 交换信息或要求 B 提供协助时，A 在本地产生一个请求，通过通信链路通知 B 接收信息或提供相应的服务；B 完成相关处理后将信息或结果返回给 A。RPC 中间件的灵活性使它具有比数据库中间件更广泛的应用，它可以应用于更复杂的客户-服务器模式计算环境。远程过程调用的灵活性还体现在它的跨平台性方面，它不仅可以调用远端的子程序，且这种调用是可以跨不同操作系统平台的，而程序员在编程时并不需要考虑这些细节。RPC 中间件一般用于应用程序之间的通信，而且采用的是同步通信方式，比较适合用于小型的简单应用，这些应用通常不要求采用异步通信方式。然而，对于一些大型的应用，这种方式就不很适合了，此时程序员需要考虑网络或者系统故障，处理并行操作、缓冲、流量控制以及进程同步等一系列复杂问题。

（3）面向消息中间件（MOM）。MOM 能在不同的平台之间通信，实现分布式系统中可靠的、高效的、实时的跨平台数据传输，它常被用来屏蔽各个平台及协议之间的特性，实现应用程序之间的协同。其优点在于能够在客户机和服务器之间提供同步和异步的连接，且在任何时刻都可以将消息进行传送或者存储转发，这也是它比远程过程调用更进一步的原因。另外，MOM 不会占用大量的网络带宽，可以跟踪事务，并通过将事务存储到磁盘上实现网络故障时系统的恢复。但是，和 RPC 中间件相比，MOM 不支持程序控制的传递。MOM 适用于需要在多个进程之间进行可靠数据传送的分布式环境，它是中间件中唯一不可缺少的，也是销售量最大的中间件产品。目前，在 Windows 2000 操作系统中已包含了其部分功能。

（4）面向对象中间件（OOM）。当前，大型应用软件的开发通常采用基于组件技术。在分布系统中，需要集成各结点上的不同系统平台上的组件或新老版本的组件。组件的含义通常是指一组对象的集成，其种类有数百万种，而且这些组件面临着缺乏标准而不能相互操作，即各厂家的组件只能在各自的平台上运行。为此，连接这些组件环境的面向对象的中间件应运而生。OOM 是对象技术和分布式计算发展的产物，它提供一种通信机制，可透明地在异构的分布计算环境中传递对象请求，而这些对象既可以位于本地机器上也可以位于远程机器上。在 OOM 中，功能最强的是 CORBA（公共对象请求代理体系结构），它可以跨任意平台，但是它太庞大；JavaBeans 较灵活简单，很适合用于作为浏览器，但运行效率较差；DCOM（分布式组件对象模型）主要适合用于 Windows 平台，且已得到广泛使用。但是，DCOM 和 CORBA 这两种标准相互竞争，且两者之间有很大区别，这在一定程度上阻碍了 OOM 的标准化进程。当前，国内新建系统实际上主要采用的是 UNIX（包括 Linux）和 Windows，因此针对这两个平台研发标准的面向对象中间件是很有必要的。

（5）事务中间件，也称事务处理监控器（TPM）。TPM 是指在分布、异构环境下提供保证交易完整性和数据完整性的一种环境平台，它可在复杂环境下实现对分布式应用的速度和可靠性要求。事务处理中间件给程序员提供了一个事务处理的 API，程序员可以使用这个程序接口编写高速而且可靠的分布式应用程序——基于事务处理的应用程序。TPM 可向用户提供一系列的服务，如应用管理、管理控制以及应用于程序间的消息传递等，其常见功能包括全局事务协调、事务的分布式两段提交（准备阶段和完成阶段）、资源管理器支持、故障恢复、高可靠性和网络负载平衡等。

（6）网络中间件（NM）。NM 是一个分布式的软件系统，它应该能够在异构的网络之上提供多媒体通信服务，并支持用户的移动性。NM 的提法并不是简单地照搬信息通信架构（ICA），而是对 ICA 的进一步划分，使得网络结构更加清晰，其功能主要包括网管、接入、网络测试、虚拟社区和虚拟缓冲等，也是当前研究的热点。在通信中，用户标识、会话管理和传输控制是必不可少的，可以采用联系代理（Contact Agent）、交换代理（Exchange Agent）和传输代理（Transport Agent）来描述网络中间件的用户标识、会话管理和传输控制功能。代理是一个功能实体，它可以代表用户、机器、程序或者其他代理的利益，替代它们执行某些任务。NM 的意义在于屏蔽异构网络之间的差异，开放网络的能力，提供良好的网络服务，并提供网络服务运行所需的环境支持。用户或者第三方业务提供商通过开放的业务接口使用 NM 提供的服务。

（7）终端仿真/屏幕转换中间件。此类中间件用以实现客户机图形用户接口与已有的字符接口方式的服务器应用程序的互操作，它们应用于早期的大型机系统，其主要功能是将终端机的字符界面转换为图形界面。目前，此类中间件在国内已没有应用市场。

3．物联网中间件的功能

中间件是物联网应用中的关键软件部件，是衔接相关硬件设备和业务应用的桥梁，主要功能包括屏蔽异构性、实现互操作和信息的预处理等。

（1）屏蔽异构性。异构性表现在计算机的软硬件之间的异构性，包括硬件（CPU 和指令集、硬件结构、驱动程序等）、操作系统（不同操作系统的 API 和开发环境）、数据库（不同的存储和访问格式）等。造成异构的原因源自市场竞争、技术升级以及保护投资等因素。物联网中的异构性主要体现在两个方面：① 物联网中底层的信息采集设备种类众多，如传感器、RFID、二维码、摄像头以及 GNSS 等，这些信息采集设备及其网关拥有不同的硬件结构、驱动程序和操作系统等；② 不同的设备所采集的数据格式不同，这就需要中间件将所有这些数据进行格式转化，以便应用系统可直接处理这些数据。

（2）实现互操作。在物联网中，同一个信息采集设备所采集的信息可能要供给多个应用系统，不同的应用系统之间的数据也需要相互共享和互通。但是，由于异构性，不同应用系统所产生的数据结果依赖于计算环境，使得在各种不同软件之间或不同平台之间不能移植，或者移植非常困难。而且，因网络协议和通信机制的不同，这些系统之间也不能有效地相互集成。然而，通过中间件可建立一个通用平台，实现各应用系统和应用平台之间的互操作。

（3）数据的预处理。物联网的感知层将采集海量的信息，若把这些信息直接传输给应用系统，那么应用系统在处理这些信息时将不堪重负，甚至面临崩溃的危险。加之应用系统想要得到的并不是这些原始数据，而是对其有意义的综合性信息。这就需要中间件平台将这些海量信息进行过滤，并融合成有意义的事件再传输给应用系统。

4．物联网中间件的发展现状及前景

目前，随着物联网的兴起，中间件技术也得到了越来越多的关注，相关的技术研究和产品开发也日渐成为软件行业的重点。IBM、Oracle 和微软等软件巨头是引领潮流的中间件生产商，SAP 等大型 ERP 应用软件厂商的产品也是基于中间件架构的，国内的用友、金蝶等软件厂商也都设立了中间件部门或分公司。随着物联网应用的普及和研究的深入以及 Internet 的发展，目前中间件技术的发展主要呈现以下趋势：

（1）中间件越来越多地向传统运行层（操作系统）渗透，且能提供更强的运行支撑，特别是分布式操作系统的诸多功能逐步融入中间件。此外，基于服务质量的资源管理机制以及灵活的配置与重配置能力也是中间件目前研究的热点。

（2）应用软件需要的支持机制越来越多地由中间件提供，中间件不再局限于提供只适用于大多数应用软件需要的支持机制，那些适用于某个领域内大部分应用软件需要的支持机制（这些机制往往无法在其他领域使用）也开始得到重视。用于无线应用的移动中间件、支持网格计算的中间件是目前研究的热点。

（3）物联网中间件必将与云计算相结合，全面实现虚拟化。虚拟化是实现资源整合的一种非常重要的技术手段。通过集群（Cluster）技术可将多台服务器虚拟为一台服务器，实现负载的均衡性和高可用性，解决性能的可伸缩性问题。云计算是代表网格计算价值的一个新的临界点，它提供更高的效率、更好的可扩展性和更容易的应用交付模式。云计算不仅可实现硬件资源的虚拟化，还可以通过服务平台实现服务的虚拟化、数据的虚拟化，以及软件交付模式的虚拟化。物联网中间件与云计算的结合，不仅能解决物联网中海量信息的过滤、整合、存储的问题，还能解决物联网中不同应用系统之间的互操作问题。

3.3.2　智能技术

简单来说，智能技术就是能够代替人的脑力劳动的一种技术，它把人的重复性脑力劳动以计算机代替。由于大脑的处理能力特别强大，特别是要让计算机来处理许多问题，更加不可能；智能技术就是为了有效地达到某种预期目的，利用知识所采用的各种方法和手段。通过在物体中植入智能系统，可以使得物体具备一定的智能性，能够主动或被动地实现物体与用户的沟通。

智能技术在其应用中主要体现在计算机、精密传感、GNSS 定位等技术的综合应用。随着产品市场竞争的日趋激烈，产品智能化优势在实际操作和应用中得到非常好的运用，其主要表现在：① 大大改善操作者的作业环境，减轻了工作强度；② 提高了作业质量和工作效率；③ 一些危险场合或重点施工应用得到解决；④ 环保，节能；⑤ 提高了机器的自动化程度及智能化水平；⑥ 提高了设备的可靠性，降低了维护成本；⑦ 故障诊断实现了智能化等。

在目前的技术水平下，智能技术主要是通过嵌入式技术实现的，智能系统也主要由一个或多个嵌入式系统组成。

1. 嵌入式技术

嵌入式技术是将计算机、自动控制和通信等多项技术综合起来并与传统制造业相结合的一门技术，是针对某一个行业或应用开发智能化机电产品的技术，使用该技术开发的产品具有故障诊断、自动报警、本地监控或远程监控等功能，能够实现管理的网络化、数字化和信息化。物联网使物品具有了"信息生命"，将物理基础设施和信息基础设施有机地融为一个整体，使囊括其中的每一件物品都"活"了起来，具有了"智慧"，能够主动或被动地与所属的网络进行信息交换，从而更好地服务于人们的生产与生活，这其中离不开嵌入式技术的广泛应用。正是与嵌入式技术的结合，才使得对物品的标识及传感器网络等的正常和低成本运行成为可能，即把感应器或传感器嵌入和装备到电网、铁路、桥梁、隧道、公路、建筑、大坝、油气管道和供水系统等各种物体中，形成物与物之间能够进行信息交换的物联网，并与现有的互联网整合起来，从而实现人类社会与物理系统的整合，让所有的物品都能够远程感知和控制，形成一个更加智慧的生产与生活体系。

2. 嵌入式系统

嵌入式系统是指将应用程序、操作系统与计算机硬件集成在一起的系统，它以应用为中心，以计算机技术为基础，而且软件可以裁剪，因而是能够满足应用系统对功能、可靠性、成本、体积和功耗等严格要求的专用计算机系统。嵌入式系统具有高度自动化和高可靠性等特点，主要由硬件和软件两部分组成。如图 3.44 所示，嵌入式系统硬件主要包括处理器（嵌入式核心芯片）、存储器、I/O 端口等；嵌入式系统软件由嵌入式操作系统和相应的各种应用程序构成，有时也把这两者结合起来，应用程序控制着系统的运作和行为，而操作系统则控制着应用程序编程与硬件的交互作用。目前，嵌入式智能技术在智能信息家电的应用上取得了长足进步，特别是数字信号处理的应用和发展，使得系统的语音和图像处理能力大大增强，不仅可以最大限度地利用硬件的投入，而且还避免了资源浪费。

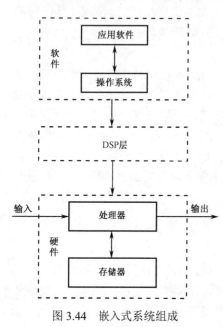

图 3.44　嵌入式系统组成

嵌入式技术是在 Internet 的基础上产生和发展起来的。在智能家居控制中，应具有安全性及能快速与外界进行信息交换的能力，这就对计算机的存储器、运算速度等性能指标提出了较高的要求。而嵌入式系统一般情况下都是小型的专用系统，这就使得其很难承受占有大量系统资源的服务。物联网技术对所采用的各类高灵敏度识别装置、专用的信号代码处理装置等的研发，将会进一步推动嵌入式智能技术在物联网中的应用。

3. 智能技术研究难点

智能技术目前还存在一些需要进一步研究的难点，主要包括：

（1）人工智能理论研究。对人工智能理论的研究主要体现在智能信息获取的形式和方法、海量信息处理的理论和方法、网络环境下信息的开发与利用方法以及机器学习 4 个方面。

（2）先进的人机交互技术与系统。对先进的人机交互技术与系统的研究主要体现在 3 个方面：声音、图形、图像、文字及语言处理；虚拟现实技术与系统；多媒体技术。

（3）智能控制技术与系统。物联网就是要给物体赋予智能，实现人与物体的沟通和对话，甚至实现物体与物体之间的沟通和对话。为了实现这一目标，必须对智能控制技术与系统的实现进行研究。例如，研究如何控制智能服务机器人完成既定任务（运动轨迹控制、准确的定位和跟踪目标等）。

（4）智能信号处理。对智能信号处理的研究，主要体现在两方面：信息特征识别和融合技术；地球物理信号处理与识别。

3.3.3　云计算技术

从物联网的技术角度来看，严重制约物联网发展的因素，既不是芯片技术、无线网络技术和传感器技术，也不是全球导航系统技术，而是如何让海量信息在整个互联网上进行分析和处理，并对物体实施智能化的控制。要解决这个问题，就必须建立一个功能强大的物联网信息管理平台，否则再强大的物联网也只不过是一个小而破的专用网。云计算模式的出现，让物联网平台问题迎刃而解。甚至可以这样理解，物联网虽不因云计算模式而生，却因云计算模式而存在，即物联网是云计算模式的一种应用。源于物联网中的物，在云计算模式中就像是带上传感器的云计算终端，与上网笔记本计算机和手机没有本质区别。

1．云计算的概念与原理

1）云计算的概念

云计算（Cloud Computing）是基于互联网的相关服务的增加、使用和交付模式，通常涉及通过互联网来提供动态易扩展的资源，通常是虚拟化的资源。"云"是网络、互联网的一种比喻说法。过去在图中往往用云来表示电信网，后来也用它来表示互联网和底层基础设施的抽象。因此，云计算甚至可以让你体验每秒 10 万亿次的运算能力，拥有这么强大的计算能力可以模拟核爆炸、预测气候变化和市场发展趋势。用户通过电脑、笔记本、手机等方式接入数据中心，按自己需求进行运算。

云计算是分布式处理（Distributed Computing）、并行计算（Parallel Computing）、网格计算（Grid Computing）、效用计算（Utility Computing）、网络存储技术（Network Storage Technologies）、虚拟化（Virtualization）、负载均衡（Load Balance）、热备份冗余（High Available）等传统计算机和网络技术发展融合的产物，是一种新兴的商业计算模型，或者说是这些计算机科学概念的商业实现。

目前，对于云计算的认识还在不断地发展和变化，云计算仍没有一个普遍、一致的定义。

根据美国国家标准与技术研究所定义，云计算是一种可以随时随地方便而按需地通过网络访问可配置的计算资源（如网络、服务器、存储、应用程序和服务）的共享池模式，这个池可以通过最低成本的管理或服务提供商交会来快速配置和释放资源。

中国网格计算与云计算专家刘鹏对云计算给出的定义是："云计算将计算任务分布在由大量计算机构成的资源池中，使各种应用系统能够根据需要获取计算能力、存储空间和各种软件服务。"

广义的云计算是指厂商通过建立网络服务器集群，向各种不同类型的客户提供在线软件服务、硬件租借、数据存储、计算分析等不同类型的服务。广义的云计算包括了更多的厂商类型和服务类型。例如，国内用友、金蝶等管理软件厂商推出的在线财务软件，谷歌发布的 Google 应用程序套装等。

狭义的云计算是指厂商通过分布式计算和虚拟化技术搭建数据中心或超级计算机，以免费或按需租用方式向技术开发者或企业客户提供数据存储、分析以及科学计算等服务，如亚马逊的数据仓库出租业务。

对云计算的通俗理解是，云计算的"云"是指存在于互联网上的服务器集群上的资源，它包括硬件资源（如服务器、存储器、CPU 等）和软件资源（如应用软件、集成开发环境等），本地计算机只需通过互联网发送一个需求信息，远端就会有成千上万的计算机为你提供需要的资源并将结果返回本地计算机，这样本地计算机几乎不需要做什么，所有的处理都由云计算提供商所提供的计算机群来完成。

2）云计算原理

云计算的基本原理是通过将计算分布在大量的分布式计算机上，而非本地计算机或远程服务器中，从而使企业数据中心的运行与互联网更加相似，其"云"系统结构如图 3.45 所示。这样，企业就能够将资源切换到需要的应用上，根据需求访问计算机和存储系统。

云计算中心的特点之一是：以大规模数据中心为代表的物理门户成为今天 IT 和业务基础架构的主干。在数据中心，应用和服务之间的紧耦合被打破。云计算平台通过在物理服务器上创建和管理虚拟运行环境，实现相同规模的物理数据中心可以支持更多的应用和用户。这一点类似于一个大的建筑被分成许多房间，可以根据用户需要定制每个房间，通过可移动的墙来实

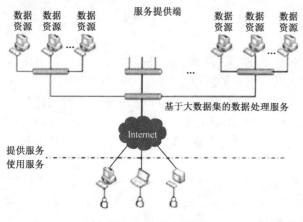

图 3.45 "云"系统结构

现调节。数据中心可以为用户配备特定的服务，实现按需付费的模式。通过这种方式，云计算将会改变人们的工作和生活。对新服务的需求不再需要经过漫长的等待，而是即刻就可实现和应用，从而实现更大的创新，这将是对传统开发环境的一个突破。

2. 如何理解云计算

目前，云计算还缺乏明确、统一的定义，而且想在短期内统一定义也并非易事。云计算是近年来发展起来的一种计算模型，并随着云计算的不断发展，其外延与内涵也在不断地发生变化。但是通过各种不同角度的描述，可以帮助人们更全面地理解云计算。

（1）应用角度描述。在应用方面，云计算描述了一种可以通过互联网进行访问的可扩展的应用程序。基于云计算的应用是指，使用大规模的数据中心以及功能强大的服务器来运行网络应用程序和网络服务。任何一个用户通过合适的互联网接入设备以及一个标准的浏览器都能够访问一个云计算应用程序。因此，云计算是一种基于 Web 的服务，目的是让用户只为自己需要的功能付费，同时不必像传统软件那样在硬件、软件以及专业技能方面进行投资。云计算用户可脱离技术与部署上的复杂性而获得所需的应用。

（2）平台角度描述。从平台角度来看，云计算是用于描述平台以及应用程序类型的一种术语。云计算平台可以根据需要动态地提供配置、重新配置以及取消提供服务器。云计算应用程序利用大型数据中心和强劲的服务器托管 Web 应用程序和 Web Service。

（3）商业模式描述。云计算更应该被理解为一种全新的商业模式，其核心部分依然是数据中心，而应用虚拟化、SOA、Web 2.0 等一系列技术则形成新型的分布式计算平台。企业和个人用户可以通过高速互联网从云计算平台获得计算能力，从而避免了大量的硬件投资。

总之，云计算不是一种简单的产品，也不是一门单纯的技术，而是一种产生和获取计算能力的新方式的总称。云计算既是指一种可以根据需要动态地提供、配置以及取消供应的计算和存储平台，又是指一种可以通过互联网进行访问的应用程序类型。云计算至少包括提供应用服务的云应用、支撑应用服务的云平台以及提供 IT 基础架构的云中心 3 个层次的内容。

3. 云计算体系结构

云计算的实现依赖于能够实现虚拟化、自动负载平衡以及随需应变的软硬件平台，其体系结构如图 3.46 所示。云平台的业务模式通常有基础设施即服务（IaaS）、平台即服务（PaaS）和软件即服务（SaaS）3 种形式。通过对目前的典型云计算系统进行深入剖析，一般可将云计算系统内部看作一组服务的集合，即在云计算的环境之下，一切都是服务，软件是服务，平台是云平台的服务，基础架构是云架构的服务和提供运营的服务。

（1）基础设施层。基础设施层主要包括计算

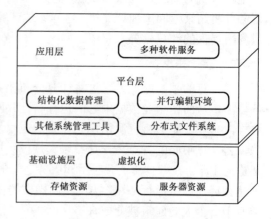

图 3.46 云计算的体系结构

资源和存储资源，整个基础设施也可以作为一种服务向用户提供，即 IaaS。IaaS 不仅向用户提供虚拟化的计算资源和存储资源，同时还要保证用户访问时的网络带宽等。例如，Amazon 云计算（AWS）的弹性计算云 EC2 和简单存储服务 S3。在 IaaS 环境中，用户相当于在使用裸机，既可以让计算机运行 Windows，也可以让计算机运行 Linux。用户的使用过程也很简便，如 Google 的云计算平台主要采用 PaaS 商业模式，提供的云计算服务按需收费。

（2）平台层。在基础设施之上的平台层可以认为是整个云计算系统的核心层，主要包括并行程序设计和开发环境、结构化海量数据的分布式存储管理系统、海量数据分布式文件系统以及实现云计算的其他系统管理工具（如云计算系统中资源的部署、分配、监控管理、安全管理以及分布式并发控制等）。平台层主要是为应用程序开发者设计的，开发者不用担心应用程序运行时所需的资源，因为平台层可提供应用程序运行和维护所需的一切平台资源。PaaS 业务模式的大多数提供商将平台资源限定于某种语言和集成开发环境（IDE）。例如，谷歌的 App Engine 支持 Python 及相应的 IDE。这一类似于在高性能集群计算机上进行 MPI 编程，只适用于解决某些特定的计算问题。

（3）应用层。应用层可面向用户提供简单的软件应用服务以及用户交互接口等，这一层又称为软件即服务，即 SaaS。SaaS 的针对性更强，它可将某些特定应用软件功能封装成服务，如 Sales Force 公司提供的在线客户关系管理（CRM）服务。SaaS 既不像 IaaS 那样提供计算或存储资源类型的服务，也不像 PaaS 那样提供运行用户自定义应用程序的环境，它只提供某些专门用途的服务以供用户应用时调用。例如，AT&T 推出的基于 EMC Atmos 数据存储基础架构的"Synaptic Storage as a Service"，用户可以在任何时间从任何地点进行访问，使用 AT&T 的网络云来保存、分布和找回数据。用户通过一个基于 Web 的用户界面制定详细规则，服务自动按照用户需要扩展存储容量，而用户只需要根据所使用的容量和时间进行付费即可。

4．云计算运营模式

云计算按运营模式可以分为公共云、私有云和混合云 3 种。

（1）公共云（Public Cloud）：基于标准云计算的一个模式，在其中服务供应商创造资源，如应用和存储，公众可以通过网络获取这些资源。用户通过互联网访问获得相应的服务，而不拥有云计算资源。以 Google、Amazon 为代表，通过自己的基础架构直接面向用户提供云计算服务。公共云服务的模式可以是免费或按量付费。

（2）私有云（Private Cloud）：为一个客户单独使用而构建的，因而提供对数据、安全性和服务质量的最有效控制。企业自己搭建云计算基础架构，面向内部用户或外部客户提供云计算服务。企业拥有基础架构的自主权，可以控制在此基础设施上部署应用程序的方式，也可以基于自己的需求改进服务，进行自主创新。私有云可部署在企业数据中心的防火墙内，也可以将它们部署在一个安全的主机托管场所，私有云的核心属性是专有资源。

（3）混合云：既有自己的云计算基础架构，又使用外部公共云提供的服务。混合云融合了公有云和私有云，是近年来云计算的主要模式和发展方向。私有云主要面向企业用户，出于安全考虑，企业更愿意将数据存放在私有云中；但是，企业又希望可以获得公有云的计算资源。在这种情况下混合云被越来越多地采用，它将公有云和私有云进行混合和匹配，以获得最佳的效果。这种个性化的解决方案，达到了既省钱又安全的目的。

在云计算模式下，计算工作由位于互联网中的技术资源来完成，用户只需要连入互联网，借助轻量级客户端，如手机、浏览器，就可以完成各种计算任务，包括程序开发、科学计算、软件使用乃至应用托管。提供这些计算能力的资源对用户是不可见的，用户无须关心如何部署

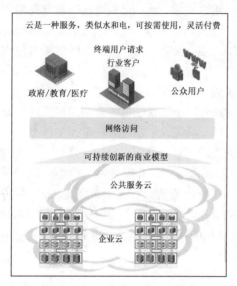

图 3.47　用户使用云计算的示意图

或维护这些资源，因此这些资源被比喻为"云"。"云"就像一家发电厂，只是它提供的不是电力，而是计算机的计算、应用和管理能力。用户只要通过网络进行连接，并得到授权，就可以使用这些能力和资源。例如，一家研发单位需要一份研究分析报告，上云计算服务中心平台购买就可以了，时间省了，成本也省了。一家广告公司需要一份市场调查报告，上云计算服务中心平台购买就可以了，因为上面"物联"着你所需的调查信息和信息调查公司。

图 3.47 示出了一个用户使用云计算的示意图，用户对云资源的使用无须关注具体技术实现的细节，只需关注对业务的体验。例如，当前被广泛使用的搜狗拼音输入法，它其实就是一种云服务：搜狗输入法能够以快速、简单的方式为使用者提供所需的语境和备选语素，使得文字的编排可以成为激发灵感的一个辅助工具；但用户并不需要关注搜狗输入法提供者在后台运行的数千台服务器提供的大型集群计算，这些工作都交给了互联网服务提供商（Internet Service Provider，ISP），即向广大用户综合提供互联网接入业务、信息业务、和增值业务的电信运营商。

云计算作为互联网全球统一化的必然趋势，其统一虚拟的基础设施平台、方便透明的上层调用接口以及计算信息资源共享等特点，是在充分考虑了各行各业需求的情况下才整合形成的拯救互联网的诺亚方舟。尽管云模式的应用目前还处在探索与测试阶段，但随着物联网界对云模式的关注以及云模式的日趋成熟，云模式在物联网中的应用必将指日可待。

5．云计算核心技术

云计算系统运用了许多技术，其中以编程模型、数据存储、数据管理、虚拟化和云计算平台管理等技术最为关键。

（1）编程模型。MapReduce 是 Google 开发的 Java、Python、C++编程模型，是一种简化的分布式编程模型和高效的任务调度模型，用于大规模数据集（大于 1 TB）的并行运算。严格的编程模型使云计算环境下的编程十分简单。MapReduce 模式的思想，是将要执行的问题分解成 Map（映射）和 Reduce（化简）的方式，即先通过 Map 程序将数据切割成不相关的区块，然后再分配（调度）给大量计算机进行处理，以达到分布式运算的效果，最后通过 Reduce 程序将结果汇总输出。

（2）海量数据分布存储技术。云计算系统由大量服务器组成，为大量用户提供所需的服务，因此云计算系统采用分布式存储方式存储数据，并采用冗余存储方式保证数据的可靠性。云计算系统中广泛使用的数据存储系统是由 Google 的 GFS 和 Hadoop 团队开发的 HDFS。一个 GFS 集群由一个主服务器（Master）和大量的块服务器（Chunk Server）构成，可被许多客户访问。主服务器存储文件系统所有的元数据，包括名字空间、访问控制信息、从文件到块的映射以及块的当前位置。主服务器控制涉及系统范围的活动，如块租约（Lease）管理、孤儿块的垃圾收集以及块服务器间的块迁移。主服务器定期通过 HeartBeat 消息与每一个块服务器通信，向块服务器传递指令并收集它的状态。GFS 中的文件被切分为 64 MB 的块并以冗余方式存储，每份数据在系统中保存 3 个以上备份。用户与主服务器的交流只限于对元数据的操作，所有涉及数据的通信都直接通过块服务器联系，这大大提高了系统的效率，并可防止主服务器负载过重。

（3）海量数据管理技术。云计算需要对分布式的海量数据进行处理和分析，因此数据管理技术必须能够用来高效地管理大量的数据。云计算系统中的数据管理技术主要是 Google 的 BT（BigTable）数据管理技术和 Hadoop 团队开发的开源数据管理模块 HBase。BT 是建立在 GFS、Scheduler、Lock Service 和 MapReduce 之上的一种大型的分布式数据库，与传统的关系数据库不同，它把所有的数据都作为对象来处理，以形成一个巨大表格用来分布存储大规模结构化数据。

（4）虚拟化技术。通过虚拟化技术可实现软件应用与底层硬件相隔离，它包括将单个资源划分成多个虚拟资源的裂分模式，也包括将多个资源整合成一个虚拟资源的聚合模式。根据不同的对象，虚拟化技术可分成存储虚拟化、计算虚拟化和网络虚拟化等，其中计算虚拟化又可分为系统级虚拟化、应用级虚拟化和桌面级虚拟化。

（5）云计算平台管理技术。云计算资源规模庞大，服务器数量众多且分布在不同的地点，而且运行着数百种应用程序，因此如何有效地管理这些服务器，保证整个系统可提供不间断的服务是一项巨大的挑战。云计算系统平台管理技术能够使大量的服务器协同工作，方便地进行业务部署和开通，快速发现和恢复系统故障，通过自动化、智能化手段实现大规模系统的可靠运营。

3.4 物联网安全技术

物联网目前广泛应用于社会的各个领域，包括农业、工业、城市管理、智能交通以及环境监测等，最为重要的就是与我们息息相关的日常生活。虽然物联网产业已经取得了一定的发展，但是物联网安全和隐私问题已经成为物联网能否稳定快速发展的决定性因素之一。与已经发展多年的互联网和通信网相比，物联网的安全研究仍然处于初级阶段。物联网自身的特点更是给安全问题的研究带来了更大的挑战。

3.4.1 物联网安全问题

随着物联网建设的加快，物联网的安全问题必然成为制约物联网全面发展的重要因素。在物联网发展的高级阶段，由于物联网场景中的实体均具有一定的感知、计算和执行能力，广泛存在的这些感知设备将对国家基础信息以及社会与个人信息的安全构成新的威胁。一方面，由于物联网具有网络技术种类兼容和业务范围无限扩展的特点，因此当大到国家电网数据，小到个人病例情况，都连接到看似无边界的物联网时，将可能导致更多的公众个人信息在任何时候、任何地方被非法获取；另一方面，随着国家重要的基础行业和社会关键服务领域（如电力、医疗等）都依赖于物联网和感知业务，国家基础行业和关键服务领域的动态信息将可能被窃取。所有这些问题，使得物联网安全上升到了国家层面，成为影响国家发展和社会稳定的重要因素。

与传统网络相比，物联网的感知结点大都部署在无人监控的环境中，具有能力脆弱、资源受限等特点。由于物联网在现有网络的基础上扩展了感知网络和应用平台，这样传统网络安全措施不足以提供可靠的安全保障，使得物联网的安全问题具有特殊性。因此，在解决物联网安全问题时，必须根据物联网本身的特点设计相关的安全机制。

3.4.2　物联网安全体系与层次模型

物联网将经济社会活动、战略性基础设施资源和人们的日常生活全面架构在全球互联互通的网络上，所有活动和设施在理论上是透明的，一旦遭受攻击，其安全和隐私将面临巨大威胁，甚至可能引发电网瘫痪、交通失控、工厂停产等一系列恶性后果。因此，实现信息安全和网络安全是物联网大规模应用的必要条件，也是物联网应用系统成熟的重要标志。

物联网安全的总体需求是指物联网的物理安全、信息采集安全、信息传输安全和信息处理安全的综合，安全的最终目标是确保信息的机密性、完整性、真实性和网络的容错性。物联网的安全形态主要由其体系结构的各个要素体现：① 物理安全，主要是传感器的安全，包括对传感器的干扰、屏蔽、信号截获等，是物联网安全特殊性的体现；② 运行安全，存在于各个要素中，涉及传感器、传输系统及处理系统的正常运行，与传统信息系统安全基本相同；③ 数据安全，也存在于各个要素中，要求在传感器、传输系统、处理系统中的信息不会出现被窃取、被篡改、被伪造、被抵赖等性质。由于传感器与物联网可能会因为能量受限的问题而不能运行过于复杂的保护体系下，因此物联网除面临一般信息网络所具有的安全问题外，还面临其特有的威胁和攻击。例如，相关威胁包括物理俘获、传输威胁、自私性威胁、拒绝服务威胁、感知数据威胁，相关攻击包括阻塞干扰、碰撞攻击、耗尽攻击、非公平攻击、选择转发攻击、陷洞攻击、女巫攻击、洪泛攻击、信息篡改等。这样，相关安全对策措施主要包括：加密机制和密钥管理、感知层鉴别机制、安全路由机制、访问控制机制、安全数据融合机制、容侵容错机制。由此可知，虽然一些工作对物联网的特点、相关威胁与攻击进行了分类，但是目前还没有支持形式验证的物联网安全体系构架，显然支持形式验证安全构架是保障安全的重要基础。

在物联网的结构方面的安全威胁，存在于感知层、网络层和应用层每一个结构组成中。结合物联网的分布式连接管理（DCM）模式，图 3.48 示出了相应的安全层次模型。后面将结合每层的安全特点对所涉及的关键技术进行系统阐述。

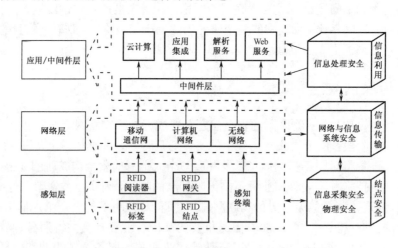

图 3.48　物联网安全层次结构

3.4.3　感知层安全

物联网感知层的任务是实现智能感知外界信息的功能。对于感知层的技术威胁，一方面可能占用了感知层的感知通道，导致感知层无法感知外界信息和收集数据，导致物联网技术的信息传递中断；另一方面，攻击感知层可导致信息的传递出现时差，利用时差可以盗取他人信息，获取网络数据，从而导致信息的泄露。

1）传感技术及其联网安全

作为物联网的基础单元，传感器在物联网信息采集层面能否按设计要求完成它的使命，成为物联网成功完成感知任务的关键。传感器技术是物联网技术的支撑、应用的支撑和未来泛在网的支撑。传感器感知物体的信息，RFID 赋予它电子编码。传感网到物联网的演变是信息技术发展的阶段表征。传感技术利用传感器和多跳自组织网络，协作地感知、采集网络覆盖区域中感知对象的信息，并发布给上层。由于传感网络本身具有无线链路比较脆弱，网络拓扑动态变化，结点计算能力、存储能力和能源有限，以及无线通信过程中易受干扰等特点，使得传统的安全机制无法应用到传感网络中。传感网组网技术面临的安全问题如表 3.8 所示。

表 3.8　传感网组网技术面临的安全问题

层　　次	受到的攻击
物理层	物理破坏、信道阻塞
链路层	制造碰撞攻击、反馈伪造攻击、耗尽攻击链路层阻塞
网络层	路由攻击、虫洞攻击、女巫攻击、陷洞攻击、Hello 洪泛攻击
应用层	去同步、拒绝服务流等

2）传感器网络安全技术

目前，传感器网络安全技术主要包括基本安全框架、密钥分配、安全路由、入侵检测和加密技术等。安全框架主要有 SPIN（包含 SNEP 和 uTESLA 两个安全协议）、TinySec、参数化跳频、Lisp 和 LEAP 协议等；传感器网络的密钥分配主要倾向于采用随机预分配模型的密钥分配方案；安全路由技术常采用的方法包括加入容侵策略；入侵检测技术常常作为信息安全的第二道防线，主要包括被动监听检测和主动检测两大类。除上述安全保护技术外，由于物联网结点资源有限，且为高密度冗余分布，不可能在每个结点上均运行一个全功能的入侵检测系统（IDS），因此如何在传感网中合理地分布 IDS，还有待于进一步研究。

3）RFID 相关安全

如果说传感技术是用来标识物体的动态属性的，那么物联网中采用 RFID 标签则是对物体静态属性的标识，即构成物体感知的前提。RFID 主要通过现代的近场通信技术和生物识别技术，同时在保护传输速度的条件下进行自动识别，识别工作无须人工干预，从而保护网络用户的身份安全。另一方面在外界环境不稳定的现实条件下，需要保证物联网的安全性可以通过传感加密的防护方法，利用加密系统中密钥技术的优势，针对在感知层的传感网，建立对应的加密密码，保证了传感的信息的隐私性。采用 RFID 技术的网络涉及的主要安全问题有：① 标签本身的访问缺陷，即任何用户（授权的以及未授权的）都可以通过合法的阅读器读取 RFID 标签，且标签的可重写性使标签中数据的安全性、有效性和完整性都得不到保证；② 通信链路的安全；③ 移动 RFID 的安全，即这类安全主要涉及假冒和非授权服务访问问题。目前，实现 RFID 安全性机制所采用的方法主要有物理方法、密码机制方法以及二者结合的方法。

3.4.4　网络层安全

物联网的网络层主要实现信息的转发和传送，它将感知层获取的信息传送到远端，为数据在远端进行智能处理和分析决策提供强有力的支持。在网络层传输的数据数量巨大，同时对于网络世界中，数据的容量增大的同时速度增快，但同时对于网络结点的要求增大，而传输的异构网络就容易受到异步攻击和中间攻击等攻击。由于物联网本身具有专业性的特征，其基础网络可以是互联网，也可以是具体的某个行业网络。物联网的网络层按功能可以大致分为接入层和核心层，因此物联网的网络层安全主要体现在以下两个方面：

（1）来自物联网本身架构、接入方式和各种设备的安全问题。物联网的接入层将采用如移动互联网、有线网、WiFi 和 WiMAX 等多种无线接入技术。接入层的异构性使得如何为终端提供移动性管理，以保证异构网络间结点漫游和服务的无缝移动成为研究的重点，其中安全问题的解决将得益于切换技术和位置管理技术的进一步研究。另外，物联网的接入将主要依靠移动通信网络，而移动网络中移动站与固定网络端之间的所有通信都是通过无线接口进行的。由于无线接口的开放性，使得任何使用无线设备的个体均可以通过窃听无线信道而获得其中传输的信息，甚至可以修改、插入、删除或重传无线接口中传输的消息，达到假冒移动用户身份以欺骗网络端的目的，因此移动通信网络存在无线窃听、身份假冒和数据篡改等不安全因素。

（2）来自数据传输网络的安全问题。物联网网络核心层功能的实现主要依赖于传统网络技术，其面临的最大问题是现有网络地址空间的短缺，而主要的解决方法寄希望于正在推进的IPv6 技术。IPv6 采用 IPsec 协议，在 IP 层上对数据包进行了高强度的安全处理，提供数据源地址验证、无连接数据完整性、数据机密性、数据抗重播和有限业务流加密等安全服务。但是任何技术都不是完美的，实际 IPv4 网络环境中的大部分安全风险在 IPv6 网络环境中仍将存在，而且某些安全风险随着 IPv6 新特性的引入将变得更加严重。首先，分布式拒绝服务（DDoS）攻击等异常流量攻击仍然猖獗，甚至更为严重，主要包括 TCP-flood、UDP-flood 等现有 DDoS攻击，以及 IPv6 协议本身机制缺陷所引起的攻击；其次，针对域名服务器（DNS）的攻击仍将继续存在，而且在 IPv6 网络中提供域名服务的 DNS 更容易成为黑客攻击的目标；再次，IPv6协议作为网络层协议，仅对网络层安全有影响，其他（包括物理层、数据链路层、传输层和应用层等）各层的安全风险在 IPv6 网络中仍将保持不变；最后，采用 IPv6 协议替换 IPv4 协议尚需要一段时间，向 IPv6 过渡只能采用逐步演进的办法，而为解决两者之间互通所采取的各种措施也将带来新的安全风险。

另外，在传输网络结点的数据是经过加密的，在结点需要解密时，必须有相应的解密密码才能进行解密。

3.4.5 应用层安全

物联网应用是信息技术与行业专业技术紧密结合的产物。物联网应用层充分体现了物联网智能处理的特点，其涉及的技术有业务管理、中间件和数据挖掘等。应用层的工作是对于上一层传递的数据进行收集、存储和管理。在应用层中的数据可能携带有物品使用者的私人数据，恶意攻击应用层，导致系统中的数据被恶意追踪定位、记忆、窃取，这可能导致人们的信息数据被泄露，不利于人们的隐私保护，从而导致财产损失以及人身安全问题。由于物联网涉及多领域、多行业，因此广域范围的海量数据信息处理和业务控制策略将对安全性和可靠性等提出巨大的挑战，特别是在业务控制、管理和认证机制，中间件，隐私保护以及移动终端设备等方面，安全问题显得尤为突出。

1）业务控制、管理和认证机制安全

由于物联网设备可能是先部署后连接网络，而物联网结点又无人值守，因此如何对物联网设备远程签约，如何对业务信息进行配置就成了难题。另外，庞大且多样化的物联网必然需要一个强大而统一的安全管理平台，否则单独的安全管理平台会被各式各样的物联网应用所淹没。然而，统一的安全管理平台将使如何对物联网机器的日志等安全信息进行管理成为新的问

题，并且可能割裂网络与业务平台之间的信任关系，导致新一轮安全问题的产生。传统的认证是区分不同层次的，网络层的认证负责网络层的身份鉴别，业务层的认证负责业务层的身份鉴别，两者独立存在。但是在大多数情况下，物联网机器都拥有专门的用途，因此其业务应用与网络通信将紧紧地绑在一起，很难独立存在。

2）中间件安全

若把物联网系统和人体进行比较，感知层好比人体的四肢，传输层好比人的身体和内脏，那么应用层就好比人的大脑，软件和中间件是物联网系统的灵魂和中枢神经。目前，使用最多的几种中间件系统是 CORBA、DCOM、J2EE/EJB，以及被视为下一代分布式系统核心技术的 Web Service。在物联网中，中间件处于物联网的集成服务器端和感知层、传输层的嵌入式设备中。服务器端中间件称为物联网业务基础中间件，通常由基于传统的中间件（应用服务器、ESB/MQ）加入设备连接和图形化组态展示模块构建；嵌入式中间件是一些支持不同通信协议的模块和运行环境。中间件的特点是其固化了很多通用功能，但在具体应用中多数需要二次开发以实现个性化的行业业务需求，因此所有物联网中间件都要提供快速应用开发（RAD）工具。

3）隐私保护安全

在物联网发展过程中，大量的数据涉及个体隐私问题（如个人出行路线、消费习惯、个体位置信息、健康状况和企业产品信息等），因此隐私保护是必须考虑的一个问题。如何设计不同场景、不同等级的隐私保护技术，将是物联网安全技术研究的热点问题。当前隐私保护方法主要有两个发展方向：一是对等（P2P）计算，通过直接交换共享计算机资源和服务；二是语义 Web，通过规范定义和组织信息内容，使之具有语义信息，能被计算机理解，从而实现与人的相互沟通。

隐私保护包括身份隐私和位置隐私。身份隐私就是在传递数据时不泄露发送设备的身份；位置隐私则是告诉某个数据中心某个设备在正常运行，但不泄露设备的具体位置信息。 事实上，隐私保护都是相对的， 没有泄露隐私并不意味着没有泄露关于隐私的任何信息。 例如，对于位置隐私，通常要泄露某个区域的信息（有时是公开或容易猜到的信息），而要保护的是这个区域内的具体位置；对于身份隐私，也常泄露某个群体的信息，而要保护的是这个群体的具体个体身份。隐私保护的研究是一个传统的问题，国际上对这一问题早有研究。在物联网系统中，隐私保护包括 RFID 的身份隐私保护、移动终端用户的身份和位置隐私保护、大数据下的隐私保护等。

在物联网行业应用中，若隐私保护的目标信息没有被泄露，就意味着隐私保护是成功的；但在学术研究中，需要对隐私的泄露进行量化描述，即一个系统也许没有完全泄露被保护对象的隐私，但已经泄露的信息让这个被保护的隐私信息非常脆弱，再有一点点信息就可以确定，或者说该隐私信息可以以较大概率被猜测成功。除此之外，大数据下的隐私保护如何研究，是一个值得深入探讨的问题。

4）移动终端设备安全

智能手机和其他移动通信设备的普及，在为生活带来极大便利的同时，也带来很多安全问题。 当移动设备失窃时，设备中数据和信息的价值可能远大于设备本身的价值；因此如何保护这些数据不丢失、不被窃， 是移动设备安全的重要问题之一。 当移动设备称为物联网系统的控制终端时， 移动设备的失窃所带来的损失可能会远大于设备中数据的价值。由于对终端的恶意控制所造成的损失不可估量，因此对作为物联网终端的移动设备的安全保护是重要的技术挑战。

3.4.6　物联网安全的非技术因素

物联网目前在中国的发展表现为：行业性太强，公众性和公用性不足；重数据收集，轻数据挖掘与智能处理；产业链长但每一环节的规模效益不够，商业模式不清晰。物联网是一种全新的应用，要想得以快速发展一定要建立一个社会各方共同参与和协作的组织模式，以集中优势资源，这样物联网应用才能朝着规模化、智能化和协同化方向发展。物联网的普及，需要各方的协调配合以及各种力量的整合，这就需要国家的相关政策和立法走在前面，以便引导物联网朝着健康、稳定、快速的方向发展。此外，人们的安全意识教育也将是影响物联网安全的一个重要因素。

（1）物联网网络安全威胁。基于人类的交流方式所设计的通信网络的通信终端是有限的，但相对于物联网中需要收集和处理的海量数据来说，终端的数量和承载能力是不够的，而物联网网络结点的数量是十分巨大的。因此，当大量的数据终端在使用时，可能造成物联网的网络瘫痪，降低物联网的自我保护性，增加物联网的被攻击概率。

（2）物联网的加密威胁。物联网的数据加密是在数据的传输过程中和在结点中进行的，但是在每个传输结点中需要对信息进行解密和加密，因此在终端服务器、感知层以及信息接收端的信息是明文，没有进行加密保护。目前，对于应该从感知到最终接收都加密还是逐级加密存在争论。

应该说，即使保证物联网感知层安全、网络层安全和应用层安全，也保证终端设备不失窃，仍然不能保证整个物联网系统的安全。一个典型的例子是智能家居系统，假设传感器到家庭汇聚网关的数据传输得到安全保护，家庭网关到云端数据库的远程传输得到安全保护，终端设备访问云端也得到安全保护，但对智能家居用户来说还是没有安全感，因为感知数据是在别人控制的云端存储。如何实现端到端安全，即 A 类终端到 B 类终端以及 B 类终端到 A 类终端的安全，需要由合理的安全基础设施来完成。对智能家居这一特殊应用来说，安全基础设施可以非常简单，例如通过预置共享密钥的方式完成；但对其他环境，如智能楼宇和智慧社区，预置密钥的方式不能被接受，也不能让用户放心。如何建立物联网安全基础设施的管理平台，是安全物联网实际系统建立中不可或缺的组成部分，也是重要的技术问题。

讨论与思考题

（1）什么是 RFID？RFID 系统如何构成？试简述 RFID 的基本工作原理。

（2）简述 WSN 的定义和基本组成。

（3）WSN 结点由哪几部分构成？阐述 WSN 的特点。

（4）在移动通信技术的发展过程中，从 1G 到 5G 共经历了哪些阶段？

（5）简述 5G 的基本定义、主要特点和标准以及 5G 的关键技术。

（6）简述 UWB 技术的定义和特点。

（7）简述 ZigBee 协议标准的基本内容和主要特点，说明 ZigBee 网络有哪几种拓扑结构。

（8）IPv6 与 IPv4 相比，具有哪些优点？

（9）什么是 M2M 技术？M2M 解决方案一般具有哪 5 个要素？

（10）简要阐述云计算的工作原理与核心技术。

（11）结合物联网体系结构，阐述每一个架构层所应用的技术主要解决什么问题。

（12）物联网安全问题主要体现在哪些方面？

第4章　物联网系统管理

物联网是依托网络技术发展而来的一种复合型网络。随着信息技术的不断发展，物联网在发展的过程中衍生出了互联网所没有的很多新的特点，这些新的特点决定了物联网管理的新趋势。现阶段的物联网管理技术已经难以适应物联网的快速发展，而需要在结合物联网新特点的基础上，不断进行物联网管理技术的创新，以有效地提升物联网系统管理的质量和水平。因此，针对物联网系统管理，应该有效地分析其新的特点，不断创新物联网的管理模式，综合提升物联网管理的质量与效率。

4.1 物联网业务管理模式

4.1.1 物联网集中式管理架构

物联网在物流行业中的拓扑结构可以用图 4.1 来简单描述，但当物联网提升到国家层面上时就将涉及各行业和各级管理的问题。根据国家物联网的要求，结合我国国情，这里采用分层式的国家物联网管理架构。国家物联网示意图和分层管理架构分别如图 4.2 和图 4.3 所示。

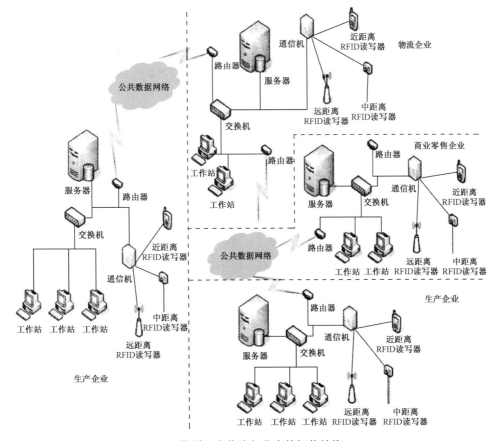

图 4.1　物联网在物流行业中的拓扑结构

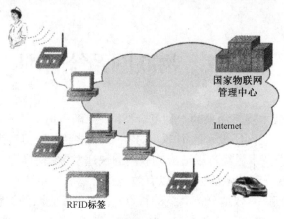

RFID标签

图4.2 国家物联网示意图

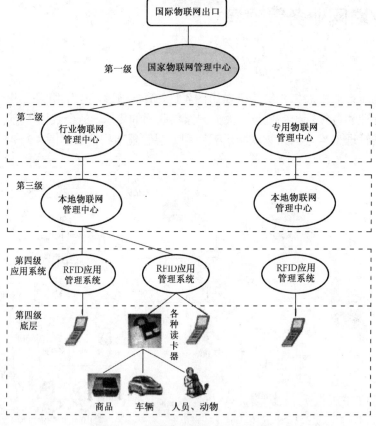

图4.3 国家物联网分层管理架构

国家物联网管理中心是国内一级管理中心，负责制定和发布总体标准以及与国际物联网互联，并对二级物联网管理中心进行管理。

二级物联网管理中心可分为行业物联网管理中心（如公路运输、航运等）和专用物联网（如军用、海关等）管理中心，负责制定各行业、各领域的标准和规范。各行业和各领域内部的统计信息可以存储在二级物联网管理中心，其他行业和领域可根据一定权限进行查询，同时方便国家管理中心的管理。

第三级为本地物联网管理中心，负责管理本地企业的物流信息。

第四级为各企业及各单位内部的RFID应用管理系统，负责前端的标签识别、读写和信息管理工作，并将读取的信息通过计算机或直接通过网络传送给上级物联网管理系统；第四级中的底层涉及各个领域的信息采集，采集子系统包括各种射频终端，如电子标签和读写器等。

每一级信息管理中心负责本级各结点的信息传输、存储与发布；管理各结点接口的用户权限与数据安全；监控各结点的运转，及时报告和排除故障，保障物联网信息服务系统的安全畅通。

物联网的运行依靠各级物联网管理中心的信息服务器进行。信息服务器既要保证与上下级管理中心的信息传递，又要对来自物联网内外的查询进行身份鉴别和提供信息服务。

在物联网信息服务系统中，第四级 RFID 应用系统存在于生产商、运输商等企业服务器中，负责存储其物品的生产或流通信息；第三级管理中心服务器提供数据存储、统计和查询等功能；第二级管理中心服务器提供更高层次的数据存储和查询，以此类推。

4.1.2 国家物联网管理中心

国家物联网管理中心在物联网中起着决定性的作用，对外负责与国际物联网对接，对内负责管理国内行业和专用物联网管理中心，其基本组织结构如图 4.4 所示。国家物联网管理中心的关键任务之一是物联网标准的统一制定。我国的信息化建设必须植根于中国信息产业发展的坚实基础之上，国家物联网标准既要坚持对外开放，考虑与国际物联网标准兼容，又要以我国国情为主，创新自己的标准。

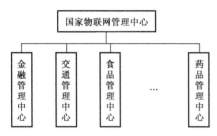

图 4.4 国家物联网管理中心基本组织结构

我国是世界上最大的制造业中心，也是未来电子标签应用的最大市场。我国信息产业部门和企业界从国家产业发展的长远利益出发，不主张全盘接受 EPC 标准，由此在国内引发了一场颇为激烈的争论。2005 年 10 月，当时的信息产业部批准成立了"电子标签标准工作组"（即 RFID 标准工作组），该标准工作组的任务是以企业为主体，联合社会各方面力量开展电子标签标准体系的研究和制修订工作。2008 年初，RFID 标准工作组中已有注册企业 78 家，外围企业 150 余家。该标准工作组采取开放、透明与协商的方式开展工作；其下设有 7 个专题工作小组，包括总体组、知识产权组、频率与通信组、标签与读写器组、数据格式组、信息安全组和应用组。国务院大部调整前的电子标签标准工作组组织结构如图 4.5 所示。

在 RFID 标准化方面，主要竞争是我国企业与跨国公司之间的竞争。为了避免出现只见政策"打雷"，不见产业"下雨"的被动局面，国家可大力扶持民族企业中具有国际竞争力的企业，赋予其标准制定与实施的重任。在各个分标准领域，政府应与企业界密切配合，给予财力、物力上的支持。以民族企业为依托，以国家有关部门为支撑，与海外在同业标准领域中具有影响力的主导型公司联手，通过建立专项基金进行全球战略收购与兼并，以缩短中国民族企业的标准化进程。对在自有知识产权和国际可兼容双重领域具备领先技术的国内企业，利用国家政策支持、舆论宣传和鼓励企业推广应用等多种手段，支持我国的 RFID 联盟及民族企业。然而，仅有 RFID 标准远不能代表物联网标准，因为 RFID 只是物联网的前端射频部分，而且也不是所有的 RFID 标准都能纳入物联网的前端射频标准中。EPC 中也只有主要针对 900 MHz 和 13.56 MHz 两个频段的 RFID 标准。除射频部分外，物联网标准关注得更多的是编码和系统（如名称解析、信息服务等）。

目前，我国 RFID 标准的研究和制定尚未成型，国家物联网标准的研究和制定更是任重而道远。RFID 标准工作组把国际 RFID 应用发展动态和我国 RFID 发展战略相结合，在深入分析国际 RFID 标准体系的基础上，以实现我国 RFID 发展战略为前提，联合相关部门开展我国 RFID 标准体系研究；以保证实际需要为目标，注重自动识别的历史继承性，实现必要的与国际标准的互联互通和与国家标准的兼容。同时，结合国情和产业的实际，为了促进我国 RFID 技术发展，提出需要优先制定的系列标准，形成 RFID 发展的标准战略和规划。

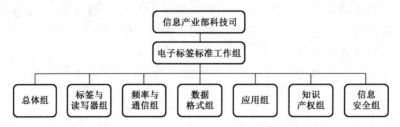

图 4.5　电子标签标准工作组组织结构

国家物联网标准是一项大型工程，先制定总体和粗线条的标准，其他的行业和领域标准可在实践过程中逐渐加以细化和完善。根据国家标准化委员会 2018 年第 9 号中国国家标准公告，我国有 3 项物联网基础共性国家标准发布，并于 2019 年 1 月 1 日实施：

（1）GB/T 36468—2018《物联网　系统评价指标体系编制通则》。该标准规定了物联网系统评价指标体系的编制原则、体系结构以及指标描述和设计原则，适用于具体行业物联网应用系统评价指标体系的编制。

（2）GB/T 36478.1—2018《物联网　信息交换和共享　第 1 部分：总体架构》。该标准规定了物联网系统之间进行信息交换和共享所包含的过程活动、功能实体和共享交换模式，适用于物联网系统之间信息交换和共享的规划、设计、系统开发以及运行维护管理。

（3）GB/T 36478.2—2018《物联网　信息交换和共享　第 2 部分：通用技术要求》。该标准规定了物联网系统间进行信息交换和共享的通用技术要求，包括数据服务、数据标准化处理、数据存储与管理、数据传递接口、目录管理、认证与授权、交换和共享监控及安全策略要求等内容；适用于物联网系统之间信息交换和共享的规划、设计、系统开发以及运行维护管理。

以上 3 项物联网国家标准的发布，进一步完善了我国物联网标准体系，有力地促进了物联网标准的落地实施，对于指导和促进我国物联网技术、产业、应用的发展具有重要意义。

4.1.3　行业物联网管理中心和专用物联网管理中心

行业物联网管理中心和专用物联网管理中心负责行业和领域内部的规范制定、业务和管理流程制定以及信息存储和处理。我国地域宽广，行业众多，如何建立符合我国国情和行业特色的行业和专用物联网管理中心非常重要。各行业物联网管理中心需要考虑两方面的关系：一方面是行业物联网管理中心向上对国家、向下对具体应用中心的纵向关系，另一方面是各行业之间的横向关系，如图 4.6 所示。

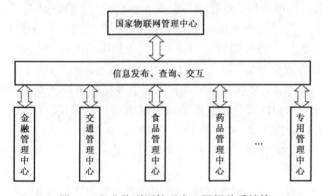

图 4.6　行业物联网管理中心组织关系结构

1. 物流管理与行业管理中心的作用

在物联网的行业应用层主要涉及物流的管理应用。"物流"一词源于英语的"Logistics"，原意是军事后勤保障，第二次世界大战以后，"物流"的概念被广泛地运用于经济领域。1962 年，美国的杜拉克在"经济领域的黑暗大陆"一文中，首次明确地提出了物流领域的机遇与挑战。美国物流管理协会将物流定义为："物流是为满足消费者需求而进行的对原材料、中间库存、最终产品及相关信息从起始地到消费地的有效流动与存储的计划、实施与控制的过程"。该定义具体突出了物流的 4 个关键组成部分：实质流动、实质存储、信息流动和管理协调。由于物流过程是物质产品从供应者到顾客之间的复杂的空间流转过程，涉及生产、流通、消费等领域，因此现代物流管理包含的内容已越来越广泛。物流管理实际上是对供给链中的产品在各供给链参与者之间流动进行管理，其中包括流通中的（运输中的）和非流通中的（库存的）产品。通过供应链管理可对整个渠道中的产品和信息实行增加值流动管理，以便获取更大的运作效率和效益。

供应链的实质是物流管理深度和广度的拓展。从不同的角度出发，供应链主要可归结为从单个企业（核心企业）角度考虑的供应链、与特定产品或某一类产品相关的供应链以及采购、分拨及物料管理同义词的所谓"供应链"等三大类。在专用物联网管理中心这一层，供应链主要涉及各个分行业的总体管理与调度。从单个企业来看，供应链是指由核心企业的上游供应商和下游分拨渠道组成的供应链。对该供应链的管理通常包括采购、生产调度、订单处理、仓储和库存控制、运输、客户服务以及包装和废料回收处理等活动在内的一系列管理过程。供应商网络涉及所有为核心企业直接或间接提供投入的企业。

供应链管理（Supply-Chain Management）理论是在物流管理与系统论等其他相关学科相互融合的基础上发展起来的一门新兴管理理论，在目前的管理领域中占据着重要地位。美国物流协会将供应链管理定义为：供应链管理是传统企业各部门之间，特定企业不同部门之间，供应链上各企业之间的系统的、具有战略意义的协调活动，其目的是改善个别企业，以及整个供应链的各环节长期的经营绩效。而全球供应链论坛（The Supply Chain Forum）的成员于 1994 年提出并于 1998 年修订的供应链管理定义为："供应链管理是对从最终用户到最初供应商的所有为客户及其他投资人提供价值的产品服务和信息的关键业务流程的一体化管理。"

综上所述，可以看出供应链管理是指对所有业务流程的整合和管理。在这个简化的供应链网络结构中包括信息与产品的流动以及对公司内部各部门和供应链中各企业关键业务流程的一体化管理。

基于 RFID 的物联网技术，通过各行业物联网管理中心的管理，可以给供应链的各环节带来如下变化：

（1）制造环节：产品注入智能信息，降低伪造风险；保证工厂人员能够正确处理货物，加强对订约人的管理。

（2）分销环节：自动接货和派货处理，增加存放准确性，增加仓库物流准确性；加强仓库管理，减少偷盗；支持最后一分钟订货和改善送货容器的利用率。

（3）运输环节：增加装载准确性，实现自动送货处理，减少产品转移；增加核查点效率，增加运输安全性和改善运输资产利用率。

（4）零售环节：提高货架利用率，加快仓库存储速度；减少偷盗；自动更新仓库文件，客户自我查询，提高产品管理安全（包括日期、温度、质量）。

2．行业物联网管理中心

根据前面讲到的行业物联网管理中心组织关系图（参见图4.6），不论是行业物联网管理中心向上对国家、向下对具体应用中心的纵向关系，还是各行业之间的横向关系，接口部分是需要解决的关键问题。在统一标准，分布管理的原则下，可将每个独立的物联网管理中心分为几个层次，进行业务数据的交互，如图4.7所示。

（1）网络链路层：在 TCP/IP 体系中，网络链路层为一个网络连接的两个传送实体间交换网络服务数据单元提供功能和规程的方法，它使传送实体独立于路由选择和交换的方式。这里网络链路层是处理端到端传输的最低层，负责将底层信息采集点的数据通过网络设备与信息处理层连通，以形成有机的整体。

（2）信息处理层：将从网络链路层接收到的数据经过 RFID 中间件的处理，转化为统一标准下的数据格式，处理后的信息通过网络链路层传到信息数据层。图 4.8 所示为数据处理过程示意图，从数据接收层传来的原始数据规格标准不统一，数据量庞大。该层主要负责对数据的整合处理，即将接收层传来的数据进行过滤、分类，然后进行数据格式的统一转换。

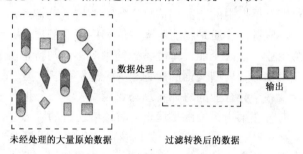

图 4.7　行业物联网管理中心分层结构　　　　图 4.8　数据处理过程示意图

（3）信息数据层：负责整个系统的数据存储。可以由一个数据库服务器组成信息服务器，用来得到和存储使用产品编码的 RFID 技术生成的信息，产品编码相关资料可包含事件管理器的标签观察资料，以及对应产品到较高层的商务资料。信息服务器通常具有将一组低层的观察资料转换成较高层的商务资料的功能。其他应用程序通过 XML 信息交换与信息服务器进行互动。信息服务器支持 HTTP 和 JMS（Java 信息服务）等信息的传输。所有资料都会保存在关系数据库中，任何支持 JDBC（Java 数据库连接）的 RDBMS（关系型数据库管理系统）都可以作为资料存储库。

（4）应用业务层：包括所有附加于信息数据层上的数据处理功能及相关功能，以及各种业务的处理、信息发布和查询该层所涉及的客户端；其中基于 J2EE 规范的客户端可以是基于 Web 的应用系统，也可以不是基于 Web 的独立应用系统。

在基于 Web 的 J2EE 客户端的应用中，用户在客户端启用浏览器后，可从 Web 服务器中下载 Web 层中的静态或动态网页。在不是基于 Web 的 J2EE 客户端应用中，独立的客户端可以运行在一些基于网络的系统（如手持式移动产品）中。EPC 中采用 PML 语言，其目的是为产品标识提供方便。

3. 专用物联网管理中心

专用物联网管理中心主要是指一些特殊行业或系统的物联网管理中心，如国家军用物资物联网管理中心和海关物联网管理中心等。与一般行业不同，军用、海关等专有行业物联网管理中心更加注重信息的安全保障，因此在 RFID 标准的制定过程中，既需要有公共的信息交互标准，同时也要有独立的安全保密措施。

4.1.4　大区分布式物联网管理

1. 分布式物联网管理系统

针对物联网和我国地域分布广阔的特点，下面介绍另一种国家物联网管理模式——大区分布式国家物联网管理系统，其结构如图4.9所示。

国家管理中心在物联网中起到决定性的作用，对外负责与国际物联网接轨，对内负责管理各大区物联网管理中心。各大区管理中心根据各自管辖的省份和地区的不同，可以有所侧重地在功能上进行不同的设置，同时各大区管理中心可以互相备份。

华北地区和东北地区属于重工业地区，物联网建设的重点是为在各个厂商配备安装 RFID 终端系统，给每一件即将上市的商品都贴上 RFID 标签，并在出厂前通过 RFID 读写器把商品信息写入相应的 RFID 标签。之后读写器通过通信网络把商品信息传到物联网管理中心，进行存储和备案。这样无论该商品流通至何处都能通过读写器在物联网系统上对其进行跟踪监测，确保这些重工业产品的流通安全，如防止被偷盗等。

华东地区属于商品制造中心，大量的高科技电子产品等从这里源源不断地流向市场。对于该地区的物联网建设，首先要重视对商品进行防伪监测。通过标签对其进行防伪设置，然后通过物联网 RFID 终端系统对其进行识别和比对，以达到鉴别真伪、保护消费者权益的

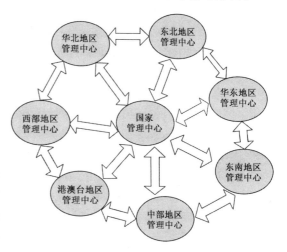

图4.9　大区分布式物联网管理系统

目的。同时，通过物联网管理中心的监控和监测，厂家的知识产权能得到更好的保护，达到促进相关公司及机构重视科研开发，推进创新工作的目的。

东南地区也有大量的生产制造企业，因此在该大区物联网建设中也要和华东地区一样，注重对制造产品进行防伪监控。此外，东南沿海地区作为我国进出口的主要地段，物联网建设还应注重海关监控这一环节。例如，通过在各个海关安装 RFID 读写器，达到对进出口商品的监测与监控。

中部地区作为我国农副产品的主要生产基地，物联网建设首先要注重对农副产品的安全监测和控制，保证人们吃上卫生、安全的农副产品。农副产品的流通与买卖，关系到人们的生命安全，关系到国家和社会的和谐与稳定，对食品卫生安全应进行全程监测和监控。利用 RFID 技术，给部分在市场上流通的农副产品贴上 RFID 标签，并把其相关信息传到物联网管理中心，这样监控监管人员通过物联网系统就能对农副产品的生产、流通和消费进行全程监控，达到保障人们饮食安全的目的。

对于港澳台地区，其物联网建设的重点在于监测和监控通过其流入和流出的各种商品，以达到保证市场秩序和促进经济发展的目的。

西部地区作为我国西部大开发的战略要地，近几年经济迅速发展。该地区的物联网建设首先应加强对战略物资流通的监控。例如，西部地区作为西气东输的源头，物联网建设应重视加强对燃气运输的安全控制，避免发生重大安全事故，保护人们的生命财产安全。

关于物联网的建设，影响的因素很多，目前在学术层面上讨论得较多，因此短期内很难在国家层面进行统一建设。也许随着工业与信息化的进一步融合，在各种信息系统的基础上，通过接口及协议转换，逐步建立一个分布式协同的国家物联网管理体系较为实际。

2．分布式物联网管理系统的基本架构和结构

从前面介绍的国家物联网业务管理系统架构可知，其每一层次的管理虽不尽相同，但又有

其共性。物联网分布式网络管理系统的基本架构和结构分别如图 4.10 和图 4.11 所示。

　　之所以采用这样的分布式网络管理体系结构，其基本思想是将一个大规模的网络管理划分为若干对等的子管理域，一个域由一个管理者负责，管理者之间相互通信；当需要另一个域的信息时，管理者与其对等系统进行通信。在物联网架构中，具体到底层的应用分中心，如铁路部门的各个车站或食品销售的单个卖场，每一个应用子中心的网络管理系统都有其相应的数据库，这些数据库和中心网络服务器的数据库，在网络初始条件下的设置可以相同。但是，在网络运行之后，每个子网域的数据库开始负责收集本网内的管理信息和数据。子网数据库可以把全部数据汇总到中心服务器的数据库中，中心网络服务器也可以有选择地接收来自子网数据库中的数据，或者在需要时到子网数据库中索取相应的信息。相对于集中式管理模式，由于分布式网络管理模型降低了网络管理流量，这样可以减少网络拥塞；多个管理域组成的网络管理系统也提高了其可靠性，在功能上具有较好的可扩展性，能产生较高的管理效率，因此适用于较为复杂的网络结构。

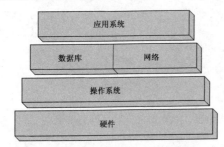

系统管理			信息管理			网络状态管理			
设备管理	通信网络管理	通信协议管理	信息收集	信息传输	信息存储	配置管理	故障管理	性能管理	安全管理
		...			...				...

图 4.10　物联网分布式网络管理系统基本架构　　　　图 4.11　物联网分布式网络管理系统结构

3．分布式物联网管理系统的主要特性

　　面向各地不同用户的分布式物联网管理系统，根据用户的不同要求，应该具有各自不同的特性。但是，分布式的网络管理系统还具有资源共享特性（Resource Sharing）、透明性（Transparency）、开放性（Openness）及可调节性（Scalability）等四大显著特征。下面对在物联网系统中比较重要的资源共享特性和透明性加以介绍。

　　实现数据库资源共享是国家物联网采用分布式思想设计系统的主要原因。通过数据库资源的共享，可以把物联网中庞大的信息数据资源分存于国家管理中心、各行业管理分中心、各专用管理中心及各底层管理分中心。国家管理中心数据库只负责存储关系国民经济安全的核心数据信息，而其他各种不同的数据则分别存储于相关的管理中心数据库，这样既能保证核心数据的机密性、安全性，也能避免存储庞大信息对国家管理中心数据库带来的巨大压力和风险。通过实现资源共享，可满足全国范围内物联网用户对数据库访问的要求，减轻了由此造成的网络负担，进而可给各相关管理中心及物联网用户提供方便。

　　实现资源共享的目标之一就是系统的透明性。物联网设计者必须通过使用各种隐蔽技术，使用户不能看到或觉察到分布式物联网系统的内部属性。根据国际化标准组织（ISO）于 1995 年所颁布的开放分布式处理参考模型（RM-ODP），分布式系统的透明性包括 8 种形式，如表 4.1 所示。

表 4.1　ISO RM-ODP 所定义的 8 种透明性形式

形　式	描　述
访问透明性	隐蔽数据表达方法和资源访问方法的不同之处
位置透明性	隐蔽资源所处的物理位置

形　式	描　述
迁移透明性	隐蔽资源的物理移动
重定位透明性	隐蔽正使用的资源迁移
复制透明性	隐蔽资源的复制
并发透明性	隐蔽若干用户共享同一资源所产生的竞争
故障透明性	隐蔽资源的故障与排错恢复
持续透明性	隐蔽软件资源所处的存储空间：内存或磁盘设置

在物联网分布式管理系统中,为了保证共享资源的安全性,防止数据库崩溃导致信息丢失,往往把数据信息复制若干副本,把这些副本存储在备用数据库系统中并放于不同的物理位置。这样,就必须要求系统的复制透明性做得很好,即隐蔽这些副本的存在,使得数据信息在物联网用户眼里只有一个完整一致的数据源。另外,由于物联网面向的用户数量巨大,因此并发透明性关系到妥善解决多个用户同时访问一个资源时的竞争问题。若系统能够隐蔽这种对同一资源的竞争,使用户感觉到任何时刻都是在独自拥有这个资源,则达到了并发透明性的目的。

4.1.5　本地物联网管理中心

本地物联网管理中心负责管理按地域划分的物联网系统,这一级别的管理中心是最基本的物联网信息服务管理中心。本地物联网管理中心可以细分为省、市、县级物联网管理中心。各本地管理中心向下,一方面负责管理本地区各行业的物品生产、存储及销售情况,随时做好生产计划;另一方面监视、追踪物品的流通。各本地管理中心向上,负责把本地的各行业物品生产、流通及消费等相关信息上报,确保上级物联网管理中心实时掌握相关信息,确保其管理功能的实现。

4.1.6　物联网底层管理系统

物联网底层管理系统用于对本企业或本系统的物品进行追踪和信息存储,一方面可以了解物品的去向以及仓储和销售情况,做好生产计划;另一方面在出现事故或丢失时,可以追踪物品质量和流通环节。在铁路运输领域,大量的车皮在铁路上运营,如果通过手工办法完成车皮的登记和调度,不仅需要耗费大量的人力资源,而且还存在容易出现误差和周期长等缺点,严重影响车皮的利用率,造成资源的浪费,甚至无法实现运营状态的实时跟踪,影响货物的运输。使用 RFID 电子标签对车皮进行标识,可以在每个车站自动获取车皮信息,以及装载货物的品种、数量和目的地等信息,并为车皮的优化调度提供数据。铁路分局可以实现对各个车站信息的统一管理和调度,车站之间也可以通过铁路分局了解相互的基本工作信息。

4.2　物联网网络管理

4.2.1　物联网前端 RFID 网络管理

国家物联网不论采取哪种业务管理方案,其后台网络系统部分的管理均可以参考现有的互联网网络管理模式。针对其前端射频网络(即图 4.3 中的第四级)的管理,本节介绍一种 RFID 应用系统网络管理系统——RFID-MP 的参考协议架构。

1．系统架构设计

RFID-MP 网络管理系统架构如图 4.12 所示，主要包括：驻留在计算机中的 Manager，驻留在读写器中的 Agent-R/Switcher、R-MOI 和 T-MOI，驻留在标签上的 Agent-T，读写器和计算机之间的通信协议 RFID-MP I，以及读写器和标签之间的通信协议 RFID-MP II。

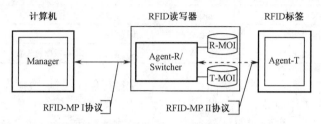

图 4.12　RFID-MP 网络管理系统架构

R-MOI 即读写器管理对象信息，包含了读写器中所有管理对象的名称及属性信息；T-MOI 即标签管理对象信息，包含了标签中所有管理对象的名称及属性信息。

2．Manager 模块设计

Manager 模块主要负责发送管理命令到 Agent-R/Switcher 模块以及接收 Agent-R/Switcher 模块返回的信息，并提供人机交互界面，其工作原理框图如图 4.13 所示。

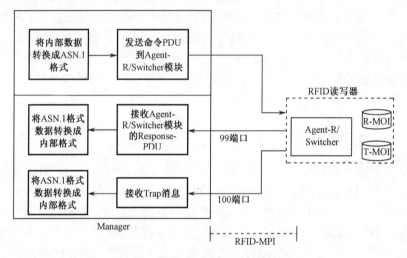

图 4.13　Manager 模块工作原理框图

计算机中的 Manager 模块为管理端，通过 RFID-MP I 通信协议发送管理命令到 RFID 读写器中的 Agent-R/Switcher 模块，并等待 Agent-R/Switcher 模块的返回信息。从而获取 RFID 读写器和 RFID 标签的被管理对象信息。此外，该模块还能接收来自 Agent-R/Switcher 模块对读写器及标签中非正常状态的报警信息。

3．Agent-R/Switcher 模块设计

Agent-R/Switcher 模块负责接收 Manager 模块的管理命令，查询 T-MOI，返回信息到 Manager 模块；与 Agent-T 模块通信；发送报警信息到 Manager 模块。该模块的工作原理框图如图 4.14 所示。

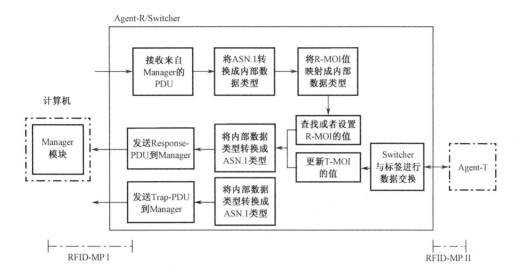

图 4.14 Agent-R/Switcher 模块工作原理框图

RFID 读写器中的 Agent-R 模块为读写器管理代理,通过 RFID-MP Ⅰ通信协议接收 Manager 的管理命令,解析并查询 R-MOI,获取对应的读写器所管理对象的信息,并返回给 Manager;将读写器的报警信息报告给 Manager 模块。

RFID 读写器中的 Switcher 部分是一个负责转换的管理代理,通过 RFID-MP Ⅰ通信协议接收 Manager 对标签的管理命令,解析并查询 T-MOI,获取对象属性信息,并返回给 Manager;通过 RFID-MP Ⅱ通信协议与 RFID 标签中的 Agent-T 定期进行数据交换,获取对应的标签管理对象属性信息,更新 T-MOI;也可将标签发来的报警信息报告给 Manager 模块。

4. Agent-T 模块介绍

RFID 标签中的 Agent-T 模块,即标签管理代理模块,通过 RFID-MP Ⅱ通信协议定期发送标签管理信息给 Switcher,更新 T-MOI,从而实现 Manager 对 RFID 标签的间接管理。

5. MOI 及其设计

MOI 即管理对象信息,包含了被管理对象的所有信息。MOI 包括 R-MOI 和 T-MOI,分别包含读写器管理对象信息和标签管理对象信息。下面对 R-MOI 和 T-MOI 的设计各举一个例子。

如图 4.15 所示,读写器管理对象信息库 R-MOI 中包含:读写器黑名单信息(Blacklist),表示为 99.1;读写器温度信息(MsgTemperature),表示为 99.2.1.1;读写器电压信息(MsgVoltage),表示为 99.2.1.2;读写器频率信息(MsgFrequency),表示为 99.2.1.3。

如图 4.16 所示,标签管理对象信息库 T-MOI 中包含:标签属性(MsgAttribute),表示为 21.1,该值为"1"表示有源标签,为"0"则表示无源标签;标签工作状态(MsgStatic),表示为 21.2,该值为"1"表示工作正常,为"0"则表示标签不工作。

6. RFID-MP 协议介绍及设计

RFID-MP 协议由两部分组成:一部分是实现计算机与 RFID 读写器进行通信的 RFID-MP Ⅰ协议;另一部分是实现 RFID 读写器与 RFID 标签进行通信的 RFID-MP Ⅱ协议。

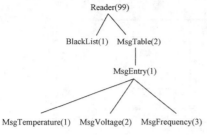

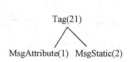

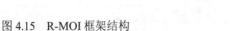

图 4.15　R-MOI 框架结构　　　　　　　　　图 4.16　T-MOI 框架结构

RFID-MPⅠ主要负责 Manager 与 RFID 读写器之间的通信，实现两者之间的数据交换。RFID-MPⅠ通信协议的设计基于 TCP/IP 通信协议，其主要内容包括：制定特定的通信命令，包括 GetMsg、SetMsg、ResponseMsg、Trap；制定消息传输格式。

（1）通信命令的具体含义为：① GetMsg 操作为从 Agent-R/Switcher 模块处提取 MOI 值；② SetMsg 操作为设置（改变）Agent-R/Switcher 模块中的 MOI 值；③ ResponseMsg 操作为返回 MOI 值，由 Agent-R/Switcher 模块发出，是对前两种操作的响应；④ Trap 操作为 Agent-R/Switcher 模块主动发出报文，通知 Manager 有某些异常事件发生。

（2）消息传输格式：通信命令的消息传输格式如图 4.17 所示，其中各字段具体含义为：① PassWord 为字符串，是 Manager 和 Agent-R/Switcher 之间的口令；② Type 用于标识 GetMsg、SetMsg、ResponseMsg 以及 Trap 等；③ ID 为请求者和接受者的 ID 号；④ Error 用于在响应报文中指出获取 MOI 变量的错误信息；⑤ Value 用于给出请求报文的 MOI 值。

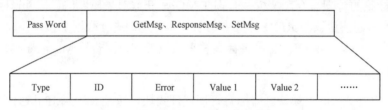

图 4.17　通信命令的消息传输格式

RFID-MPⅡ主要负责 RFID 读写器与电子标签之间的通信，实现两者之间的数据交换。RFID-MPⅡ协议的设计基于 RFID 空中接口协议。

4.2.2　物联网后台网络管理

对于结构复杂、规模庞大的物联网后台系统，要想在单个管理中心实现有效的监控是不现实的。对国家物联网后台网络管理系统的设计，通常采取自上而下统一标准以及分布式管理的思想。对于物联网结构体系的设计，统一标准是前提，只有制定了统一的标准，才能实现真正的全国物联，乃至全球物联。下面分别从系统管理平台、信息管理平台和网络状态管理平台对物联网管理系统进行介绍。

1. 系统管理平台

系统管理平台涉及物联网后台网络的各个方面，主要包括对物联网系统的各种软硬件设备的管理、物联网通信网络的管理以及对通信协议的管理三个方面，其结构如图 4.18 所示。

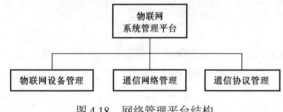

图 4.18　网络管理平台结构

1）物联网设备管理

物联网系统中的设备主要包括服务器、通信机、管理终端、RFID读写器、电子标签、交换机、路由器等硬件设备和各种软件设备。设备管理部分就是要监控这些设备的工作状况，保证这些设备能够正常工作；在相关设备出现故障时能够及时、有效地通知相关部门进行处理，以使整个物联网系统能够正常运转。

在管理各种物联网设备时，可以采用集中式与分布式相结合的管理方式。各个物联网用户负责管理和维护各自系统内的相关设备，物联网地区支路的相关设备由各地管理中心负责维护，而物联网干道的设备则由各行业管理中心负责维护并管理。对于国家物联网管理中心来说，除维护和管理国家管理中心的相关设备外，还应该实时掌握整个物联网系统的宏观工作情况，确保国家物联网的健康运行。

2）通信网络管理

物联网系统包含遍布全国各地的管理中心和应用系统，在这些大小不同的系统中如何进行有效的通信是物联网研究者和设计者们必须考虑的问题。通信网络的管理主要是指对外部接口的研究和管理。外部接口是指管理平台与外部其他系统的接口。为了保证系统的安全，系统接口采用外部接口服务器的方式实现，其实现原理如图4.19所示。

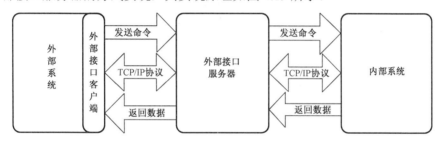

图 4.19 系统接口实现原理

外部接口以客户–服务器方式提供，在外部系统需要接入业务系统时，要在外部接口服务器端定义客户端用户及校验码，并为用户定义数据的操作权限。客户端系统在获取数据或写入数据时，首先必须通过外部接口服务器并根据权限进行操作，否则将予以拒绝，并记录下此用户的违规操作日志。在外部接口交换数据的过程中，命令和数据可以以XML文件形式提供。

3）通信协议管理

通信协议是指系统之间进行数据交换的接口规范，包括电气接口规范和数据格式规范。通过定义大家共同遵守的通信协议，可以使多家系统开发商开发的设备（系统）保持兼容性，实现无障碍通信，从而降低系统对开发商的依赖性，提高系统的可扩展性，降低系统运行风险。同时，采用共同遵守的通信协议，实现系统开发和生产的专业化、批量化，迅速降低系统开发、生产成本，有利于系统社会化的迅速推广。

在基于射频识别的物联网管理系统中，主要涉及的通信协议有电子标签读写协议、RFID读写器与通信机的通信协议以及通信机与业务系统的通信协议。

随着物联网的发展，各管理中心及用户的业务管理会不断发生变化，系统业务功能也需要不断地进行调整。传统的固定格式的通信协议在面向不断变化的需求时，可能无法满足系统对灵活性和可扩展性的要求，需要采用一种可扩充的协议格式。XML语言是一种可自由定义的数据组织语言，使用者可以按照XML语言定义规则，自由定义所需的数据格式，因此XML语言是通信机和业务系统数据交换协议的一个不错的选择。

2. 信息管理平台

信息管理平台是整个物联网后台网络管理系统的核心。底层 RFID 终端系统采集到的所有产品流通信息，都需要通过后台网络系统进行传输交换及处理。信息管理平台是一个基于数据库的管理系统，它主要包括信息采集、信息处理和信息存储三个方面，其结构如图 4.20 所示。

图 4.20   信息管理平台结构

1）信息采集

在底层应用管理系统中的信息采集与其他各级管理系统中的表现形式有所区别。在底层应用管理系统（即 RFID 应用管理系统）中，信息采集主要是指通过读写器读写标签获得产品信息；而在其他各级管理系统中，则通过信息传输网络从各部分获取产品信息。

2）信息处理

信息处理包括元数据管理、数据质量管理和数据清洗以及数据的抽取、转换和加载等。元数据管理是指对射频终端采集的信息或其他部分传输来的信息进行筛选并用统一的编码格式进行编码，以保证对物联网信息进行统一描述，这是物联网信息资源共享的基础。数据质量管理和数据清洗是指对物联网信息进行定时的质量跟踪检测，保证数据的完整性和正确性，剔除一些已损坏或过时的物联网数据，以保证物联网系统中存储共享的数据是正确的、可靠的，这是物联网信息资源共享的保障。数据的抽取、转换和加载是指将不同的物联网分中心所得到的数据转化为物联网用户所需的信息数据，这是实现物联网使用价值的途径。

3）信息存储

物联网系统涉及庞大的数据信息资源，因此信息存储平台是整个信息管理平台的重要组成部分，也是物联网系统成功运行的关键。信息存储平台应该能够有组织地、动态地存储大量信息，方便多用户访问，实现信息的充分共享和交叉访问，并应该与应用系统高度独立。信息存储平台包括数据存储"仓库"、数据存储设备、数据存储模式以及数据存储备份。

（1）数据存储"仓库"。物联网管理系统采用目录服务形式存储数据。目录服务是一种特定的、适于物联网应用信息存储和搜索关键信息条目的优化"数据库"。目录服务既是物联网中信息存储的仓库，也是物联网网络管理的重要工具。目录存储的是具有层次的数据集合，其信息模式建立在每个"条目"的存储之上。每个"条目"都具有属性，属性是指在每个条目中存储的对象、商品信息的显著特征。通常，几乎物联网中所有种类的信息都可以存储在目录中，包括文本格式、图片格式、URL 链接、指针、PKI 证书、二进制数、登录口令、访问或查询策略和个性化配置等。

物联网目录服务不仅仅是一个信息储备工具，还可以为各管理中心提供一个集中信息管理系统，用来集中管理各级系统中的各种信息。目录服务是基于轻量目录访问协议（LDAP）的，充分考虑了高度可扩展的体系结构，可以抵御可能出现的多点故障。目录服务还具有备份管理以及主动性能监控等服务。目录服务器的具体设计要求如表 4.2 所示。

表 4.2   目录服务器的具体设计要求

功 能 要 素	设 计 要 求
高性能，可扩展性	① 物联网目录服务器应具备可扩展到支持 2 000 万个以上用户，并能在千分之一秒内对数以百计的并发查询做出响应 ② 支持标准的跨多个服务器的数据分发能力 ③ 支持对目录服务器快速、持续使用的增长 ④ 尽可能地减少网络目录服务器的数目，以降低成本

功　能　要　素	设　计　要　求
高可靠性	① 支持数据完整性功能，包括两阶段提交以及数据库前翻和回滚等 ② 保障目录服务器对关键任务应用功能的支持，同时保证数据备份和大规模的增删插改不会对系统性能造成影响
安全支持	① 在进行 PKI（公钥构架）应用交付时，作为存放物联网用户密钥和数字认证的中央存储 ② 拥有全国性的访问控制模型和开发的标准，在整个系统内进行多层用户访问和数据加密，以保护敏感信息 ③ 支持安全套接层协议（Secure Socket Layer，SSL） ④ 通过对来自物联网管理系统内部和外部可能出现的信息泄露进行防范，强化系统安全和信息安全
复制分发能力	① 符合 X.500 标准的 LDAP 服务器，包括对连锁分发和全面复制机制的支持 ② 保障关键信息可以通过跨多服务器和跨分布地域统一目录服务传递
拥有目录导航服务的 集中化管理	① 直观地管理控制台，可以对分布在多个服务器上的数据进行中央管理 ② 简化和集中对目录管理的流程
输入与输出	① 提供完整的数据输入输出和其他管理服务 ② 通过直观易用的工具，优化数据集成和管理流程

（2）数据存储设备。对于复杂的国家物联网系统而言，实现对其存储的海量数据进行有效的管理，保证所存储数据的安全至关重要。受存储器体系结构的限制，仅仅依靠提高存储空间来解决数据存储备份问题是不现实的，必须实施高可用、高性能的存储方案，这就需要选择合适的存储设备。

（3）数据存储模式。存储模式是指外围存储设备与服务器的连接方式与工作方式。物联网系统中可以采用 SAN 模式以及 SAN 与 NAS 相结合的模式进行数据的存储。

SAN 通过特定的互联方式将若干台存储外设和服务器连接成一个单独的数据网络，以便为大型网络提供海量数据存储服务。SAN 综合了网络的灵活性、可管理性及可扩展性，提高了网络的带宽及存储 I/O 的可靠性，降低了存储管理费用，平衡了开放式系统服务器的存储能力和性能。SAN 作为一种先进的数据存储模式，其突出的优点表现在：① SAN 独立于应用服务器网络之外，具有无限的存储能力；② SAN 采用光纤作为输出媒介，以 FC（光纤通道）+ SCSI（小型计算机系统接口）应用协议作为访问协议，可实现高速的共享存储。正因为 SAN 系统具有如此多的优良特性，故在物联网系统中采用 SAN 系统是一个很好的选择。典型的 SAN 存储模式架构如图 4.21 所示。

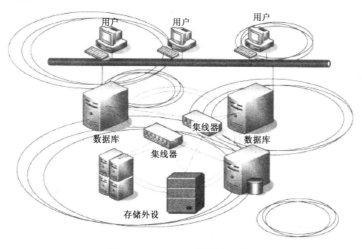

图 4.21　SAN 存储模式架构

NAS 存储模式采用多线程、多任务的网络操作系统内核，适合用于处理来自网络的 I/O 请求，具有响应速度快、数据传输速率高等优点。在物联网系统中，为了能更好地利用 NAS 和 SAN 两种模式的优点，通常可以采用 NAS 和 SAN 模式结合的系统，其架构如图 4.22 所示。

（4）数据存储备份。在物联网系统中，数据备份是关系物联网信息安全的关键问题，因此至关重要。在制定备份计划时，选择合适的备份方式是极其重要的。备份方式主要有全备份、增量备份和差分备份。其中，全备份具有恢复时间短、操作方便的优点，但其所需的备份时间最长。在物联网信息管理系统中，对于一些核心信息可以采用全备份策略。增量备份是针对上次备份（无论哪种备份方式）后所进行的备份，这样只需要备份上次备份后发生变化的文件。差分备份是针对全备份的，备份上次全备份后所发生变化的全部文件。增量备份和差分备份所需的备份介质和备份时间都较少一些，但恢复起来比全备份麻烦。在物联网信息管理系统中，不同的管理中心可以根据各自对备份窗口和灾难恢复的实际需要选择相应的备份方式，制定相应的备份计划，也可以采取几种备份方式相结合的方式进行备份。在备份计划制定后，必须严格按照程序进行日常备份，这样才能保证物联网数据的安全性，才能达到数据信息完整的目的。

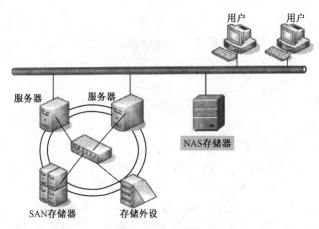

图 4.22　NAS 和 SAN 结合的系统架构

在灾难发生后，灾难恢复措施关系到系统、软件和数据能否快速、准确的恢复。灾难恢复的基础是进行有效的备份。物联网系统在选择备份软件时，既要考虑使用方便、自动化程度高，也应该考虑良好的扩展性和灵活性，同时还应该满足数据保护、系统恢复和病毒防护等方面的要求。常用的专业备份软件有 VERITAS 公司的 BackupExce、HP 公司的 Open View Omni Back II、CA 公司的 ARC serve IT 以及 Legato 公司的 Net-worker 等。

3．网络状态管理平台

网络状态管理就是监视和控制复杂的物联网，确保其尽可能长时间地正常运行；当网络发生故障时，能迅速地发现并修复故障，保障物联网系统最大限度地发挥其效益。网络状态管理主要涉及状态管理的功能、实现这些功能的方法，以及网络状态管理平台的体系结构。

1）网络状态管理的功能

在物联网网络状态管理中要实现的功能主要包括配置管理、故障管理、性能管理和安全管理。

物联网环境具有多样性、多变性，而且物联网系统需要随用户的增减或设备的维修而进行经常性的调整，故配置功能必须包括识别所管辖物联网的拓扑结构、标识网络中的各个对象、自动修改指定设备的配置、动态维护网络配置数据库等。故障管理包括网络故障检测、故障隔离、故障诊断及修复等方面，其目的是保证物联网系统能够提供连续、可靠的服务。网络故障的发生是随机的，而且故障发生的原因也会千差万别，因此故障管理应该系统、科学地管理网络中所发现的所有故障，并能详细地记录每一个故障的产生、跟踪分析直至修复的全过程。

性能管理包括对物联网信息流量、访问用户、访问资源等网络通信信息的收集、加工和处理等活动。性能管理要达到的目的是：在最小延迟的前提下，使用最少的网络资源提供可靠、连续的通信能力，并使对网络资源的共享达到最优化。性能管理具体包括：① 从被管对象中收集与网络性能有关的数据；② 分析并统计所收集的数据，建立性能分析的模型；③ 根据分析模型预测网络性能的长期趋势，参考分析、预测结果，调整网络的拓扑结构和某些对象的配置与参数，达到网络性能最佳。

在物联网系统中，安全问题异常重要。安全管理，一要保证物联网用户和网络资源不被非法使用，二要保证网络管理平台不被未经授权的访问。网络安全管理的主要内容有：① 分发诸如密钥、访问权限等与安全措施有关的信息；② 当网络存在非法入侵、越权访问等与安全有关的事件时，即时发出预警通知；③ 创建、控制和删除安全服务设施；④ 记录、维护和查询与安全有关的网络操作事件等。

2）网络状态管理的实现

网络状态管理主要通过网络监视和网络控制实现。

网络监视部分主要用来观测和分析终端系统、中间系统和子网的状态与行为。网络监视的工作包括：收集与配置特征及当前配置元素有关的静态信息；收集和网络事件相关的动态信息；根据动态信息分析得出统计信息。物联网中每个被管理的设备都含有一个代理模块来收集本地管理信息，并将信息传向一个或多个底层管理中心。每个管理中心都包含网络管理应用软件及用于与代理之间通信的软件。监视信息可以通过管理中心调查主动获得，也可以通过代理的事件报表被动获得。

网络控制是指配置物联网系统中的各种参数，使得物联网终端系统、中间系统及其各个子网系统能够正常运行。网络控制主要是指配置控制和安全控制。配置控制包含了各种物联网网络配置的相关功能，包括初始化、维护、关闭个体组件和逻辑子系统。配置控制需要实现的目的有定义配置管理信息，设定和修改代理或代理服务器的属性值，定义和修改网络资源或网络元件之间的关联、连接及条件等。在安全控制中，网络状态管理系统负责调整和控制安全机制，为物联网系统的资源提供计算机和网络的安全。物联网系统中的威胁涵盖了软硬件、数据、通信线路、网络及网络管理系统本身等各个方面，威胁的种类主要有中断、侦听、修改和伪造等。相应的安全管理控制应该对以上所有设备潜在的种种危害进行控制，确保物联网系统的安全运行。

3）网络状态管理平台的架构

物联网网络状态管理平台是网络监视和控制工具的集合，在设计网络状态管理平台时应该重点考虑以下两点：① 为执行大多数或全部的物联网管理任务，该平台应该有一个功能强大且界面友好的命令集；② 网络管理平台尽量由网络组件中已有的软硬件组成，很少用专用设备。通过网络状态管理平台实现对物联网网络状态的管理。

对物联网这样一个大型网络系统来说，其分布式网络状态管理平台在物联网各级管理中心设置分布式管理工作站，根据各自所管辖的范围给予相应的网络监视和控制权限，负责管理相应的网络。在国家管理中心设置中心管理工作站，拥有对整个物联网的访问权限并管理所有网络资源的能力，从而监视和控制各级管理工作站的操作。分布式管理平台具有以下特有的性能：① 网络管理流量被限定在各地管理中心，减少了管理经费；② 给网络管理提供了更大的扩展性，只需在理想的位置上简单地配置工作站就可以添加新的管理能力；③ 通过网络中的多台工作站，消除了集中式管理中存在的单点故障问题等。典型分布式物联网管理系统平台如图 4.23 所示。

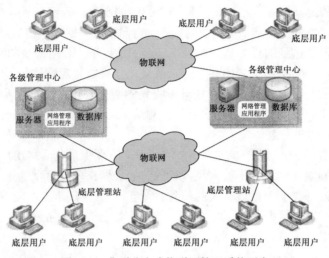

图 4.23　典型分布式物联网管理系统平台

4.2.3　物联网网络管理内容

国际电信联盟与 ISO 合作公布了网络管理文件 X.700，对应的 ISO 文件为 ISO 7498-4。对于网络管理，该标准所提出的系统管理的 5 个功能域为故障管理、配置管理、计费管理、性能管理和安全管理。在一般情况下，这 5 个功能域基本涵盖了网络管理的内容，目前的通信网络、计算机网络也基本上都是按照这 5 个功能域进行管理的。但是，无论对于物联网的接入部分，即传感器网络，还是对于物联网的主干网络部分，这 5 个功能域显然已经不能全部反映网络管理的实际情况了。这是由于物联网的接入部分，即传感器网络有许多不同于通信网络和互联网络的地方。例如，物联网的接入结点数量极大，网络结构形式多异，结点的生效和失效频繁，核心结点的产生和调整往往会改变物联网的拓扑结构；另外，物联网的主干网络在各种形式的网络结构中，也有许多新的特点。由于物联网和传感器网络中存在的许多新问题，导致传统的 5 个功能域已经不能全部反映传感器网络和物联网的网络性能和工作情况，甚至连物联网和传感器网络的覆盖范围都有许多新的情况需要加以解决。

根据物联网网络管理的需要，物联网网络管理的内容，除普通的互联网和电信网所涉及的网络管理的 5 个方面外，还应该包括：① 传感器网络中结点的生存、工作管理（包括电源工作情况等）；② 传感网的自组织特性和传感网的信息传输；③ 传感拓扑变化及其管理；④ 自组织网络的多跳和分级管理；⑤ 自组织网络的业务管理。

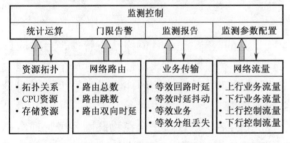

图 4.24　物联网网络管理的基本内容划分和功能域

物联网网络管理的基本内容划分和功能域如图 4.24 所示。

4.2.4 物联网网络管理模型

1. 分布式物联网网络管理模型

物联网的管理技术离不开传统的网络管理模式,但后者在实践中难以真正地实现对物联网的全面管理,这就要求在物联网的管理中始终结合物联网的新特点,有效地提升管理水平。分布式管理模型是一种新型的物联网管理模式,它巧妙地结合了物联网的新特点,创新了管理模式。这种管理模式涵盖的内容非常丰富,它主要由网管系统(NMS)、分布式网络代理(DNA)和网管设备三部分构成,不同的部分在具体的管理中各司其职,有效地提升了管理的效率。其中,DNA 是这种管理模式的核心内容,它在具体的管理中能够有效地进行网络管理的创新,实现网络运行的安全,对于信息监测、信息安全的保障等都具有非常关键的作用。利用其功能还能实现对信息接收的监测与监管,设置信息准入的相关机制,动态化地进行信息的管理与安全保障,明确了科学的准入机制,丰富了管理的形式,最终提升了管理的水平。此外,这个核心管理内容还能够实现物联网信息传输的质量和容量,减少信息失真情况的出现,全面提升了信息的容量,减轻了服务器在运行过程中的压力。

DNA 是基于自组织的网络监测、管理和控制系统的基本单元,它具有网络性能监测与控制、安全接入与认证管理、业务分类与计费管理等功能,监测和管理各 DNA 中的网络管理元素。DNA 之间是以自组织方式形成的网络管理网络,按研究制定的通信机制进行通信,在数据库级别上共享网管信息。当各 DNA 定时发送或在网络管理服务器上发送请求时,传递相关的统计信息给网管服务器,这样不但大大减轻了网管服务器的处理负荷,也减少了管理信息通信量。此外,即使管理站临时失效,也不会影响 DNA 的管理,只是延缓了相互之间的通信。用户还可通过图形化用户接口,进行配置管理功能模块,提高用户可感知的 QoS。

为了实现上述物联网网络监测、管理与控制模型,必须研究适合用于在 DNA 之间交换信息的通信机制,研究适合用于 DNA 网络的拓扑结构、路由机制、结点定位与搜索机制、结点加入、离开和邻居结点发现机制、相应的安全与信任机制以及网络的相对稳定性、恢复弹性和容错能力,以实现分布式管理系统对于 DNA 网络动态变化的适应能力和鲁棒性。自组织的DNA 通信网络平台要监控网络间的通信控制和信息传输,协调网络通信,保证网间数据传输的可靠与安全。除了研究与对等DNA 之间的通信模块的设计和实现,同时还应研究 DNA 与网管服务器、用户以及内部功能模块的接口,这些机制和结构之间的关系如图 4.25 所示。

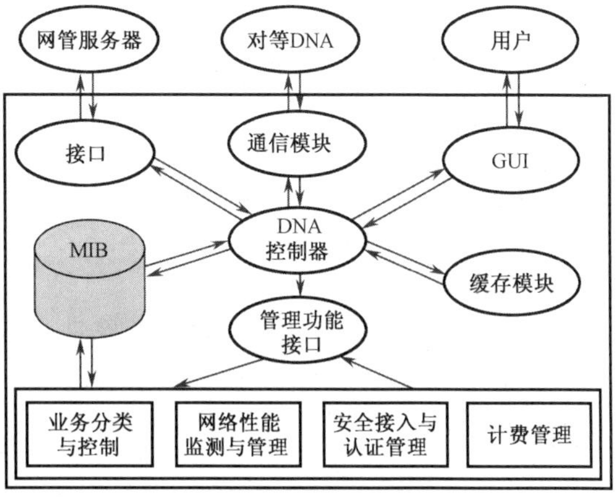

当然这种管理模式也不是十全十美的,在具体的管理过程中,不同服务器之间的信息传递缺乏畅通的渠道,缺乏有效的机制来保障信息交换的安全,这是未来物联网管理模式的探索方向。

图 4.25　DNA 功能模型

2. DNA 的功能模型设计

DNA 是物联网网络监测、管理和控制系统的核心,是其所在的管理群内唯一被授权的管理者。DNA 可根据网管服务器和用户的请求策略配置服务功能,采用轮询机制,对群内各设备进行特定数据的采集、提取和过滤分析，监控网络的运行状态，感知群内结点的动态，维护本地数据库，独立地完成对本群的管理工作；能够实现有效的业务分类，并按业务特点进行流量控制与整形；具有合理计费等管理功能，并维护一个本地的管理信息库（MIB）。

各 DNA 能动态地发现其他的 DNA，在数据库级别上共享网管信息，并能实现相互间消息的发送和传递，完成彼此之间的定位和通信。同时，还要负责维护物联网管理网络的正常运行，实时维护 DNA 结点及备用结点的创建或选择、移动、退出及网络重构。此外，还能够实现与用户和 NMS 的交互以及管理策略的制定。

在物联网新的管理技术中，DNA 功能模型是一种核心管理技术，它全程为 DNA 通过网络代理来减少服务器的容器和压力，提升服务器运行的速度和效率。在进行 DNA 模型设计的过程中，通过轮询机制来实现该核心功能的信息收集和整理，实现信息的共享；通过优化设计来提升信息之间的传递，在确保信息安全的基础上，实现信息的互通有无，对信息传递的服务器进行科学的定位。同时，在设计中还体现了对有效信息的筛选，从而提升信息传递的有效性。此外，在 DNA 功能模型的设计中，还应该体现对物联网服务器的维护与管理机制，保障物联网服务器的高效运行，并做好服务器相关结点的创建工作，综合提升物联网服务器的运行效率和质量。

3．DNA 中的性能监测和 QoS 控制功能

为了评估网络的服务质量以及动态效率，从而为网络结构的调整和优化提供参考依据，物联网网络监测与控制系统应具备的基本功能是，能够连续地收集网络资源，利用业务传输及网络效率等相关参数，如对网络路由、网络流量、网络拓扑和业务传输的各测度进行分析、汇聚和统计，形成汇聚报告，同时根据用户和 NMS 的性能监测及管理要求，执行监测配置并按此配置进行监测控制，实现统计运算、门限告警、监测报告，并根据监测管理策略设置监测参数。

通过对物联网网络拓扑的研究发现，对于不同拓扑结构的物联网网络，由于其搜索算法、网络形成机制、结点加入/离开机制、网络波动程度、网络结构（有分级的和平坦的体系结构形式）等都不尽相同，因此必须按照实际网络特性制定不同的拓扑发现策略和测量方法，以便实现拓扑测量。当然在物联网新型管理模式的运用过程中，需要加强物联网 DNA 功能的性能监测，包括信息传递的质量、信息的安全性能、信息交互中的安全与真实等，此外还包括服务器的承载能力，服务器的运行效率等。在性能的检测过程中，需要依据科学的信息技术参数，通过对该参数的科学分析，来合理地保障物联网功能模型的快速运行。

4．物联网网络的安全接入与认证

由于物联网网络的分散式体系结构、动态路由和拓扑特性，传统的接入认证、密钥分发和协商机制很难得以应用，因此必须建立物联网访问控制模型和认证体系。传统的访问控制策略主要有自主访问控制（DAC）策略、强制访问控制（MAC）策略和基于角色的访问控制（RBAC）策略。然而，由于物联网网络环境的特殊性，在此环境下，结点之间均无法确认彼此身份；其次，由于用户出于自身考虑，通常不愿意把自己的相关信息提供给对方，虽可采用匿名等方法来实现这种目的，但却增加了访问控制的难度。此外，在物联网网络环境下，大量用户频繁进出网络，使得网络的拓扑频繁变化，这也给访问控制带来了复杂性。

建立物联网网络的访问控制策略，首先要建立物联网网络的信任管理模型，在信任管理模型的基础上再给每个结点设置信任权重和可靠度，然后才能在这个基础上应用相应的访问控制策略。如何建立信任管理模型，这与网络的环境密切相关，主要涉及物联网网络结点的可用性、数据源的真实性、结点的匿名性和访问控制等问题。

4.2.5　物联网网络管理协议

总的来说，物联网的网络管理协议虽然是在 TCP/IP 协议之下的管理协议，但是也有许多新的特色。例如，若物联网的结点处于运动之中，则网络管理需要适应被管理对象的移动性。在这一方面，目前使用的移动 Ad-hoc 网络（MANET）可以提供一些借鉴。MANET 与无线固定网络的不同点在于，MANET 的拓扑结构可以快速变化。在 MANET 中，结点的运动方式会根据承载体的不同具有明显差异，包括运动速度、运动方向、加速或减速、运动路径、活动程度等。由于拓扑结构的快速变化，网络信息（如路由表）的寿命可能很短，必须不断更新。为了反映当前的网络状况，结点间不得不频繁交换控制信息，而信息的有效时间又很短，部分信息甚至从未使用就已经被丢弃，这使得网络的有限带宽资源浪费在了信息更新之上。

如何减少信息的交换，是对网络管理提出的新问题。目前，国内外在与物联网相近的网络领域中已经对这一问题进行了不少研究，并取得了一些积极的成果。这些研究和成果虽然没有标记为是用于物联网的，但是从网络应用和管理的角度来看，应该是适用于物联网网络管理技术的。根据所掌握和了解的部分资料，稍做整理提供给大家，目的是供研究和开发物联网管理技术的人士借鉴，以便开发出更加适用的物联网管理系统，推进物联网技术及其应用的发展。

从网络的工作形态来看，物联网与 MANET 更加接近，因此用于 MANET 的网络管理技术有可能率先移植进入物联网领域。MANET 网络管理的特点和相应的网管要求主要体现在：① 拓扑结构变化频繁；② 低可靠性、电池容量有限；③ 移动设备的多样性；④ 安全性。

虽然 Ad-hoc 网络是通信领域内的一个研究热点，互联网工程任务组（IETF）为此专门成立了 MANET 工作组，而瑞士洛桑联邦技术学院也提出了一项长期研究计划，即 Terminodes 计划（2000—2010），其目的是设计一个大范围、自组织的移动 Ad-hoc 网络，并用于商业以及其他潜在的社会环境。但是，目前的研究还主要集中在路由协议以及 MAC 层等方面，而在网络管理、QoS 保障以及实时应用方面至今还处于起步阶段。由于 Ad-hoc 网络中结点地位的对等性以及有限的结点能力，集中式网络管理不能适应其实际管理的需要，因此现在的 Ad-hoc 网络管理方案以分布式网络管理为主，大致可以分为基于位置管理（Location Management，LM）、基于移动性感知管理（Mobility Aware Management，MAM）以及基于代理和策略驱动管理（Agent and Police-driven Management，APDM）三类方案。

1. 基于位置管理（LM）的方案

（1）CAANM 方案。CAANM 方案是 Feng Yongxin 等人提出的一种基于位置管理的方案。该方案基于简单网络管理协议（SNMP），采用同 Ad-hoc 网络管理协议（ANMP）类似的结构，不同之处主要体现在管理者可以直接与代理以及簇头间进行信息交互。CAANM 方案还对 ANMP 的管理信息库（MIB）做了一些改进。

（2）MUQS 方案。MUQS 方案是由 Haas 等人提出的另一种基于位置管理的方案。该方案在逻辑上使用了两级结构，将网络中的结点分为骨干结点和非骨干结点。这一两级结构仅用于移动性管理，路由协议仍在整个平面进行，即多跳路由可以跨越骨干结点和非骨干结点。

（3）DLM 方案。DLM 方案是由 Yuan Xue 等人提出的一种分布式位置管理方案。该方案使用的是一种格状的分级寻址模型，不同级别的位置服务器携带不同级别的位置信息，当结点移动时，只有很少一部分的位置服务器需要进行更新。DLM 中的每个结点具有唯一 ID，并能通过全球导航卫星系统（GNSS）获知自身的位置。在每个结点传输范围相同的情况下，DLM 要求网络最小分区的对角线长度要小于结点的传输范围。与 DLM 方案类似的还有 SLALoM 方案。

2．基于移动性感知管理（MAM）的方案

（1）LFLM 方案。LFLM 方案是由 Liang Wang 等人提出的一种能感知结点运动的管理方案。在 LFLM 方案中使用了一种混合的网络结构，总体上分为两级，第一级由网络中的结点构成组，每个组具有组头（类似于簇和簇头）；然后由这些组头组成第二级，采用第一级中组的构成方法，在第二级中形成队。LFLM 方案是对传统分级网络中基于指针的位置管理方案的一种改进。

（2）GMM 方案。GMM 方案是一种基于结点群组移动性的管理方案，通过观察结点群组的运动参数如距离、速度以及网络分裂的加速度等来预测网络的分裂。GMM 的运动模型比较准确，其原因主要是采用了组运动加速度这个参数，从而提高了对结点运动速度的估计准确度，同时也提高了对网络分裂和融合预测的准确性。

（3）PBCA 方案。PBCA 方案采用移动性预测的管理方法，主要涉及虚拟簇、移动预测模型、分簇算法和协议以及管理结构等 4 个方面的内容。

3．基于代理和策略驱动管理（APDM）的方案

（1）GMA 方案。GMA 方案是由 Chien Chung Shen 等人提出的一种基于策略的管理方案。在 GMA 方案中，能力较高的结点成为管理结点，承担智能化的管理任务。GMA 采用两级结构：管理结点（Supervisor）进行策略的控制和分配，游牧式管理结点（Nomadic Manager）通过相互协同完成整个网络的管理。

（2）PBNM 方案。PBNM 方案是另一种基于策略的管理方案，对标准的公共开放策略服务（COPS）进行了扩展，包括 K-hop 分簇、动态服务冗余、策略协商和自动服务发现 4 个部分。

在上述三类管理方案中，LM 方案最为简单，管理性能与结点的分布情况和管理结点的能力相关，适用于结点移动性较低的网络；随着网络结点移动性的增加，管理开销上升较快，同时管理效率迅速下降。MAM 方案相对于 LM 方案而言，由于要完成移动性感知，对结点处理能力的要求相对要高一些；同时，移动性的计算将会增加能量的消耗。MAM 方案通过感知结点移动性，可降低管理开销，获得较好的管理性能，但需要指出的是，一旦网络中结点的群组运动特征不明显时，MAM 方案同 LM 方案相比，并没有什么优势。MAM 方案具有较好的适用性，因为在实际的网络中结点的运动行为往往不是孤立出现的，通常具有一定的群组运动特性。APDM 方案是适用范围最广的一种方案，方案设计的复杂度和难度也最大。从某种意义上讲，LM 方案和 MAM 方案只是 APDM 方案的某些特例，但 APDM 方案却与 LM 方案和 MAM 方案有明显的区别。APDM 方案注重管理策略如何交互，而 LM 方案和 MAM 方案更注重管理策略的具体实现。APDM 方案的应用范围较广，由于其策略代理具有复制和迁移等特性，使其能适应网络的动态变化，具有较高的管理效率。

研究者发现，物联网网络管理的内容远比 MANET 繁杂，但是可以借鉴其管理形式，丰富管理内容，扩大适用范围。总之，针对 MANET 的网络管理需求，重点研究其中的主要问题，如提供一体化的管理机制，解决共享性、自治性等一系列问题，可对系统资源、资源配置、性能、故障、安全、通信等进行统一的管理和维护，保障网络系统安全、稳定、可靠、高效地运行。

4.3 物联网安全管理

信息与网络安全的目标是要达到被保护信息的机密性（Confidentiality）、完整性（Integrity）和可用性（Availability）。在互联网的早期阶段，人们更关注基础理论和应用研究，随着网络

和服务规模的不断增大，安全问题得以突显，引起了人们的高度重视，相继推出了一些安全技术，如入侵检测系统、防火墙、PKI 等。物联网的研究与应用尚处于初级阶段，很多的理论与关键技术有待突破，特别是与互联网和移动通信网相比，还没有展示出令人信服的实际应用，本节从互联网的发展过程来讨论物联网的安全管理。

4.3.1　物联网安全概述

根据物联网自身的特点，物联网除了面对移动通信网络的传统网络安全问题，还存在着一些与已有移动网络安全不同的特殊安全问题；这是由于物联网是由大量的机器构成的，缺少人对设备的有效监控，且数量庞大。这些特殊的安全问题主要有以下四个方面：

（1）物联网机器/感知结点的本地安全问题。由于物联网的应用可以取代人来完成一些复杂、危险和机械的工作，因此物联网机器/感知结点多数部署在无人监控的场景中。那么，攻击者就可以轻易地接触到这些设备，对其造成破坏，甚至通过本地操作更换机器的软硬件。

（2）感知网络的传输与信息安全问题。感知结点通常情况下功能简单（如自动温度计）、携带能量少（使用电池），使得它们无法拥有复杂的安全保护能力。而感知网络多种多样，从温度测量到水文监控，从道路导航到自动控制，它们的数据传输和消息也没有特定的标准，因此没法提供统一的安全保护体系。

（3）核心网络的传输与信息安全问题。核心网络具有相对完整的安全保护能力，由于物联网中结点数量庞大，且以集群方式存在，因此会导致在数据传播时，因大量机器的数据发送使网络拥塞，而产生拒绝服务攻击。此外，现有通信网络的安全架构都是从人通信的角度设计的，并不适用于机器的通信。使用现有安全机制会割裂物联网机器间的逻辑关系。

（4）物联网应用的安全问题。由于物联网设备可能是先部署后连接网络，物联网结点又无人看守，因此如何对物联网设备进行远程签约信息和应用信息配置就成了难题。另外，庞大且多样化的物联网平台必然需要一个强大而统一的安全管理平台，否则独立的平台会被各式各样的物联网应用所淹没；但如此一来，如何对物联网机器的日志等安全信息进行管理成为新的问题，并可能割裂网络与应用平台之间的信任关系，导致新一轮安全问题的产生。

物联网作为一种无线传感网（WSN），具有传统网络和 WSN 共同的特点。因此，解决物联网安全问题除了采用常规网络安全措施外，针对物联网本身的特点进行的安全防护尤为重要。

4.3.2　物联网安全特点

从物联网的信息处理过程来看，感知信息经过采集、汇聚、融合、传输、决策与控制等过程，整个信息处理的过程体现了物联网安全的特征与要求，也揭示了所面临的安全问题。

物联网中的 WSN 安全特点主要有：

（1）单个结点资源受限，包括处理器资源、存储器资源、电源等。WSN 中单个结点的处理器能力较低，无法进行快速且高复杂度的计算，这对依赖加解密算法的安全架构提出了挑战。存储器资源的缺乏使得结点存储能力较弱，结点的充电也不能保证。

（2）结点无人值守，易失效，易受物理攻击。WSN 中较多的应用部署在一些特殊的环境中，使得单个结点失效率很高。由于很难甚至无法给予物理接触上的维护，可能使结点造成永久性的失效。另外，结点在这种环境中容易遭到攻击，特别是军事应用中的结点更易遭受针对性的攻击。

（3）结点可能的移动性。结点移动性产生于受外界环境影响的被动移动、内部驱动的自发移动以及固定结点的失效。它导致网络拓扑的频繁变化，造成网络上大量的过时路由信息以及攻击检测的难度增加。

（4）传输介质的不可靠性和广播性。WSN 中的无线传输介质易受外界环境影响，网络链路产生差错和发生故障的概率增大，结点附近容易产生信道冲突，而且恶意结点也可以方便地窃听重要信息。

（5）网络无基础架构。WSN 中没有专用的传输设备，它们的功能需由各个结点配合实现，使得一些有线网中成熟的安全架构无法在 WSN 中有效部署，需要结合 WSN 的特点进行改进。有线网安全中较少提及的基础架构安全需要在 WSN 引起足够的重视。

（6）潜在攻击的不对称性。由于单个结点各方面的能力相对较低，攻击者很容易使用常见设备发动点对点的不对称攻击。比如，处理速度上的不对称，电源能量的不对称等，使得单个结点难以防御而产生较大的失效率。

因此，建立物联网安全模型，就是要根据物联网的网络模型，侧重于 RFID 标签安全以及网络设备之间交互的安全。

另一方面，可以从安全的机密性、完整性和可用性来分析物联网的安全需求。信息隐私是物联网信息机密性的直接体现，如感知终端的位置信息是物联网的重要信息资源之一，也是需要保护的敏感信息。在数据处理过程中同样存在隐私保护问题，如基于数据挖掘的行为分析等，要建立访问控制机制，控制物联网中信息采集、传递和查询等操作，不会因个人隐私或机构秘密的泄露而造成对个人或机构的伤害。信息的加密是实现机密性的重要手段，由于物联网的多源异构性，使密钥管理显得更为困难，特别是对感知网络的密钥管理是制约物联网信息机密性的瓶颈。

物联网的信息完整性和可用性贯穿物联网数据流的全过程，网络入侵、拒绝攻击服务、Sybil 攻击、路由攻击等都使信息的完整性和可用性受到破坏。同时，物联网的感知互动过程也要求网络具有高度的稳定性和可靠性，物联网是与许多应用领域的物理设备相关联的，要保证网络的稳定可靠。例如，在仓储物流应用领域，物联网必须是稳定的，要保证网络的连通性，不能出现互联网中电子邮件时常丢失等问题，不然无法准确检测进库和出库的物品。

总之，物联网的安全特点表现为感知信息的多样性、网络环境的多样性和应用需求的多样性，呈现出网络的规模和数据的处理量大，决策控制复杂，给安全研究提出了新的挑战。

4.3.3　物联网安全架构

图 4.26 示出了物联网的层次结构。感知层通过各种传感器结点获取各类数据，包括物体属性、环境状态、行为状态等动态和静态信息，通过传感器网络或射频阅读器等网络和设备实现数据在感知层的汇聚和传输；传输层主要通过移动通信网、卫星网、互联网等网络基础设施，实现对感知层信息的接入和传输；支撑层是为上层应用服务建立起一个高效可靠的支撑技术平台，通过并行数据挖掘处理等过程，为应用提供服务，屏蔽底层的网络、信息的异构性；应用层是根据用户的需求，建立相应的业务模型，运行相应的应用系统。在各个层次中安全和管理贯穿其中。

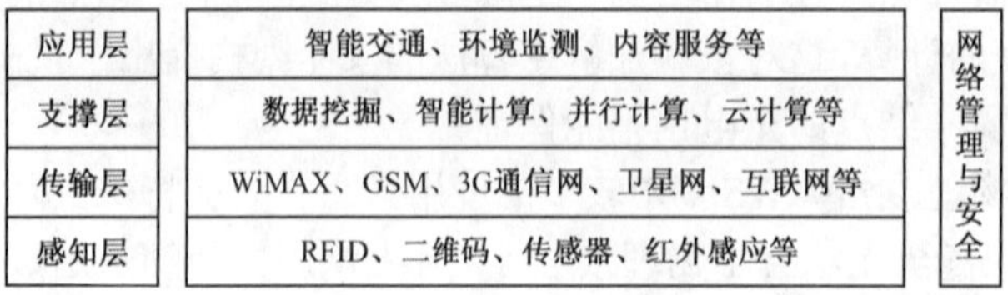

应用层	智能交通、环境监测、内容服务等	网络管理与安全
支撑层	数据挖掘、智能计算、并行计算、云计算等	
传输层	WiMAX、GSM、3G通信网、卫星网、互联网等	
感知层	RFID、二维码、传感器、红外感应等	

图 4.26　物联网的层次结构

图 4.27 所示为物联网安全技术架构，其中示出了物联网在不同层次可以采取的安全措施。以密码技术为核心的基础信息安全平台及基础设施建设是物联网安全（特别是数据隐私保护）的基础，安全平台同时包括安全事件应急响应中心、数据备份和灾难恢复设施、安全管理等。安全防御技术主要是为了保证信息的安全而采用的一些方法，在网络和通信传输安全方面，主要针对网络环境的安全技术，如虚拟专用网（VPN）、路由等，实现网络互联过程的安全，旨在确保通信的机密性、完整性和可用性。而应用环境主要针对用户的访问控制与审计，以及应用系统在执行过程中产生的安全问题。

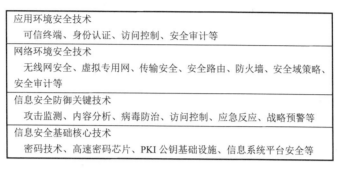

| 应用环境安全技术 |
| 可信终端、身份认证、访问控制、安全审计等 |
| 网络环境安全技术 |
| 无线网安全、虚拟专用网、传输安全、安全路由、防火墙、安全域策略、安全审计等 |
| 信息安全防御关键技术 |
| 攻击监测、内容分析、病毒防治、访问控制、应急反应、战略预警等 |
| 信息安全基础核心技术 |
| 密码技术、高速密码芯片、PKI 公钥基础设施、信息系统平台安全等 |

图 4.27　物联网安全技术架构

4.3.4　物联网安全模型

根据物联网的特点以及对物联网的安全要求，物联网安全应该侧重于电子标签的安全可靠性、电子标签与 RFID 读写器之间的可靠数据传输，以及包括 RFID 读写器及后台管理程序和它们所处于的整个网络的可靠的安全管理，如图 4.28 所示。

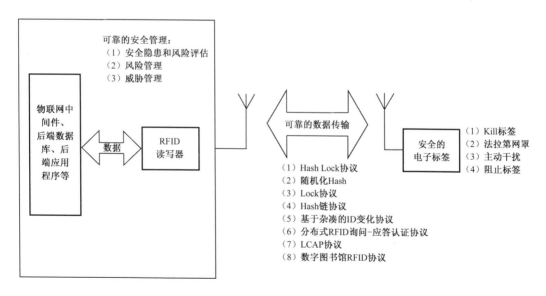

图 4.28　物联网安全模型

1. 安全的电子标签

电子标签由耦合元件及芯片组成，每个标签具有唯一的 RFID 编码，附着在物体上标识目标对象。电子标签是物体在物联网中的"身份证"，不仅包含了该物体在此网络中的唯一 ID，而且有的电子标签本身包含着一些敏感的隐私内容，或者通过对标签的伪造可以获取后端服务器内的相关内容造成物品持有者的隐私泄露，另外对电子标签的非法定位也会对标签持有人（物）造成一定的风险。

2. 可靠的数据传输

物联网系统是一个庞大、综合的网络系统，各个层级之间的数据传输协议有很多。但是一些数据传输是与其他网络（如因特网、蓝牙、GSM 等）重合的，且相关的网络传输安全保证可以应用于物联网当中。因此，这里的可靠数据传输特指电子标签与 RFID 读写器之间的可靠数据传输。

3. 可靠的安全管理

除了电子标签本身的安全以及电子标签与 RFID 读写器之间数据传输安全的保证外，还将以 RFID 读写器为前端的物联网中间件、后端数据库、后端应用程序等及其与 RFID 读写器之间的数据传输作为一个整体，进行有效的安全管理。把它们作为整体的主要依据就是当把 RFID 读写器作为终端之后，此物联网与其他网络的特点以及安全需求与风险问题趋于一致，完全可以借用比较成功的管理机制和手段进行统一、集中的风险评估与安全管理。

4.3.5 物联网安全管理关键技术

作为一种多网络融合的网络，物联网安全涉及各个网络的不同层次。虽然对于物联网中的这些独立网络，实践中已经应用了多种安全技术，特别是移动通信网和互联网的安全研究已经历了较长的时间，但对物联网中的感知网络来说，由于资源的局限性，其安全性的研究难度较大。本节主要针对传感网络中的安全问题进行讨论。

1. 安全需求与密钥管理机制

密钥系统是网络安全的基础，是实现感知信息隐私保护的手段之一。对于互联网来说，由于不存在对计算资源的限制，因此非对称和对称密钥系统都可以适用。互联网面临的安全主要来源于其最初的开放式管理模式的设计，即互联网是一种没有严格管理中心的网络。移动通信网是一种具有相对集中式管理的网络，而 WSN 和感知结点由于计算资源的限制，对密钥系统提出了更多的要求。物联网密钥管理系统面临两个主要问题：① 如何构建一个贯穿多个网络的统一的密钥管理系统，并应与物联网的体系结构相适应；② 如何解决传感网的密钥管理问题，如密钥的分配、更新和组播等。

实现统一的密钥管理系统可以采用以互联网为中心的集中式管理方式和以各自网络为中心的分布式管理方式这两种。其中，以互联网为中心的集中式管理方式是由互联网的密钥分配中心负责整个物联网的密钥管理，一旦传感器网络接入互联网，通过密钥中心与传感器网络汇聚点进行交互，实现对网络中结点的密钥管理；以各自网络为中心的分布式管理方式是在此模式下，互联网和移动通信网的密钥管理比较容易解决，但在传感网环境中对汇聚点的要求就比较高。尽管可以在传感网中采用簇头选择方法，推选簇头，形成层次式网络结构，每个结点与相应的簇头通信，簇头间以及簇头与汇聚结点之间进行密钥协商，但对于多跳通信的边缘结点以及由于簇头选择算法和簇头本身的能量消耗，使传感网的密钥管理成为解决问题的关键。

1）安全需求

WSN 密钥管理系统的设计在很大程度上受到其自身特征的限制，因此在设计需求上与有线网络和传统的资源不受限制的无线网络有所不同，特别要充分考虑 WSN 传感结点的限制以及网络组网与路由的特征。WSN 的安全需求主要体现在以下几个方面：

（1）密钥生成或更新算法的安全性：利用该算法生成的密钥应具备一定的安全强度，不能被网络攻击者轻易破解或者花很小代价破解，即加密后应能使数据包具有机密性。

（2）前向私密性：对中途退出传感器网络或者被俘获的恶意结点，在周期性的密钥更新或者撤销后无法再利用先前所获知的密钥信息生成合法的密钥继续参与网络通信，即无法参与报文解密或者生成有效的可认证的报文。

（3）后向私密性和可扩展性：新加入传感器网络的合法结点可利用新分发的或者周期性更新的密钥参与网络的正常通信，即进行报文的加解密和认证行为等；而且能够保障网络是可扩展的，即允许大量新结点的加入。

（4）抗同谋攻击：在传感器网络中，若干结点被俘获后，其所掌握的密钥信息可能会造成网络局部范围的泄密，但不应对整个网络的运行造成破坏性或损毁性的后果，即密钥系统要具有抗同谋攻击的能力。

（5）源端认证性和新鲜性：源端认证是指要求发送方身份的可认证性和消息的可认证性，即任何一个网络数据包都能通过认证和追踪寻找到其发送源，且是不可否认的；新鲜性则保证合法的结点在一定的延迟许可内能收到所需的信息，除和密钥管理方案紧密相关外，新鲜性还与传感器网络的时间同步技术和路由算法有很大的关联。

2）密钥管理机制

根据上述需求，在密钥管理系统的实现方法中，人们分别提出了基于对称密钥系统的方法和基于非对称密钥系统的方法。

在基于对称密钥的管理系统方面，从分配方式上可分为基于密钥分配中心方式、预分配方式和基于分组分簇方式三类。典型的解决方法有 SPINS 协议（以数据为中心的自适应通信路由协议）、基于密钥池预分配方式的 E-G 方法和 q-Composite 方法、单密钥空间随机密钥预分配方法、多密钥空间随机密钥预分配方法、对称多项式随机密钥预分配方法、基于地理信息或部署信息的随机密钥预分配方法以及低能耗的密钥管理方法等。

与非对称密钥系统相比，对称密钥系统在计算复杂度方面具有优势，但在密钥管理和安全性方面却存在不足。例如，邻居结点间的认证难于实现，结点的加入和退出不够灵活等。特别是在物联网环境下，如何实现与其他网络的密钥管理系统的融合是值得探讨的问题。为此，人们将非对称密钥系统也应用于 WSN，如 Tiny P K 等人在使用 TinyOS 开发环境的 MICA2 结点上，采用 RSA 算法实现了传感器网络外部结点的认证以及 Tiny Sec 密钥的分发。相关文献首次在 MICA2 结点上基于椭圆曲线密码（ECC）实现了 TinyOS 的 TinySec 密钥的分发；有关资料对基于轻量级 ECC 的密钥管理提出了改进方案。特别是将基于 ECC 体制作为公钥密码系统之一的观点，在 WSN 密钥管理的研究中受到了极大的重视，具有一定的理论研究价值与应用前景。

近几年，作为非对称密钥系统的基于身份标识加密（IBE）的算法引起了人们的关注。该算法的主要思想是加密的公钥不需要从公钥证书中获得，而是直接使用标识用户身份的字符串。最初提出这种 IBE 算法的动机是为了简化电子邮件系统中对于证书的管理。当 Alice 给 Bob 发送邮件时，她仅仅需要使用 Bob 的邮箱 bob@company.com 作为公钥来加密邮件，从而省略了获取 Bob 公钥证书这一步骤。当 Bob 接收到加密后的邮件时，联系私钥生成中心（PKG），同时向 PKG 验证自己的身份，然后就能够得到私钥，从而解密邮件。然而，在 Shamir 提出 IBE 算法后的很长一段时间都没能找到合适的实现方法。直到 2001 年，实用的 IBE 算法才由 Boneh

等人提出，算法利用椭圆曲线双线性映射来实现。

IBE 算法具有一些特征和优势，主要体现在：① 它的公钥可以是任何唯一的字符串，如 Email、身份证号码或者其他标识，不需要 PKI 系统发放证书，使用起来简单；② 由于公钥是身份等标识，因此 IBE 算法解决了密钥分配问题；③ 基于身份标识 IBE 的加密算法具有比对称加密算法更高的加密强度。另外，在同等安全级别条件下，基于 IBE 加密算法比其他公钥加密算法具有更少的参数，因而具有更快的计算速度和更小的存储空间。

IBE 算法一般由四部分组成：系统参数建立、密钥提取、加密、解密。图 4.29 所示为 EPC Global 网络结点标识的格式，其长度共 96 bit，类似于网卡的 MAC 地址。传感网的结点一般都具有身份标识，采用基于身份的密钥系统时就可以以此为公钥，实现感知信息的加密和解密。有关文献对 IBE 算法在 WSN 中的应用进行了分析，包括密钥的分配、更新等过程。IBE 算法的复杂性主要体现在计算双线性对上，寻求简单、适用的双线性对计算方法是 IBE 算法广泛应用的关键。

Header	Filter Value	Partition	Company Prefix	Item Reference	Serial Number
			20～40 bit	4～24 bit	
8 bit	3 bit	3 bit	Combined Length　44 bit		38 bit

图 4.29　EPC Global 网络结点标识的格式

2. 数据处理与隐私性

物联网中的数据要经过信息感知、获取、汇聚、融合、传输、存储、挖掘、决策和控制等处资源限制，在信息的挖掘和决策方面不占居主要位置。物联网应用不仅要考虑信息采集的安全性，也要考虑信息传送的私密性，要求信息不能被篡改和被非授权用户使用，同时，还要考虑网络的可靠、可信和安全。物联网能否大规模推广应用，很大程度上取决于其是否能够保障用户数据和隐私的安全。

就传感网而言，在信息的感知采集阶段就要进行相关的安全处理，如对 RFID 采集的信息进行轻量级的加密处理后，再传送到汇聚结点。这里关注的是，对光学标签信息的采集处理与安全。作为感知端的物体身份标识，光学标签显示了独特的优势，而虚拟光学的加密解密技术则为基于光学标签的身份标识提供了手段。基于软件的虚拟光学密码系统由于可以在光波的多个维度进行信息的加密处理，具有比一般传统的对称加密系统更高的安全性，而数学模型的建立和软件技术的发展极大地推动了该领域的研究和应用推广。

在数据处理过程中由于会涉及基于位置的服务以及在信息处理过程中的隐私保护问题，国际计算机学会（ACM）于 2008 年成立了 SIGSPATIAL（Special Interest Group on Spatial Information），致力于空间信息理论与应用的研究。基于位置的服务是物联网提供的基本功能，是定位、电子地图、基于位置的数据挖掘和发现以及自适应表达等技术的融合。定位技术目前主要有全球卫星导航系统（GNSS）定位、基于手机的定位、WSN 定位等，而无线传感网定位主要涉及射频识别、蓝牙及 ZigBee 等。基于位置的服务面临严峻的隐私保护问题，这既是安全问题，也是法律问题。欧洲通过的《隐私与电子通信法》，对隐私保护问题给出了明确的法律规定。基于位置服务中的隐私内容涉及位置隐私和查询隐私两个方面。其中，位置隐私中的位置是指用户过去或现在的位置，而查询隐私则是指对敏感信息的查询与挖掘。例如，若某用户经常查询某区域的餐馆或医院，可以分析得出该用户的居住位置、收入状况、生活行为和健康状况等敏感信息，造成个人隐私信息的泄露。查询隐私涉及的是数据处理过程中的隐私保护问题。因此，面临的一个困难的选择就是，一方面希望提供尽可能精确的位置服务，另一方面又希望个人的隐私得到保护。这就需要在技术上给予保证。目前的隐私保护方法主要有位置伪装、时空匿名和空间加密等。

3．安全路由协议

物联网的路由需要跨越多类网络，其涉及的协议也多种多样，如基于 IP 地址的互联网路由协议以及基于标识的移动通信网和传感网的路由算法。因此，物联网路由至少要解决多网融合的路由问题和传感网的路由问题这两个问题。其中，前者可以考虑将身份标识映射成类似的 IP 地址，实现基于地址的统一路由体系；后者由于传感网计算资源的局限性和易受攻击的特点，因此应设计抗攻击的安全路由算法。

目前，国内外学者提出了多种 WSN 路由协议，这些路由协议最初的设计目标通常是以最小的通信、计算、存储开销完成结点间的数据传输，这些路由协议大都没有考虑安全问题。实际上，由于无线传感器结点电量有限、计算能力有限、存储容量有限以及部署野外等特点，因此使得它极易受到各类攻击。

WSN 路由协议常受到的攻击主要有虚假路由信息攻击、选择性转发攻击、污水池攻击、女巫攻击、虫洞攻击、HELLO 泛洪攻击和确认攻击等，如表 4.3 所示。抗击这些攻击可以采用的方法如表 4.4 所示。针对无线传感网中数据传送的特点，目前已提出许多较为有效的路由技术。按路由算法的实现方法，可分为：洪泛式路由，如 Gossiping 等；以数据为中心的路由，如 Directed Diffusion 和 SPIN 等；层次式路由，如 LEACH 和 TEEN 等；基于位置信息的路由，如 GPSR 和 GEAR 等。

表 4.3　路由协议的安全威胁

路　由　协　议	安　全　威　胁
TinyOS 信标	虚假路由信息、选择性转发、污水池、女巫、虫洞、HELLO 泛洪
定向扩散	虚假路由信息、选择性转发、污水池、女巫、虫洞、HEELLO 泛洪
地理位置路由	虚假路由信息、选择性转发、女巫
最低成本转发	虚假路由信息、选择性转发、污水池、女巫、虫洞、HEELLO 泛洪
谣传路由	虚假路由信息、选择性转发、污水池、女巫、虫洞
能量节约的拓扑维护（SPAN、GAF、CEC、AFECA）	虚假路由信息、女巫、HEELLO 泛洪
聚簇路由协议（LEACH、TEEN）	选择性转发、HEELLO 泛洪

TRANS 是一个建立在地理路由（如 GPSR）之上的安全机制，包含两个模块：信任路由模块（TRM）和不安全位置避免模块（ILAM）。其中，信任路由模块安装在汇聚结点和感知结点，不安全位置避免模块仅安装在汇聚结点。

另外一种容侵的安全路由协议为 INSENS，它涉及路由发现和数据转发两个阶段。在路由发现阶段，基站通过多跳转发向所有结点发送一个查询报文，相邻结点收到报文后，记录发送者的 ID，然后发给那些还没收到报文的相邻结点，以此建立邻居关系。收到查询报文的结点同时向基站发送自己的位置拓扑

表 4.4　无线传感网的攻击类型及解决方法

攻　击　类　型	解　决　方　法
外部攻击和链路层安全	链路层加密和认证
女巫攻击	身份验证
HELLO 泛洪攻击	双向链路认证
虫洞和污水池	很难防御，必须在设计路由协议时考虑，如基于地理位置路由
选择性转发攻击	多径路由技术
认证广播和泛洪	广播认证，如µTESLA

等反馈信息。最后，基站生成到每个结点均有两条独立路由路径的路由转发表。在之后的数据转发阶段，进行数据包转发时就可以根据结点的路由转发表进行转发了。

4. 认证与访问控制

1）认证技术

认证是指用户采用某种方式来证明自己确实是自己宣称的某人，网络中的认证主要包括身份认证和消息认证。身份认证可以使通信双方确信对方的身份并交换会话密钥。保密性和及时性是认证密钥交换中的两个重要的问题。为了防止假冒和会话密钥的泄密，像用户标识和会话密钥这样的重要信息必须以密文形式传送，这就需要事先已有能用于这一目的的主密钥或公钥。由于可能存在消息重放，因此及时性非常重要。在消息认证中，接收方希望能够保证其接收的消息确实来自真正的发送方。有时收发双方不同时在线，例如在电子邮件系统中，电子邮件消息发送到接收方的电子邮件中，并一直存放在邮箱中直至接收方读取为止。广播认证是一种特殊的消息认证形式，在广播认证中一方广播的消息被多方认证。传统的认证是区分不同层次的，网络层认证负责网络层的身份鉴别，业务层认证负责业务层的身份鉴别，两者独立存在。但是，在物联网中，业务应用与网络通信紧紧地捆绑在一起，认证有其特殊性。例如，当物联网的业务由运营商提供时，那么就可以充分利用网络层认证的结果而不需要进行业务层的认证。又如，当业务是敏感业务如金融类业务时，一般业务提供者不信任网络层的安全级别，因而会使用更高级别的安全保护，那么这时就需要进行业务层的认证；当业务是普通业务时，如气温采集业务等，业务提供者认为网络认证已经足够，那么就不再需要进行业务层的认证了。

在物联网的认证机制中，传感网的认证机制是需要研究的重要部分。WSN 中的认证技术主要包括：

（1）基于轻量级公钥算法的认证技术。鉴于经典的公钥算法需要高计算量，在资源有限的无线传感网中不具有可操作性，当前一些研究正致力于对公钥算法进行优化设计以使其能适应无线传感网，但在能耗和资源方面仍存在很大的改进空间，如基于 RSA 公钥算法的 Tiny PK 认证方案和基于身份标识的认证算法等。

（2）基于预共享密钥的认证技术。SNEP 方案中提出两种配置方法：一是结点之间的共享密钥，二是每个结点和基站之间的共享密钥。这类方案使用每对结点之间共享一个主密钥，可以在任何一对结点之间建立安全通信。其缺点是扩展性和抗捕获能力较差，任意一结点被俘获后就会暴露密钥信息，进而导致全网络瘫痪。

（3）基于随机密钥预分布的认证技术。该技术让每个结点从一个密钥池中随机选取密钥，利用结点的局部连通概率由密钥池的大小可确定结点需存取的密钥数或由结点存储能力确定密钥池大小。利用随机配对密钥方案，即一个密钥仅随机唯一分配给一对结点，实现结点间的认证，将一个结点对另一结点发送的消息进行解密，从而完成认证。该技术的长处在于实现简单，计算负载很小，网络扩展能力较强，在一定程度上能支持网络的动态变化；但是结点抗俘获能力很差，不支持对邻居结点的身份认证，更无法抵抗冒充攻击，随着俘获结点的增多，更多的密钥信息将暴露出来。

（4）利用辅助信息的认证技术。利用辅助信息（如预测结点部署位置）的认证技术，可以借助结点的部署信息或分布模型来有效提高密钥共享概率，并减少预分发密钥的数量，提高网络抵抗被俘结点攻击的能力。但是需要对部署信息有较准确的先验知识或与假定模型匹配的部署方法，由于对辅助信息的依赖性，其缺点就在于仅适合能预知结点位置的 WSN。

（5）基于单向散列函数的认证技术。该技术主要用于广播认证。单向散列函数可生成一个密钥链，利用单向散列函数的不可逆性，保证密钥不可预测。通过某种方式依次公布密钥链中的密钥，可以对消息进行认证。目前，基于单向散列函数的广播认证技术主要是对 TESLA 协议的改进；它以 TESLA 协议为基础，对密钥更新过程、初始认证过程进行了改进，使其能够在 WSN 有效实施。

2）访问控制

访问控制是指对用户合法使用资源的认证和控制。目前，对信息系统的访问控制主要采用基于角色的访问控制（RBAC）机制及其扩展模型。RBAC 机制主要由 Sandhu 于 1996 年提出的基本模型 RBAC96 构成，其认证过程为：一个用户先由系统分配一个角色，如管理员、普通用户等；登录系统后，根据对用户角色所设置的访问策略实现对资源的访问。显然，同样的角色可以访问同样的资源。RBAC 机制是一种基于互联网的办公自动化（OA）系统、银行系统、网上商店系统等的访问控制方法，是基于用户的。

对物联网而言，末端是感知网络，即可能是一个感知结点或一个物体，采用用户角色的形式进行资源控制显然不够灵活。其理由是：① 本身基于角色的访问控制在分布式网络环境中已呈现出不相适应的地方，如对具有时间约束资源的访问控制以及访问控制的多层次适应性等方面均需要进一步探讨；② 结点不是用户，而是各类传感器或其他设备，且种类繁多，基于角色的访问控制机制中的角色类型无法一一对应这些结点，因此使 RBAC 机制难于实现；③ 物联网表现的是信息的感知互动过程，包含了信息的处理、决策和控制等过程，尤其反向控制是物物互联的特征之一，资源的访问呈现动态性和多层次性，而 RBAC 机制中一旦用户被指定为某种角色，其可访问的资源就相对固定了。这样，寻求新的访问控制机制是物联网也是互联网值得研究的问题。

基于属性的访问控制（ABAC）是近几年研究的热点，若将角色映射成用户的属性，可以构成 ABAC 与 RBAC 的对等关系，而且属性的增加相对简单，同时基于属性的加密算法可以使 ABAC 得以实现。ABAC 方法的问题是对较少的属性来说，加密解密的效率较高，但随着属性数量的增加，加密的密文长度将增加，使算法的实用性受到限制。目前有基于密钥策略和基于密文策略两个发展方向，其目标均是改善基于属性的加密算法性能。

5．入侵检测与容侵容错

1）入侵检测

入侵检测（Intrusion Detection）是对入侵行为的检测。它通过收集和分析网络行为、安全日志、审计数据、其他网络上可以获得的信息以及系统中若干关键点的信息，检查网络或系统中是否存在违反安全策略的行为和被攻击的迹象。入侵检测作为一种积极主动地安全防护技术，提供了对内部攻击、外部攻击和误操作的实时保护，在网络系统受到危害之前拦截和响应入侵。因此它被认为是防火墙之后的第二道安全闸门，在不影响网络性能的情况下能对网络进行监测。入侵检测通过执行以下任务来实现：监视、分析用户及系统活动；系统构造和弱点的审计；识别反映已知进攻的活动模式，并向相关人士报警；异常行为模式的统计分析；评估重要系统和数据文件的完整性；操作系统的审计跟踪管理，并识别用户违反安全策略的行为。

入侵检测是防火墙的合理补充，帮助系统对付网络攻击，扩展了系统管理员的安全管理能力（包括安全审计、监视、进攻识别和响应），提高了信息安全基础结构的完整性。入侵检测系统所采用的技术可分为特征检测（Signature-based Detection）与异常检测（Anomaly Detection）两种。

（1）特征检测。特征检测又称 Misuse Detection，它假设入侵者活动可以用一种模式来表示，系统的目标是检测主体活动是否符合这些模式。它可以将已有的入侵方法检查出来，但对新的入侵方法无能为力。其难点在于如何设计模式，既能够表达"入侵"现象，又不会将正常的活动包含进来。

（2）异常检测。异常检测的假设是入侵者活动异常于正常主体的活动。根据这一理念建立主体正常活动的"活动简档"，将当前主体的活动状况与"活动简档"相比较，当违反其统计规律时，认为该活动可能是"入侵"行为。异常检测的难题在于如何建立"活动简档"以及如何设计统计算法，从而不把正常的操作作为"入侵"行为，又不忽略真正的"入侵"行为。

2）容侵

容侵是指在网络中存在恶意入侵的情况下，网络仍然能够正常地运行。容侵常常作为系统的保护措施，当一个服务器系统遭受入侵，而一些安全技术都失效或者不能完全排除入侵所造成的影响时，容侵就可以作为系统的最后一道防线，使整个服务器系统仍能提供全部或者降级服务。WSN 的安全隐患在于网络部署区域的开放特性以及无线电网络的广播特性，攻击者往往利用这两个特性，通过阻碍网络中结点的正常工作，进而破坏整个传感器网络的运行，降低网络的可用性。无人值守的恶劣环境可导致 WSN 缺少传统网络中的物理上的安全，传感器结点很容易被攻击者俘获、毁坏。容侵有一个度的问题，容侵程度高是指系统、数据库、应用遭受到侵犯后的容忍程度比较高，能使受攻击侵犯的影响降到最低。现阶段 WSN 的容侵技术主要集中于网络拓扑容侵、安全路由容侵以及数据传输过程中的容侵机制。

相关文献提出了一种 WSN 中的容侵框架。该框架主要包括以下三部分：

（1）判定恶意结点：主要任务是要找出网络中的攻击结点或被妥协的结点。基站随机发送一个通过公钥加密的报文给结点，为了回应这个报文，结点必须能够利用其私钥对报文进行解密并回送给基站，若基站长时间接收不到结点的回应报文，则认为该结点可能遭受到入侵。另一种判定机制是利用邻居结点的签名。若结点发送数据包给基站，需要获得一定数量的邻居结点对该数据包的签名。当数据包和签名到达基站后，基站通过验证签名的合法性来判定数据包的合法性，进而确定结点为恶意结点的可能性。

（2）发现恶意结点后启动容侵机制：当基站发现网络中可能存在的恶意结点后，将发送一个信息包告知恶意结点周围的邻居结点可能发生入侵情况。由于还不能确定结点是恶意结点，邻居结点只是将该结点的状态修改为容侵，即结点仍然能够在邻居结点的控制下进行数据转发。

（3）通过结点之间的协作对恶意结点做出处理决定（排除或是恢复）：一定数量的邻居结点编造产生报警报文，并对报警报文进行正确的签名，然后将报警报文转发给恶意结点。邻居结点监测恶意结点对报警报文的处理情况。正常结点在接收到报警报文后，会产生正确的签名，而恶意结点则可能产生无效的签名。邻居结点根据接收到的恶意结点的无效签名的数量来确定结点是恶意结点的可能性。通过各个邻居结点对恶意结点监测信息的判断，选择攻击或放弃。

根据 WSN 中的不同入侵情况，可以设计不同的容侵机制，如 WSN 中的拓扑容侵、路由容侵和数据传输容侵等。前面讨论过的路由协议 INSENS 就具有路由容侵的功能。

3）容错

WSN 可用性的另一个要求是网络的容错性。一般意义上的容错性是指在故障存在的情况下系统不失效，仍然能够正常工作的特性。WSN 的容错性是指当部分结点或链路失效后，网络能够进行传输数据的恢复或者网络结构的自愈，从而尽可能减小结点或链路失效对 WSN 功能的影响。由于传感器结点在能量、存储空间、计算能力和通信带宽等诸多方面都受到限制，而且工作在恶劣环境中的传感器结点经常会出现失效的状况，因此容错性成为 WSN 中一个重要的设计因素，容错技术也因此成为 WSN 研究的一个重要领域。目前，该领域的研究主要集中以下三个方面：

（1）网络拓扑中的容错。该技术是指通过对 WSN 设计合理的拓扑结构，保证网络出现断裂的情况下，能正常进行通信。

（2）网络覆盖中的容错。该技术是指在 WSN 的部署阶段，主要研究在部分结点、链路失效的情况下，如何事先部署或事后移动、补充传感器结点，从而保证对监测区域的覆盖以及保持网络结点之间的连通。

（3）数据检测中的容错。该技术主要研究在恶劣的网络环境中，当某些特定事件发生时，处于事件发生区域的结点如何能够正确获取数据。

6. 决策与控制安全

物联网中的数据是一个双向流动的信息流，一是从感知端采集物理世界的各种信息，经过对数据的处理，存储在网络的数据库中；二是根据用户需求，进行数据的挖掘、决策和控制，实现与物理世界中任何互联物体的互动。在数据采集处理过程讨论了相关的隐私性等安全问题，而决策与控制又将涉及其他的安全问题，如可靠性等。前面讨论的认证和访问控制机制可以对用户进行认证，使合法的用户才能使用相关的数据，并对系统进行控制操作。但问题是，如何才能保证决策与控制的正确性和可靠性。在传统的 WSN 中由于侧重对感知端信息的获取，对决策与控制的安全考虑不够。互联网的应用也是侧重于信息的获取与挖掘，较少应用对第三方的控制。然而物联网中对物体的控制将是重要的组成部分，需要进一步深入的研究。

目前，在 WSN 安全方面，人们就密钥管理、安全路由、认证与访问控制、数据隐私保护、入侵检测与容错容侵以及安全决策与控制等方面进行了相关研究。密钥管理作为多个安全机制的基础一直是研究的热点，但至今并没有找到理想的解决方案。要么寻求更轻量级的加密算法，要么提高传感器结点的性能，目前的方法距实际应用还有一定的距离。特别是迄今为止，真正的大规模 WSN 的实际应用仍然太少，多跳自组织网络环境下的大规模数据处理（如路由和数据融合）使很多理论上的小规模仿真失去了意义，而在这种环境下的安全问题才是传感器网安全的难点所在。

总之，物联网的安全和隐私保护是物联网服务能否大规模应用的关键，物联网的多源异构性使其安全面临巨大的挑战。就单一网络而言，互联网、移动通信网等已建立了一系列行之有效的安全机制和方法，为人们的日常生活和工作提供了丰富的信息资源，改变了人们的生活和工作方式。相对而言，传感网的安全研究仍处于初始阶段，还不能提供一个完整的解决方案。由于传感网资源的局限性，使其安全问题的研究难度增大。因此传感网的安全研究将是物联网安全研究的重要组成部分。同时，如何建立有效的多网融合的安全架构，建立一个跨越多网的统一安全模型，形成有效的协调防御系统也是物联网安全的重要研究方向之一。

讨论与思考题

（1）物联网业务管理模式有哪几种？各种模式的特点或侧重点是什么？

（2）阐述分布式网络管理体系的结构。

（3）物联网网络管理包括哪些内容？

（4）举例说明物联网网络管理的应用。

（5）物联网的网络管理协议都有哪些？

（6）Ad-hoc 网络管理方案可以分为哪几类？简述其具体内容。

（7）结合物联网各个架构层的安全问题，谈谈对应的安全技术和措施。

第5章 智能物流应用与解决方案

物联网在物流领域的应用主要是指，通过智能物流打造集信息展现、电子商务、物流配载、仓储管理、金融质押、园区安保和海关保税等功能为一体的物流园区综合信息服务平台。信息服务平台以功能集成、效能综合为主要开发理念，以电子商务、网上交易为主要交易形式，建设高标准、高品位的综合信息服务平台，并为实现金融质押、园区安保和海关保税等功能预留了接口，可以为园区客户及管理人员提供一站式综合信息服务。

5.1 物联网在物流领域中应用

5.1.1 概述

物联网的成熟一方面是由于产业的成熟，另一方面是由于行业的需求。尤其是在物流领域，传统物流已经不能满足其快速发展的需求，大力发展现代物流迫在眉睫。物联网的诞生直接为发展现代物流业起到了非常重要的作用，而物流又加速了物联网的落地。物联网的发展离不开物流行业支持。早期的物联网被人们称为传感网，而传感网最早就是始于国内物流行业的有效应用，如 RFID 在汽车运输领域中的应用，就是一种最基础的物联网应用。

1. 物流行业是物联网应用的重要领域

物流行业不仅是国家十大产业振兴规划产业之一，也是信息化及物联网应用的重要领域，其信息化和综合化的物流管理、流程监控，不仅能为企业带来物流效率提升、物流成本控制等效益，也能从整体上提高企业及相关领域的信息化水平，从而达到带动整个产业发展的目的。例如，江苏省利用传感网的规模化和产业化对传统产业带来的根本变革，重点推进带动效应大的现代装备制造业、现代农业、现代服务业、现代物流业等产业的发展；智能物流传感网作为十大经济领域示范工程之一，已成为其传感网产业规划的重要内容。

目前，国内物流行业的信息化水平仍不高：对内，企业缺乏系统的 IT 信息解决方案，不能借助功能丰富的平台快速定制解决方案，保证订单履约的准确性，满足客户的具体需求；对外，各个地区的物流企业分别拥有各自的平台及管理系统，信息共享程度低，地方壁垒较高。针对行业目前存在的问题，第三方的 IT 系统提供商以及电信运营商提出了基于行业信息化的不同解决方案，局部地采用了物联网技术，取得了一定的进展。

从整体上来看，我国的传感网产业发展仍处于起步阶段，其中的物流信息化建设以及物联网领域的拓展若能借鉴已有的经验及有效模式，便可在短时间内取得飞速发展。但是，在发展过程中仍会存在不少问题，这些问题主要表现为企业规模水平不一致、技术标准缺乏、创新体系不完善、应用领域不广且层次偏低以及运营模式不成熟等。针对上述问题，开展物联网的物流行业应用时必须注意以下三个问题：

（1）物流行业是物联网应用的重要行业，早在物联网刚刚提出之时，物联网的基本技术 RFID 技术就开始了在物流行业的推广与应用，经过多年的推进，取得了巨大的成绩，有了很多成功的案例。

（2）物流行业的信息系统近几年在系统化、可视化等方面取得了巨大进展，RFID 技术、

GNSS 技术等物联网技术在物流作业的信息采集、物品追踪、运送监控和可视化管理等方面都取得了很多进展。

（3）在传感技术应用方面，一些先进的物流企业或物流中心，已经借助传感网络开始了对食品冷库和药品库等的在线智能监控与管理。

2．物联网在物流行业中的应用

如前所述，物流行业是物联网很早就实实在在落地的行业之一，很多先进的现代物流系统已经具备了信息化、数字化、网络化、集成化、智能化、柔性化、敏捷化、可视化和自动化等先进技术特征。很多物流系统和网络也采用了最新的红外、激光、无线、编码、认址、自动识别、定位、无接触供电、光纤、数据库、传感器、RFID 和卫星定位等高新技术，这种集光、机、电、信息等技术为一体的新技术，在物流系统中的集成应用是物联网技术在物流行业应用的具体体现。基于物联网的智能物流系统架构如图 5.1 所示。

在物流业中物联网主要应用在基于 RFID 的产品可追溯系统、基于 GNSS 的智能配送可视化管理网络、全自动的物流配送中心以及基于智能配货的物流网络化公共信息平台，使用分析与模拟软件可以优化从原材料至成品的供应链网络。同时，帮助企业确定生产设备的位置，优化采购地点，也能帮助制定库存分配战略，降低成本，减少碳排放，改善服务。我国 2009 年全社会物流总费用与 GDP 的比例为 18.3%，相当于每年因物流与供应链管理不畅损

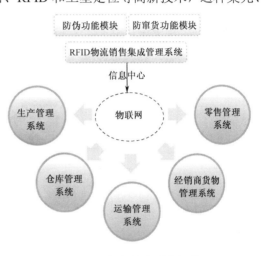

图 5.1　智能物流系统架构

失高达 2.5 万亿元。中远物流公司采用信息化管理成功地将分销中心的数量从 100 减少至 40，分销成本降低了 23%，燃料使用量降低了 25%，也将碳排放量减少了 10%～15%。

5.1.2　基于物联网的物流信息增值服务

客户为了增强其核心竞争力，往往会对第三方物流服务，尤其是对第三方物流信息服务的要求越来越高，但实际上的满意度却较低，而物联网可为物流企业实现信息增值提供坚实的基础。以 EPC 为核心技术的物联网，集合了编码、网格和射频识别等技术，突破了以往获取信息模式的瓶颈，在标准化、自动化和网络化等方面进行了创新，从而可使物流公司能够准确、全面和及时地获取物流信息，并在此基础上根据不同的信息级别分别提供企业级、行业级和供应链级的信息增值服务。基于物联网的物流信息增值服务架构如图 5.2 所示。

1．企业级信息增值服务

企业内部的信息传递不畅，将阻碍信息的有效利用。通过利用物联网，物流企业可以提供企业级信息增值服务。企业级信息增值服务的焦点集中在企业的产品上，通过对产品的产销规模、销售渠道、运输距离和成本等信息进行汇总和分析，实现对产品的销售情况、库存情况（包括途中和销售商货架上的产品）和配送情况等信息的收集，使企业可以跟踪产品的一切市场信息，从而可以为企业的生产计划、库存计划和销售计划等提供决策支持。智能物流企业信息增值服务框架如图 5.3 所示。

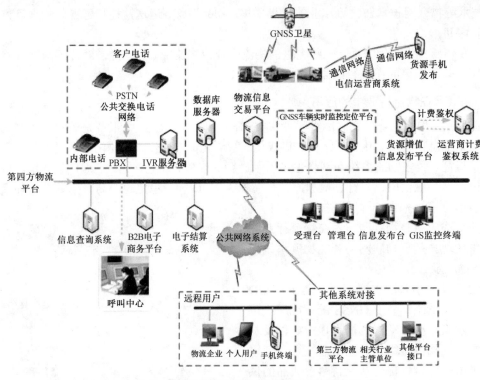

图 5.2　基于物联网的物流信息增值服务架构

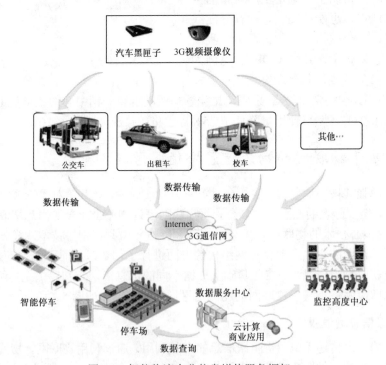

图 5.3　智能物流企业信息增值服务框架

2. 行业级信息增值服务

对行业级信息的充分挖掘，可以使企业避免因同行业企业的恶性竞争所造成的严重损失。行业级信息增值服务主要聚焦于行业市场。在企业级信息的基础上，通过对市场需求变化、供求变化等信息的汇总，可分析产品的市场结构、产品的系列化结构、消费层次和市场进退等市场变化情况，为企业提供详尽的行业动态信息。智能物流行业信息增值服务框架如图5.4所示。

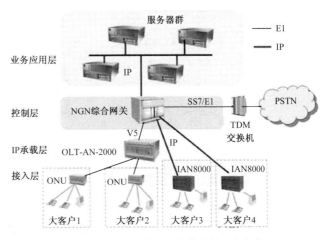

3. 供应链级信息增值服务

利用物联网，物流企业可以对供应链级信息进行整合，冲破供应链管理的信息瓶颈，提供供应链级信息增值服务。这种服务是以产品销售环节为出发点，通过对市场销售信息的反馈，将信息通过物联网的方式层层传递，使供应

图5.4　智能物流行业信息增值服务框架

链各个环节根据市场变化情况及时调整计划，最终达到供应链整体资源的最优化配置。供应链级信息增值服务是基于企业级和行业级信息服务的，主要依靠物联网的网络特性和个性化的配套软件系统，来实现对物品流通过程中各个市场要素的全方位监控，提供既能满足企业需要，又能满足整个供应链资源优化配置的信息服务。智能物流供应链信息增值服务框架如图5.5所示。

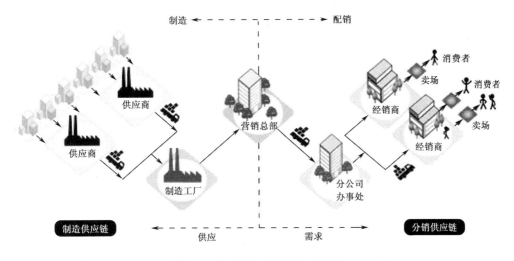

图5.5　供应链信息增值服务框架

5.1.3　基于 RFID 电子标签的物联网物流管理系统

物联网应用实际上是很广泛的，早期的 RFID 应用都可以划为物联网应用。据资料显示，物联网已经渗透到了汽车物流业，如卡车物联网。中国货运运输每年的产值约2万亿元，非常庞大。然而，国内和国外发达国家完全不同，国外都是大的货运公司，而国内则有200多万家小型运输公司，有2000万名司机，有800万辆卡车，而且大多属于自由状态。运输公司接到业务以后就去找司机，但是它不知道司机在哪儿，因此需要有一个系统告诉它司机在什么位置。这个问题可复杂也可简单，现在最简单的办法是通过手机漫游采集卡车司机的位置信息。只要有了这些信息，2000万名司机在什么地方就知道了，就可以找到司机解决货运问题了。一个软件配合手机的应用，使得国内运输系统完全不同于发达国家的运输系统。基于物联网的智能

物流管理系统框架如图 5.6 所示。

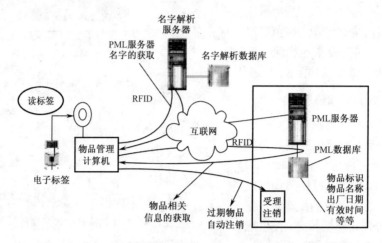

图 5.6　基于物联网的智能物流管理系统框架

通常认为，物联网运用主要集中在物流、零部件和生产领域。有观点称，物流领域是物联网相关技术最有现实意义的应用领域之一。特别是在国际贸易中，物流效率一直是制约整体国际贸易效率提升的关键环节，RFID 物联网技术的应用将极大地提升国际贸易流通效率。例如，在集装箱上使用了统一标准的电子标签后，装卸时可自动收集货物内容的信息，从而缩短作业时间，并可以实时掌握货物位置，提高运营效率，最终减少货物装卸、仓储等物流成本。基于所感知的货物数据可建立全球范围的货物状态监控系统，提供全面的跨境贸易信息、货物信息和物流信息跟踪，帮助中国制造商、进出口商、货物代理等贸易参与方随时随地地掌握货物及航运信息，提升国际贸易风险的控制能力。

1．RFID 电子标签的应用

目前盛行的条形码标签，人工读取一个需要 10 s 时间，机器读取一个需要 2 s 时间，而采用电子标签及射频技术后读取一个只需要 0.1 s 时间。实践证明，物流与物联网关系密切，通过物联网建设，不但企业可以实现物流的顺利运行，城市交通和市民生活也将获得改观。RFID 电子标签的具体应用体现在以下方面：

（1）电子票证系统、航空行李管理系统、邮政包裹管理系统、图书管理系统、防伪标签物流管理系统、门禁管理系统和一卡通系统。

（2）人员进出入门禁管理、员工考勤系统、电子式感应门锁、停车场管理系统、高速公路收费系统、智能楼宇一卡通、警卫巡逻系统、车牌辨识系统、畜牧业电脑养殖系统、自动仓储系统、生产线自动化系统、货柜定位系统、马拉松计时系统、垃圾车清运系统和商品防窃系统。

（3）摩托车晶片防盗器、汽车晶片防盗器、汽车防抢系统和汽车无插孔感应门系统。

（4）加油站付费系统、会员认证系统、连锁店会员消费系统、跨行业连锁付费系统、金融卡系统和信用卡系统。

2．RFID 电子标签的商品包装与成本

RFID 电子标签的外形现在已经可以做得很薄了，并可附着在不干胶片或其他形态的包装物品上，而且对其外形也没有任何苛求，甚至它还可以被包装在物品的内部。电子标签的成本是制约电子标签彻底取代传统条形码（Bar Code）的一个非常重要的因素。据有关机构测算，当一个电子标签的成本降至 7 分人民币时，电子标签将可能完全取代条形码标签。

5.2 RFID 在制造业物流系统中的应用

5.2.1 概述

随着现代制造业物流的发展，需要对单个物料、半成品和成品，以及生产线的生产流程进行记录和管理，以便提高生产管理水平，整合、优化制造业生产环节的业务流程，提高产品的质量控制和监督，提高客户服务质量，理清可能的质量事故责任人和出处，从而完成对每个产品从成品到物料，从生产到计划的完全追溯。为此，相关企业开发出了生产流程和追溯管理软件，建立了以追溯数据管理为核心，以实现质量控制、流程控制和产品服务的系统化和规范化为目标的软件系统，即生产追溯管理系统（MTS），如图 5.7 所示。

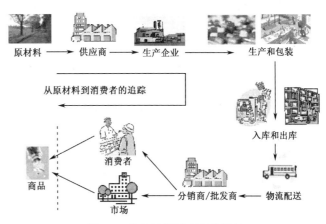

图 5.7 生产追溯管理系统框架

MTS 要实现的总体目标是：实现生产流水线上的每个工序的生产状况以及生产过程中数据操作的准确化和系统化，建立产品生产控制跟踪，实现从成品到半成品再到部品（物料）的可监控、可追溯，从而完成产品生产的内部流程追溯管理以及外部进出的源头追溯和数据管理。

5.2.2 RFID-MTS 的基本功能与主要内容

1. 基本功能

RFID-MTS 采用 RFID 或条码或两者结合的编码方式实现对数据的管理和追溯，保证从单个物料到产品的唯一性。其基本功能如下：

（1）通过对物料的 ID（条形码或 RFID）进行扫描，记录部品的使用及目前状况和来源。

（2）通过对半成品在生产中所经历过的工序记录和数据统计跟踪其生产细节，可以在返品或者生产过程中追踪到在生产中的哪道工序、哪些物料、哪个机型、哪些人员等存在问题，以采取相应措施进行修补。

（3）通过对成品的包装、入库、库内调整、出库及质检等工序的记录和统计，跟踪成品在最后阶段的状况，以便在需要时进行查询操作。

（4）实现对整个生产过程中从部品到半成品再到成品的单个、类别以及全部产品的追溯、质量控制和流程管理，形成完整的生产追溯管理系统平台。

2. 主要内容

RFID-MTS 的主要内容涉及以下方面：

（1）生产计划与排产。生产计划与排产管理模块是宏观计划管理与微观排产优化管理之间的衔接模块，通过有效的计划编制和产能详细调度，在保证客户商品按时交付的基础上，可使生产能力发挥到最高水平。对于按订单生产的企业，随着客户订单的小型化、多样化和随机化，利用该模块安排生产是适应订单、节约产能和成本的有效方式。

（2）生产过程控制。该模块可根据生产工艺控制生产过程，防止零配件的错装、漏装和多装，实时统计来自车间的采集数据，监控在制品、成品和物料的生产状态和质量状态；同时，利用条码或 RFID 自动识别技术还可实现对员工生产状态的监督。

（3）数据采集。数据采集模块主要采集两种类型的数据：一种是基于自动识别技术（条形码或 RFID）采集的数据，主要是指离散行业的装配数据；另一种是基于设备采集的仪表数据，主要是指自动控制设备和流体型生产中的物料信息。

（4）质量管理。质量管理模块基于全面质量管理的思想，对从供应商、原料到售后服务的整个产品的生产和生命周期进行质量记录和分析，并在生产过程控制的基础上对生产过程中的质量问题进行严格控制，以有效地防止不良品的流动，降低不良品率。

（5）产品物料追溯与召回管理。物料追踪功能可根据产品到半成品再到批次物料的质量缺陷，追踪到所有使用了该批次物料的成品，支持从成品到原料的逆向追踪，以适应某些行业的召回制度，协助制造商将损失降到最小，更好地为客户服务。

（6）资源管理。技术、员工和设备是制造企业的三大重要资源，利用 MTS 可把三者有机地整合到制造执行系统中，实现全面的制造资源管理。

（7）流程过程控制。该模块可帮助企业稳定生产过程和评估过程能力。通过监测生产过程的稳定程度和发展趋势，可及时发现不良倾向或变异，及时解决存在的问题；通过对过程能力指数的评估，可明确生产过程中的工作质量和产品质量所达到的水平。

（8）统计分析。众多的经过合理设计和优化的报表，可为管理者提供迅捷的统计分析和决策支持，实时把握生产中的每个环节，同时可以通过车间 LED 大屏幕看板显示生产进度和不良率，实时反馈生产状态。

（9）其他系统接口。为了适应现代企业全面质量管理的进程，MTS 系统可与客户关系管理（CRM）或其他售后服务管理软件相连接，对成品出厂后的销售和服务过程中的相关质量问题进行有效管理，实现对售后服务过程中的质量问题的根源追溯，将质量管理贯穿于产品的整个生命周期；同时，MTS 还具有与 ERP/财务等系统的相应接口。

（10）系统管理。MTS 具有用户管理、日志管理、数据备份、角色管理、系统设置和 LED 等接口功能模块。

（11）角色分配管理。对于上述不同功能的实现和管理，MTS 是通过设置不同的角色来完成的，这些角色包括系统管理员、生产管理员、生产线管理员、操作员、统计分析员和客户；系统充分发挥 Web 软件的优势，不同权限的人和不同的角色只能在自己的有效浏览器界面内完成自己的工作，以保证角色的权限、数据的安全和功能的简洁。

5.2.3 RFID-MTS 的基本特点与环境要求

1. RFID-MTS 的基本特点

RFID-MTS 基本特点如下：

（1）采用基于 GPL 方式开发工具和软件，包括采用 Java 语言、MySQL 数据库、Linux 操作系统及 Tomcat 应用服务器等，使系统的使用性更为广泛，购买、采用和维护的成本也更为经济。

（2）采用 B/S 方式，用户可以采用常用的浏览器方式，并通过内部网和 Internet 灵活使用，用户数无 License 限制。

（3）采用基于 RFID 或条码的从进料到成品的个体全跟踪数据采集方式。

（4）对不同的角色采用不同的界面模式和操作模式，保证角色的权限和管理的独立性，并简化不同角色的操作行为。

（5）提供与 OA、ERP、MES、MIS 和 CRM 等不同软件的多种导入方式和接口。

（6）完全自定义的不同产品型号的工序和作业设定，满足全部产品生产作业的需要。

（7）完全自定义的生产线安排和人员安排，保证生产线和人员的使用与安排合理、正确。

（8）对生产线操作员可根据工作分工设置不同的工序岗位，并可自定义岗位角色。

（9）对要实时了解生产进度和质量的客户，针对相关产品型号通过 Internet 等网络进行实时的控制和了解。

（10）具有多语言版本和在线帮助等特点，满足不同用户的不同需求。

（11）适合几乎所有的制造型企业。

2．RFID-MTS 对环境的要求

RFID-MTS 对环境的要求如下：

（1）硬件环境要求：局域网（互联网），PC 服务器，PC，RFID 读写器（条码扫描器），打印机（条码或 RFID）等。

（2）软件环境要求：服务器操作系统为 GNU/Linux，应用服务器为 Tomcat，数据库为 MySQL，浏览器为 Firefox(IE)。

5.2.4 RFID-MTS 实施效益分析

通过实施 RFID-MTS，可以实现以下方面的效益：

（1）制造执行过程透明化。通过 MTS 执行系统和设备控制技术，可实时采集工序产量、过程良品率、在制品移转状况和测试参数等详细生产过程数据，然后利用 MTS 提供的汇总分析报表工具，可为企业不同层面管理者的生产管理决策提供有效依据。

（2）缩短产品制造周期。MTS 系统的应用，可提高企业的生产自动化程度，替代和节省大量手动作业流程，缩短产品的制造周期。同时，信息采集和反馈的实施，可消除由于信息不对称而造成的各种生产过程延误，从而使生产管理人员在生产车间之外就能实时掌握第一手生产信息，对突发状况做出快速反应，使产出与计划结合得更加紧密。

（3）提高产品质量。通过对产品生产的全过程监控，利用 MTS 给品管人员提供的基础数据和分析工具，可帮助企业进行日常品质分析和周期性的品质持续改进。通过与 SPC 等过程控制工具的结合，可对工艺过程的稳定性、良品率以及不良缺陷分布的波动状况进行实时监控并预警，对生产线上的问题进行有效预防。

（4）持续提升客户满意度。基于大量的综合汇总报表，可向客户提供产品生产过程中的人、机、料等数据以及产量、不良率等汇总数据；通过直观的柱状图、饼状图和折线图分析，能使客户准确、方便地了解产品数据和公司的整体经营状况。客户可远程直接了解自己产品的生产过程和状况，并可为客户提供产品质量完全追溯的平台。

（5）降低生产成本。通过对生产现场的实时监控与预警，可预防问题的发生，降低产品维修和返工数量；同时，通过提供各类统计分析的电子报表，可节省时间和人力、物力，实现工厂的无纸化生产，降低人力与其他生产资源的使用。

（6）节约系统投资成本。与其他相关的产品相比，由于 MTS 的开发全部采用符合 GPL 的环境、工具和数据库等，因此可为用户购买和使用该系统节省大量的时间和金钱。

5.3 物联网在煤炭运输物流系统中的应用

煤炭运输车辆装卸作业电子签封监管系统，简称"电子签封"（Electronic Sealing，ELS），是专门针对这一生产运输环节，借鉴国外先进经验而设计的一套管理系统，可有效实现煤炭车辆联网，监控车辆运输作业过程，规范和监督各环节操作行为，为加强运输车辆作业管理提供科学依据。煤炭运输车辆装卸作业电子签封监管系统如图 5.8 所示。

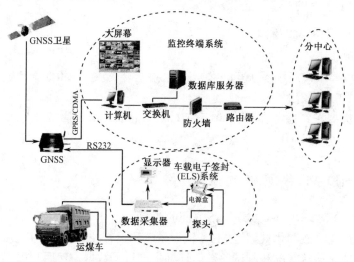

图 5.8　煤炭运输车辆装卸作业电子签封监管系统

5.3.1　系统硬件组成与工作原理

系统与 GNSS 的有机结合——"车载 GNSS/ELS 监管系统"，可实现数据远传、实时监控、中心管理，从而在加强车辆安全运输管理水平的同时，承运信誉也可得到保证，因此该系统具有现实意义。

1. ELS 硬件组成（管理型）

系统硬件主要由开关信号发生器（电子签封）、主机、电源盒、电子钥匙等组成。
（1）信号发生器：绳锁式电子签封（插拔施/解封）；
（2）主机：采集处理签封数据（与 GNSS 串口通信）；
（3）电源盒：内置专用模块电源供电和过载保险；
（4）电子钥匙（ID）：通过主机施/解封，操作者身份识别。

2. 工作原理

根据煤炭运输的特点，电子签封分布在篷布与箱体四周，管理者采取电子施/解封的工作环节，在出发点将探头插入即施封，并通过电子钥匙与驾驶室内的主机办理确认，同时信息上传，此为施封过程。车辆运行至指定地点，主机指示灯显示正常，管理者办理确认，将探头拔出，同时将信息上传，此为解封过程，可正常卸车，施/解封之间的所有操作数据均上传。电子钥匙具有数码唯一性，不能仿制代替，从而确定管理者的合法身份。

在整个运输过程中，必须办理电子施/解封手续，否则车载设备和监控中心会显示报警信息。车载 GNSS 终端会实时将车辆信息传至监控中心，从而实现远程平台管理的目的，其原理框图如图 5.9 所示。

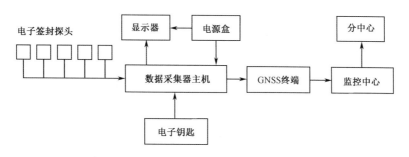

图 5.9 电子签封监管系统的原理框图

5.3.2 系统应用与系统功能

1. 系统应用（部分功能由 GNSS 实现）

系统运行后，主机上有 3 个功能指示灯（红、黄、绿）和 8 个探头状态红灯（开时亮，关时灭），在出发点，管理人员用电子钥匙施封，施封后红灯亮。到运送点，管理人员用电子钥匙解封，此时红灯灭、绿灯亮，可以正常作业，在每次解封与施封之间的开关信息均不上传。从施封后到解封前的这段时间为监控时间，这段时间内如果断电或未经解封私自打开签封探头，则均有报警信息记录。该报警信息除了上传到 GNSS 监控中心外，在主机指示灯上也可体现：断电报警是黄灯亮，私自打开对应探头红灯亮、黄灯亮。管理人员可以根据灯的状态来确定在运输过程中是否有违规现象发生，如有报警提示，只有通过施/解封才能解除；管理者可通过主机下载近期 200 条数据来监督操作行为，还可在系统客户端查询、分析、处理有关操作行为；GNSS 运营中心平台实时监控并保存各类上传数据结果。因此，在运输行驶途中一律不准私自打开任何一个电子签封探头。

2. 系统功能（部分功能由 GNSS 实现）

（1）车载设备在开始工作后，具有自检功能，自检结束后，指示灯显示工作状态；

（2）驾驶员身份记录功能：实现驾驶人员身份记录，记录驾驶员代码和公安交通管理部门核发的机动车驾驶证；

（3）能确认管理者的合法身份以及装卸时间和地点；

（4）采集器标准通信接口：标准 RS-232 CD 型 9 针接口；

（5）上载信息能通过数据存储卡进行转换，向管理计算机提供以下信息：实时时钟，开关数据，施封数据，车辆识别代号，车牌号码，车牌分类；上载数据时，不会改变和删除采集器内存中已存储的任何数据，对每一次上载的日期和时间都进行记录；

（6）人员管理：加油站管理人员与电子钥匙一一对应，通过电子钥匙信息确认、查询人员管理和使用的过程；

（7）车辆管理：管理者实时建立、查询、浏览、分析车辆基本信息和电子封签状态信息；

（8）结果查询：通过查询记录，分析是否有非法操作现象发生，施封后开启/关闭油口判断为非法开关，解封后进行此项操作为正常；

（9）时间管理：设置规定范围时间内的运送状况查询，先对车辆下调度单，进行运行时间的有效控制；

（10）数据备份，报表生成：历史数据备份，查询结果生成规定格式报表，以便考核管理；

（11）重复使用，安全环保：取代传统机械铅封或数码铅封。

5.3.3　系统特点与要点说明

1. 系统特点

（1）易于安装、使用：需要对车辆进行必要的配管穿线工作，将探头固定于工作部位即可；

（2）受外界环境影响小：可在多种条件下全天候工作；

（3）可靠性好：坚固、耐用、防腐蚀退化，抗冲击性强；

（4）可扩充性好：系统建立后可随意增加新的车辆；

（5）可自成系统，又可与 GNSS 系统配合使用，以扩展应用效果和范围，与 GNSS 终端的通信没有技术瓶颈，测试非常简单。

2. 要点说明

（1）电源常开：施封为设防，解封为解除设防；

（2）非法开启报警：电子封签处于正常监控状态时，私自打开、拔掉电源和切断传感器导线或人为利用其他干扰源，均被视为非法开启，此时电子封签主机红灯亮，功能指示灯黄灯亮；

（3）未关好报警：在启动监控时，如果电子封签识别到有未关闭好的探头，主机上对应的红灯亮，那么此次监控为无效监控，信息通过 GNSS 发送至控制中心；

（4）功能：车辆出发到指定地点时，解封后方可打开探头，车离开前施封后方可开启系统；

（5）运行数据记录：车辆何时从何处出发以及何时到达何处，都可记录在案，因此可以了解车辆运行的整个过程，并作为运输管理的有效依据；

（6）掉电报警：当设备的电源被切断时，GNSS 会将电子封签不在线的信息发送至控制中心；电源恢复正常后，电子签封会将重新上电的时间记录发送至控制中心；

（7）电子钥匙：始发地身份施封，开启监控系统；目的地解封，关闭监控系统；解封状态下可进行记录查询或时间修订；

（8）基本型数据上传方式同管理型：可不配电子钥匙，取消人工施/解封主机确认部分的操作，完全由中心平台管理；利用 GNSS 实时定位技术，圈划具体地理位置，在该区域内的所有操作均为合法操作，在该区域外的所有操作均为非法操作，监控中心会显示报警信息。

5.4　RFID 技术在图书馆领域中的应用

5.4.1　概述

图书馆依靠自己的资源为读者创造价值，而价值是在资源的运营中产生的。我国目前图书馆传统的图书流通管理全部采用磁条和条码系统，其中磁条用于安全防盗，条码用于馆藏标识。图书馆管理系统示意图如图 5.10 所示。该管理系统主要存在问题有：① 顺架、排架困难，劳动强度高；② 图书查找、馆藏清点烦琐耗时；③ 音像读物难以流通；④ 磁条容易被消磁，防盗效果差；⑤ 自动化程度低，管理上缺乏人性化。RFID 技术的出现极大地提高了采集数据的速度，特别是在运动过程中实现了快速、高效、安全的信息识读和存储，而且具有信息载体身份的唯一性。这些特性决定了 RFID 技术在图书馆领域的广泛应用。在欧、美等发达国家与地区的图书馆领域，利用 RFID 标签对图书、录像带等馆藏资料进行跟踪管理越来越普遍，在新加坡、马来西亚、泰国等亚洲国家也于几年前开始采用 RFID 图书系统。

图书馆领域于 20 世纪 90 年代开始关注 RFID 技术的使用，尝试引进这种新型技术来提高图书馆的基本功能和服务水平，以替代原有的二维码图书扫描。图 5.11 所示为图书管理智能化发展趋势。从图 5.11 可以看出，图书的管理从最初的手工记录，经过了需要充磁、消磁的二维码使用时代，已慢慢步入了 RFID 智能化技术控制的新时代。最早使用 RFID 技术的图书馆是新加坡的 Bukit Batok 社区图书馆。新加坡国家图书馆于 2002 年发布了世界上首个全面部署 RFID 的图书管理系统，在运行过程中，管理效率和服务水平都得到了很大的提高。但整体图书馆耗资 10 亿新加坡元，成本较原有图书馆模式要高。

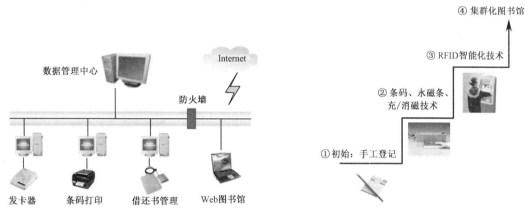

图 5.10　图书馆管理系统示意图　　　　图 5.11　图书管理智能化发展趋势

目前，还没有权威数据可以说明全球有多少家图书馆正在或者打算引进 RFID 技术。进入 21 世纪后，我国全套引进 RFID 系统的图书馆开始增多，一些创新的 RFID 技术与图书馆管理系统的融合使人们为之振奋，诸如基于 RFID 的自动化书架、RFID 图书自动分类系统等。从 2006 年开始，先后已有厦门集美大学诚毅学院图书馆、深圳图书馆、武汉图书馆、国家图书馆和汕头大学图书馆等采用了 RFID 系统，取得了很好的社会效益。表 5.1 示出了我国图书馆应用 RFID 技术的重要事件。从表 5.1 可以看出，相对于全球 RFID 图书馆的发展，我国的发展进程略显落后，于 2006 才建立起第一个 RFID 图书馆，RFID 的标准化工作开始的时间也相对落后。

表 5.1　我国图书馆应用 RFID 技术的重要事件

时　间	事　件
2004 年	《图书馆服务的无线技术——RFID 的应用》，这是可查找到的在正式期刊上发布的最早论文
2005 年 7 月	桂林，中国图书馆学会年会，3M 中国有限公司的专题报告中涉及了 RFID 内容
2005 年 11 月	3M 公司与德州仪器半导体技术（上海）有限公司签署《RFID 技术在图书馆领域应用时需要关注的重要事项》白皮书
2006 年 2 月	厦门，集美大学诚毅学院图书馆 RFID 系统正式运行
2006 年 7 月	深圳图书馆新馆开馆
2006 年年底	中国国家图书馆新馆，立项开展图书馆 RFID 应用标准化研究工作
2007 年 7 月	南京图书馆，RFID 项目招标
2007 年 9 月	汕头大学图书馆，超高频 RFID 技术的使用
2007 年 12 月	深圳图书馆，城市街区 24 小时自助图书系统
2008 年 2 月	中国国家图书馆新馆，RFID 项目招标

RFID 技术在国内图书馆中应用的速度不断加快。例如，深圳图书馆和杭州图书馆项目中

的图书馆 RFID 系统，可实现全城图书馆联网和通借通还，深圳图书馆正在实施书亭式自助外借工作站系统和全自动图书归还分拣交换系统项目。上海图书馆以长宁区图书馆的 RFID 项目作为试点，正在规划大上海地区的图书馆 RFID 系统。中国歌剧院的 RFID 光盘提取管理设备很有特色。中国国家图书馆是世界上为数很少的国立图书馆 RFID 的用户。中国大陆地区目前应用图书馆 RFID 技术水平不论从设备类型全面性到服务模式多样性，系统规模与世界发展水平是同步的，只是用户数量比率比世界水平低。到目前，国内使用 RFID 系统的图书馆已接近百家，但约 2/3 为公共图书馆，高校图书馆不到 1/3，北京地区只有北京理工大学、北京石油化工学院、北京农学院等少数几所高校。

5.4.2 RFID 图书馆系统组成与工作流程

1．系统组成

图书馆对图书馆管理系统进行软硬件的升级，通过采用先进的 RFID 技术和设备，可有效地提高图书管理的效率，简化图书管理的流程，降低图书管理人员的劳动强度。图书馆业是 RFID 技术的理想应用领域，图书馆日常的图书外借、归还、分拣、整架、查找、盘点、统计、馆际互借交换、下架等工作十分烦琐费时，RFID 以感应读写方式取代了条形码直视读取工作方式，可以提高图书馆信息管理和自动化的水平，使图书馆流通管理研究从后条形码时代的宁静期进入到 RFID 活跃期。全世界图书馆众多，馆藏数量浩大，从全世界角度看图书馆 RFID 应用还处于上升发展期，因此 RFID 技术将大幅提高图书馆资源的运营效率，降低管理人员的劳动强度。RFID 图书管理系统包括标签转换系统、自助借还系统、自助还书系统、智能查找系统、手持盘点或移动盘点系统、安全门检测系统，如图 5.12 所示。

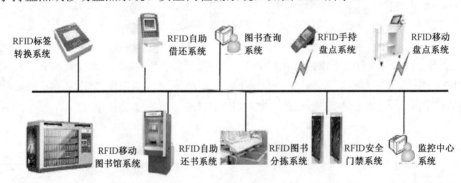

图 5.12 RFID 图书管理系统组成

2．工作流程

RFID 图书馆系统的工作流程主要包括图书发卡、图书借还、图书盘点以及图书入库等，具体如图 5.13 所示。

（1）图书发卡：通过标签转换系统把用户信息录入到标签中。

（2）图书借还：自助借书系统是通过 RFID 设备对读者身份卡和书籍卡（条码）进行读取，把书籍信息和读者信息录入到数据库当中，使该书籍是待借状态，当读者带着书籍离开图书馆经过门禁时书籍状态变成已借状态。还书时，当经过门禁的时候图书变成待还状态，当读者把读者身份卡和图书放在 RFID 识别设备上时设备读取读者信息和书籍信息，图书变成已还状态，而且设备提示读者该把书籍放到什么地方。柜台还书系统是读者把书拿到柜台把读者身份卡给管理人员，由管理人员操作归还或借取图书。RFID 图书馆图书借阅流程如图 5.14 所示。

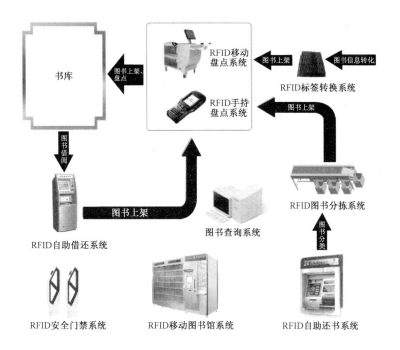

图 5.13　RFID 图书馆系统工作流程

（3）图书盘点：用 RFID 设备组成的盘点推车（手持读写器）对书架上的书籍进行信息读取，查看书籍是否应该放在该书架上；如果不是，则把该书籍放到对应书架上去。另外，查看书架上的书籍是否齐全。

（4）图书入库：把新来的书籍贴上标签或条码，在标签或条码上录入图书信息和储存地点信息。

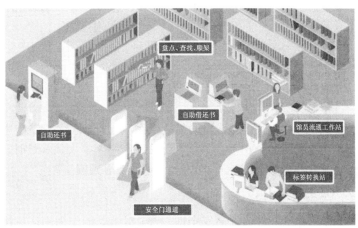

图 5.14　RFID 图书馆图书借阅流程

5.4.3　RFID 图书馆的基本功能

1. 自助借书和还书功能

图书的"自助服务"是指在一定条件下，用户可以根据自身的阅读兴趣、需要、偏好和研究重点，自主、灵活、能动地完成以前需要由图书管理员帮助完成的书目查询、藏书借阅、资料检索和文献复印等活动。这是图书馆基于 RFID 系统进行改造的基本内容。

使用 RFID 借书系统能使读者很容易地自助借书出馆。读者可以使用比原来条形码快得多的自助借书系统一次性借出多本书籍，也不需要像条形码系统那样一定要将书本放在标准位置上，使读者借书的手续比以前更加快捷和简单了。图书馆同时也可以提供自动化的预借提书手续和自助还书系统。自动化预借提书系统将帮助读者在借书点放入他们的借书证就可以直接提取他们预借的书籍，也就是说预借书籍可以做到在 24 小时全天都可以被提取。自动化还书系统可以在室内和室外通过安置还书箱同时使用。读者可以通过自助还书系统收到包含还书日期、时间和被还书籍的内容的收据。RFID 图书自助借还机如图 5.15 所示。

图 5.15　RFID 图书自助借还机

1）RFID 图书自助借还步骤

RFID 图书自助借还机操作流程主要包括以下步骤：

（1）选择语言，若图书馆系统只使用一种语言，可省去此步；

（2）选择借书或者还书功能，若是单一功能的机器，可省去此步；

（3）借书，放入读者卡，输入借书密码，将书本推入借还机扫描（具备一次扫描多本的功能），确认借书；

（4）还书，将书本推入借还机扫描，确认还书。

2）条形码图书馆系统与 RFID 图书馆系统的比较

原有的基于条形码的图书馆流通系统与 RFID 图书馆系统的比较如下：

（1）识别条形码图书时，需要靠近光源扫描，而 RFID 标签的有效范围则可从几厘米到几米，且可以通过选择标签确定适宜的扫描范围，在保证准确性的前提下更方便扫描。

（2）条形码存储信息的容量有限，而 RFID 的 EPC 标签存储信息量很大，可存储书本位置、借阅历史和出版信息等多层次的内容。

（3）条形码图书借阅时一次只能读取一本，借阅耗时长；而统计数据表明，借还每本 RFID 图书将会节约近一半时间。

（4）条形码图书借阅时，每本图书均需进行物理的充/消磁工作；而 EPC 标签的图书，则无须每次进行这个过程，也无须翻开书本，寻找标签，对准扫描仪。

从目前的技术水平来看，使用 RFID 自助借还书系统的准确率还存在一些问题。例如，对于多本图书的借阅，一次读取时会出现"落读"现象；借书卡中余额不足时，无法正确地进行扣费；等等。这些问题需要借助技术水平的进一步提高来得到解决。

2. RFID 安全门与安全检测

通过基于 RFID 的安全系统能够提高安全性；一个标签既能作为确认目标的标识号又具备安全防盗功能，因此比条形码和磁条更有效。RFID 系统通过使用标签上防盗标识位的 CKI 或 CKO 的关和开来提供一个附加的安全层，同时在 RFID 集成为一个自动化处理系统时，RFID 将广泛地改进自助借书、自助还书和防盗威慑的功能。

对于智能化的 RFID 图书馆系统，其安全保护方案目前主要有如下三种方式：

（1）磁条方案。以美国 3M 公司为代表的一些图书馆设备供应商认为，由于 RFID 标签的金属屏蔽等问题，RFID 安全门（如图 5.16 所示）始终没能很好地解决图

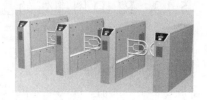

图 5.16　RFID 安全门

书的安全问题。因此，通过磁条来负责图书的流通和典藏仍然是较为有效的方法。当然，磁条方案也存在一些缺点。例如，安全门报警后无法确认是读者手上的哪本书出现了问题，需要再次逐一扫描；再如，与其他领域的磁条可能会产生混乱干扰。

（2）查询数据库方案。查询数据库方案是指图书通过安全门时，安全门读取标签信息后，将其返回书目数据库查询该书是否被借出，并做出相应反应。这种方案最适合只读型标签，由于对于只读型标签不需要进行标签的写入动作，标签的寿命长、成本低。但是，该方案的查询时间较长，并要求查询网络强大而快捷。

（3）电子商品防盗安全位方案。电子商品防盗（Electronic Article Surveillance）安全位方案是指专门把图书的存放状态存储于 RFID 标签中的一位，称之为"安全位"，以 0 和 1 标记。每次借出或归还动作，将对标签进行写入更改安全位的信息。这样，图书通过安全门时可对安全位的数字进行判断。这种处理方式快于查询数据库方式，已被很多厂商所接受；但读写标签的成本较高，工艺要求严格。

3．RFID 分拣功能与点检仪

图书馆职员通过使用 RFID 自助还书系统进行滑轮收书和移动书籍。自助还书系统不仅能提供自助还书功能，还能提供一定范围的分拣设备，承担图书上架前的分拣工作。这些功能包括：基本系统书籍掉入两个还书箱，一个为图书馆重新上架的还书箱，另一个为其他功能（像移动或其他分拣功能）的还书箱；更先进的分拣系统可以分拣到多个不同功能的分拣箱，不同分拣区域和预借提书区域都会用不同的还书箱。通常情况下，图书馆在实施 RFID 技术以后，在同样的数目或更少的馆员的情况下，图书馆的资料流通速度会大大提高。

RFID 点检仪就是一个移动式的 RFID 阅读器，如图 5.17 所示。RFID 点检仪简单、轻便的外形设计以及只具有信息读取的特点，使其生产成本相对较低，因而成为颇具开发潜力的 RFID 图书馆设备。

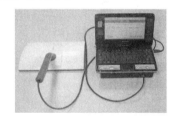

利用这种手持式阅读器，图书管理员可以进行图书的盘点工作，一次可扫描多本且无须抽取出图书，结合智能书架即可完成对图书的整理。对于读者来说，利用这种手

图 5.17　RFID 点检仪

持式阅读器可以解决目前自行在书架进行搜寻的盲目性，减少搜索时间；甚至可以畅想未来，点检仪可以为视力有障碍的读者进行有声服务，或者形成图书馆路线图，帮助读者找到指定的图书。

4．智能书架

智能书架是指将多个 RFID 读写天线安装于书架上，并配置层位标签，使得对馆藏图书的管理更加准确与快捷。通过智能书架的 RFID 系统，当图书被取出或放回书架时，将进行取、放记录，因此智能书架将在图书管理中起到重要的作用，如帮助记录图书的使用频率，提醒图书馆增加或者减少某一本图书的数量。

目前，香港理工大学研制开发了"自动化书架"，将 RFID 系统与机械手相结合，实现了库存图书的自动抽取与放回，如图 5.18 所示。当自动化书架真正投入应用之时，未来图书馆才有望真正达到无人管理的状况。

5．移动智能管理员助理

移动智能管理员助理主要由图书借还系统和图书定位系统组成，可以把它看作一个移动的借还书机器和图书点检仪的结合，实际产品示例如图 5.19 所示。

这种智能化的管理员助理，可以帮助管理员进行图书的上下架和图书的整理，替代原有的木质图书推车，与智能书架结合后可更加有效地进行图书的搜索与检查工作，使管理员的工作更加高效与轻松。

图 5.18　自动化书架　　　　　　　图 5.19　移动智能管理员助理示例

6. 自助图书馆应用

所谓自助图书馆，是一个结合图书自助借还系统、图书初级分类系统和中小型图书储藏箱的"大块头"，如图 5.20 所示。将自助图书馆放置于街区，可以方便市民近距离获得图书馆的服务；进行预约登记后，它将会告知在几天内可以前来取书；24 小时自助借书、换书，更方便工作人群和学生的阅读需要；安置于社区，可满足老年读者和社区居民的需求；利用还书预分检功能，可为馆际互借提供便利。

当然，RFID 图书馆的基本构成还包括 RFID 借书卡、图书自动分拣系统、标签制作台和管理员工作台等，它们共同依靠物联网的技术发挥着作用，使当今的图书馆更加智能化和便捷化。

图 5.20　自助图书馆示意图

5.4.4　RFID 图书馆面临的挑战与问题

1. 安全问题

（1）金属反射与屏蔽问题。RFID 信号可以穿透木头、纸张和塑料等物质，但是却很容易受到金属物质的干扰。例如，金属书架将会反射 RFID 信号，使图书馆的信号覆盖遭到损害；将铝（锡）制薄金属片盖在 EPC 标签上，会很容易使标签失效；对于采用超高频的 RFID 标签，即使是水都会产生屏蔽作用，而人体中的水分是足够携带图书穿过 RFID 安全门的。另外，对于含有金属的书籍的特殊处理、书架要避免使用金属材料以及光盘 RFID 标签的特殊化处理等，都是目前 RFID 技术仍然存在的问题。

（2）标签的物理破坏。RFID 标签的物理破坏也是目前不能避免的问题之一。由于标签直接暴露在读者面前，因此撕下标签或者用小刀划坏标签十分容易，这样就可能造成对图书的损坏和丢失。

（3）RFID 数据的非法读取与非法写入。这个问题涉及 RFID 技术的标准化。由于现有的 RFID 阅读器和配套标签均遵循一定标准，因此在不设置标签锁定的情况下，符合标准的阅读器可以轻易读取标签内的信息。非法读取信息者，可以通过分析标签内的数据，造成对图书馆隐私和读者隐私的侵犯。标签的非法写入问题更加严重。若盗书者能够应用 RFID 读写器写入标签，就可以把原有信息抹掉或增加"已借出"指示，从而将图书带到馆外。

2．隐私问题

首先，RFID 图书馆可能面临非法读取用户信息的隐私泄露问题。黑客可通过获得的信息分析用户的基本资料、借阅习惯和阅读偏好等，尤其是对用户姓名、身份证号码、联系方式等的获取，可直接应用到其他领域造成信息外露和对读者的垃圾信息骚扰。其次，黑客还可以通过 RFID 阅读器对图书馆的隐私造成骚扰和破坏。例如，扰乱图书编码从而使借还书系统崩溃，获取书籍流通信息进行商业秘密的买卖等，这些都是让图书管理者非常担忧却尚未解决的问题。

对于从事间谍、跟踪工作的人员，甚至可以通过对图书馆 RFID 标签信息的窃取，跟踪读者的行迹，对读者"做过什么""在做什么"以及"想做什么"进行分析和推断，这样就可能造成严重的隐私暴露。

3．投资回报

RFID 技术在图书馆领域中的应用，使得图书馆的服务速度和服务满意度都得到了良好的提升。但在目前的技术下，RFID 标签、读写器、自助借还系统等的成本仍然是一项不可小觑的开支，这使得有人从投资回报分析的角度否决 RFID 技术在图书馆领域中的大范围使用。

以 RFID 标签为例，一个最简单的 EPC 只读标签的成本在 3 元以上，那么北京大学图书馆 800 余万册的藏书若要全部更新为 RFID 标签需要花费上千万元，更不要说国家图书馆中的 2 000 余万册藏书了。在《加利福尼亚州 RFID 应用：投资与回报》中，23 个已实施 RFID 的图书馆提供了其使用的设备价格，平均价格、最高价格和最低价格如表 5.2 所示。从表 5.2 可以看出，全套 RFID 设备的图书馆需要很高的建造成本，新加坡国家图书馆花费 10 亿新加坡元建成，美国西雅图公共图书馆的自动分类设备就花费约 500 万美元。

表 5.2　美国加州 RFID 图书馆设备参考价格

设　　备	安全门	管理员工作站	自助借还服务站	标签编码器	点检仪	服务器
平均价格/美元	4347	4747	15335	3823	4495	14106
最低价格/美元	2500	1800	2854	1500	1090	11500
最高价格/美元	7000	16031	20795	8762	6125	16000

当然，在服务质量提高的同时，可以看到 RFID 图书馆也会带来未来运行成本的下降。由于后续系统运行中劳动力成本和图书流通成本等的下降，可把 RFID 系统的更换看作一种预先投资形式。目前，RFID 标签的价格已降至前几年的三分之一左右，虽然有大幅下降，但是对于大多数图书馆用户而言，设备和标签的价格仍然是 RFID 技术普及和推广的敏感话题。900 MHz 图书馆 RFID 系统在中国能够以高于世界用户占有量的比例发展，就与其标签价格较低有关。据统计，中国有 15 300 多家图书馆（不包括中小企业内、中级以下教育机构和街道村镇图书馆），潜在用户数量巨大，而近期准备 RFID 立项的图书馆主要是大中型的公共和高校图书馆。

图书馆 RFID 的硬件技术（标签芯片、读写器通信标准）标准化已基本成型。图书馆 RFID 技术应用的关键点是标签数据模型，国外已提出了多个方案，我国图书馆界也开展了此项研究工作。但是，标准模式（世界统一还是多样）的最终确定尚需时日，而图书馆 RFID 技术的标准化是这一应用领域平稳发展的保证。

5.4.5　智能图书馆的未来展望

国际电信联盟（ITU）在 2005 年的一份报告中曾这样描绘物联网时代：当司机出现操作失误时，汽车会自动报警；公文包会提醒主人忘带了什么东西；衣服会"告诉"洗衣机对颜色和水温的要求，等等。亿博物流咨询公司生动地介绍物联网在物流领域中的应用时这样描绘：一家物流公司应用了物联网系统的货车，当装载超重时，汽车会自动告诉你超载了，并且告诉你超载了多少，但空间却还有剩余，因此告诉你轻重货物应该怎样搭配；当搬运人员卸货时，一只货物包装可能会大叫"你扔疼我了"，或者说"亲爱的，请你不要太野蛮，可以吗？"；当司机在和别人扯闲话时，货车会装作老板的声音怒吼"笨蛋，该发车了！"。也许，可以从这些描述中勾勒出对未来智慧图书馆的畅想：它脱离了原有图书馆的构型，你甚至在借阅过程中从未见到码放图书的架子，你甚至可以闭着眼、一步不移就完成了借还书活动，图书馆变成智能与舒适的诠释者。

（1）图书馆与邮政系统的结合。新加坡国家中文图书馆实施了 RFID 系统与国家邮政系统的合作，读者还书时可以直接将书放入就近的邮箱里，由新加坡邮政进行回收和分拣，并将书通过邮政的配送、投递系统送回原藏书的图书馆。由此，可以构想在高校中的学生生活区设置还书点，以方便学生 24 小时还书，减少过期不还现象的发生，加速图书流通的速度，减少图书馆购书成本，让更多的学生能及时地阅读到所需的图书。

（2）流动图书馆与社区借书服务。社区流动图书馆的建立，使人们可以近距离预约图书，并在几天后进行自取。若图书馆联盟的成员使用统一的 RFID 标签，这将使得图书的流动性和使用率大大加强，并可降低图书的库存成本。流动图书馆的初级 RFID 自动分拣系统，也可解决归还图书的杂乱性问题。这种社区化的图书馆服务，将使得"上班族"的时间问题和老年读者的交通问题同时得到解决。

总之，RFID 是一项非常具有前景的技术，其与图书馆的结合更是充满了挑战性与人们的期待。目前的图书馆 RFID 技术，已解决了图书馆对 RFID 的基本诉求，完成了图书的盘点、库存管理和自助借还等基本功能的开发，并在智能书架等多个方面有了新的创新与融合。但是，在图书安全方面和对投资回报的分析中，可以看到 RFID 技术尚待完善，这需要技术的进步与生产成本的进一步降低。借助 RFID 技术，我们期待未来能够看到更加智能和便捷化的图书馆服务，将固定于钢筋水泥中的图书馆利用无线的网络扩展到人们的生活之中。

5.5　物联网在供应链物流管理中的应用

5.5.1　供应链环节分析

在物联网中，产品在完成生产后，被贴上存储 EPC 码的电子标签，此后在产品的整个生命周期，该 EPC 代码成为产品的唯一标识。以此 EPC 编码为索引，能实时地在物联网上查询和更新产品的相关信息；也能以它为线索，在供应链各个流通环节对产品进行定位和追踪。

在运输、销售、使用和回收等任何环节，当某个读写器在其读取范围内监测到标签的存在时，就会将标签中所含的 EPC 数据传往与其相连的 Savant 中间件。Savant 中间件首先以该 EPC 数据为键值，在本地 ONS 服务器（或者 Internet 上的 ONS 服务器）上获取包含该产品信息的

EPC 信息服务器的网络地址（即 IP 地址）；然后 Savant 中间件根据该地址查询 EPC 信息服务器，获得产品的特定信息，进行必要的处理后，把信息传送到后端企业应用程序进行更深层次的计算处理。同时，本地 EPC 信息服务器和源 EPC 信息服务器对本次读写器读取的信息进行记录和修改相应的数据。

由于供应链管理中的各个环节都处于一种运动的或松散的状态，因此信息常常随实际活动在空间和时间上转移，结果将影响信息的可得性、共享性、实时性及精确性。基于 EPC 技术的物联网应用，很好地克服了上述问题。EPC 标签具有可读写能力，对于供应链这种需要频繁改变数据内容的场合尤为适用，可广泛用于供应链上的仓库管理、运输管理、生产管理、物料跟踪、运载工具和货架识别以及商店特别是超市中的商品防盗等场合。同时，在减少库存、有效客户反应（ECR）、提高工作效率和操作职能化方面也可取得很好的效果，并能够大大降低供应链中存在的"牛鞭效应"。

图 5.21 所示为物联网供应链物流管理架构。从整个供应链来看，EPC 系统可使供应链的透明度大大提高，物品在供应链的任何地方均可被实时追踪。安装在工厂配送中心、仓库及商品货架上的读写器能够自动记录物品在整个供应链中的流动——从生产线到最终的消费者。EPC 技术在物流行业中可发挥重大的作用，其具体应用价值主要体现在以下几个环节。

1. 生产环节

在生产环节应用 EPC 技术，可以完成自动化生产线运作，实现在整个生产线上对原材料、零部件、半成品和产成品的识别与跟踪，降低人工识别的成本和出错率，提高企业生产的效率和效益。利用 EPC 技术，能通过识别电子标签快速地从品类繁多的库存中准确找出生产线上所需的原材料和零部件，帮助管理人员及时根据生产进度发出补货信息，实现流水线均衡、稳定的生产，同时也可加强对产品质量的控制与追踪。

2. 运输环节

在运输环节，通过对在途运输的货物和车辆贴上 EPC 标签，在运输线的检查点上安装 RFID 接收、转发装置，当货物还在运输途中时，无论是供应商还是经销商就能很好地了解货物目前所处的位置及预计的到达时间。

3. 存储环节

在存储环节，EPC 技术的最广泛使用是存取货物与库存盘点，可用于实现自动存货和取货等操作。基于 EPC 的实时盘点和智能货架技术，可保证发货、退货的正确性以及补货的及时性；而在仓储区内，商品可以实现自由放置，这样既可提高仓储区的空间利用率，也可提供有关库存情况的准确信息，从而减少了整个物流中由于商品误置、送错、偷窃和损害以及库存、出货错误等造成的损耗。

4. 零售环节

物联网可以改进零售商的库存管理，实现适时补货；有效跟踪运输与库存，提高效率，减少出错。例如，当贴有电子标签的物件发生移动时，货架上的读写器可对其自动识别并向系统报告这些货物的移动。智能货架会扫描货架上摆放的商品，若是存货数量降到偏低水平，或是侦测到有人偷窃，就会通过计算机提醒店员注意，因此能够实现适时补货，减少库存成本，还能起到货物的防盗作用。

智能秤能根据果蔬的表皮特征、外观形状、颜色和大小等自动识别水果和蔬菜的类别，并对该商品进行计量、计价和打印小票。在商场出口处，带有射频识别标签的商标可由读写器对整车货物一次性扫描，并能从顾客的结算卡上自动扣除相应的金额。这些操作无须人工参与，不但可节约大量的人工成本，提高效率，而且加快了结账流程，提高了顾客的满意度。另外，EPC 标签包含了极其丰富的产品信息，如生产日期、保质期、储存方法及与其不能共存的商品，这样就可以最大限度地减少商品的耗损。

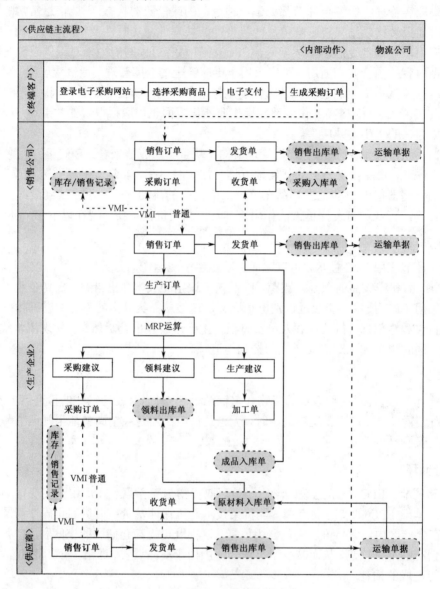

图 5.21　物联网供应链物流管理架构

5. 配送/分销环节

在配送环节采用 EPC 技术，能大大加快配送的速度以及提高拣选与分发过程的效率与准确率，以降低人工和配送成本。供应链物流配送/分销工作流程如图 5.22 所示。如果到达配送中心的所有商品都贴有 EPC 标签，在进入配送中心时，装在门上的读写器就会读取托盘上所有商品上的标签内容并存入数据库。系统将这些信息与发货记录进行核对，可以检测出可能发生的错误，然后将 EPC 标签内容更新为最新的商品存放地点和状态。这样管理员只需操作电脑就可以轻松了解库存，并通过物联网查询货品信息以及通知供应商商品已到或缺货。这样就确保了精确的库存控制，甚至可确切了解目前有多少货箱处于转运途中、转运的始发地和目的地，以及预期的到达时间等信息。

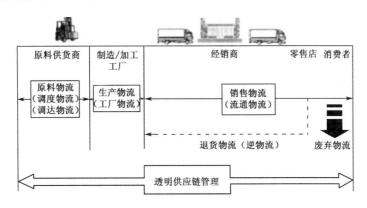

图 5.22　供应链物流配送/分销工作流程

5.5.2　供应链管理系统设计

物联网供应链管理系统的组成框图如图 5.23 所示。该系统主要由管理平台、生产企业、仓储企业、商场企业和企业中间件 5 部分组成。它根据供应链系统流程，结合先进的 EPC 编码理念进行设计，不但实现了供应链的基本流程，还通过企业中间件的设计对所衔接系统之间的整合实现了编码；通过对数据的合理处理，可快速整合各系统之间的数据存储，获得快速传输、快速处理的效果；最后，通过对相应数据的处理，可以实现管理平台、生产企业、仓储企业和商场企业对产品的跟踪和追溯。

在该系统的设计中，所涉及的生产企业、仓储企业和商场企业均为显示存在的系统软件，而不局限于某个指定的软件产品，因此可以根据不同情况衔接多个生产企业、多个商场企业以及多个仓储企业，然后结合企业中间件的使用达到数据传输的目的。

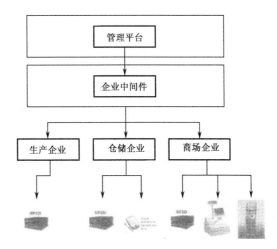

图 5.23　物联网供应链管理系统的组成框图

1. 管理平台

作为系统的核心，管理平台具有的主要功能为：对企业所提交的数据进行审核，如企业编码审核、产品编码审核及包装箱编码审核等；对产品编码的管理，如企业编码、产品编码及包装箱编码等；对下属企业的生产情况进行控制和观测，如在生产产品之前对产品 EPC 代码的管理等。另外，在生产企业、仓储企业、商场企业进行数据传输时，管理平台更是起到了尤为重要的数据连接与转换的作用。

2. 生产企业

作为系统的源头部分，生产企业通过对相应编码的申请过程，可实现对产品、包装箱进行编码管理，即 EPC 标签的唯一写入点，而整个系统中除此之外的所有 RFID 设备所进行的操作均为读取 EPC 标签信息操作，并非对标签中的数据进行更改。在整个供应链流程中，生产企业能够对产品的整个物流过程进行跟踪追溯，达到监察目的。

3．仓储企业

仓储企业主要用于对生产企业生产的产品进行存储管理，并能够对产品的存放位置等信息进行确定，以方便生产企业或者其他合作单位进行产品信息查询。该系统主要分为入库管理、出库管理和库区库位管理等三大模块。

（1）入库管理模块：对需要入库的产品进行 EPC 标签扫描，以最大单位为处理对象，然后进行逐级标签信息的更新处理；

（2）出库管理模块：对需要出库的产品进行 EPC 标签扫描，以最大单位为处理对象，然后进行逐级标签信息的更新处理；

（3）库区库位管理模块：属于仓库内部管理，主要是为了对仓库场地进行合理利用，以达到合理放置货物的目的。

4．商场企业

完成产品的最终销售后，在商场企业的系统中会对产品的销售信息进行管理，并且对商场会员信息进行管理，在产品销售后会员信息将会与产品信息进行绑定，以便日后的查询与跟踪等。

5．企业中间件

企业中间件设计的主要目的，是进行企业和管理平台之间的数据转换，使之能够在不同的系统之间进行业务单据的完整业务流程处理，其中主要分为 EPC 标签写入、EPC 编码读取、EPC 编码转换（十进制数和二进制数之间）、EPC 编码信息转换（写入标签中的数据与衔接系统之间的编码转换）以及实时数据的存储，如相应企业的 RFID 采集点的信息设置、读取时间和变更状态等。

生产企业通过生产企业插件（插件）向管理平台进行企业编码和产品编码申请，在管理平台审核通过后，企业方可进行产品 EPC 编码申请；在得到管理平台下发的产品 EPC 编码后，即可进行相关产品的生产；通过生产企业 RFID 设备进行产品 FPC 编码的写入、验证和最终的产品激活，此时产品 EPC 激活状态将会保存在管理平台服务器中；当产品被运送至某仓库时，仓库的RFID 设备将会对 EPC 标签进行读取，并通过中间件进行编码编译，最终与仓储软件格式保持一致，达到数据流通的目的。同样，当产品在商场时，商场 RFID 设备对产品信息及时读取，并通过中间件进行数据格式转换，最后与商场 POS 软件进行数据流通，如图 5.24 所示。

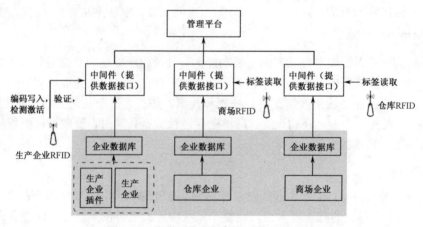

图 5.24　物联网供应链管理系统总体架构

物联网供应链管理系统基本上可实现数据采集、数据传输及数据处理的功能，是一个较为完整的物联网供应链整体解决方案。但是，由于物联网的外部环境尚不完善，作为开放式的应用平台，该系统还有许多具体工作要做。

5.5.3 供应链中的入库管理

1. 要点分析

在产品入库管理过程中，最重要、最核心的问题是产品的识别和入库单信息的获取。传统的人工或条码识别技术虽然在入库管理过程中得到了一定的应用，但依然存在着以下几个问题：

（1）产品识别困难。条码识别技术虽然有一定的应用，但条码扫描仪必须"看到"条码才能读取。条码容易撕裂或污损，这给商品识别带来了一定的困难；而且条码的识别距离很短，也不能对多个产品同时进行识别。这些缺陷使条码识别技术在入库管理方面的应用受到了一定限制。

（2）产品信息难以实时获取。当产品入库时，必须对入库产品的名称、分类、规格、生产厂家、数量和入库时间等信息进行记录，并生成入库清单，以便以后核对与查实。但这些信息的获取往往比较困难，有时需要产品供应商的协助，协调难度大，因此信息的实时性较差。

（3）入库操作自动化程度不高，人工依赖性强。当进入仓库的物品种类繁多且为集中包装时，更是需要进行人工清点和登记，远远不能满足快速、准确入库的需要。人工清点入库不但工作量大，而且十分复杂，非常容易出错。

2. 系统结构框架

在计算机互联网的基础上，物联网利用电子标签为每一物品赋予唯一的标识码——EPC码，从而构造一个实现全球物品信息实时共享的实物互联网。物联网的提出给产品入库时获取产品原始信息并自动生成入库清单提供了一种有效手段，而电子标签又可以方便地实现自动化的产品识别和产品信息采集，这两者的有机结合将使产品的自动化入库成为可能，从而可大大降低入库管理中人工干预的程度，提高产品入库的自动化和智能化水平。基于物联网的自动入库管理系统结构框图如图5.25所示。

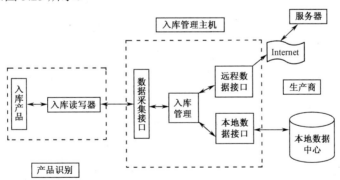

图5.25 基于物联网的自动入库管理系统结构框图

入库管理就是对进入仓库的产品进行识别，并对产品进行分类、核对和登记，生成入库产品清单，记录产品的名称、分类、规格、入库时间、生产厂家、生产日期和数量等信息，并将这些信息更新到库存记录。这类工作对准确性的要求高，工作量大，人工作业强度和难度都十分巨大。因此，迫切需要能自动识别产品的技术和方法，以减轻管理人员的工作量，提高工作效率。

3. 系统功能模块

入库管理的关键在于对产品的识别和产品信息的采集,电子标签以其独特的优点成为产品自动识别的关键技术,而物联网则为产品信息共享和互通提供了一个高效、快捷的网络平台,其供应链仓库区作业监控框架如图 5.26 所示。基于物联网的自动入库管理系统的基本原理,就是以电子标签作为产品识别和信息采集的技术纽带,通过在仓库出入口处设置读写器对产品进行自动识别,同时通过物联网获取产品的详细信息从而自动生成入库清单,以达到自动化入库管理的目的。基于物联网的自动入库管理系统主要由产品识别、入库管理、PML 服务器和本地数据中心四大功能模块组成。

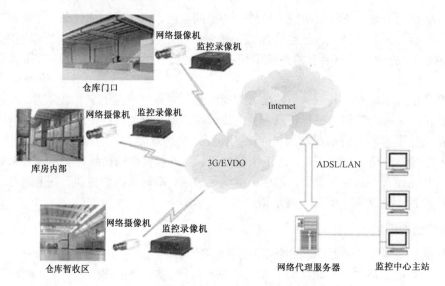

图 5.26　供应链仓库区作业监控框架

(1)产品识别模块。产品识别模块的核心是产品的编码和识别。基于电子标签的入库管理系统采用 EPC 码作为产品的唯一标识码,EPC 码是 Auto-ID 研究中心提出的应用于电子标签的编码规范,它可使全球所有的商品都具有唯一的标识,其最大特色就是可以进行单品识别。产品识别模块中包括电子标签和读写器两个部分。每个产品都附有一个电子标签,电子标签内写有作为产品唯一编码的 EPC 码。存储有 EPC 码的电子标签在经过读写器的感应区域时,EPC码会自动被读写器捕获,从而实现自动化的产品识别和 EPC 信息采集。入库读写器设置在仓库入口,对进入仓库的产品进行自动识别,并将捕获的产品 EPC 码通过数据采集接口传送到入库管理模块进行相应处理。

(2)入库管理模块。入库管理模块是自动入库管理系统的核心功能模块,它通过数据采集接口、远程数据接口和本地数据接口与其他几个功能模块进行交互,从而实现产品自动入库管理的功能,其供应链入库执行示意图如图 5.27 所示。入库管理的作业流程如下:产品入库时,由设置在仓库入口的入库读写器读取产品 EPC 码并通过数据采集接口交由入库管理模块;入库管理模块通过远程数据接口访问 PML 服务器以获取产品的详细信息,并自动生成产品入库清单;然后通过本地数据接口将入库产品信息更新到本地数据中心。一般来说,入库单具有如下信息结构:入库单(产品 EPC 码、产品名称、生产厂商、产品分类名、单位、生产日期、有效期、入库时间、产品说明)。在这一信息结构中,产品 EPC 码由入库读写器自动识别,同时记录产品的入库时间,其他的产品信息则可以根据产品的 EPC 码通过访问 PML 服务器获取。由于整个入库清单的生成都是自动进行的，这不但可以提高产品入库的自动化和智能化水平，而且也确保了入库产品信息的准确性。

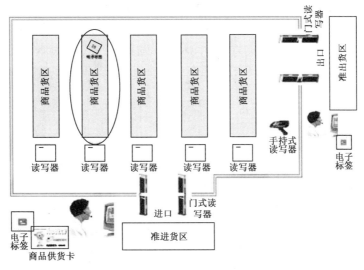

图 5.27　供应链入库执行示意图

（3）PML 服务器。PML 服务器是由产品生产商建立并维护的产品信息服务器，它以标准的 XML 为基础，提供产品的详细信息，如产品名称、产品分类、生产厂家、生产日期、产品说明等。PML 服务器的作用在于提供自动生成产品入库清单所需的产品详细信息，并允许通过产品 EPC 码对产品信息进行查询。PML 服务器架构在一个 Web 服务器之上，服务处理程序将数据存储单元中的产品数据转换成标准的 XML 格式，并通过 SOAP 引擎向客户端提供服务。PML 服务器的优势在于它屏蔽了产品数据存储的异构性，以统一的格式和接口向客户端提供透明的产品信息服务。

（4）本地数据中心。本地数据中心是入库管理系统存储和维护本地库存信息的本地数据库，产品入库信息最终都要通过本地数据接口存储在本地数据中心，以便查询和核对。

基于物联网的自动入库管理系统围绕电子标签和物联网这两个核心，通过电子标签实现产品的自动识别，利用物联网获取产品原始信息并自动生成入库清单，从而为自动化的入库管理提供了一种行之有效的手段，不仅可以提高产品入库管理的自动化和智能化水平，而且使入库管理的准确性更高，为科学的库存管理与决策奠定了良好的基础。

5.6　基于物联网技术的集装箱综合应用管理系统

5.6.1　概述

在物流行业，特别是在跨地区运输（如远洋运输）中，主要依赖集装箱。为了提高集装箱的使用效率，装箱优化软件已经得到了较为广泛的应用，如国内的 Load Master、国外的 Max load Pro。这类软件主要解决在集装箱装箱过程中箱内空间最大化利用的问题，但还不能满足现代物流企业对于信息化建设的需要，而且装箱优化计算主要适用于整箱货物装箱，或简单种类的货物拼箱。一旦货物种类复杂，则软件应用效率大打折扣，录入货物数据就非常耗费人力和时间。集装箱运输的安全性也是物流企业十分关心的问题，由于无法实现集装箱运输过程中的实时状态监测，导致物流企业管理上的被动和经济上的损失。

物联网技术的应用推动着各行各业的信息化改造,智能物流在物联网技术的助力下得以全面提升。针对国内集装箱运输现状和常用装箱软件存在的问题,利用物联网技术实现集装箱综合应用管理,包括自动获取集装箱和货物相关数据,自动进行装箱优化计算,综合解决复杂货物数据智能化的批量录入与模拟运算,通过手持 PDA 引导完成装箱货物在集装箱内的落位以及装卸箱的优化流程,进一步解决集装箱空间利用率与稳定性双指数综合优化问题,利用北斗定位与通信技术亦可实现智能集装箱的远程安全监控。

5.6.2　系统组成和工作原理

1. 基本组成

集装箱综合应用管理系统是一种典型的物联网技术应用系统,采用常见的物联网三层结构模型,即:信息采集层(感知层),信息传输层(网络层),信息处理与应用层(应用层)。整个应用系统从功能上可以分成三大块:① 基于 PDA 的用户终端系统,包括装箱优化引导软件、嵌入式 RFID 读写器、无线网络传输、数据前端处理等;② 智能化信息处理系统,包括 RFID 读写器与电子标签、信息存储与管理、装箱优化软件、智能集装箱信息处理等;③ 双指数综合优化处理,即空间利用率优化和运输稳定性优化,包括箱内货物稳定性指数评估、集装箱整体稳定性指数评估等。这三部分的有机组合,完成基于 RFID 的自动信息获取,并有效引导货物装箱,实现集装箱内货物的安全性和集装箱整体的安全性,最终提升效益。

2. 工作原理

该系统的工作原理示意图如图 5.28 所示。

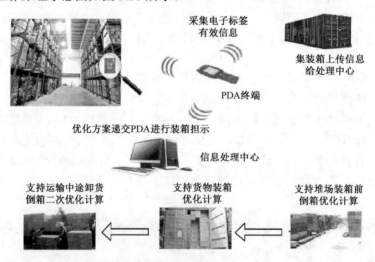

图 5.28　集装箱综合应用管理系统的工作原理示意图

基于 PDA 的用户终端系统是引导集装箱装箱的有效工具,经过信息处理中心模拟计算后的装箱方案实时通过 PDA 获取,辅助定位装箱,达到多种指数的优化处理。利用内嵌的 RFID 读写器可以对货物(贴有电子标签)和智能集装箱进行信息交互,实现对集装箱及其安全性的管理(如电子安全锁),且具备对已录入信息的验证与修改功能。

智能化信息处理系统是整个管理系统的信息传输与处理核心。在基于无线前端网络传输的基础上,通过 RFID 远程多功能读写器实现对货物与智能集装箱的信息交互,获取大量货物与集装箱数据并进行模拟解算,结合 PDA 终端设备完成装箱引导方案,同时建立起历史装箱引导方案数据库,利用北斗导航卫星定位和短消息功能对集装箱及货物的运输安全性环境进行实时监控和管理。

双指数综合优化处理是通过建立双指数优化参考模型,基于集装箱运输稳定性和空间利用率双指数优化算法,并根据待装箱货物的几何形状、重心等参数对运输稳定性指数进行模拟运算,以生成最优的运输装箱稳定性方案。

5.6.3 PDA 终端系统

1. PDA 终端硬件

基于 PDA 的用户终端系统,其硬件主体是一台内嵌 RFID 读写器的手持式终端,大多采用安卓平台,内置 3 m 有效读卡距离的 900 MHz RFID 模块,支持各类电子标签,具有读取全方位、距离远、防冲撞、单次读取数量多等优点。丰富的通信接口(如蓝牙、WiFi 和 3G/4G),使终端可将现场采集的数据实时地与信息处理中心服务器进行交互。

2. PDA 终端软件

PDA 用户终端软件主要由四大功能模块组成,包括数据采集模块、装箱引导模块、无线网络传输模块,以及用户管理与界面设计模块。

数据采集模块是装箱优化计算最基本的组成模块,它通过 RFID 读写器自动识别,批量采集智能集装箱和货物出厂时被加载在电子标签上的基本数据,如货物包装的长、宽、高,承载毛重,易碎度等,并在系统用户端显示。用户可通过手持终端进行局部检验,以验证录入数据的正确性,同时可实现数据的增加、修改和删除。另外,也对集装箱相关信息进行采集与管理,包括集装箱基础信息,如长、宽、高,允许载重范围、电子门锁信息、集装箱运输过程记录的信息等,实现对集装箱状态的监控与管理。

装箱引导模块是 PDA 终端系统的核心,它依据用户输入参数,实时调用由信息处理中心解算完成的装箱引导方案,给出引导装箱的具体步骤和要求,引导现场作业人员按步骤完成装箱。同时,可依据修正参数实时改变方案,以进一步优化装箱。

无线网络传输模块主要解决前端获取信息的远程接入。PDA 终端内置多种形式通信模块,实现信息的上传与下载。

用户管理与界面设计模块包括用户账号管理、基本参数设置、多种输入界面处理等内容。

5.6.4 智能化信息处理系统

智能化信息处理系统是整个综合应用管理系统的中心,主要包括系统初始化与管理模块、装箱优化处理模块、装箱历史数据库、货物和集装箱信息模块以及集装箱运输远程监控模块五部分。其中,系统初始化与管理模块是系统运行的基础,主要配置远程监控(如北斗短信息收发频率等)、用户与权限、网络传输、报表生成与打印、装箱优化等方面的参数和系统维护功能;装箱历史数据库主要收集已完成的装箱优化方案,尤其是装箱、倒箱、二次倒箱的优化数据,以便实现在行业装箱数据匹配情况下可以二次自动调用,提高优化计算速度;货物和集装箱信息模块是信息处理的基础,通过各类 RFID 读写器、智能集装箱上内置的信息采集模块实现其功能。

装箱优化处理模块和集装箱运输远程监控模块是全系统的两大核心模块。装箱优化处理模块用来解决物流行业中常见规格的集装箱或托盘的空间优化问题,或者以用户自定义集装箱容器规格的方式参与集装箱空间最大化利用的优化计算。此外,实现多种装箱优先考虑的策略,供用户在计算时进行选择，如宽度优先、长度优先、数量优先、体积优先等，这些算法分别以选取某个参数（如集装箱宽度等）优先优化，以保证集装箱空间利用率最大化。同时，还附加两个优化搜索策略（深度搜索、浅度搜索），在此基础上生成装箱空间优化方案，优化逻辑关系。装箱优化算法逻辑图如图5.29所示。

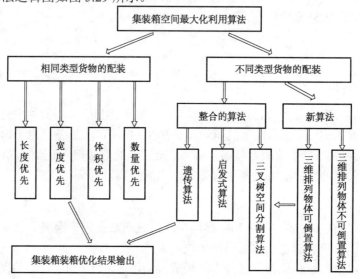

图5.29　装箱优化算法逻辑图

集装箱运输远程监控模块是实现集装箱安全运输的关键。智能集装箱是在传统集装箱基础上加装了电子安全锁和信息采集发送控制器的一种新型现代集装箱。电子安全锁内嵌电子标签，记录集装箱箱号及其他相关信息，安装在集装箱开门处；在集装箱内部安装一个信息采集发送控制器设备，集成北斗模块、4G模块、数据采集模块、电源供电模块等。在信息处理中心，可以依据集装箱的实时上报信息，设置多种报警手段。例如，在门封非法打开、运输路线改变、箱内货物异常等情况下，通过多种手段发出报警信号（如手机短信等）。

5.6.5　双指数综合优化

双指数综合优化是指在装箱、倒箱和二次倒箱后保证集装箱运输稳定性的条件下，采用空间利用率或装箱数最多的优化模型、算法和软件，解决已有装箱软件无法同时实现空间利用率与运输稳定性的问题。

集装箱运输稳定性指数包括集装箱整体稳定性指数和箱内货物运输稳定性指数两个方面，其参数和算法将根据被装箱货物的具体数据进行自动的稳定性优化计算，最大限度地保证运输过程中集装箱的稳定性，降低箱内货物因为运输外部条件的变化而产生的不稳定风险。

箱内货物稳定性指数的评估参数包括：

（1）最大允许悬空比率指标：除集装箱底层之外，由于堆码导致二层以上货物底部可以悬空的最大比率。该比率过大将直接导致货物运输中坠落的不稳定性。

（2）最大允许位移比率指标：由于集装箱内同层中不合理的摆放，导致货物产生水平位移；位移率越大，货物的稳定性越差。

（3）最大碰撞承受力指标：在运输的过程中由于外部运输操作及环境的改变，箱内货物不可避免产生货物与货物之间、货物与箱体之间的碰撞。该指标将直接决定货物可以允许发生位移的范围，以降低由于碰撞而导致的货损。

（4）最大允许翻转率指标：特殊的货物不允许任意翻转，只能在可允许的翻转方向或者范围内进行运输；不合理的摆放可能造成货物超范围的翻转，这会对货物造成损坏。

集装箱整体稳定性指数的评估参数包括：

（1）集装箱整体重心点指标：集装箱整体重心点的评估将是集装箱整体稳定性的重要衡量标准。寻找箱体最优重心点以实现货物合理装箱，意义重大。

（2）集装箱箱体允许的各项稳定性参数：集装箱箱体具有本身的允许标准，如可允许承载毛重、可允许堆码重量、可允许堆码高度等，这将在全程模拟稳定性优化中参与优化计算。

5.7 RFID 在监狱管理中的应用

5.7.1 概述

随着公安和司法部门维护社会秩序和打击刑事犯罪的需要，如何以科技手段创新监狱的管理模式，正成为公安和司法部门的迫切需要。图 5.30 所示为基于 RFID 的监狱管理总体架构。目前，不论是公安还是司法部门的信息系统只局限于信息处理，而信息采集仍然单纯地依靠人工输入，无法将信息系统中的信息和在押人员真正地关联起来。在监管场所这样一种特殊的环境里，运用一种安全、可靠的自动识别系统来区分、识别和管理在押人员，将信息系统中每个人的信息和现实中的每一个人动态地联系起来，才能充分发挥监管场所信息系统的作用，实现真正意义上的监所管理信息化，实现"向科技要警力"的途径。

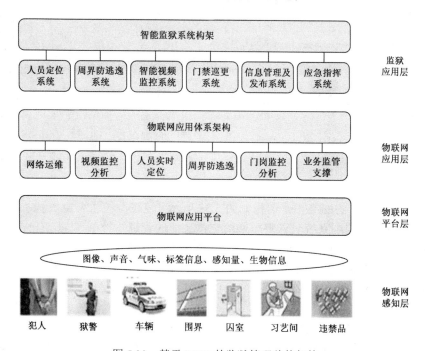

图 5.30 基于 RFID 的监狱管理总体架构

基于超高频 RFID 的监狱安全管理系统可对监狱的人员和车辆进行监控和定位，若发生特殊情况，可以从监控系统查询现场情况，安全可靠地区分和识别监狱犯人与管理人员，将管理系统中每个人的信息和现实中的每个人——对应。同时，也可以对监狱人员的流动和考勤进行管理，实现有效的安排和调度，提高监狱的管理水平。

5.7.2　RFID 监狱管理系统的设计

RFID 监狱管理系统主要用于解决监狱人员的定位和监控问题。它可使管理人员实时掌握监狱内各个受控区域监狱犯人的详细信息及数目，有效防止监狱犯人的出逃，减少监狱犯人结伙闹事的概率，秘密监控高危监狱犯人，追查暴力事件的发生，最大限度地保障管理人员和监狱犯人的人身安全。另外，系统还能实现自动点算指定区域内的人数及周边的执勤干警，可大大降低劳教管理人员的工作强度，提高监狱管理的安全性。

1. 超高频 RFID 监狱管理系统的可行性分析

目前，RFID 监狱管理系统大多采用的是有源电子标签，与超高频 RFID 所采用的无源电子标签相比，其可识别的距离长，开阔场所可达 200m。但识别距离太长就会失去定位功能，这一弊端在实际应用中已经显现。有源电子标签自身需要携带电池，导致标签芯片体积大，不便于携带。有源电子标签 RFID 系统采用的是标签先发言机制，其防碰撞机制是标签随机向读写器发送 ID 号，属于最简单的 TDMA 算法。这样，一旦标签数量增多，产生碰撞的概率就会急剧上升，读写器却对此无能为力，多标签的防碰撞性能就会恶化。基于 RFID 的监狱管理系统原理结构如图 5.31 所示。另外，有源电子标签的使用寿命较短，价格昂贵，也不利于大规模长期应用。与此相比，超高频 RFID 技术所采用的无源电子标签体积小，携带十分方便；可识别距离达到 10m，只要合理地组建读写器网络，就可以达到良好的识别定位功能；超高频 RFID 技术采用的多标签防碰撞机制是改进动态帧时隙 ALOHA 算法，读写器在识别标签过程中会根据标签的碰撞情况合理地调整标签返回数据的时隙，大大地提高了系统吞吐量。显然，超高频 RFID 技术更适合监狱监控的需要。

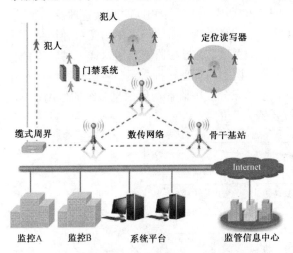

图 5.31　基于 RFID 的监狱管理系统原理结构

2. 系统结构框架

RFID 监狱管理系统的网络拓扑结构如图 5.32 所示，监控系统主要由控制系统、读写器以及无源电子标签组成。控制系统负责整个通信定位系统的管理与控制，与相应的监狱地理信息系统配合可以对监狱人员进行实时监控，可由一台计算机与相应数据库管理软件组成。读写器（识读器）为整个监控系统的关键部分，负责标签周期性信号的检测。电子标签由监狱人员随身佩戴，并通过读写器读取标签中的唯一的出厂卡号，卡号则对应每个人的个人信息。将时间、位置和个人情况写入数据库，控制中心可自动生成考勤作业统计与报表。而当监狱人员在监狱内走动时，经过不同的读写器阵列，就能得出其在监狱的行走轨迹。例如，如果读写器 1 和读写器 4 先后检测到某个电子标签，那么就可以定位该标签的最终位置并判断其移动的方向。一旦出现突发情况，可以迅速采取措施。

犯罪类型和在押犯成分的日趋复杂，给警察的人身安全和场所的持续稳定带来极其不利的影响。研发 RFID 智能监狱管理系统，实现对犯人信息资料的全面管理以及越界报警、在押犯定位和追踪等功能，对提高监狱管理水平有着重大意义。它可以大幅度地提升监狱内部的安全性和管理效率，降低监狱管理人员的工作强度，最大限度地实现资源优化配置。同时，系统还可以在多方面扩展功能，如与视频监控结合并集成，可使 RFID 技术与流行的视频监控技术有机地结合在一起，另外也可与脸形识别等安防监控系统整合，这样不但丰富了整个监控管理系统的功能，还有效地增强了系统的安全性。虽然因为技术和成本问题，目前 RFID 还不能很好地做到精确定位，但随着 RFID 应用的不断推广和技术的不断提高，应用成本也将不断下降，相信不久的将来，RFID 在监狱管理系统中会有更加广阔的应用前景。

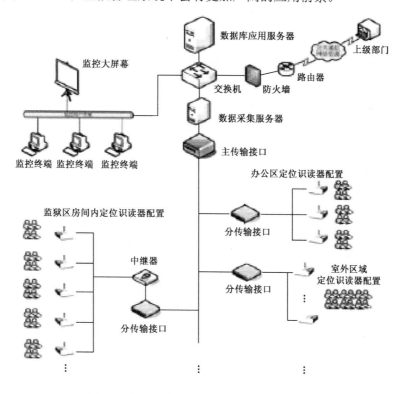

图 5.32　RFID 监狱管理系统的网络拓扑结构

5.8　交通物流 GIS 应用管理

物流作为传统的服务业在"互联网+"浪潮下迎来了新的历史机遇，发展"互联网+高效物流"要求将整个行业与互联网、物联网等新一代信息技术结合起来，改变传统的管理手段，提高物流运作效率。地理信息系统（GIS）是物联网技术中一项实用的工具，通常与卫星导航系统结合起来，可用于物流的交通运输环节。通过对交通路网的数据采集，可以把物流的活动路径通过 GIS 地图显示出来，不仅能够指引物流车辆的路径选择与导航，更能为物流企业或调度中心提供可视化的管理方案。所采集到的物流活动数据通过统计分析后，可为物流决策提供有益的参考依据。

5.8.1　GIS 数据处理

1．地图数据处理

地图数据处理包括矢量数据处理和栅格数据处理。在进行矢量数据处理之前要进行压缩，通过对采样点进行数据细化，然后对矢量坐标数据重新进行编码，以减少所需的存储空间，通常采用垂距法进行矢量数据压缩。栅格数据是遥感信息采用的存储方式。而遥感信息是 GIS 重要的信息来源，随着 GIS 的发展，其对遥感信息的依赖程度会越来越大。GIS 数据的共同特点是内部信息量大，图像多边形复杂，规律不明显，所以只能以栅格方式存储。通过压缩栅格数据存储，可以节省电脑的存储空间，其基本思想是：对于一个栅格图案，相邻方向的行列及网格单元具有相同属性的代码，可以采用某种方法重新表示其中重复的内容，达到压缩的目的。

GIS 地图数据库采用 1：5 万或更大比例尺的电子地图，路网层采用空间坐标系统和公路里程系统的表现形式。为了进一步反映区域路网的地理特征，图形数据还包括航空或卫星影像。

2．GIS 关键信息与热点

现代交通物流运输过程中需要对地理信息系统（GIS）中的关键信息与热点进行精准的管理，并能够准确、迅速地获取运输路线的地形路况、环境气候、交通补给等关键信息，第一时间为物流管理企业的判断和决策提供高效、准确的数据辅助，缩短运输距离，减少运输成本。此外，将所收集的 GIS 关键信息与热点标在 GIS 地图上，使其更加生动形象，实现可视化管理。其中部分热点主要包括如下方面：

（1）交通指示牌：通过收集各类交通指示牌，标注在地图上，可以更详细了解地理路况信息，为车辆行驶安全提供保障。

（2）标志性建筑物：把实体标志性建筑物记录到地图上，有助于查找未记录在地图界面上的地名，从而对运输车辆途经的地域有初步的认识。

（3）加油站服务区：在地图中有加油站、服务区的详细标注，方便车辆随行人员根据车辆实际情况在合适的时间进行交通补给。

（4）电子摄像头：通过记录交通路线沿途的电子摄像头，有利于行车人员在经过安装有电子摄像头地段以安全速度行驶，避免车辆超速。

对这些关键热点信息可以通过人工采集或由 RFID 电子标签、各类传感器、摄像头采集，经过聚类优化处理后显示在地图上，形成具有丰富内容的导航地图。在地图中通过不同图层的叠加，可以自主切换不同的热点类别数据。通过采用聚类优化算法，有效识别出热点集中的区域，并对其提前进行相关路网的分析。当运输任务途经这些区域时，就能快速实现最优运输路线的搜索，以及特殊热点的查找和避让，使得车辆运输通顺流畅，缩短运输时间。

5.8.2 车辆轨迹分析

随着交通信息采集设备的自动化、智能化水平的不断提高，全球导航卫星系统（GNSS）、RFID、无线通信、视频监控、车牌自动识别、无线传感网等技术，都可以用于跟踪、识别车辆在路网中完整的出行轨迹。通过对所有车辆的行驶轨迹进行科学分析，可以掌握详细、准确、可靠的交通运行现状信息，为获得各种交通状态信息提供了新的解决思路。同时，利用 GIS 技术建立车辆行驶轨迹分析系统，可为轨迹分析处理提供直观的可视化表示形式和决策支持。例如，分析在监视器画面上的车辆移动轨迹，能检测车辆禁止左转、逆向行驶等异常行为；还可以发送道路拥堵的信息给司机，便于及时更改路线，以避免进一步的交通拥堵。

在物流作业过程中，对在途车辆的轨迹分析要结合车辆的现有状态进行。将车辆的状态划分为正在装车、正在运输和空车返回三种状态，不同的状态所行走的路线不尽相同，这是需要特别关注之处。若能够合理规划空车返回的路径，通过有效的调度使车辆正好途径其他等待运输的装车处，则能够减少空车率，降低时间成本和经济成本。

5.8.3 历史数据统计分析

物流活动复杂多样,在交通运输过程中会产生大量的数据记录,有的数据能够及时被用上,而更多的数据则直接被存进数据库,成为历史数据。若能够从历史数据中发现某些规律或问题,就能够对今后的物流活动甚至物流决策起到参考作用。采用针对 GIS 数据的数据挖掘方法,将分析的过程、结果显示在地图上,可进一步直观、有效地体现历史数据的价值。

海量的交通物流历史数据分析包括计算数据立方体、建立视图、优化查询、数据集成等方法,统计分析的内容如表 5.3 所示。

由于历史数据的特殊性,不同的参数对数据长短的需求不同,发布的间隔也多种多样。因此,对于交通物流数据的统计分析,没有固定的格式和模式,需求分析系统可灵活配置,历史数据的选择和调用也要灵活可变。

表 5.3 交通物流历史数据统计分析的内容

统计分析目标	内 容	需要的原始数据
车辆油耗	某辆车单程油耗、往返油耗(与运输路径结合分析),单位时间内(月、季度、年)油耗分析	车辆信息、油耗信息、运输路径信息、运输时间信息等
公路物流运价指数	整车价格、零担轻货价格、零担重货价格等	公路信息、车辆信息、价格信息(轻货、重货)等
路径轨迹	最畅通的路径、使用率最高的路径、热点最多的路径、油耗最大的路径等	车辆信息、运输路径信息、热点信息等
沿途热点	热点使用率、热点查询响应时长等	路径热点信息、热点查询响应时间、车辆查询热点信息、车辆使用热点信息等
提货点	提货点分布情况、提货点对路径规划的影响、提货点对交付时间的影响等	提货点位置信息、交付点位置信息、实际运输路径信息、运输时间信息等
车辆提货准时率	车辆是否准时提货,如果不准时原因在哪,是否与道路拥堵有关,等等	车辆信息、提货点信息、提货时间(预计时间与实际提货时间)
运输过程破损率	货物在运输过程中破损情况,破损原因是否与运输路径有关,等等	车辆信息、货物破损数量、路径信息、破损原因等
运输过程丢失率	货物在运输过程中丢失情况,丢失原因是否与运输路径有关,等等	车辆信息、货物丢失数量、路径信息、丢失原因等
签单回执准时率	是否准时签单回执	车辆信息、签单信息等

5.8.4 动态路径规划

对实际的道路网解决最优路径的问题,要考虑道路的实际情况(如道路宽度、交通流量的大小),以及在道路网络中更复杂的情况。换句话说,对于路径规划,必须考虑一种动态的而不是静态的时间最优路径算法。由于道路上的交通状况和行程时间都是动态变化的,但是交通参数检测和预测分析的技术会有一定的不确定性,由此得到行程的时间就不是准确和可用的。当时间变化时,经过离散处理,把这些工作时间分为几个时效,认为单一时间段里的行程时间无变化且交通状况稳定;一旦路程发生变化,行程时间也有可能不同。在动态最佳路径选择过

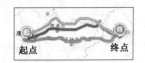

图 5.33 动态路径优化效果

程中，线路行程时间和车辆经过路段的时刻有关，而搜索开始时车辆到达某一路段的时刻是未知的，所以需要确定该车辆通过部分路段的时刻和搜索过程中所需的行驶时间。动态路径优化效果如图 5.33 所示。

由图 5.33 可知，系统提示的最优路径未必是最短路径，但一定是当前规划最快的路径。然而，需要考虑到距离的增加会带来油耗的增加，以及时间成本的降低与运费成本的增加是否符合预期。当然，道路的拥堵同样会造成油耗增加。系统需要在三者之间综合对比，在时间最短的算法基础上进一步改进，得出所需的最优路径并实时发送给车辆。车辆沿路行驶所采集的数据也同步回传至系统进行分析，以便获得更精准的判断。

5.9 物联网在智慧物流领域应用的发展趋势

物联网的发展推动着智慧物流的变革，随着物联网理念的引入、技术的提升和政策的支持，相信未来物联网将给物流业带来革命性的变化，智慧物流将迎来大发展的时代。图 5.34 所示为物流创新服务案例。

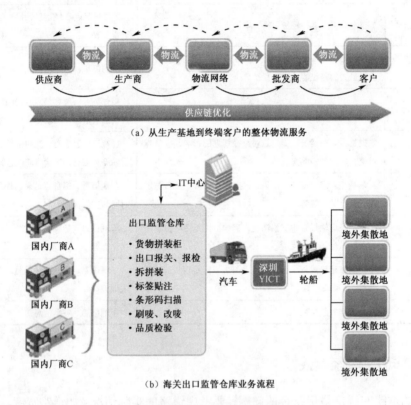

图 5.34 物流创新服务案例

研究认为，未来物联网在物流业应用将出现如下四大趋势：

（1）智慧供应链与智慧生产相融合。电子标签与传感器网络的普及，以及物与物的互联互通，将给企业的物流系统、生产系统、采购系统与销售系统的智能融合打下基础，而网络的融合必将导致智慧生产与智慧供应链的融合，企业物流完全智慧地融入企业经营之中，打破工序、流程界限，打造智慧企业。

（2）智慧物流网络开放共享，融入社会物联网。物联网是聚合型的系统创新，必将带来跨行业的网络建设与应用。例如，一些社会化产品的可追溯智能网络就可以方便地融入社会物联网，开放追溯信息，让人们可以方便地借助互联网或物联网手机终端，实时方便地查询追溯产品信息。这样，产品的可追溯系统就不仅仅是一个物流智能系统了，它将与质量智能跟踪、产品智能检测等都紧密联系在一起，从而融入人们的工作和生活。

物流与人们的生活密切相关，渗透在人们生活的方方面面，不仅产品追溯系统，今后其他物流系统也将根据需要融入社会物联网络或与专业智慧网络互通（例如，智慧物流与智能交通、智慧制造、智能安防、智能检测、智慧维修、智慧采购等系统的融合等），从而为社会全智能化的物联网发展打下基础，智慧物流也成为人们智慧生活的一部分。

（3）多种物联网技术集成应用于智慧物流。目前在物流业应用较多的感知手段主要是 RFID 和 GNSS 技术，今后随着物联网技术的发展，传感技术、蓝牙技术、视频识别技术、M2M 技术等也将逐步集成应用于现代物流领域，用于现代物流作业中的各种感知与操作。例如，温度的感知用于冷链，侵入系统的感知用于物流安全防盗，视频的感知用于各种控制环节与物流作业引导，等等。

（4）物流领域物联网创新应用模式将不断涌现。物联网是聚合、集成的创新理念，物联网带来的智慧物流革命远不是我们能够想到的这几种模式；随着物联网的发展，更多的创新模式会层出不穷地涌现，这才是未来智慧物流大发展的基础。

目前，就有很多公司在探索新的物联网在物流领域应用的新模式。例如，有一家公司在探索将邮筒安上感知电子标签，组建网络，进行智慧管理，并把邮筒智慧网络用于快递领域；当当网在无锡新建的物流中心就在探索物流中心与电子商务网络的融合，开发智慧物流与电子商务相结合模式；无锡新建的粮食物流中心在探索将各种感知技术与粮食仓储配送结合，实时了解粮食温度、湿度、库存、配送等信息，打造粮食配送与质量检测管理的智慧物流体系。

讨论与思考题

（1）目前 RFID 电子标签有哪些应用？
（2）RFID-MTS 是一个什么系统？它有什么功能？
（3）简述 RFID 在图书馆领域中的应用会面临哪些问题。
（4）物联网在供应链物流管理中的应用主要体现在哪几个环节？
（5）什么是企业中间件？其主要作用是什么？
（6）简述物联网在智慧物流领域应用的发展趋势。

第6章 智能电网应用与解决方案

利用物联网技术及其特点，结合电力网络的实际情况，建立基于物联网的智能电网，是电力网络发展的必经之路。物联网技术应用于智能电网，采用其全面感知、可靠通信以及强大的海量数据处理能力，将有效地为电网发电、输电、变电、配电、用电、调度各个环节提供技术支撑。在物联网技术为智能电网服务的同时，也在一定程度上推动了信息通信产业的快速发展。因此，大力发展物联网技术在输变电设备状态监测与全寿命周期管理中的应用，对于促进智能电网、物联网产业发展乃至拉动国民经济，实现我国低碳经济的发展，具有十分重要的意义。

6.1 概述

现有电网是过去一个多世纪以来城市化和各项基础设施快速发展的产物。近年来，电网安全稳定运行的客观环境正在发生巨变。电力负荷的快速增长，各种小型独立电网通过互联已经形成规模较大的区域性电网，电力市场运行因素对电网运行的影响日益显现，加上受到全球气候变化的影响，极端气候事件发生频繁，这些都对电网的安全稳定运行提出了许多新的要求。为了解决电力行业所遇到的上述问题，不少美欧国家近年来都相继开展了智能电网的相关研究。例如，美国电力科学研究院（EPRI）推出的"IntelliGrid"概念，美国能源部（DOE）提出的"Grid Wise"；而在欧洲，则采用了"Smart Grid"一词。"智能电网"成为国际上关于未来电网发展趋势的一个热门名词。

6.1.1 智能电网

智能电网的主要作用是满足经济社会发展对电力的需求，应对资源环境问题所带来的挑战，满足客户多元化服务需求。智能电网需要在创建开放的系统和建立共享的信息模式的基础上，整合系统数据，优化电网运行和管理，其实质是以先进的计算机、电子设备和高级元器件等为基础，通过引入新的通信、自动控制和其他信息技术，实现对传统电力网络的升级改造。

智能电网通过终端传感器对数据的采集，可在客户之间、客户和电网公司之间形成即时连接的网络互动，实现从发电、输电到用电的所有环节信息的双向交流，系统地优化电能的生产、输送和使用，从而从整体上提高电网的综合效率。智能电网的核心，在于构建具备智能判断与自适应调节能力的多种能源统一入网的、分布式管理的智能化网络系统，可对电网与客户用电信息进行实时监控和采集，并采用最经济与最安全的输配电方式将电能输送给终端用户，实现对电能的最优配置与利用，提高电网运行的可靠性和能源利用效率。

智能电网是对电网未来发展的一种愿景，即把最新的信息化、传感器技术、通信技术、计算机控制技术同已有的发电、输电、配电等的基础设施相结合，形成一个新型电网。智能电网架构如图6.1所示。智能电网的本质是能源替代和兼容利用，它需要在开放系统和共享信息模式的基础上，整合系统中的数据，优化电网的运行和管理。

智能电网建设是一个政府主导、电力企业实施、全社会共同参与的宏大工程。虽然物联网技术与智能电网技术的结合有着众多的优点，社会各界也对其进行大力宣传与研究，但由于目前其研究与建设还处于起步阶段，其概念在学术界仍然缺乏一个统一而明确的定义。由于各国所处的发展环境和推动因素的不同，各国智能电网发展的思路、途径和主要侧重点也各不相同。不同国家的电网企业和研究组织都在以自己的方式和理解，对智能电网技术进行研究和推广。智能电网的改革将推动世界能源革命的深度裂变；实现电力流、信息流、业务流高度一体化的前提，在于信息的无损采集、流畅传输和有序应用。各个层级的通信支撑体系是坚强智能电网信息运转的有效载体，通过充分利用坚强智能电网多元、海量信息的潜在价值，可服务于坚强智能电网生产流程的精细化管理和标准化建设，提高电网调度的智能化和科学决策水平，提升电力系统运行的安全性和经济性。因此，建设我国智能电网对于促进节能减排，发展低碳经济，拉动内需，带动相关产业发展，改善民生，保障经济社会和谐发展具有重要意义，对我国能源结构调整、社会可持续发展将产生深远影响。

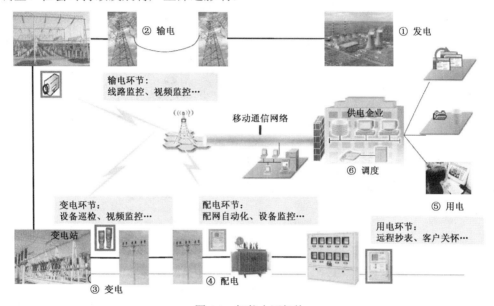

图 6.1　智能电网架构

6.1.2　物联网与智能电网的关系

电力行业是与物联网关系最为密切的一个行业，智能电网各方面都需要物联网的技术支撑，智能电网的大部分业务都与物联网相关。从发电环节的可再生能源并网接入，到机组运行状态的监控；从输电线路的在线监控，到电力生产管理、安全评估与监督；从智能电表、用电信息的采集，到三表抄收、互动营销；从智能用电、智能小区到多网融合：都需要物联网技术的支撑。在当前物联网技术亟待发展、短期难以实现大规模产业化的困境下，智能电网为物联网产业的发展提供了最适合的突破口。智能电网作为一个相对独立、完整的行业，已具备严谨的发展规划和深厚的产业基础，其建设目标明确，需求清晰，预期效果明显。电网智能化所需的大量电气设备终端为物联网产业应用提供了必要的规模保障，所具有的行业优势可促进物联网相关的自动控制、信息传感、智能识别等上游技术和产业成熟，大力推动物联网产业的发展。

物联网在智能电网各环节中的具体应用如图 6.2 所示。物联网具有信息采集、信息传递和信息处理等三个要素，其中关键性的要素是信息采集。物联网最大的革命性变化是其信息采集手段的不同，即通过传感器等可实时获取需要采集的物品、地点及其属性变化等信息。随着物联网技术发展的突飞猛进，在网络架构、工作机制、传输协议等方面已具备较成熟的理论体系。因此，智能电网的需求可以通过物联网得到一定的满足。面向智能电网的物联网，从技术方案的角度来讲，其网络功能仍集中于数据的采集、传输和处理三个方面。

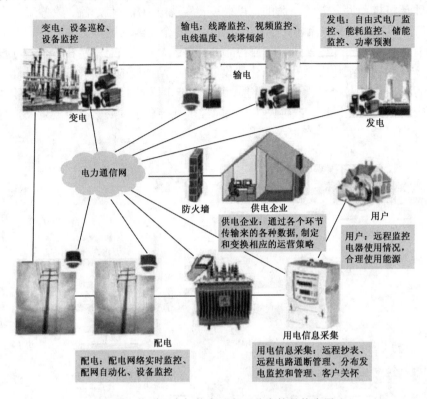

图 6.2　物联网在智能电网各环节中的具体应用

（1）数据采集倾向于更多新型业务。由于宽带接入技术的支持，物联网应用将不会受到数据量的限制，因此在未来的大规模应用中可以提供更多的数据类型业务，如重点输电线路监测防护和大规模实时双向用电信息采集，即利用物联网先进的数据采集技术，实现电网数据的实时量测和采集。

在对电网系统实施数据的采集过程中，主要采集结构化数据和非结构化数据。结构化数据主要指的是用电量、电网调度和控制需要的实时数据，同时还包括大量的各种设备状态运行过程中产生的静态和动态信息数据；非结构化数据主要包括视频监控、图像处理过程中产生的数据，这些数据不方便用数据库二维逻辑的形式来表示。由于需要采集的数据量巨大，需要先通过先进的参数量测技术获得数据并将其转换成数据信息，然后由各电网的终端将这些数据按照统一的标准上传到数据中心，这实际上构成了一定规模的物联网系统。通过这些数据来评估用电量分布、电网设备的健康状况和电网的完整性。

（2）网内协作模式的数据传输。智能电网以网内结点的协作互助为基本方式，以各种成熟的接入技术为物理层基础，从 MAC 层开始，通过多模式接入、自组织的路由寻址方式、传输控制、拥塞避免等技术可实现结点协作数据传输模式。

在电网运行过程中，最重要的是保证电网运行的稳定和安全，因此实现对智能电网设备的有效诊断就变得非常重要。利用物联网中各种数据的采集，当智能电网出现故障时，由各变电站录波器记录故障数据，将这些数据通过物联网的通信传输设备传输到电网子站的数据库，其中包括静态和动态的数据；然后通过物联网强大的云计算能力，对电网中可能的故障进行识别，并对数据进行预处理，从而确定可能造成电网出现故障的设备和原因；再将这些数据由调度中心通过解压和解释模块实现实时诊断；最终由各电网终端形成故障简报，并将故障简报送达决策者，实现对电网故障的最终诊断。在智能电网中，智能控制中心是整个智能电网的核心，为了实现智能电网的绿色高效运行，就需要获取可靠的数据，并及时对大量的数据进行智能化的分析和整理，以便做出正确的决策，以对智能电网进行实时高效的控制。

（3）网内数据融合处理技术。物联网不仅仅是一个向用户提供物理世界信息的传输工具，同时还在网络内部对结点采集的数据进行融合处理，是一个具有高度计算能力和处理能力的云计算信息加工厂，用户端得到的数据是经过大量融合处理的非原始数据。

物联网作为智能电网末梢信息感知不可或缺的基础环节，在电力系统中具有广阔的应用空间。物联网将渗透到电力输送的各个环节，从发电环节的接入到检测，变电的生产管理、安全评估与监督，以及配电的自动化、用电的采集和营销等方面都可以采用物联网技术。在电网建设、生产管理、运行维护、信息采集、安全监控、计量应用和用户交互等方面，物联网都将发挥巨大的作用，可以说，80%的业务都跟物联网相关。传感器网络可以全方位提高智能电网各个环节的信息感知深度和广度，为实现电力系统的智能化以及信息流、业务量、电力流提供高可用性支持。

依靠物联网所拥有的数量庞大的终端传感器等采集设备，智能电网的运维管理人员可以从发、输、配电侧到用电侧的各类设备上采集所需的数据信息；同时，这些数据可通过物联网与其上层的互联网进行传递和交换，为从发、输、配电侧应用到用电侧应用提供数据支持，使电网更加坚强和智能。上至功能复杂的应用系统，下至具体的设备对象，物联网在智能电网中起到神经中枢的作用。

基于物联网，可开发许多与智能电网相关的应用：在数字化运营调控方面，有用电信息采集、电能优化分配自动化等；在精益化资产管理方面，有设备状态监测和设备运行预警等；在企业资源管理方面，有供应商管理库存（VMI）感知、智能化信息运维监控等。因此，在智能电网中实现与物联网技术的融合，必将大大提高对电网数据的采集效率，而且通过对数据的高效分析，必将提高电网的运行效率，及时对电网在运行中出现的问题进行有效诊断，给出解决问题的最优化方案，有效整合电力系统各种资源，从而提高电力系统信息化水平、安全运行水平和供电的可靠性水平，同时实现电力资源的最优化配置。

6.1.3 我国智能电网的建设

为了应对日益严峻的全球资源环境形势所带来的巨大挑战，保障国家能源安全、提高能源资源利用率、发展智能电网技术和促进可再生清洁能源的发展，已经成为未来世界各国能源发展的共同目标。我国正处于经济建设高速发展时期，电力系统基础设施建设面临巨大压力；同时，地区能源分布和经济发展情况极不平衡：负荷中心在中东部地区，而能源中心则在西部和北部地区，其中蕴藏量极大的风能主要分布于东北、西北、华北以及沿海地区，太阳能资源主要分布在西藏、新疆和内蒙古等北部和西部地区。我国现阶段的具体国情、能源资源分布情况以及可再生新能源接入的技术特性，决定了智能电网是实现清洁能源大规模开发、电能远距离输送和提高能源资源利用率的最为理想的方式。一个完整的智能电力系统，不仅包含发电、输电、变电、配电、用电的各个环节，还包括电能的生产调度、电能交易、电网的设计规划、技术管理及维护等，这部分内容涉及所有电压等级。只有各环节的发展紧密衔接、相互协调，智能电网的整体功能和优势才能充分发挥。

针对不断增长的电能需求，结合高压、特高压电网的建设和发展情况，国家电网公司在2009年"特高压输电技术国际会议"上提出了建设"坚强智能电网"的发展战略。

图6.3所示为国家电网提出的坚强智能电网建设发展战略。建设坚强智能电网的战略框架可以简要概括为：一个目标、两条主线、三个阶段、四个体系、五个内涵和六个环节。此战略分三个阶段进行：2009年至2010年为规划试点阶段，重点开展规划、制定技术和管理标准、开展关键技术研发和设备研制，及各环节试点工作；2011年至2015年为全面建设阶段，加快特高压电网和城乡配电网建设，初步形成智能电网运行控制和互动服务体系，关键技术和装备实现重大突破和广泛应用；2016年至2020年为完善提升阶段，基本建成坚强智能电网，使电网的资源配置能力、安全水平、运行效率、电网与电源、用户之间的互动性显著提高，使坚强智能电网在服务经济社会发展中发挥更加重要的作用。

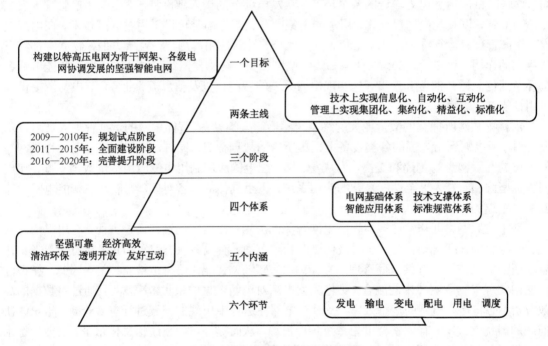

图6.3 坚强智能电网建设发展战略

坚强智能电网一旦建成，可达到如下的要求：① 优化能源结构，保障能源安全供应；② 提升电网的大范围资源优化配置能力；③ 提升系统的清洁能源接纳能力；④ 促进节能减排，推动低碳经济的发展；⑤ 实现电网的可持续发展；⑥ 提升电工行业核心竞争力，促进技术进步及装备升级；⑦ 满足用户多元化需求，提升和丰富电网的服务质量及内涵。在这一战略的指导下，我国电网经过几年的发展，取得了巨大成就。随着三峡输变电工程、特高压工程等跨区联网工程的建设，除台湾等地区外，全国联网格局初步形成。全国联网有力地支持了国家西部大开发和西电东送战略的实施，极大地缓解了部分地区的用电紧张状况，促进了电力行业整体投资效益的提升。

坚强智能电网的核心技术就是传感技术，利用传感器对关键设备（温度在线监测装置、断路器在线监测装置、避雷器在线监测、容性设备在线监测）的运行状况进行实时监控，然后把获得的数据通过网络系统进行收集、整合，最后通过对数据的分析、挖掘，达到对整个电力系统的优化管理。与此同时，智能电网包含很多技术领域，各个国家关于智能电网的研究和建设应依据本国现有的电网条件、技术集成水平和资源分布等实际情况，我国提出建设侧重点在于保障特大规模、特高电压等级、特大输电能力输电网的"清洁、安全、自愈、经济、互动"运行。物联网在智能电网建设中具有举足轻重的作用，这再一次说明我国智能电网的主要特点有如下几点：

（1）坚强可靠——拥有坚强的网架、强大的电力输送能力和安全可靠的电力供应，从而实现资源的优化调配，减小大范围停电事故的发生概率。在故障发生时，能够快速检测、定位和隔离故障，并指导作业人员快速确定停电原因恢复供电，缩短停电时间。坚强可靠是中国坚强智能电网发展的物理基础。

（2）经济高效——提高电网运行和输送效率，降低运营成本，促进能源资源的高效利用。这是对中国坚强智能电网发展的基本要求。

（3）清洁环保——促进可再生能源发展与利用，提高清洁电能在终端能源消费中的比重，降低能源消耗和污染物排放。这是对中国坚强智能电网的基本诉求。

（4）透明开放——为电力市场化建设提供透明、开放的实施平台，提供高品质的附加增值服务。这是中国坚强智能电网的基本理念。

（5）友好互动——灵活调整电网运行方式，友好兼容各类电源和用户的接入与退出，激励电源和用户主动参与电网调节。这是中国坚强智能电网的主要运行特性。

智能电网作为清洁能源发展的绿色接入平台，是优化能源布局、保障能源安全的战略选择。智能电网产业不仅在为能源工业可持续发展提供服务、满足用户多样化用电需求等方面有着重要意义，而且还将直接推动信息、通信、芯片制造、自动化控制设备以及电子仪器仪表等高科技产业的发展，推动区域产业升级。

6.2　物联网在智能电网中的应用

6.2.1　发电环节监控

针对常规发电机组，可以通过安装在机组内的传感监测点，及时了解机组在运行时的转速、力矩、温度、振动等技术指标和相关参量，增强对机组的实时监控能力；结合电网运行的情况，实现快速调节和深度调峰，提高机组灵活运行和稳定控制的水平。对于太阳能发电系统，可以通过光敏传感装置和气象数据采集装置，实现太阳能电池根据日照和天气变化情况随时调整工作状态，以获得最高的光能利用率，实现功率预测。同样，物联网还可以实现对核电、风力发电、潮汐发电等各种新能源发电系统的状态监测、控制和功率预测。图6.4所示为风力发电厂网络远程监控框架。

相对于电网来说，电厂的生产设备采用的是并联结构，并都编上了号码。这样，当某一设备发生故障或周围环境发生变化时，利用物联网技术，可根据采集器采集到的各种数据，经判断后将必要的预警和报告信息准确发送给相关负责人。例如，对于发电厂基础建设以及分布式电厂监控、厂区污染物和气体排放监控、能耗监控、煤料监控、抽水蓄能监控、风电厂监控、功率预测、储能监控等，均可通过电厂生产监控系统，协助电厂将定时的人工监控转变为全时的自动监控。而这些应用的实现都要建立在基于物联网利用传感器对数据的采集和传输的基础之上。图6.5为发电厂视频监控系统示例。

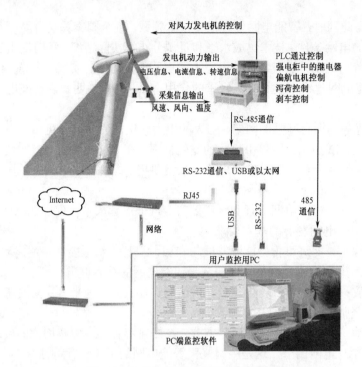

图 6.4　风力发电厂网络远程监控框架

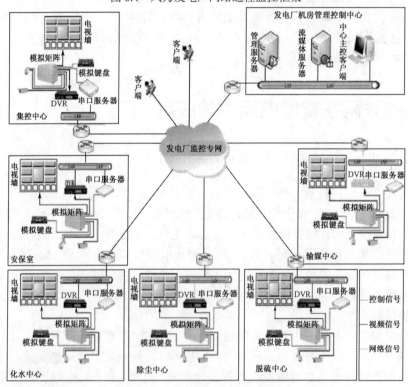

图 6.5　发电厂视频监控系统示例

6.2.2　输配电环节巡检

物联网技术可以有效地提升状态监测的效率。通常，实时监测主要是对电力系统中每个设备的状态都进行全天候的监测,往往会在配电中电力一次设备状态监测方面选择单独使用的监测仪器,因此在这一过程中得到配置的仪表或装置也非常多。其次,状态监测工作往往还需要局部放电检测仪和声电波局部放电检测仪等先进的设备仪器的有效支持,这主要是由于这些仪器能够有效地检测开关柜的局部放电情况,从而在避免大量铺设线缆的同时有效地提升监测的效率。

输配电设备状态监测是电网状态监测中非常关键的一环。利用分布在各个位置上的传感器,可以实现对杆塔、输电线路和高压电气设备的环境状态信息、机械状态信息和运行状态信息的感知与监测,通过与信息通信网络的结合,最终可实现全局性条件下不失针对性的信息综合处理、传输与判断功能,提高电网的稳定运行保障能力和智能化水平,达到优化运行控制与管理,提供高可靠性、高质量电力,降低损耗和提高服务质量的目标。智能化输配电线路监测系统框架如图 6.6 所示。

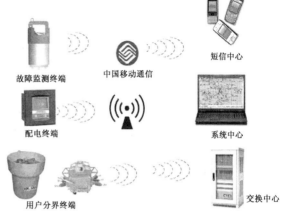

图 6.6　智能化输配电线路监测系统框架

对输配电环节巡检主要是利用在电力设备、杆塔上安装 RFID 标签,记录其一切信息,包括编号、建成日期、日常维护、修理过程及次数等。此外,还可以记录杆塔的地理位置和经纬度坐标,以便构建基于地理信息系统(GIS)的电力网分布图。根据 GIS 电力网分布图来查看杆塔、设备分布情况,可以迅速确定问题杆塔的地理位置,为巡检人员提供有效的标识信息。这套系统建立在物联网基础之上,变电站和电网运维人员可以通过海量传感器和传输网络实时观察各区域的电量分配和使用情况,对全网用电数据进行分析,并通过数字化送配电网络实时地调整各区域的电能分配,从而实现电能优化和分配的自动化。

6.2.3　电力系统管理

物联网技术对于进行相应的远程监测有着重要的影响。在智能电网的运行过程中,由于其管理工作较为复杂,且电力现场作业管理难度相当大。因此,在这一前提下,远程监测的进行能够有效地减少安全防护和监视漏洞以及所存在的盲区,并能够切实提升安全监测的全面性。其次,远程监测工作的内容通常还包括工作人员的身份识别和电子工作票管理等工作,这些工作的进行能够更加高效地实现调度指挥中心与现场作业人员的实时互动,从而监督工作人员参照标准化和规范化的工作流程,最终有效地辅助状态检修和标准化作业等工作的顺利进行。

将 RFID 技术应用于电力系统的各种设备,可以实现对电力资产的全寿命周期管理。在电力设备上设置 RFID 电子标签,通过读写器在其中录入和变更设备的技术参数、性能指标等相关信息,可以实现对电力资产信息的身份识别和集约化管理,为监管电力设备的维护情况和寿命参数变化以及实现电力资产调配的智能化和管理的高效化提供重要的技术保证。电力管理系统架构如图 6.7 所示。

除了电力资产管理,智能电网所需的高水平生产管理同样也离不开物联网技术的支持。利用无线传感技术,工人们可以减少在测量、维护和试验时进入危险区域的机会,通过手中的 PDA,就可以准确获得设备上传感器结点收集的技术参数和相关信息,并可通过无线通信网络与远方的作业人员和调度指挥人员实现互动,这样一方面减少了操作风险,另一方面也提高了工作效率。同时，生产管理人员可以通过 GNSS 和视频传输系统实时了解作业人员的具体位置和作业过程，有利于强化工作监督、规范标准化作业和进行远程技术指导。

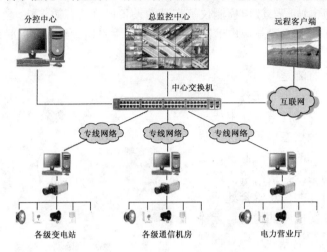

图 6.7　电力管理系统架构

6.2.4　AMI 互动

作为电力营销系统的一个重要环节，电能计量的智能化水平在很大程度上反映着现代电网的智能化水平。传统的电能计量依靠的是人工定期到现场抄取数据，不仅耗时耗力，而且时效性差，准确度低，很难满足电力信息更为复杂的智能电网的需要。基于物联网的智能电表系统，可通过 WSN 技术准确获取电量信息，结合光纤、电力载波等现代通信技术把信息传输给计量中心，计量中心结合计算机技术和相关的智能化测量软件，在分析和统计用电情况的同时，及时把电量信息反馈给用户，实现电能的实时准确计量。更高智能化的电表除了能完成准确计量的任务，还可以融入智能家居系统，加载其他功能，如家电管理、安全预警、远程医疗等。例如，家庭用户可以把太阳能的盈余部分，通过智能电表并网接入电力交易代理机构系统，卖给电力市场的运营商；配电系统运行者根据电力运营商的电能状况，将所需电能分配给输电系统运行者，最终把电能输送给需电用户。这样就成功地将家庭用电系统纳入了智能电网的分布式电源系统之中。

作为基础设施平台，AMI（高级量测体系）系统包含主站、通信信道、采集终端以及电表和辅助设备四大组成部分，在智能电表等终端设备和电网公司之间提供一种自动双向流通的信息架构。该系统支持实时采集、计量和分析用户用电情况，并通过通信层，允许数据上传和下发。用户可实时了解家庭用电情况，以价格为基础，对能源使用做出明智选择；电网公司可以及时地了解和分析其售出电能的使用状况，为企业经营管理和分析决策提供及时、准确的基础数据。对电网营销现代化的重要技术支持，是智能电网的一项重要功能，它可以对电力用户用电信息进行全面采集和综合应用，实现覆盖电网系统全部用户、采集全部用电信息、支持全面电费控制。基于 AMI 应用的物理架构如图 6.8 所示。

在 AMI 系统中，智能电表作为家域网可接入智能电网中。基于物联网相关技术，通过将居室里的各类电器（甚至是非电器）通过智能电表接入网络，可使得家用电器更加智能化，用户还可通过家域网远程地监控各个电器的使用情况、耗能情况进行远程操控，从而构建智能家庭。利用 AMI 和智能电表等手段，用户可以响应电网公司制定的一系列激励措施，如鼓励错峰用电政策可引导用户灵活采用分时段计价用电等方法，可实现基于用户侧的需求响应管理。另外，AMI 也将在电网公司未来的主营业务中发挥重要作用，如远程抄表计费、远程电路通断控制、线路损耗监测管理、盗电监测、高频数据采集以及分布式发电监控和管理等。

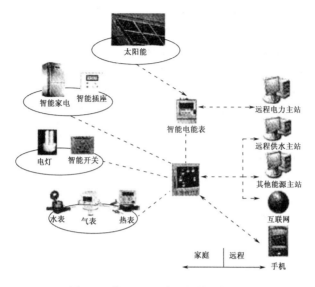

图 6.8　基于 AMI 应用的物理架构

6.2.5　智能用电

物联网技术有利于智能用电的双向交互服务、用电信息采集、家居智能化、家庭能效管理、分布式电源接入以及电动汽车充放电的实现，同时也是实现用户与电网双向互动、提高供电可靠性与用电效率以及节能减排的技术保障。智能家居是在电网中最有可能首先实现物联网应用的环节。其中智能用电服务是智能用电环节的重要组成部分，是实现电网与用户之间实时交互响应，增强电网综合服务能力，满足互动营销需求提升服务水平的重要手段。图 6.9 所示为物联网在智能家居中的应用示意图。

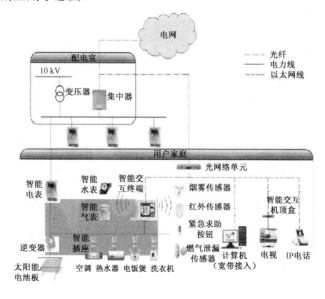

图 6.9　物联网在智能家居中的应用示意图

物联网技术也可方便于家居智能化的实现。借助于在各种家用电器中内嵌的智能采集模块和通信模块，可以实现家用电器的智能化和网络化，完成对家用电器运行状态的监测、分析以及控制；借助于在家中安装门窗磁报警、红外报警、可燃气体泄漏监测、有害气体监测等传感器，可以实现家庭安全防护；借助于应用无线、电力线载波技术，可以实现水、电、气表自动抄收；借助光纤复合低压线缆、电力线载波以及智能交互终端，可以实现用户与电网的交互，以及相关的通信服务、视频点播和娱乐信息等服务。

为了满足智能用电服务的需求，未来在电网"最后一公里"采用电力线复合光纤入户方案，实现多网融合。下面以基于 ZigBee 技术的无线传感网为例，说明物联网在智能用电中的应用。如图 6.10 所示，将 220 V 低压电力线复合光缆接入到住宅设备间，设备间内电力线与光纤分离，分别接入到电表和户内以太网上。智能家庭终端作为统一的户内信息管理控制平台，提供整体的信息接入、信息处理及统一控制管理。

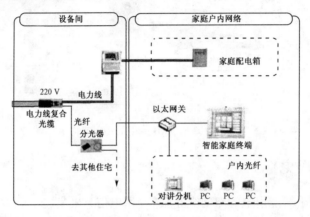

图 6.10　电力线复合光纤入户示意图

如图 6.11 所示，智能家庭终端与智能电表、配电柜及 ZigBee 无线控制器之间采用 RS-485 总线通信，而户内的末梢传感网络采用 ZigBee 技术实现，从而使家庭智能终端对家电、灯光、窗帘、安防等设施进行智能管理，实现对户内用电的信息采集、报警检测、节能控制等功能。物联网在智能用电的应用还可以扩展到智能配电领域的智能小区建设、智能抄表、电力用户用电信息采集等，目前在国内已陆续开展试点推广。

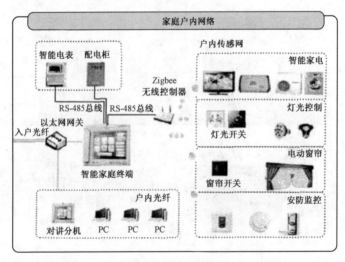

图 6.11　基于 ZigBee 的户内传感网络示意图

6.2.6 电动汽车管理

在智能电网时代，电动汽车既是电网的用电负荷，同时其车载电池也可以作为分布式储能单元，在负荷高峰时期向电网提供容量支持，电动汽车的这一应用被称为"车辆到电网"（Vehicle to Grid，V2G）。V2G 可以提供应急的电力资源，有效地削减电网高峰负荷，增加电网的负荷率。电动汽车充电负荷具有一定的随机性、分散性。电池的储能能力使得用户在充电时间选择上具有一定的灵活性，充电负荷具有一定的可控性。智能充换电网络下对电动汽车充电进行控制，需要有相应的硬件管理平台、灵活的电价机制、智能的计量装置以及合理的控制策略。

电动汽车运营管理系统可实现电动汽车充换电监控、电动汽车运行监视、电动汽车智能调度引导、电池全寿命周期管理等方面的功能。电网智能用电管理系统以需求响应原理为基础，通过电价和电力需求之间的关系，激励集中充换电站进行智能充换电，实现电动汽车充换电站便捷、可靠、智能化的运行管理以及电网的智能化用电。电网智能用电管理系统与电动汽车运营管理系统通过彼此之间的信息交互，改变各自独立运行的局面，形成电动汽车运行和充换电业务的一体化调度模式。通过加强双方合作，有利于提高电网与交通网络的协同性和运行效率，达到供需平衡。

在电动汽车、电池、充电设施中安装传感器和射频识别装置，实时感知电动汽车运行状态、电池使用状态、充电设施状态以及当前网内能源供给状态，实现电动汽车及充电设施的综合监测与分析，并保证电动汽车在稳定、经济、高效中运行。结合物联网、GNSS、无线通信等技术实现对电动汽车、电池、充电站的智能感知、联动及高度互动，使充电站和电动汽车的客户充分了解和感知可用的资源以及资源的使用状况，实现资源的统一配置和高效优质服务。图 6.12 所示为电动汽车充电桩示意图。

图 6.12　电动汽车充电桩示意图

通过电动汽车的感知系统，充电站、电动汽车之间可以实现双向信息互动。通过 GNSS 定位，用户可以查看周围的充电站及其停车位信息，GNSS 定位可以自动规划并引导驾驶员到最合适的充电站。通过监控中心实现一体化集中式管控，可实现车载电池、充电设备、充电站以及站内资源的优化配置、设备的全寿命管理；同时可实现充电流程、费用结算以及综合服务的全过程管理。

6.2.7 智能调度

调度自动化系统作为电网运行控制的基础，在智能电网背景下将向智能化的方向发展。智能电网所具有的最高智能形式是具有多指标、自趋优运行能力，这种最高智能形式在智能调度环节中体现得最为明显。而物联网在智能电网更深层次的应用就在于智能调度管理，其中包括传感器网络的二次侧新技术，使得电网可观测性大为增强；这有利于构建整个电网的数学模型，并在智能调度环节实现真正意义上的全电网状态实时精确估计，也只有在物联网技术广泛应用的基础上，才能实现对智能电网的更为精确的估计。图 6.13 所示为基于物联网的智能调度参考模型。

智能电网掀起了电力工业界新一轮革命的浪潮，而智能调度的概念也从狭义的调度人员辅助决策拓展到调度各业务的全面智能化。智能调度应以调度业务的需求为出发点，不应单纯考虑技术的先进性，技术应为应用服务。智能调度是现有调度自动化系统的全面提升，进一步深化信息化、数字化工作。智能调度应该考虑未来电网发展的需要以及所面临的挑战，为驾驭未来电网提供切实有效的保障。

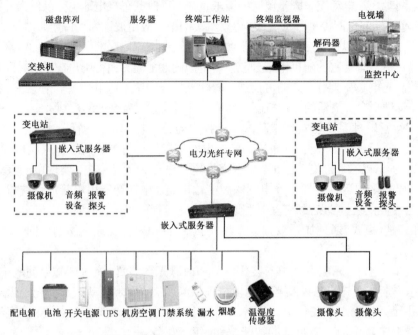

图 6.13　基于物联网的智能调度参考模型

6.3　物联网在智能电网输变电设备管理中的应用

输变电设备状态的实时自动监测是智能电网功能的重要组成部分，是实现输变电设备状态运行检修管理、提升输变电专业生产运行管理精益化水平的重要技术手段。智能电网与物联网作为具有重要战略意义的高新技术新兴产业，已引起世界各国的高度重视。我国政府不仅将发展物联网、智能电网上升为了国家战略，而且在产业政策、重大科技项目支持、示范工程建设等方面进行了全面部署。应用物联网技术，智能电网将会形成一个以电网为依托，覆盖城乡用电设备的庞大的物联网，成为"智慧中国"的最重要的基础设施之一。

6.3.1　面向智能电网的物联网体系结构

物联网技术是输变电设备状态监测和全寿命周期管理实现智能化、自动化的有效手段。融合智能电网应用的物联网体系结构如图 6.14 所示，主要分为感知层、网络层和应用层。

感知层包括各种二维码标签和识读器、RFID 标签和读写器、摄像头、各种传感器以及 M2M 终端传感器网络和传感器网关等。感知层又分为感知控制子层和通信延伸子层，感知控制子层是指对物理世界感知、识别、信息采集的各类传感器，通信延伸子层是指将物理实体连接到网络层和应用层的通信终端模块或延伸网络。智能电网通过感知控制子层实现各环节电气量、非电气量、微环境等信息的采集，然后通过通信延伸子层接入到物联网的网络层。

网络层包括接入网和核心网，可实现感知层与应用层之间的信息传递、路由和控制。鉴于智能电网对数据安全、传输可靠性及实时性的严格要求，物联网中信息的传递、汇聚与控制主要依托电力专用通信网实现，在不具备条件时或特殊条件下可以借助公网，但必须做好相应的安全防范措施。

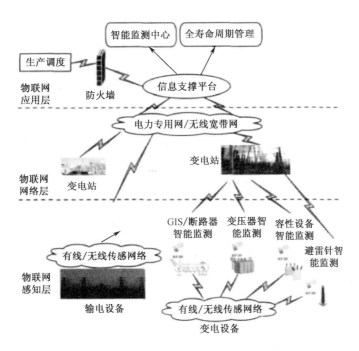

图 6.14　融合智能电网应用的物联网体系结构

　　应用层将物联网技术与智能电网的需求相结合,是实现电网智能化应用解决方案的具体体现。智能电网通过应用层最终实现信息技术与智能电网的深度融合,因此应用层对智能电网的发展具有广泛的影响。应用层的关键在于,在电网信息化过程中,必须满足电网系统的各个环节能够进行智能的双向交流,以实现精确供电、互补供电、提高能源利用率和供电安全。

　　目前,物联网技术已经广泛应用于电网中的各个环节,为智能电网的实现起到了巨大的推动作用。科研单位在输变电设备中引入物联网理念,开展了传感、通信、状态监测、可靠性评估和全寿命周期管理等技术的相关研究工作。

　　基于物联网技术的输变电设备状态监测技术,通过高效、可靠获取的输变电设备状态信息,可对设备进行智能评估与诊断,提高输变电设备的可靠性和运行效率,为设备的全寿命周期优化管理奠定基础,满足智能电网建设和发展的需求。下面从输变电设备状态监测和全寿命周期管理两方面分别介绍物联网技术在智能电网中的应用。

6.3.2　输变电设备状态监测

1. 输电设备状态监测

　　目前,输电设备在线监测已基本实现导线温度监测、线路绝缘子污秽监测、覆冰监测、舞动监测、弧垂监测、风偏监测、振动监测、图像和视频监视、雷电测量与定位、线路故障与定位以及微气象监测等,各种监测以对多种类型的传感器综合信息进行评析为基础,获取监测结果。

　　利用物联网技术在常规机组内部安置一定数量的传感监测点,可以实时了解机组运行情况,如各种技术指标与参数,从而提高常规机组状态监测水平。例如,通过在水电站坝体安装传感器网络,可以随时监测坝体变化情况,以规避水库运行可能存在的风险。利用物联网技术,可以大幅提高一次设备的感知能力,使其能与二次设备很好地结合,从而实现联合处理、数据传输、综合判断等功能，极大地提高电网的技术水平和智能化程度。输电设备状态在线监测对电力设备的环境状态信息、机械状态信息、运行状态信息进行实时监测和预警诊断，以便提前做好相应的故障预判、设备检修等工作，提高设备检修、自动诊断和安全运行水平。

基于物联网技术的输电设备状态监测感知层主要通过在杆塔、输电线路或重要设备上部署各种传感器，然后利用监测数据采集装置，实时采集输电线路的各种状态信息，再经过网络传送到数据中心。输电线路在线监测感知层存在的最大问题是供电能力。目前，主要采用太阳能供电方式，部分科研机构对高压电磁取电进行了研究，但效果并不理想。未来将从丰富发电方式、提高低温储能能力、优化供电工作模式等方面多管齐下，提高整个系统的供电能力。此外，应进一步加强感知层电网专用传感器以及智能采集设备的研制及应用，特别是以光纤传感为代表的无源传感器。以输电线路状态在线监测为例，如图 6.15 所示，利用物联网技术，通过在杆塔和线路上设置的传感器，可对风速、风向、温度、降雨、覆冰等气象条件以及导线的随风振动、导线温度与弧垂、线路风偏、杆塔倾斜等物理技术参量进行监测和预警，同时还可以通过可视系统，监察绝缘子污秽、线路附近树木生长情况和危险施工作业以及偷盗输电线路和杆塔组件等情况，实现对输电线路和杆塔等设备全方位、全时段的有效防护。

基于物联网技术的输电设备状态监测网络层，早期主要采用 CDMA/GPRS 通信方式，该方式具有速率低、安全性差、信号不稳定（部分监测区域无信号）等不足。随着 4G/5G 的发展，通信速率略有改善，但安全性等均无法满足智能电网发展的需要。近年来，国家电网信息通信公司在华北、青海等省电力公司尝试采用"OPGW 光缆+无线宽带"的链路构建方式，效果较为理想。目前，这种方式已成为下一步输电线路状态监测的主要方式。

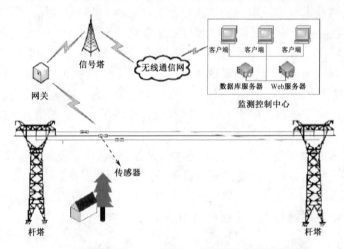

图 6.15　物联网用于输电设备状态在线监测示意图

基于物联网技术的输电设备状态监测应用层，主要包括输电线路在线监测平台及其辅助系统。早期各省电力公司的输电线路在线监测系统软件平台主要由建设厂商配套提供，部分省电力公司有多达 4 套系统，各系统独立运行。国家电网公司 2009 年起组织开发了输变电在线监测系统平台，2010 年进行了大面积推广。目前，运行的输变电在线监测系统主要以数据的采集、存储、简单分析和显示为主，在智能分析、数据深层次挖掘以及可视化展示方面相对薄弱，还需要进一步加强研究，以实现真正意义上的输电设备状态监测智能化。

2．电力生产管理

由于电力生产的管理较为复杂，电力现场作业管理的难度相当大，因此伴有误操作、误进入等的安全隐患经常存在。通过物联网技术进行身份识别、电子工作票管理、环境信息监测、远程监控等,可方便地实现调度指挥中心与现场作业人员的实时互动。基于物联网的电力现场作业监管系统如图6.16所示。

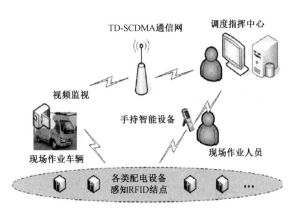

图6.16 基于物联网的电力现场作业监管系统

在电力巡检管理上,利用RFID、GNSS、GIS以及无线通信网,对设备的运行环境和运行状态进行监控,可根据识别标签辅助设备定位,实现人员的到岗监督,使监督工作人员按照标准化和规范化的工作流程,进行辅助状态检修和标准化作业。在塔基下、杆塔上及输电线路上安装地埋振动传感器、壁挂振动传感器、倾斜传感器、距离传感器、防拆螺栓等设备,结合输电线路状态在线监测系统,可对重要杆塔进行较好的实时监测和防护,如图6.17所示。

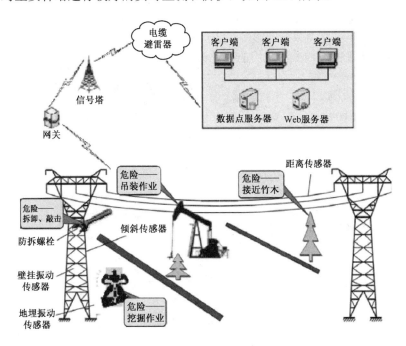

图6.17 杆塔防护示意图

3. 变电设备状态监测

物联网技术是变电站智能化的重要支撑技术。物联网技术在变电设备状态监测中的应用应符合变电站智能化改造的基本要求和原则。在物联网分层结构中的感知层,在智能化变电站中主要体现在过程层;在物联网分层结构中的应用层,则对应于智能化变电站的站控层。图6.18所示为智能化变电站的典型结构。

基于物联网技术的变电设备状态监测感知层(过程层)主要利用各种传感器实现变压器、气体绝缘金属封闭开关(GIS)设备、容性设备以及环境动力等关键状态数据的采集。变压器的状态监测方法主要包括油中溶解气体、局部放电、绕组变形、油中微水、绕组热点温度、侵入波和振动波谱等,重点是对于油中溶解气体和局部放电的在线监测。

GIS设备的状态监测方法主要包括局部放电、泄漏气体、触头机械特性、气体压力和分解

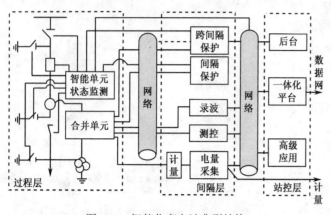

气体组分等，其中 SF$_6$ 气体组分监测的研究尚处于起步阶段。近年来，局部放电的研究是重点，其研究方法主要包括脉冲电流、超声波检测和特高频监测等。虽然目前 GIS 设备的局部放电在线监测技术已得到试运行，但是提升监测灵敏度、实现定量检测与改善放电严重程度等难题仍是需要研究的基础和关键问题。图 6.19 所示为基于物联网的变电设备智能监测物理结构。

图 6.18 智能化变电站典型结构

容性设备主要有电流互感器、电容式电压互感器、耦合电容器、高压套管等。对于容性设备，主要监测其电容量和介质损耗。目前的主要难题是需要解决频率波动、谐波干扰、硬件零漂、环境温湿度变化等对监测数据的影响，进一步提高监测的稳定性和可靠性。对于避雷器阻性电流分量及功率损失的在线监测采用的也是类似的原理。

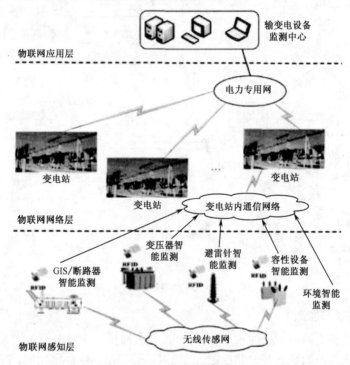

图 6.19 基于物联网的变电设备智能监测物理结构

感知层传感器以小型化、无线化、微功耗为发展方向。在未来发展中，一方面要注意丰富传感设备的类型，另一方面要注意无线传感设备在应用中所产生的电磁波对变电站自动控制系统可能带来的影响。

网络层（间隔层）以站内通信网络为主，通信协议应遵循 IEC 61850 相关规范。此外，随着各种传感系统的应用，无线通信网络应用越来越多，有必要对无线通信的空中通信接口和通信协议进行规范，以实现通信资源的共享。

应用层（站控层）主要体现在输变电设备状态监测系统平台，平台除了实现数据的采集、分析及可视化展示外，要加强与 SCADA（监控与数据采集）系统等其他应用系统之间的信息综合能力，实现数据的多方位综合分析，提高物联网技术在变电环节所起的作用。

6.3.3 输变电设备全寿命周期管理

资产全寿命周期成本管理是指从资产的长期效益出发，全面考虑资产的规划、设计、建设、购置、运行、维护、改造和报废的全过程，在满足效益、效能的前提下使资产全寿命周期成本最小的一种管理理念和方法。输变电设备全寿命周期管理是安全管理、效能管理、全周期成本管理在输变电设备管理上的有机结合，是立足我国基本国情，深入分析电网企业的技术特征和市场特征，总结电网资产管理实践，适应新的行业发展要求提出来的科学方法。国际大电网会议在 2004 年就已经提出，要用全寿命周期成本来进行设备管理，鼓励制造厂商提供产品的生命周期成本（LCC）报告。

利用物联网技术，通过各类传感器监测电力设备的全景状态信息，并与设备本体属性进行关联，可以评估设备状态并预估设备寿命，为周期成本最优提供辅助决策等功能。实现电力资产全寿命周期管理，可大大提高设备诊断与评估的实时性和准确性，有利于在制造、物流、安装、运维、报废等各个阶段实现科学规划和管理。基于物联网的输变电设备全寿命周期管理架构如图 6.20 所示。

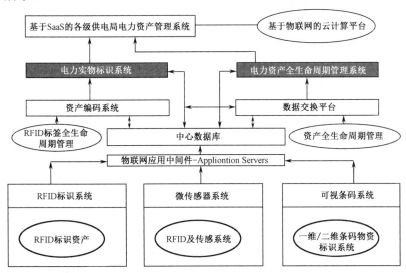

图 6.20　基于物联网的输变电设备全寿命周期管理架构

利用物联网技术可详细收集输变电设备的各方面信息，包括环境、工况、台账、试验、缺陷等。通过合理选择统计方法，分析设备寿命现状以及未来发展规律及关键影响因素，可以形成基于物联网技术的设备自身风险评估方法。利用 RFID、GNSS 与新型传感器等物联网技术手段，动态评估输变电设备状态特征，结合经典理论与数据挖掘，动态更新输变电设备寿命周期建设、运维、改造等历史信息及成本，建立完整的设备管理档案。

6.3.4 物联网在输变电设备管理中的应用前景

目前，物联网技术在输变电设备状态监测与全寿命周期管理中的应用已初具规模，为了进一步发挥物联网技术对智能电网的技术支撑作用，随着智能电网及物联网技术的发展，在如下几个方面需要进一步深化研究：

（1）基于 RFID、GNSS 及状态传感器等物联网技术的输变电设备智能监测模型与全景状态信息模型的研究；

（2）具有数据存储、计算、联网、信息交互和自治协同能力的一体化智能监测装置的研制；

（3）基于国际电工委员会（IEC）标准的全站设备状态信息通信技术及信息集成技术的研究，统一有线/无线通信接口及通信规约；

（4）基于物联网技术的设备全景状态监测评估与全寿命周期智能化管理技术支撑平台研究；

（5）以光纤传感器为代表的电力专用传感器的应用研究；

（6）输变电设备状态监测中的监测设备的可靠供电问题研究；

（7）物联网技术在输变电设备状态监测与全寿命周期管理应用中的电磁干扰问题研究，包括输变电高电磁环境对传感设备的影响以及传感设备对输变电设备自动控制造成的电磁影响；

（8）以三维立体全景全息可视化系统为代表的综合信息可视化展示平台的开发及应用。

（9）海量数据挖掘技术在输变电设备状态监测与全寿命周期管理中的深化应用研究；

（10）"云"技术在基于物联网的输变电设备状态监测与全寿命周期管理中的综合应用研究。

6.4 面向智能电网的物联网信息聚合

6.4.1 面向智能电网应用的物联网架构

面向智能电网应用的物联网主要包括感知层、网络层和应用服务层。感知层主要通过无线传感网、RFID 等技术手段实现对智能电网各应用环节相关信息的采集；网络层以电力光纤网为主，辅以电力线载波通信网、无线宽带网，实现感知层各类电力系统信息的广域或局部范围内的信息传输；应用服务层主要采用智能计算、模式识别等技术实现电网信息的综合分析和处理，为智能化的决策、控制和服务提供支持，从而提升电网各个应用环节的智能化水平。面向智能电网应用的物联网架构如图 6.21 所示。

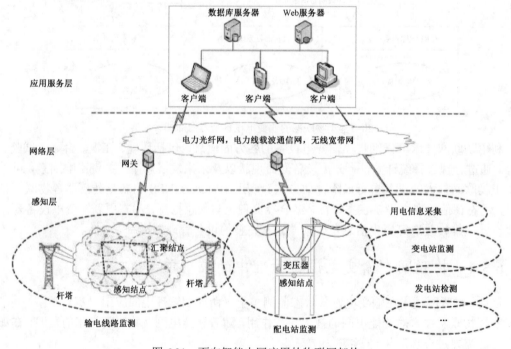

图 6.21 面向智能电网应用的物联网架构

面向智能电网的物联网技术，主要应用于智能家电传感网络系统、智能家居系统、无线传感安防系统和用户用能信息采集系统等，主要硬件设备包括智能交互终端、智能交互机顶盒、智能插座等。物联网用于智能电网用户服务的网络架构如图 6.22 所示。该系统与外部的通信主要通过电力线通信（PLC）、电力复合光纤到户（PFTTH）、无线宽带通信等通信方式相结合的宽带通信平台来实现。

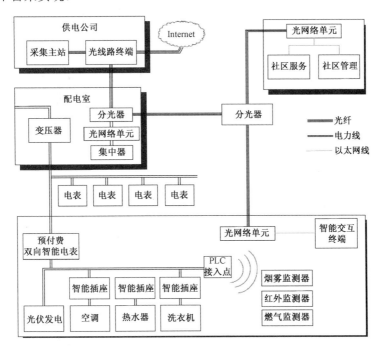

图 6.22　智能电网用户服务网络架构

面向智能电网的物联网将具有多元化信息采集能力的底层终端部署于监测区域内，利用各类仪表、传感器、RFID 射频芯片对监测对象和监测区域的关键信息和状态进行采集、感知和识别，并在本地汇集后进行高效的数据融合，然后将融合后的信息传输至中间一层的网络接入设备；中间层网络接入设备负责底层终端设备采集数据的转发，以及物联网与智能电网专用通信网络之间的接入，保证物联网与电网专用通信网络的互联互通。在物联网中，网络设备之间的数据链路可采用多种方式并存的连接链路，并可依据智能电网的实际网络部署需求，调整不同功能网络设备的数量，以便灵活控制目标区域/对象的监测密度和监测精度，以及网络的覆盖范围和规模。

6.4.2　面向智能电网的物联网信息聚合技术

1. 物联网信息聚合技术简介

物联网信息聚合技术是指在传输数据的同时对数据进行处理，即数据传输与融合并行。物联网信息聚合技术框架示意图如图 6.23 所示。数据在由采集终端到用户终端的传输过程中，完成复杂的信息处理流程，具体的信息处理方法根据不同的网络应用需求进行设计和实现。网内协作模式的信息聚合以网内结点的协作互助为基本方式，解决物联网的数据传输问题，通过协作模式补偿传感器结点能力和能量受限的问题。目前，对于信息聚合技术的研究从技术手段上来看可分为空间策略的信息聚合和时间策略的信息聚合两个阵营。

物联网中边传输边处理的总体信息聚合策略决定了网络层路由"以数据为中心"的特点，如何选择适合信息处理的最佳传输路径，数据流相遇时是否应该进行融合处理，在不同的拓扑结构中如何选择最优聚合点，是数据聚集的空间策略所要解决的主要问题。显而易见，数据聚集的空间策略与网络的拓扑结构和数据传输路径具有非常紧密的联系。基于层次的分簇网络是一种适合用于网内信息处理的网络结构，在分簇结构的路由协议中，簇首结点则是理想的数据聚合点，所有的簇内结点都会将本地采集到的数据发送给簇首结点。由于簇成员结点之间的地理位置比较接近，相关性比较大，数据冗余度相对较高，因此适宜在簇内进行数据处理以消除冗余。另一种数据收集方法是采用树状的网络结构，以数据融合相关参数为路由启发，生成最优化路由，在数据传输过程中，进行数据融合。陈辉等人提出一种以邻居结点之间的数据相关度为路由选择标准，便于相关度较高的结点进行数据融合并压缩，降低传输能量消耗的路由算法。罗汉等人对大数据量的感知信息在路由过程中的融合处理考虑了融合代价问题，即融合处理和直接转发在能量上的权衡，对数据在传输过程中最优化的聚合点和聚合条件做出详细的决策依据。

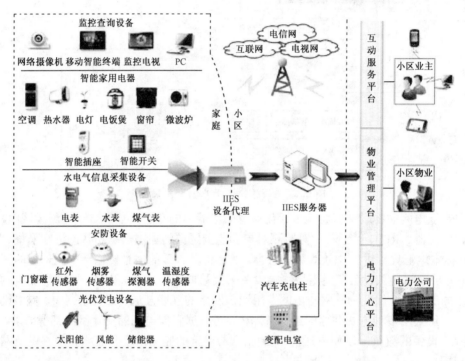

图 6.23　物联网信息聚合技术框架示意图

数据聚集的时机控制决定中间结点合并下游结点传来数据的最优时机，以及对本地数据、转发数据和合并数据的发送需要等待时间的长短等。关于聚集时机的选择有很多种方案。李宏等人提出一种周期性简单的聚合时机控制方法，结点等待一个规定的固定长度的时间，对已经接收到的数据执行数据聚合，然后向下一跳发送聚合后的数据包。韩飞等人提出根据结点在拓扑结构中的位置，确定数据聚合的时机，距离汇聚结点近的结点等待时间长，距离汇聚结点远的结点等待时间短，所有结点的等待时间形成一种级联效应，即处于同一层次的结点，其数据聚合时机相同。这种选择方法在保证数据准确性及时延的情况下，可以使所有传感器结点采集的数据在沿已知路径回传时，最大限度地聚合，有效节省了传感器网络的能量。但是，这种选择机制有可能造成很多结点采集的大量数据几乎同时到达汇聚结点，即使有的结点距离汇聚结点很近，其数据也不能快速回传。这样，在数据回传时延较大的情况下，系统不能快速响应用户，因此聚合时机的选择要根据网络对时延的要求等情况确定。

2．物联网信息聚合技术优势

在面向智能电网的物联网中，由信息聚合技术带来的直接收益主要体现在以下两个方面：

（1）从面向智能电网的物联网网络结构来看，数据经过大量底层的采集和感知设备层层聚集后传输到汇聚设备，这种网络数据流量的分布特性称为"漏斗效应"。网络规模越大，数据流量越多，"漏斗"的瓶颈压力也就越大，发生阻滞和拥塞的可能性也越大，以致严重影响网络性能。在智能电网的实际应用中，位置相近的传感器结点采集到的环境信息往往具有较高的相似性，重复地发送冗余信息会造成严重的额外消耗。因此，将具有较高相关度的多个感知设备信息先进行合并处理，得到高质量数据再进行发送将会减小网络中传输的数据总量，节省网络带宽。网内信息聚合技术对底层结点庞大的数据流量，随着网内处理和数据汇聚程度的增加，在保证基本信息不丢失的前提下，可降低数据总量、减小网络冗余、提高网络性能。

（2）网内信息聚合技术可对原始采集数据进一步包装整合。将大量的信息处理和计算移植到物联网内部进行，从而简化对用户端的设备要求，用户侧可以使用更加低端和简易的设备感知信息的读取和应用。网内信息聚合技术可使智能电网具有更高级、更完善的信息处理能力，监测现场的感知信息也将更容易理解，这一特点高度契合智能化的信息需求。网内信息融合技术还扩展了单个感知小区内数据的连通性，通过协同工作模式以及感知设备之间的信息交互，能够进行数学计算，得到网络管理、移动性管理、业务管理和数据传输等的优化结果，辅助上层的业务操作、传输选路和用户决策等。

3．物联网的数据融合

数据融合是物联网信息聚合技术中必不可少的内容。面向智能电网的物联网实现的不仅仅是感知数据的采集与透明传输，而且在网络实时、可靠地传输数据的同时，还在原始采集数据的基础上，在网络内部进行了大量数据融合工作。因此，传输到管理平台的感知信息将是从海量的、杂乱的、难以理解的原始数据中抽取并推导出的，对于特定的智能电网管理者来说它是具有价值、具有意义的处理之后的数据。图6.24所示为面向智能电网的物联网数据资源管理架构。

网内数据融合处理与智能电网的应用模式密切相关，涉及多种数据处理功能。针对不同的信息获取需求，应选择不同的数据融合功能，从而满足对于特定应用场景的需求。按照操作对象的特点，网内数据融合可分为数据级、特征级、融合级和表示级4种类型融合处理。

数据级处理包括数据存储和数据备份等。采集的数据可以选择性地进行分布式或者中央集控式的存储，在网内数据处理中，处理的结果可以实时传输到终端用户，也可以进行数据备份，制作历史记录以备查询。

特征级处理包括特征提取、数据分类、数据排序和数据筛选等。同一个模拟信息源具有多个不同的特征，应根据不同的应用场景选择需要提取的特征。利用提取的不同数据特征，可以把采集的数据按不同需求整理分类，如按数据属性、数据包长度和数据内容等规则进行分类，然后通过筛选，有针对性地将有用信息提取出来，屏蔽不需要的数据。

融合级处理包括数据关联、数据变换、数据合并和数据加密等。关联分析的目的是找出数据中隐藏的关系，用多个数据协同表示物体的特性，或按照关联规则进行数据项的合并。考虑到智能电网的安全问题，应对敏感数据以加密格式进行存储和传输。

表示级处理包括数据重构、数据表示和压缩编码等。通过提取网内数据的结构描述，可根据需求通过相应的映射函数对数据结构进行转换，按照特定的编码机制用少量的数据位元或其他信息相关单位来表示信息。针对不同的数据特征可以采用不同的数据压缩算法。

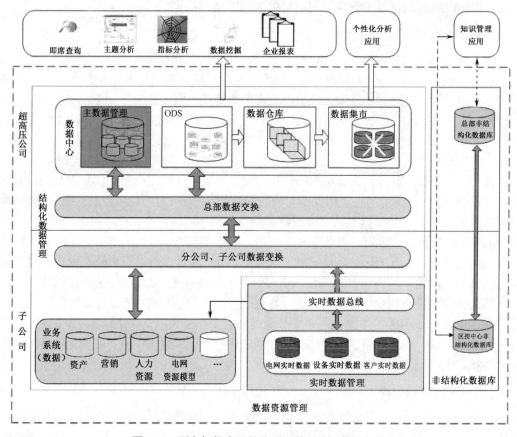

图 6.24　面向智能电网的物联网数据资源管理架构

6.4.3　智能电网系统中的信息聚合解决方案

1. 配变电设备智能监测物联网主要功能

智能电网中的配变电环节在电力生产过程中占据了极大的比重，因此针对配变电环节的电力设备监测是保障电网安全运行的必要工作，是智能电网建设的重要内容。由于配变电设备的分布点多面广，且大部分暴露在室外，易受设备老化、天气及人为破坏等因素而引发故障，这样必须针对各种电力设备日常运行过程中的设备运行参数、设备状态异常、设备破损、性能降低等项目进行监测和记录，并在各种隐患发生前采取应对措施，避免电网设备发生故障。配变电环节的信息通信技术在智能电网的发、输、变、配、用、调度等环节的信息通信技术中处于相对薄弱的环节，亟待加强。尤其随着我国电网规模的扩大，配变电电力设备数量及移动量迅速增多且运行情况复杂，迫切需要以物联网技术为手段，实现智能电网的信息化、智能化，进一步提升工作效率。图 6.25 所示为智能电网配变电智能监测物联网系统架构。

智能电网配变电监测物联网系统的主要功能如下：

（1）监测电力设备的运行环境和状态信息。部署在配变电设备上的传感器结点能够精确采集运行环境和设备状态信息，代替人工观测，提供更准确的检测结果，提高工作质量。

（2）为电力设备状态检修提供辅助手段。通过实时监测设备的运行环境和状态信息，便于进行设备的故障的早期诊断，提高配变电设备预防故障发生的能力。

（3）提供标准化作业指导。在传感器结点上集成射频识别功能，存储设备自身的相关信息（设备履历、巡视标准作业指导书等），在现场作业过程中，提供给现场人员，有利于现场作业指导和后续的数据统计。

（4）对现场工作人员进行定位。通过射频识别对巡查人员进行定位，监督规范巡查人员按预定路线行进，避免设备漏检。

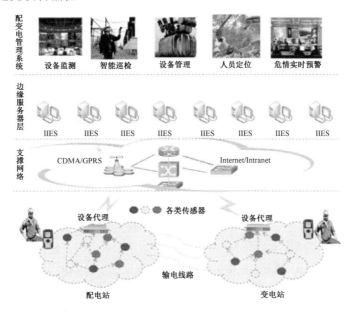

图 6.25　智能电网配变电智能监测物联网系统架构

2. 配变电设备智能监测物联网的信息聚合方案

基于物联网技术的智能电网配变电设备监测系统的网络架构如图 6.26 所示。该系统的网络实体包括传感器结点、固定汇聚结点和移动汇聚结点，其中，传感器结点部署于配变电设备的安全部位，负责获取并采样电力设备的运行状况以及电力设备周围环境的信息，并具有基本的运算控制和数据处理能力。另外，为实现设备管理和监督巡查路线的功能，部署于巡查路线旁侧的传感器结点上加载了 RFID 标签。

传感器结点可通过配置多种不同的传感模块，获知多种类型的状态信息，针对配变电环节的电力设备监测，最基本的感知信息类型如下：

（1）设备自身的温度信息。设备的运行温度是表征设备是否正常的一个重要参数，为保证设备的安全运行，特别是避免过热导致设备热损老化，必须对相关线路和设备的温度进行监测。

（2）设备运行环境的湿度信息。潮湿条件可能导致凝露形成，引发设备放电漏电，因此必须对设备运行环境的湿度情况进行监测。

（3）设备的震动信息。设备的缺陷故障或隐患通常可通过设备的异常震动表现出来，及时有效地发现设备的异常震动能够确保设备健康、良好地运行。

（4）设备的泄漏电流信息。变电站避雷器投入运行后，随着动作次数的增加和工作时间的延长会导致泄漏电流的增加，而这种劣化是离散的、不确定的，表征避雷器是否正常的主要参数是总泄漏电流、阻性泄漏电流和泄漏电流的三次谐波分量，因此必须对泄漏电流进行监测，并在其劣化到可能发生事故的程度之前进行更换，以避免事故的发生。

移动汇聚结点通过搭载智能机器人或由工作人员随身携带，用于电力设备的日常维护和巡查。当移动汇聚结点在无线传感网中移动时，将主动扫描其通信范围内的传感器结点，获取传感器结点的感知数据。同时，读取传感器结点上的 RFID 标签信息，将感知数据与 RFID 标签信息进行本地存储。在移动汇聚结点对整个无线传感网扫描和数据采集之后，通过预留接口将数据导入后台管理系统，从而实现全网数据的收集以及对巡查路线的监督功能。

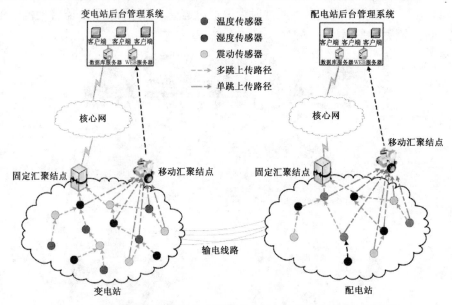

图 6.26　基于物联网技术的智能电网配变电设备监测系统的网络架构

固定汇聚结点部署于配变电站内，负责紧急突发情况（如电力设备起火等）或者特定需求情况下的变电站、配电站级传感器网络的全网信息汇聚，并通过核心网发送给远端的后台管理系统。在紧急状况下，可以利用无线传感网的多跳自组织优势，将全网数据以多跳路由方式向固定汇聚结点传输，从而迅速对每一个电力设备的工作状态信息取得全景式了解。固定 sink结点具备较强的数据处理能力和完善的通信能力，负责将收集到的数据进行汇聚、聚合、处理和判决，然后将数据通过核心网（无线宽带网、TD 网、WiFi 或 802.3 无线局域网等）接入方式上传至后台管理系统。

在智能电网的建设中应用物联网技术，体现了智能电网信息化、自动化、互动化的特征，是智能电网发展的必然选择。物联网技术和智能电网的相互融合以及广泛应用，能对通信基础设施资源和电力系统基础设施资源进行有效整合，大幅提高电力系统的信息化水平、安全运行水平以及可靠供电及优质服务水平，降低线损，提高电能传输效率和使用效率。随着物联网技术与智能电网的进一步渗透与融合，必将给未来电网带来更大的经济效益和社会效益。

总之，将物联网应用于智能电网，将成为推动智能电网发展的重要技术手段，有助于解决智能电网各个环节重要运行参数的在线监测和实时信息掌控。针对智能电网需要采集、感知和识别的海量终端信息，利用物联网信息聚合技术可在数据传输的过程中对数据进行计算处理。通过数据融合方法，可消除信息冗余，降低网络的数据传输量，避免网络拥塞，提供更精确、全面、易理解的信息。

6.5　智能变电站运行辅助管理系统解决方案

随着物联网与三维可视化技术的飞速发展，基于物联网与三维可视化的变电站智能辅助管理控制系统已成为当前研究的热点。本节介绍国网冀北电力有限公司信息通信分公司庞思睿等人提出的智能变电站运行辅助管理系统解决方案。

6.5.1　概述

当前，变电站中存在多个子系统，这些子系统为相应的上层系统提供基础的信息和数据；但由于上层系统分别隶属于不同的部门，站端一般也存在多个系统与之对应。因此，不同系统间存在数据源不一致、数据维护不统一的问题。特别是变电站与相邻变电站的大用户、分布式电源的电力流、信息流、业务流没有形成统一的智能电网计算分析高级软件平台，使得变电站成为智能电网三流合一的汇聚点，而不是一个断点；智能变电站应当成为三流合一的枢纽，起到承上启下的作用。

智能变电站是智能电网的重要组成部分，采用先进、可靠、集成、低碳、环保的智能设备，以全站信息数字化、通信平台网络化、信息共享标准化为基本要求，自动完成信息采集、测量、控制、保护、计量和监测等基本功能，可根据需要支持电网实时自动控制、智能调节、在线分析决策、协同互动等高级功能，实现与相邻变电站、电网调度、变电站用户运行部门、检修部门、管理部门等的互动。随着无人值守变电站管理模式的全面推广，在监控中心通过现有的电力通信网对所属变电站实现远程实时视频监控、远程故障和意外情况告警接收处理，可提高变电站运行和维护的安全性和可靠性，并逐步实现电网的可视化监控和调度，使电网调控运行更为安全、可靠，提高变电站的智能化管理水平。

6.5.2　智能变电站系统总体架构

智能变电站系统总体构架如图 6.27 所示，主要包括过程层、间隔层和站控层。其中，过程层对应物联网中的感知层，主要通过各种传感设备实现设备状态监测，数据通信支持以太网、RS-485 总线、无线等方式；间隔层的主要功能为汇集监测数据及控制信息，变电站巡检及详细监控数据通过过程层传送到站控层；站控层对应物联网中的应用层，监控数据及传输的信息由站控层接入系统平台进行分析、管理和三维可视化展现。站控层接入系统平台通过正向隔离网关实现与综合自动化系统的互通，为智能变电站提供服务支持。

6.5.3　变电站智能运行辅助管理系统

1. 智能巡视

运用物联网和三维可视化技术，通过数据智能分析实现人工巡视和自动巡视相结合的智能巡视，主要有基于手持 PAD 的现场巡视、自动巡视两种模式，可根据运行习惯制定合适的巡视方式。

1）现场巡视

通过对站内相关设备采用统一的 RFID 标签进行编码，实现对设备本体、位置的一体化识别，并可通过手持智能终端即时提取设备状态信息的功能，实现资产的互动化、可视化管理。

在所有应巡视设备上安装了 RFID 标签，在巡视人员巡视时手持的智能终端通过内置蓝牙模块的读写器可自动读取该标签。当值班人员到达该设备的位置时，智能终端自动显示该设备的相关信息（包括未消缺的历史巡视信息），并将所有应巡视的项目一一罗列，以图形化的界面展示设备的历史状态。通过对比图形化界面与现场设备的运行状态，巡视人员快速判断该设备的运行异常信息。现场巡视系统流程如图 6.28 所示。

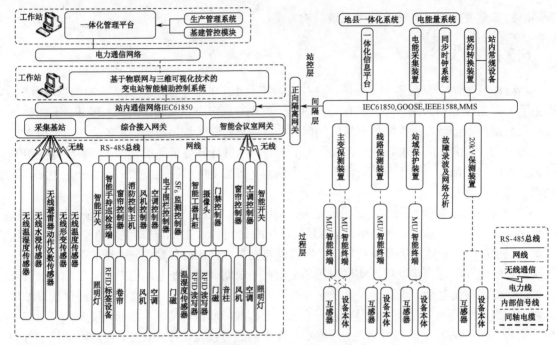

图 6.27　智能变电站系统总体架构

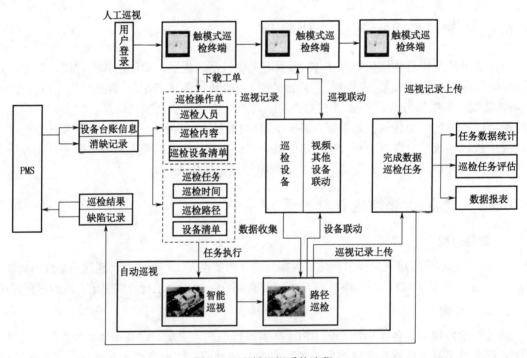

图 6.28　现场巡视系统流程

2）自动巡视

三维模拟场景使工作人员可对设备的状态信息进行模拟巡视，并根据预设路线对变电站进行模拟巡视；它能够实时、生动地展现变电站的设备状态信息，并可进行巡视路线回放。通过在三维模拟场景模拟现场巡视，可降低劳动强度，提高巡视频度，减少运行人员巡视的次数，且融合视频录像可使巡视过程更为直观。自动巡视系统流程如图 6.29 所示。

在三维场景中进行巡检时，该系统通过收集各种传感器数据，如温度、湿度、视频、壳体变形等，同时联动待巡检设备周边摄像头、灯光进行视频图像采集，接收其他系统的设备运行状态信息，巡检完成后统一生成巡检报告。在三维场景中可以进行巡检任务的执行与历史重现，与生产管理系统（PMS）对接后可以根据 PMS 中巡检任务生成系统内相应的巡检任务（巡检设备信息、巡检工作内容、巡检开始工作时间、巡检人员、缺陷描述、缺陷时间、缺陷结果等），也可以上传巡检结果（巡视人员、巡视设备、巡视内容、巡检结论、巡检开始/结束时间等）。

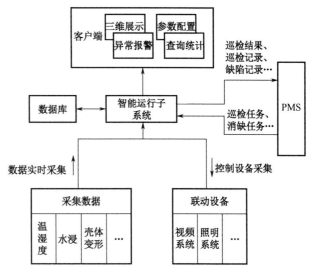

图 6.29　自动巡视系统流程

2．工作遥视

在人员远程遥控操作后，通过视频监视、相关设备状态数据收集、三维模拟的手段确认现场情况。加强作业现场的视频监控（作业过程有录像），记录工作人员作业轨迹，远程提取保护动作信息，减少了运行人员进入变电站现场检查确认的次数，从而提升事故及异常的分析效率，可明显降低故障平均处理时间。工作遥视业务流程如图 6.30 所示。

系统通过隔离网关实现向自动化系统的数据获取，得到所需的开关操作、倒闸操作及保护动作等所需数据，根据事件发生位置联动相应摄像头，向用户推送相关视频监控画面，并根据需要进行录像保存，做到工作内容的全息

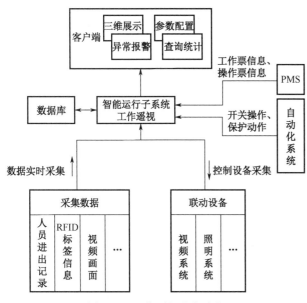

图 6.30　工作遥视业务流程

记录；如事件发生在夜晚，则需要照明系统配合进行录像工作。同时，由系统接口获取 PMS 中关于两票（工作票、操作票）的详细信息，根据安放在各通道处的读卡器记录工作人员的出入情况，也可根据需要与视频系统、照明系统进行联动。

3．日常工作信息化

（1）计划管理辅助：合理利用 PMS 计划管理数据（包括停电计划与非停电计划，如日常的检修工作也会有计划），将其与工作票/操作票数据、值班日志、运行簿册结合，完成变电站内人员工作内容的甄别；当变电站内有工作人员进站后，使远程监控人员能够甄别当前人员的工作内容，并远程实时监控工作状态。

（2）设备缺陷处理辅助：通过站内智能设备的自检信息、告警信息和故障信息，自动生成设备缺陷信息。设备运行维护中发现的设备缺陷可人工输入。可与 PMS 进行信息交互，合理利用 PMS 缺陷记录数据，通过远程视频等手段完成缺陷的现场确认，并实现正常运行后一段时间内的运行数据追踪。

6.6　基于 BNSS 的配电网智能化建设解决方案

北斗导航卫星系统（BeiDou Navigation Satellite System，BNSS）对配电网运行状态进行全面实时监控，可解决配电网智能化建设进程中存在的时间不同步、缺乏有效地理信息、无法保障通信安全等一系列问题。本节介绍国网冀北电力有限公司信息通信分公司刘珅等人提出的基于BNSS 的配电网智能化建设解决方案。其主要思想是利用北斗卫星的精准授时功能实现终端设备与主站的时间同步，利用北斗卫星的高精度定位功能实现对故障、人员、车辆位置的实时监控，利用北斗短报文通信功能实现故障信息回传和应急通信，可切实提升配电网智能化水平。

6.6.1　概述

在配电网智能化管理过程中，需要对配电网运行状态的全面、实时监控。但是，由于配电网设备种类繁多、配电线路拓扑复杂、设备安装环境变化多样等客观情况，如何实现每一个核心配电网设备即时、准确、安全地将状态信息和故障告警信息传回监控主站，并形象直观地展现给运维人员，仍是需要解决的重点问题。目前，有的地区配电网存在部分线路供电半径偏长、故障率偏高、线路互供能力偏弱等问题。配电自动化未覆盖线路虽然已安装数据传输单元（DTU）、馈线终端单元（FTU）等配电终端，但处于孤网运行状态，不能实时掌握线路状态和开关状态信息。当故障发生时，巡检人员需要现场逐段排查故障区域，不能及时发现故障点并排除故障。配电终端与主站无法保持精确的时间同步，难以准确判断故障发生时间和进行故障定位、事件回溯、原因分析等。另外，如遇突发恶劣天气造成通信线路中断，若无其他应急通信手段，则会对配电网抢修指挥造成严重影响。为此，应用 BNSS 能够简单有效地解决上述问题。

利用 BNSS 全天候、全天时、实时回传、高精度、信息安全性强等特点，以及无须建设专网基站、无须敷设专用光缆的独特优势，将 BNSS 用于配电网智能化建设中，会产生显著的经济效益和社会效益。利用 BNSS 解决配电网设备的精准对时、定位和通信问题。利用 BNSS 的精准授时功能，实现终端设备与主站的对时统一，以及终端设备的自动授时；利用 BNSS 的高精度定位功能，实时监控故障、巡检人员、抢修人员、电力工程抢险车辆空间位置，迅速定位配电网故障点；利用 BNSS 短报文通信功能，回传应急通信和故障信息，在抢修前确定故障类型。因此，通过对配电网设备的信息进行采集、查询、调阅、管理，为智能配电网提供信息交互手段，全面实时监控配电网运行状态，通过 GIS 平台定位故障位置，规划最优抢修路径，缩短因故障导致的停电时间，提高故障处理效率，提升客户服务水平和用户满意度，大幅提升配电网智能化水平并切实提高用户供电可靠性。

作为 BNSS 在配电终端状态监测中的应用，测试线路选取秦皇岛市南里庄变电站河北一线、河北二线、污水一线、污水二线、铝业线、柳村线、龙营线、南一线和李庄变电站高庄线等共计 9 条 10 kV 配电线路，通过 BNSS 实现了终端设备的自动授时，遥信、遥测数据的上传和召测，以及故障报警和定位。系统借助于一套北斗指挥装置（包含北斗指挥机、服务器、交换机等），实现了配电网设备的信息管理、查询、调阅，为智能配电网提供信息交互的手段。配置多台北斗智能巡检手持终端，完善基于北斗的 GIS，通过信息回传功能实现故障点在 GIS 地图中的准确定位，可自动生成智能抢修路线，主动通知抢修人员，缩短抢修时间。目前，北斗配电终端监测平台 9 条线路 100 套北斗卫星系统终端投入使用，北斗卫星通信和智能配电网管理有机结合，实现故障、人员、车辆位置实时监控，提高故障的判别准确度，配电网故障定位时间由小时级别提高至分钟级别，极大提高了配电网抢修效率。2016 年 12 月 27 日 11 时 29 分，冀北秦皇岛供电公司监控人员发现北斗配电终端监测平台出现异常告警，立即通知开展抢修。作业人员通过移动作业终端锁定故障点，通过北斗系统定位导航功能，优选抢修路径，仅用 12 分钟到达故障点开展抢修。

因此，将北斗卫星系统应用于配电网智能化建设中，通过在配电终端加装北斗模块，实现对配电网运行状态的实时监控，能够有效解决配电网智能化中存在的时间不统一、有效空间地理信息缺乏、通信安全缺乏保障等一系列问题，可切实提升配电网智能化的水平。

6.6.2　系统实施方案

系统采用三种类型的北斗模块，将其应用于电力配电设备，包括具备授时功能的北斗模块，具备授时和定位功能的北斗模块，具备授时、定位和短报文通信功能的北斗模块。

（1）通过加装了北斗高精度授时模块，可对配电终端及主站实现高精度时间同步，解决配电网设备对时统一的问题。

（2）通过加装北斗高精度定位模块，定位功能可与 GIS 平台相结合，快速定位配电网设备故障，实现故障精确定位，解决配电网设备的故障定位问题。

（3）通过对现有电力基础设施加装北斗定位模块，提供精确的实时位置信息，解决设施基础地理信息标识的问题。

（4）通过配置北斗数据传输终端和北斗智能巡检手持终端，由于 BNSS 短报文通信功能不依赖现有的有线或无线通信方式，在环境恶劣的条件下依然能够进行通信，可有力保障无公网覆盖地区移动作业及灾害情景下的通信问题。

（5）对传统的 FTU、DTU、故障指示器以及故障定位装置等配电终端进行改造，并与 BNSS 授时、定位及通信模块进行集成。

通过上述配电终端加装改造，系统能够通过北斗授时模块获取精确的时间并与主站保持时间同步；通过北斗定位模块获取终端的空间地理信息，获取终端（连同配电终端的传感器）采集到的监测数据；通过北斗短报文通信模块回传到主站平台。系统整体实施方案如图 6.31 所示。

1. 北斗精确授时

通过 BNSS 的高精度授时模块，配电自动化设备对时的准确度可以从微秒（μs）级提高到纳秒（ns）级，显著提高对时准确度，实现配电网的时间统一。通过统一时间，可提高事件顺序（SOE）记录时标匹配的准确度，准确掌握故障发生时刻，提升故障分析和解决的效率，从而提高配电自动化的自动程度。

考虑到现有配电网设备的现场通信条件，通常将配电网设备划分为具备现场通信条件和不具备现场通信条件两类。针对具备现场通信条件的配电网设备，在配电网设备中加装北斗高精度授时模块（如图 6.32 所示），利用该模块收取北斗基准时钟源下发的时间信息，通过 I/O 接口为配电网设备提供时间信息，确保配电网设备记录的状态变化信息和故障信息中时标的准确性，通过现有通信通道将包含精准时标的信息数据回传至配电自动化主站，满足配电终端与自动化主站的时间一致性；针对不具备现场通信条件的配电网设备，采用加装北斗数据传输终端的方式，将包含精准时标的配电网设备信息通过北斗短报文通信的方式发送至后台主站。

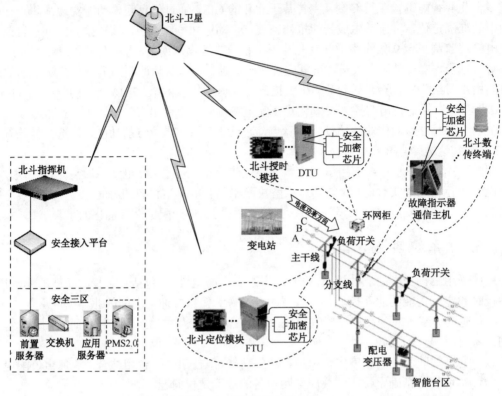

图 6.31 系统整体实施方案

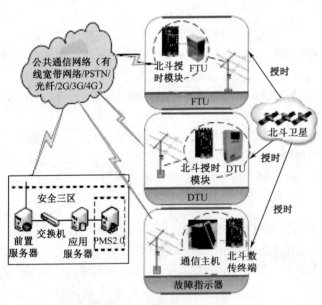

图 6.32 北斗精确授时示意图

网设备通过光纤上报至配电自动化主站。

系统解决方案满足电力设施对于授时功能的需求，利用北斗精确对时来记录配电自动化设备状态变化和故障发生的时间，从而提高配电自动化设备的对时准确性。

2. 故障精确定位

配电线路在发生故障时，故障点位置的精确定位与快速查找在配电自动化领域是十分重要的。针对具备现场通信条件的配电网设备位置信息回传功能的要求，利用北斗高精度定位模块为配电网设备提供精确的空间地理信息服务，可解决现场故障定位难、查找慢的实际问题。北斗高精度定位模块通过通信端口将精确的位置信息提供给配电网设备，配电

针对不具备现场通信条件的配电网设备位置信息回传功能的要求，利用北斗数据传输终端为配电网设备提供精确空间地理信息，并通过短报文将精确的位置信息上报至后台主站。通过主站部署的北斗配电终端监测平台和 GIS 设备，将故障点的信息下发到巡检人员的北斗智能

巡检终端，自动生成抢修路径，引导巡检人员迅速到达故障现场，实现故障快速定位、查找，缩减配网抢修时间，提高配电网抢修的效率。精确定位故障区域示意图如图 6.33 所示。

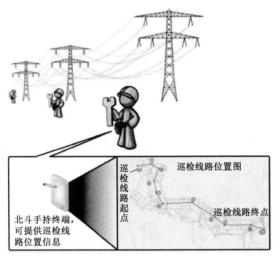

图 6.33　精确定位故障区域示意图

3．地理位置信息采集

近年来，在电网信息化建设过程中，各省（市）供电公司采集城网 10 kV 及以上电压等级的电网资源数据，并在电网 GIS 平台内对采集数据建模。但是，仅有部分省公司在电网 GIS 平台中建设对农网 10 kV 及以上设备、低压配电网数据的管理，营销资源数据严重缺失。如图 6.34 所示，通过在重要电力设施上加装不同类型的北斗定位模块，标识其空间位置信息，通过对带有位置信息的数据进行数据融合、影像匀色、坐标/格式转换等处理，能有效地统一管控电力基础设施。

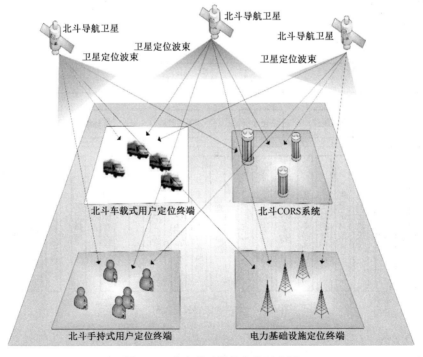

图 6.34　电力基础设施定位示意图

4．移动作业和状态信息回传

BNSS 的短报文通信功能是 GPS、GLONASS、Galileo 等卫星导航系统都不具备的功能，是在全球范围内第一个在定位、授时之外具备报文通信功能的卫星导航系统。地面控制中心与用户机之间和用户机与用户机之间均可实现双向报文通信。短报文除了可以用来进行点对点的双向通信外，北斗指挥机还可进行一对多的广播传输，极大便利了各种平台的应用。北斗指挥机接收用户机发送的短报文信息，通过短信网关转发到普通手机端，普通手机也可以通过通信服务向用户机发送短报文。北斗系统通信组网示意图如图 6.35 所示。

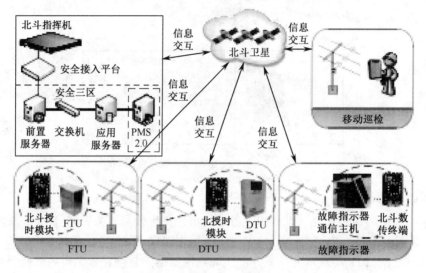

图 6.35　北斗系统通信组网示意图

5．北斗配电终端监测平台

所有终端的数据都依托北斗配电终端监测平台，该平台主要包括配电终端监测和北斗通信监测两个模块，其基本功能有：系统管理、数据统计、综合分析、在线监测、指标维护、档案管理等，具体如图 6.36 所示。

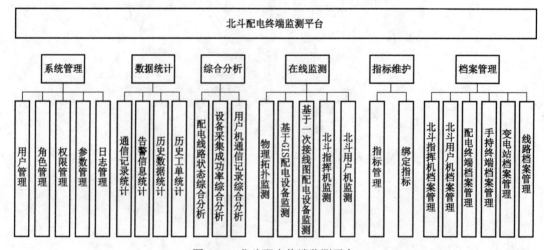

图 6.36　北斗配电终端监测平台

配电终端监测模块的作用是接收配电终端上传（采用北斗通信和公网方式上传）的数据，包括配电终端的工作状态、空间位置及故障相关信息；通过电网 GIS 平台中的地图等方式浏览数据，并对其进行统计和分析，自动判读故障类型，得出可用的信息。北斗通信监测模块的作用是实时监测北斗通信链路质量以及各类北斗设备（包括指挥机、手持终端、数据传输终端等）的工作状态，合并统一管理。

讨论与思考题

（1）物联网在智能电网中有哪些应用？

（2）面向智能电网的物联网体系结构分为哪几层？阐述各层的作用。

（3）阐述基于物联网的电力生产管理系统的工作原理。

（4）在面向智能电网的物联网中，信息聚合技术有什么优势？

（5）物联网的数据融合分为哪四种类型？

（6）在智能电网中，物联网有哪些应用？简述理由。

（7）结合北斗相关资料，阐述北斗在配电网智能化中的实施方案。

第7章 智能交通应用与解决方案

随着经济的发展和社会的进步，汽车的数量持续增加，交通拥挤和堵塞现象日趋严重，由此引发的环境噪声、大气污染、能源消耗等已经成为目前各工业发达国家和发展中国家面临的严峻问题。智能交通系统（Intelligent Transport System，ITS）作为近 10 年迅速兴起的解决改善交通堵塞、减缓交通拥挤的有效技术措施，越来越受到国内外政府决策部门和专家学者的重视，在许多国家和地区得到广泛应用。尤其是近年来，物联网技术在国内的迅速发展，ITS 领域被赋予了更多的科技内涵，在技术手段和管理理念上引起了革命性变革。物联网在交通运输领域的应用，强调建立交通要素感知识别基础网络和更加开放的应用模式，这将会在一定程度上打破以往的信息孤岛，突破传统 ITS 发展中的瓶颈，促进 ITS 的发展在深度、广度上产生质的飞跃，为交通运输领域的发展做出更大的贡献。

7.1 物联网在 ITS 中的应用

7.1.1 概述

ITS 是将先进的传感器、通信、数据处理、网络、自动控制和信息发布等技术有机地运用于整个交通运输管理体系而建立起的一种实时的、准确的、高效的交通运输综合管理和控制系统。智能交通通过改进交通运输基础设施，提高交通信息服务水平，可改善交通运输环境，提高交通服务质量，进而提高人们的生活质量与水平。

现有的城市交通管理基本上是自发进行的，每个驾驶员根据自己的判断选择行车路线，交通信号标志仅仅起到静态的、有限的指导作用。这导致城市道路资源未能得到最高效率的运用，由此产生了不必要的交通拥堵甚至瘫痪，而智能的城市交通基础设施可以将整个城市内的车辆和道路信息实时收集起来，并通过超级计算中心动态地计算出最优的交通指挥方案和车行路线。例如，在机动车辆发生事故时，车载设备就可以向交通管理中心发出信息，便于及时处理以减少道路拥堵。同样，后方行驶的车辆也可以及时得到消息，绕开拥堵路段。当然，若违章驾驶，司机也会在第一时间受到处罚。

物联网在智能交通中的应用，首先强调将各类交通运输工具、运输系统、交通运输与管理的基础设施作为组成物联网的对象来处理需要统筹规划、设计与建设各类系统共享的交通感知网络，从而更全面、充分地利用交通信息，更加智能地为各种特定的应用领域提供服务，将智能交通融入智能城市、智能地球之中。

基于物联网的智能交通，在交通信息采集方面，其终端结点通过采用非接触式地磁传感器来定时收集和感知区域内车辆的速度、车距等信息。当车辆进入传感器的监控范围后，终端结点通过磁力传感器来采集车辆的行驶速度等重要信息，并将信息传送给下一个定时醒来的结点。当下一个结点感应到该车辆时，结合车辆在两个传感器结点间的行驶时间，就可估算出车辆的平均速度。多个终端结点将各自采集并初步处理后的信息通过汇聚结点汇聚到网关结点，进行数据融合，获得道路车流量与车辆行驶速度等信息，从而为路口交通信号控制提供精确的输入信息。通过给终端结点安装温湿度、光照、气体检测等多种传感器，还可以实现对路面状况、能见度和车辆尾气污染等的实时检测。

7.1.2　物联网与智能交通的关系

ITS 领域是物联网重要的应用领域,也是物联网最有可能取得产业化成功的行业之一。ITS 所涉及的技术较多,从数据的采集到信息的发布和共享,其中涉及各种技术且跨度较大,但稍加对比不难发现: ITS 许多方面都与物联网技术息息相关,两者之间有着天然的联系。图 7.1 所示是物联网与智能交通的关系示意图。

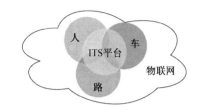

图 7.1　物联网与智能交通的关系示意图

(1)物联网具有强大的数据采集功能,可为 ITS 提供较为全面交通数据。底层的数据是系统的基础。ITS 离不开基础数据的采集,ITS 只有时刻不间断地掌握路网上的交通信息,才能有效地控制和管理道路交通。实时、准确和全面的交通数据是 ITS 高效运行的基本保障。物联网最重要和本质的特点就是实现物物相联,只要嵌入有电子标签的物体都可以成为被采集的对象。大量交通参与者,无论是人或车,还是道路相关设施,其信息都将快速地汇集到物联网中;利用物联网,ITS 可以方便地采集到路面上各类交通数据。

(2)物联网可为交通数据的传输提供良好的渠道,为交通信息的发布提供广阔的平台。物联网本身就是一个巨大的信息传输渠道,ITS 如果能与物联网无缝连接,那么利用物联网的底层传输体系,通过有线和无线传输方式,ITS 所需的交通数据就可以实现从采集设备到处理中心的传输。ITS 在实际应用中不仅需要底层的设备为上层提供数据,有时上层也会有向下传送相关指令的要求。也就是说,ITS 中数据或信息的传输不是单向的,兼有上传和下行的需求。ITS 最终要为出行者服务,系统所提供的交通信息应在第一时间内发送给尽可能多的出行者。物联网则是这方面的理想选择, 无论是信息传播的深度还是广度, 物联网都具有其他方式所无法比拟的优势,它为 ITS 信息的发布提供了一个良好而宽广的平台。

(3)基于物联网的智能交通体系结构。物联网和智能交通成功融合后,智能交通将是物联网重要的应用领域,是物联网服务社会的具体应用形式之一;而物联网也将是未来智能交通的重要组成部分,是智能交通正常运行的基础设施。以物联网作为 ITS 的基础,尝试着建立新一代 ITS 体系结构。

7.1.3　智能交通在物联网时代的应用前景

随着物联网的推广和普及,以及 3G/4G、物流传感技术的发展进步,ITS 正在向新一代智能交通发展。WSN 作为一种融合短程无线通信技术、微电子传感器、嵌入式系统的新技术,逐渐被用于新一代 ITS 等需要数据采集与检测的相关领域,从而给城市智能交通带来一次全新的升级。虽然物联网的建设和完善需要很长时间,物联网和 ITS 的融合也需要不断地进行磨合,但物联 ITS 的应用前景还是十分乐观的, 尤其是传感技术和无线通信技术的逐渐成熟。目前,美国的 IVHS(智能车辆公路系统)、日本的 VICS(车辆信息与通信系统)等系统通过在车辆和道路之间建立有效的信息通信,已经实现了智能交通的管理和信息服务。WiFi、RFID 等无线技术近年来也在交通运输领域智能化管理中得到了应用,如智能公交定位管理和信号优先、智能停车场管理、车辆类型和流量信息采集、路桥电子不停车收费以及车辆速度计算分析等。物联网技术在 ITS 中的应用如图 7.2 所示。

据物联网在线了解,未来车联网将主要通过无线通信技术、GNSS 技术与传感技术的相互配合来实现。在车联网中,装载在车辆上的电子标签通过无线识别技术,实现在信息网络平台

图 7.2　物联网技术在 ITS 中的应用

上对所有车辆的属性信息进行提取和有效利用，并根据不同的功能需求对所有车辆的运行状态进行有效的监管，同时也提供综合服务。图 7.3 所示为智能型可视化车联网应用架构。从互联网到物联网，世界正以不同的方式相互连接；而从车载信息到车联网，车与车之间也将相互连接，并成为人们相互交流的新途径。车联网和互联网一样，都会是将来物联网的一部分，利用现有的互联网和通信技术可以加快车联网的发展。不过，考虑到汽车应用的特殊性，车联网对网络的安全性和可靠性的要求会更高。在未来的车联网时代，无线通信技术和传感技术之间会形成一种互补的关系：当汽车处在转角等传感器的盲区时，无线通信技术就会发挥作用；而当无线通信信号丢失时，传感器又可以派上用场。车联网的现实应用，将会改变人们未来生活和工作的方式。

在实现车联网的技术中，RFID 只是一门用于个体识别、定位和导航等工具，其需要相关的数据通信、数据处理、信息发布和智能控制等技术的配合。在实时定位与导航方面，GNSS 技术已经得到了充分的利用。与 RFID 技术相比，GNSS 所获取的定位信息具有更高的精度。但是在适应性上，GNSS 需要昂贵的设备用于存储基础 GIS 数据，以及进行复杂的计算。而采用 RFID 技术，只需要一个 RFID 标签，再配合其他通信设备及信息发布设备，就可以进行粗略位置的定位以及导航，具有成本低、安装方便、车辆无须改造等特点。但是该两种技术并非相互排斥。GNSS 可以应用于比较空旷的地方，以及对定位精度要求很高的情况下。RFID 可以应用于城市交通网络或者高速公路网络等监控性强的地方。在数据的融合与处理上，一些学者也对 GIS 在 ITS 中的数据模型以及数据融合都进行了深入探讨。GIS 作为一个空间数据处理平台，未来可以融合 RFID 所获取的实时交通信息，从而提供针对流量、速度、位置和状态方面的信息。

RFID 技术通过无线电波的方式，可把存储在 RFID 标签（Tag）上的唯一标识码传送给 RFID 阅读器（Reader）。当标签贴在被标识物体上时，就可以对被标识物体实现远距离的、非直接接触的识别。基于无线电波的传输周期以及传输通道的特性，可以实现对物体的多目标、大批量、快速的识别。使用 ETC 以后，可使通行能力提高 5 倍以上，缓解交通压力；降低管理成本，提高车辆运营效益；ETC 车辆综合单车油耗比人工收费车辆节省约 50%。

（1）公交一卡通。例如，香港的八达通、深圳的深圳通和广州的羊城通，其中香港的八达通可以搭乘香港所有的公共汽车、地铁、火车、轻轨列车、轮渡和小型巴士等交通工具。从 2015 年 12 月起，北京开始发行京津冀一卡通互通卡，该卡可用于北京、天津、张家口、廊坊、保定和石家庄的部分公交线路。

（2）不停车收费系统。例如，美国的 E-Zpass，我国香港的 Auto toll，广东省的粤通卡等。其中，香港的 Auto toll 系统从 1992 年起，在香港地区的十多条主要公路干线以及隧道上进行不停车收费，每天为香港地区 20 多万带有 RFID 不停车收费卡的用户提供服务。2015 年我国累计建成开通 ETC 专用车道约 2.7 万个。截至 2017 年 4 月底，全国高速公路 ETC 用户已经突破 5 000 万户，主线收费站 ETC 车道覆盖率超过 98%，进度和成果超出预期。据预测，"十三五"时期，全国高速公路 ETC 平均覆盖率达 85%，实现全国高速公路 ETC 联网运行，ETC 用户量将超过 8000 万个。

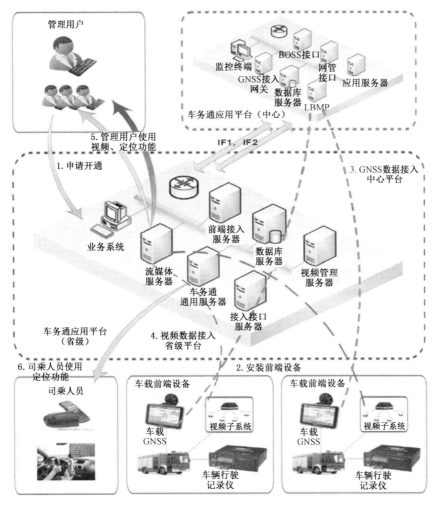

图 7.3　智能型可视化车联网应用架构

（3）路线导航。根据事先选定的路线，在抵达某关键路口的前一个路口，通过适当的信息发布机制，可以告诉车辆应该在某条行车道行驶或某个出口驶出。

（4）智能信号灯控制。通过安装在路口的 RFID 阅读器，可以探测并计算出某两个红绿灯区间的车辆数目，从而智能地计算红灯或绿灯的分配时间。同时，通过对公交车辆的识别，可以实现公交优先的交通信号控制。

（5）城市中心区域交通流量控制。对进入城市中心区域的车辆，通过安装在路口的 RFID 阅读器，自动计算其行驶长度，从而可以对进入中心区域的车辆按行驶长度不停车地进行收费，以降低城市中心区域的交通压力。

（6）进入控制。通过安装在路口的 RFID 阅读器，并辅以其他自动控制系统，可以阻止特定类型的车辆或有违章记录的车辆进入某区域或某路段。

（7）实时速度指示。通过计算车辆通过两阅读器区间的时间，可以实时统计车辆的平均行驶速度，并予以通告，以便让其他车辆可以知道该路段的顺畅程度，从而选择是否行驶该路段。

（8）超速警告。根据车辆通过两阅读器区间的时间，可计算该车辆行驶是否超速；若超速，可通过适当的信息发布机制，对该车辆进行通告或警告。

（9）自动违章记录与惩罚。针对在某区间违章的车辆，在区间出口处识别到该车辆后，可以自动进行违章的记录与惩罚；其费用可以通过自动缴费渠道扣除。

（10）故障通告。若某路段因为意外情况或者例行道路维护，需要暂时关闭，可以在该路段之前的路口，对经过该路口的车辆进行通告，告之某路段已经封闭，不可进入。

总之，基于物联网的 ITS 以先进的交通动态基础信息采集技术为核心，利用多种高精度传感器设备，可准确采集道路车辆信息、流量信息、道路的时间与空间占有率、车头时距、排队长度、车速信息、违章信息、停车位信息、气象信息及道路基础设施状态信息等，并依靠自有网络对信息进行实时传送，为交通信号控制系统、交通动态诱导系统提供必需的检测信号；可以提供城市路口的交通参数、车辆动态运行参数、车辆违章行为判选等信息，为整个城市的交通管理、安全管理提供基础数据。目前，物联网发展还处于初级阶段，物联网在 ITS 领域方面的应用今后会更全面、更先进。物联网的产业化发展将大力促进我国 ITS 的发展。ITS 行业现在已被公认为是物联网产业化实际应用的最能够取得成功的优先行业之一，必将创造出更大应用空间和市场价值。

7.2 物联网环境下的智能交通体系框架

7.2.1 面向智能交通的物联网整体架构

相对于之前以环形线圈和视频为主要手段的车流量检测以及依此进行的被动式交通控制，物联网时代的 ITS 可全面涵盖信息采集、动态诱导和智能管控等环节。通过对机动车辆信息和路况信息的实时感知和反馈，在 RFID、GIS、GNSS 等技术的集成应用和有机整合的平台上，可实现车辆从物理空间到信息空间的唯一性双向交互式映射，以便通过对信息空间的虚拟化车辆的智能管控，实现对真实物理空间的车辆和路网的"可视化"管控。利用物联网感知层传感器技术，可实现车辆信息和路网状态的实时采集，从而使得路网状态仿真与推断成为可能，更使得交通事件从"事后处置"转化为"事前预判"这一主动警务模式，这是 ITS 领域管理体制的深刻变革。

从智能交通和物联网的概念实质，以及其技术框架与体系可以看出，物联网在交通运输领域中的应用就是智能交通，而智能交通的发展恰巧也是以物联网基本理念与技术核心为基础的。通过分析可知，面向智能交通的物联网整体架构如图 7.4 所示。

7.2.2 基于物联网架构的智能交通体系框架

针对目前交通信息采集手段单一、数据收集方式落后和缺乏全天候实时提供现场信息能力的实际情况，以及道路拥堵疏通和车辆动态诱导手段不足，突发交通事件实时处置能力有待提升的工作现状，基于物联网架构的智能交通体系综合采用线圈、微波、视频、地磁检测等固定式的交通信息采集手段，结合出租车、公交车及其他勤务车辆的日常运营，采用搭载车载定位装置和无线通信系统的浮动车检测技术，可实现路网断面和纵剖面的交通流量、占有率、通行时间、平均速度等交通信息要素的全面全天候实时获取。通过路网交通信息的全面实时获取，利用无线传输、数据融合、数学建模、人工智能等技术，结合警用 GIS，可实现交通堵塞预警、公交优先、公众车辆和特殊车辆最优路径规划、动态诱导、绿波控制和突发事件交通管制等功能。通过路网流量分析预测和交通状况研判，可为路网建设和交通控制策略调整以及相关交通规划提供辅助决策和反馈。

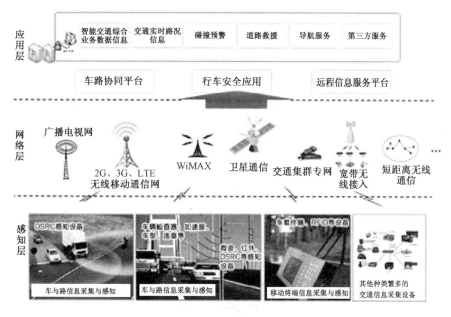

图 7.4　面向智能交通的物联网整体架构

物联网架构下的智能交通体系框架如图 7.5 所示。从图 7.5 中可以看出，这种架构下的智能交通体系通过路网断面和纵剖面交通信息的实时全天候采集和智能分析,结合车载无线定位装置和多种通信方式，实现了车辆动态诱导、路径规划和信号控制系统的智能绿波控制和区域路网交通管控，为新建路网交通信息采集功能的设置提供规范和标准，便于整个交通信息系统的集成整合，为交通信息平台提供服务。

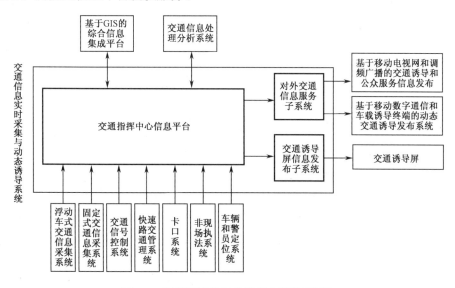

图 7.5　物联网架构下的智能交通体系框架

在图 7.5 中，由浮动车式交通信息采集、固定式交通信息采集、交通信号控制、快速路交通管理、卡口、非现场执法、车辆和警员定位等系统组成了交通指挥中心信息平台。该平台与GIS 数据信息平台无缝对接，通过智能分析系统对各种交通数据流进行情报化分析处理后，对外提供公共交通信息服务和交通诱导信息服务。

交通指挥中心信息平台在动态交通信息诱导系统中起到交通信息的汇聚融合、智能处置、情报分析提取和信息分发等作用，可为指挥决策和交通信息发布，以及区县级交通指挥分中心提供数据支持。交通指挥中心信息平台的主要功能如下：① 完成浮动车式交通信息采集、固定式交通信息采集、车辆和警员定位等系统 7 个系统信息的汇集和标准化处理；② 完成对汇集后的交通信息的质量管理，对道路交通状态信息的判别和评估，并在信息平台内进一步加工处理，形成统一的交通状态信息；③ 实现对外交通信息服务子系统、交通诱导屏信息发布子系统和交通信息处理分析系统之间的交通信息共享和反馈。

交通指挥中心信息平台的建设应立足物联网整体情报大平台的需求，设计应满足远期海量终端接入和平台间的数据交换及按需共享的要求。

7.2.3 交通信号实时采集系统

车辆信息采集方式目前主要有两种：一种是固定式信息采集，另一种是浮动车式信息采集。

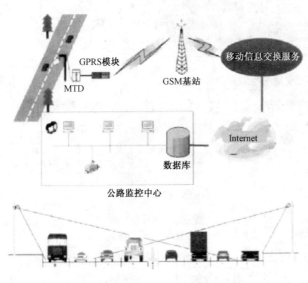
图 7.6 固定式路网信息流断面采集

1. 固定式信息采集

固定式信息采集是通过安装地磁检测器、环形线圈、微波检测器、视频检测器、超声波检测器和电子标签阅读器等检测设备，从正面或侧面对道路断面的车辆信息进行检测，如图 7.6 所示。

目前，在路口及卡口等处，视频和环形线圈检测设备被大量采用。然而，这两种方式也存在一定的不足：视频检测在天气状态不好的情况下，效果不能满足要求；线圈检测只能感知车辆的通过情况，对具体车辆信息等无法感知。因此，为了实现交通信息的全天候实时采集，首先必须集成使用多种信息采集技术进行多传感器信息采集，然后在后台对多源数据进行数据融合、结构化描述等数据预处理，为进一步的情报分析提供标准格式的数据。

2. 浮动车式信息采集

浮动车通常是指配有定位和无线通信装置的车辆。浮动车系统一般由三部分组成：车载设备、无线通信网络和数据处理中心。浮动车将采集得到的位置和时间数据上传给数据处理中心，由数据处理中心对数据进行存储和预处理；然后利用相关模型算法将数据匹配到电子地图上，计算或预测车辆行驶速度、旅行时间等参数；最后，实现对路网和车辆的"可视化"管控。浮动车式信息采集示意图如图 7.7 所示。

浮动车式信息采集技术是固定式信息采集技术的重要和有益补充，它实现了路网全流程的信息采集（纵剖面信息采集），结合固定点式采集（断面信息采集），可以为路网监测模型的建立提供更全面丰富的数据，为路网状态仿真提供更精准的依据。目前，浮动车主要由安装了具有交互功能的车载导航设备的出租车、公交车以及其他公共勤务车或警务车担当。

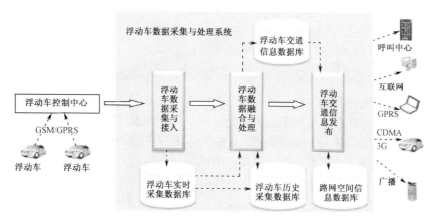

图 7.7 浮动车式信息采集示意图

7.2.4 交通诱导系统

交通诱导屏信息发布子系统主要利用城区主干道的户外大屏,采用区域诱导策略对驾驶员提供诱导,即信息板实时发布对应交通结点下游的部分路网的交通状态,对道路使用者进行实时诱导,对交通管理措施提供跟踪反馈。交通诱导信息发布流程如图 7.8 所示。

交通诱导屏信息发布子系统的主要功能包括:提供在线车辆诱导和紧急事件的通告信息,系统的自动/手动控制,以及可变的动态文字警示信息显示等。

(1)提供在线车辆诱导和紧急事件的通告信息:交通诱导信息包括道路拥堵信息、快速路出口匝道拥堵信息,以及根据天气状况、路面和路面设施检修状况、特殊情况需要封闭道路等各种交通警示信息。通过将这些信息及

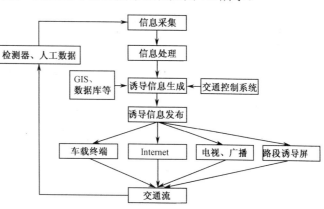

图 7.8 交通诱导信息发布流程

时地通知给驾驶员,提高驾驶员的警觉性,实现车流的合理导向,缓解车流分配不均对交通造成的影响,保障车辆的安全行驶。

(2)系统的自动/手动控制:该系统具有自动和手动两种控制模式。通过系统内部设置的控制策略,系统可以自由地在自动和手动两种模式之间切换。在自动情况下,系统自动向交通诱导屏发出显示道路交通状况的信息,红色表示堵塞,黄色表示拥堵,绿色表示畅通;在手动情况下,系统向交通诱导屏发出的显示道路交通状况的信息需经操作员手工确认方可发布,同时操作员也可手工向交通诱导屏发送文字信息。

(3)可变的动态文字警示信息显示:如果交通信息标志牌完全依靠固定不变的文字信息,那么在进行交通诱导时就具有一定的局限性。作为功能的进一步完善,为了更好地发布重要的路况信息和警示信息,可在所设计的标志板下方增加全点阵显示部分,进行单行汉字显示,增强交通诱导屏的可读性。

7.2.5 交通大数据平台

1. 需求分析

近几年，智能交通在我国发展迅速，通过与物联网应用相结合，极大丰富了交通信息的采集手段和数据种类。随着交通数据生成的自动化以及生成速度的加快，需要处理的数据量急剧膨胀，形成了海量交通信息。这些海量交通数据的规模效应给数据存储、管理和分析带来了极大的挑战。传统的智能交通技术主要采用简单中心型关系数据库技术来处理数据，对海量交通信息的实时处理、分析和挖掘应用都存在一些不足。智能交通系统（ITS）由于融入了云计算、大数据技术，能更好地面对这一挑战。实现智能交通的核心是要根据海量交通数据的特点和复杂交通应用的新需求，搭建交通大数据平台，突破传统简单中心型计算机系统综合处理能力的限制，采用分布式的存储和计算技术来支撑复杂的交通应用。

1）系统平台构建方案的需求

从系统平台架构来看，分为数据采集、时空数据库、大数据分析引擎和行业应用四个层次，分别对应了智能交通业务中的原始视频库、基础信息库与警情/案事件库；而从数据发展的维度，则对应了数据向知识递进的知识管理理论基础。

（1）数据采集，即海量与多种类数据采集。ITS 中的数据采集层，主要指卡口、电子警察等终端设备，它们采集的是非结构化的视频和图片数据，以及经过前置智能算法所处理后输出的结构化过车信息数据。除此之外，还有大量的其他物联网感知数据的接入，比如 RFID 射频数据、GNSS 定位数据、手机信息，以及单兵、浮动车等设备采集到的数据。

（2）时空数据库。海量和多种类数据存储。所有来自数据采集层的数据在时空数据库中进行存储，并根据数据类型的不同进行了不同的存储：结构化数据存储在数据库服务器中，非结构化的原始视频和图片数据则存储在基于类似 CDS（云磁盘服务）云存储方案的存储介质中。

（3）大数据分析引擎。海量数据的快速计算。在大数据的思想下，不追求个体数据的精确性，而是在海量数据中挖掘出规律性的本质。在此，所有的基于结构化数据的检索与数据挖掘计算的服务得以实现。同时，为实现更多的智能化业务，在数据应用服务层也提供基于流式数据处理的视频智能分析服务。为满足更多的实时性要求，基于 UniHadoop 分布式计算使得海量数据检索与计算都以秒级速度完成。

（4）行业应用。数据计算的可视化呈现。基于数据应用服务的计算结果，在数据可视化层进行呈现，例如指挥中心的大屏显示、基于电子地图的实时轨迹显示，或者基于交通流量统计的多种形式的信息发布等。而贯穿整个系统架构的基础则是 IP 全交换技术。摆脱了传统流媒体转发的技术，IP 全交换技术可大幅提高数据在网络中交互的效率。

2）用户对于智能交通方案的需求

在厘清了全新的系统架构的需求后，用户其实更关心智能交通的落地解决方案，可以从以下 5 个方面进行考虑：

（1）综合管控平台。通过交通信息采集（电子警察、卡口监控、视频监控、交通流量数据等）、交通诱导以及交通信号控制等系统的部署，有效、合理地调控区域交通流量，优化路网流量分布，均衡干道间的交通负荷度，并通过区域信号的协调控制，合理优化交叉口信号配时，协调管控路面交通，从均衡交通流的时空分布上提高道路交通运行效率。

（2）基于地理信息系统，建立交通指挥信息智能交通综合管理与指挥调度平台，实现交通状况动态显示、接处警、报警定位、动态警力定位、交通信号控制、视频监控、交通诱导等系统的可视化综合集成，利用决策支持及预案管理、无线集群系统，实现扁平化指挥，对市区交通进行有效的控制和管理。

（3）大数据分析系统。实现信息资源共享，包括交通违法数据的上传、路网运行状态数据的共享，以及违法告知数据、交通流量数据的接入等。实现交通管理决策方式的新突破，提高科学决策、精确指导工作的水平。同时，以准确及时的交通数据信息为基础，以深入细致的分析预报为保障，通过科学的交通组织优化和仿真系统来深入进行数据挖掘，及时、客观地评价交通运行状况，预警、提示和突出重点问题。

（4）交通流量检测系统。实现基于视频的车辆检测功能，在城市常规杆件上安装视频检测设备，支持 3～4 车道的流量检测。支持到车流量、平均速度、车头时距、车头间距、车道时间占有率、车道空间占有率、车辆排队长度、车辆分类、交通状态等信息的检测和统计。在支持交通参数采集的同时，兼顾视频监控的功能。

（5）交通诱导系统。 交通诱导的信息包括微波、视频等自动采集系统所采集的数据，也包括交通事件、交通事故、交通管制、交通报警等信息，通过数据计算中心系统对所有数据进行融合运算，实时发布在交通诱导屏上，为出行者提供便利。

3）全新智能交通的用户价值

在大数据技术支撑下，上述需求将为用户提供以下三点使用价值：

（1）海量数据，综合研判。智能交通综合管控平台整合智能卡口、电子警察、高清监控、交通诱导系统、交通流量采集系统、综合管理平台等多个业务系统，针对结构化基础信息，通过大数据挖掘系统按照既定的规则对情报化信息进行分析，寻找内在联系,例如大货车闯禁行、交通态势分析，套牌车辆分析，跟车关联分析，车辆轨迹碰撞，可疑人员、可疑车辆分析等，从海量的情报化信息中挖掘隐藏在其中的警情信息，服务于交通管控和公安治安应用，做到防患于未然。

（2）精确检测，疏导交通。系统通过收集电子警察、智能卡口、流量检测系统所采集的过往车辆、排队长度等信息，结合路网的历史车辆通行时间，能够实时检测路网的通行状况。同时，由交通诱导系统将交通路况信息发布在室外交通诱导屏上，为出行者提供方便快捷的交通数据。

（3）及时纠正车辆违法。对道路车辆进行实时监测，对车辆闯红灯、逆行、压双黄线、不按车道标线行驶等各种违法行为进行自动判定和抓拍，也可在重要的路段对黄标车、大货车闯禁行等行为进行自动抓拍，从而规范驾驶员驾驶行为，保证车辆有序顺畅通行，减少交通事故。透过这些贴近用户业务的需求，以及体现用户价值的功能应用，可以看出大数据技术对于构建新型 ITS 架构的核心作用是相当明显的。在未来的交通行业市场，大数据技术具有极其重要的竞争力，谁能在海量的数据里收集、存储和利用有价值的数据，并切合用户需求解决实际业务发展的问题，谁就将获得交通行业市场更多的话语权。

2．总体架构

交通大数据平台总体架构如图 7.9 所示。

1）交通大数据平台层次

（1）感知层和数据接入：实现对分布广泛、多源异构的海量交通数据的采集、汇聚和清洗。

（2）数据资源层：实现智能交通大数据的存储与计算。大数据系统利用分布式文件系统 HDFS 和分布式数据库 HBase 对采集到的海量多源异构交通数据进行存储，使用 MapReduce 计算框架和内存计算框架 Spark 对其进行快速计算。大数据的组织与分析，即对采集到的海量多源异构数据进行语义化处理，并建立时空索引对其进行有效组织；利用数据关联和数据融合分析，综合出有用信息，并在此基础上利用可视化技术和数据挖掘提取有价值的交通信息，为企业、政府部门和社会公众的决策提供有效支持。

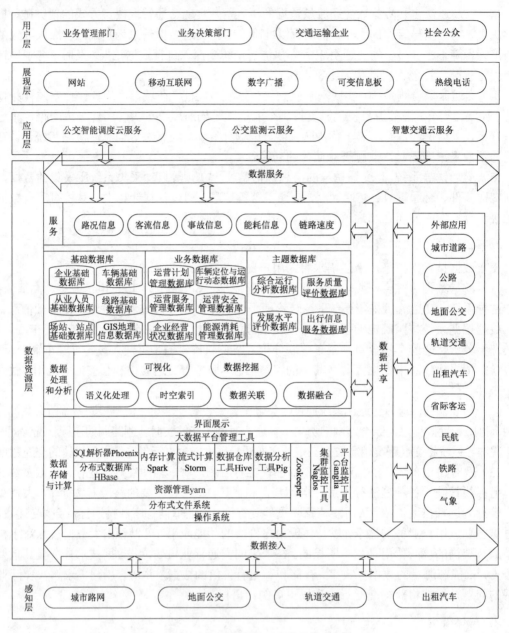

图 7.9　交通大数据平台的总体架构

　　交通大数据平台的数据库包括基础数据库、业务数据库和主题数据库。其中，基础数据库即企业基础数据库、从业人员基础数据库、场站基础设施数据库、车辆基础数据库、线路基础数据库以及 GIS 地理信息数据库；业务数据库即运营计划管理数据库、运营服务管理数据库、企业经营状况数据库、车辆定位与运行动态数据库、运营安全管理数据库以及能源消耗管理数据库；主题数据库即综合运行分析数据库、发展水平评价数据库、服务质量评价数据库以及出行信息服务数据库。

提供的服务信息包括路况、客流、事故、能耗以及链路速度等信息。

（3）应用层：通过计算和存储，支撑都市应用中公交智能调度云服务、公交监测云服务和智慧交通云服务的运行。

（4）展现层：通过网站、移动互联网、数字广播等多种方式提供服务。

（5）用户层：交通大数据平台向交通行业企业、政府部门和社会公众提供大数据平台的服务，实现应用的数据共享，使得交通数据资源被更好地使用。

2）交通大数据平台特点

（1）支持大数据存储：应采用分布式文件存储技术，能运行在通用硬件上，提供一个高度容错性和高吞吐量的海量数据存储解决方案。

（2）支持大数据实时查询：应支持 NoSQL，建立面向列的实时分布式数据库，实现由 TB级到 PB 级的海量数据存储和高速读写。这些数据要求能够被分布在多达数千台普通服务器上，并且能够被大量并发用户高速访问。平台还应支持 New SQL，基于 Shared Nothing 架构，实现面向结构化的数据分析。

（3）支持大数据分析挖掘：应基于 HDFS、NoSQL 存储，通过 MapReduce 分布式计算框架进行分析挖掘；基于 New SQL，通过 SQ 接口，利用 MPP（大规模并行处理）技术实现分布式处理。

（4）支持基于内存的计算：支持 Storm，这是一个分布式的、容错的实时计算系统，遵循 Eclipse Public License 1.0，可以方便地在一个计算机集群中编写与扩展复杂的实时计算，同时保证每个消息都会得到处理，而且速度很快。

（5）支持 Spark streaming 流式计算：它将流式计算分解成一系列短小的批处理作业来完成实时计算功能。

（6）支持大数据搜索：应支持基于 Solr、Elastic search 等技术实现数据搜索。

（7）支持大数据可视化分析：能快速、可视化地形成和展示大数据分析的结果。

3. 实现功能

基于交通大数据平台的应用，能够全面实现对基础设施、交通运行速度、客流、公交服务、运输行业等信息的日常监测；实现极端天气、客流变化、道路路面状况等条件的预警，并在区域范围内实现应急协调；借助于互联网、移动终端，为城市交通管理部门及出行者提供先进完备的实时公交、出租车监控、客流态势等综合信息发布服务。由于它具备鲜明的实时性、空间特性，与城市生活其他行业的紧密相关性，以及非结构化等特点，海量交通数据需要通过大数据的获取（抽取）、处理、存储、分析、融合、服务模式等技术，才能更好地提供智能交通决策支持，服务出行者。大数据平台的引入，形成了新的 DaaS（数据即服务）。

该平台具有异构交通数据采集、大数据管理、语义化处理、数据监控等核心功能。从功能设计的角度看，交通大数据平台不是通用性商业计算机平台，而是针对交通行业定制研发的。其中：① 因为历史的原因，传统各个细分 ITS 大多各自独立运行，数据缺乏统一的标准，这就要求交通大数据平台能适应这个客观情况，搭建符合国家标准规范的统一交通数据资源管理目录，并内置于这个平台，以方便各传统 ITS 的数据融合；② 平台应能适应交通行业数据多源、异构、海量的特性，要具备交通数据的快速存储和计算能力；③ 政府与公众需要及时准确的交通预测服务，而大多数交通预测的算法都需要历史数据的支撑，这就要求平台能将历史数据处理存储为当前数据；④ 平台应当内置智能交通一些成熟的算法或模型，如交通拥堵模型、能耗模型、实时公交模型、公交服务评价模型、仿真模型等，作为平台的基本组件，当用户使用该平台时，只要在这些组件之上做上层应用开发即可。除此之外，平台还应具备集成能力、自适应能力等。

1）数据接入

数据接入即实现分布广泛、多源异构交通数据的采集与融合。尽管相关参考资料说明了城市交通的多源异构数据融合及应用，但仍然没有系统的解决方案，相应的数据种类、数据采集方式以及接口应该引起重视。

（1）数据种类：为掌握城市交通行业发展状况，需汇集各行业业务系统运营数据；为分析交通网络运输效率，及时预警和协调交通事件，需通过大量布设的交通传感器，包括载运工具（公交、出租等）GNSS、一卡通刷卡器、视频检测器、气象传感器等，实时采集客流、交通运行速度、交通气象等信息，动态掌握城市交通全局和微观的运行状态。

（2）采集方式：涵盖交通传感器实时数据流采集、业务数据库接入、批量文件上报等方式，为此数据采集接口应该可扩展、易维护。平台接入的数据种类繁多，数据质量参差不齐，数据采集系统应能对异构数据进行清洗、分类，对多传感器数据进行融合，保证数据质量。平台实时接入大量的交通传感器、检测器数据，传输量大且持续传输，为此数据采集系统应具备高性能的数据处理能力，保证数据实时入库。采集时，重点要解决异构数据类型转换的一致性，以及采集过程中与相关业务系统的兼容能力。

（3）接口：通过定制化开发数据转换接口，以数据库接口、Web Service、FTP 和 Socket 等多种方式分布式抽取多源异构数据，汇聚存储于数据库。系统通过规则导向的模板转换技术及数据分类器，实现原始数据的实时清洗和分类集成，保证数据质量；通过数据分段采集、分段入库策略等技术，实现车辆定位数据等大规模实时交通数据的快速采集入库。

2）大数据计算与存储

交通大数据平台实现大数据计算与存储的主要组件有 Hadoop、Spark、HBase 以及一些计算框架。

（1）Hadoop：是一个分布式系统基础架构，由 Apache 基金会开发。用户可以在不了解分布式底层细节的情况下，开发分布式程序，进行离线数据挖掘，充分利用集群的威力高速运算和存储。Hadoop 实现了一个 HDFS。HDFS 有着高容错性的特点，并可部署在低廉的硬件上。同时，它提供高传输率访问应用程序的数据，适合那些有着超大数据集的应用程序。交通大数据平台采用 Hadoop 技术，将生成的大量文本数据和视频数据存储在 HDFS 上，进行清洗、转换、存储、共享、挖掘、服务、销毁等全生命周期管理，从而大幅度降低智能交通大数据管理的难度，并支持通过 MapReduce、Tez 和 Spark 等计算框架处理海量数据挖掘。

（2）HBase：是 Hadoop 的数据库，是一个高可靠性、高性能、面向列、可伸缩的分布式存储系统；利用 HBase 技术可在廉价 PC Server 上搭建起大规模结构化存储集群。它通过主键（Row Key）和主键的"range"来检索数据，主要用来存储非结构化和半结构化的松散数据。与 Hadoop 一样，HBase 的目标主要依靠横向扩展，通过不断增加廉价的商用服务器来增加计算和存储能力。

HBase 中的表有这样的特点：① 大，即一个表可以有上亿行、上百万列；② 面向列，即面向列（族）的存储和权限控制，列（族）独立检索；③ 稀疏，即对于为空（Null）的列，并不占用存储空间，因此表可以设计得非常稀疏。HBase 的列可以动态增加，当列为空时就不存储数据，可以节省存储空间。HBase 自动切分数据，使得数据存储具有水平扩展性，并提供对高并发读写操作的支持。

（3）Spark：是加州大学 Berkeley 分校的 AMPLab 所开发的通用并行计算框架。Spark 拥有 Hadoop MapReduce 所具有的优点，但不同于 MapReduce 的是其 Job 中间输出结果可以保存在内存中，不再需要读写 HDFS，因此 Spark 能更好地适用于数据挖掘、机器学习等需要迭代的模型算法。

3）监控与管理工具

通过统一易用的监控管理工具，交通大数据平台的运行情况在任何时刻都会一目了然，可以方便地定期生成周报、月报和年报。根据报表的信息，可以通过调整参数、增加内存和硬盘、增加机器等方法调整大数据平台的性能。该平台综合利用了集群监控工具 Nagios 和平台监控工具 Ganglia 对大数据运行进行监控管理，具备错误报警、性能调优、问题追踪和生成运维报表的功能。

（1）集群监控工具 Nagios：Nagios 可以用来监视系统运行状态和网络信息，可以监视所指定的本地或远程主机以及服务，同时提供异常通知功能。

（2）平台监控工具 Ganglia：Ganglia 是加州大学 Berkeley 分校发起的一个开源实时监视项目，用于测量数以千计的结点，提供系统静态数据以及重要的性能度量数据。通过一定的配置，Ganglia 可以将 Hadoop 和 HBase 的一些关键参数以图表的形式展现在其 Web Console 上。这些对于洞悉 Hadoop 和 HBase 的内部系统状态有很大的帮助。

4）数据语义化处理

对于海量交通数据来说，驳杂的数据价值不高：精确查找难，准确率不足。大数据的语义化处理主要解决这两个问题。交通大数据语义化处理模型如图 7.10 所示。该模型由多源异构数据采集过程所获得的基本数据，通过语义化处理，形成有价值的数据信息，提供智能交通运行协调指挥、信息发布和数据展示等智能应用。语义化处理包括数据场景化、数据查询匹配和数据展示等功能。

（1）数据场景化：数据场景化是为共享的数据找到对应的场景，并为数据标示场景标签，实现场景分类的功能。场景由场景名、本体集、属性集、语义集、属性权重和语义权重 6 部分构成；场景匹配是将共享的数据做场景分类，将数据分类至不同的场景中。对场景分类而言，同一数据可以归类至不同的场景中。例如，天气数据可以在交通的场景下，也可以在社区的场景中。

（2）数据查询匹配：查询主要分为属性查询和语义查询两部分。属性查询属于较精确的查询，可以根据本体查询的结果进行更精确的查找；语义查询可定义为模糊查询，主要根据用户提供的语义进行匹配。

（3）数据展示：数据展示功能按照数据的组成由大到小，由宏观到微观，以逐步深入的视角展示数据；通常分为总体数据展示、局部数据展示和详细数据展示。数据语义化处理技术在交通行业将会有广泛的应用，并体现巨大的价值。例如，现有的公交车的车载监控视频数据没有被很好地应用，一方面是由于实时的视频传输成本巨大，另一方面是由于成千上万路视频数据实时传递到监控中心，反而无法做到实时的监控。现在的公交视频数据都不是主动实时传输的，而是被调看，其视频是"哑视频"，数据也只能起到事后取证的作用。而语义化技术就是利用先进的视频图像识别处理技术，解读视频数据，"让视频说话"，实时向监控中心传递的不是视频，而是视频的语义。这不仅解决了传输的成本问题，也让视频监控真正发挥作用，除了能让车载视频实时地"有事报情况，无事报平安"之外，还能提供客流情况及安全驾驶情况等。另外，语义化的车载视频还可以实时向公众提供车辆的拥挤度等交通信息服务。

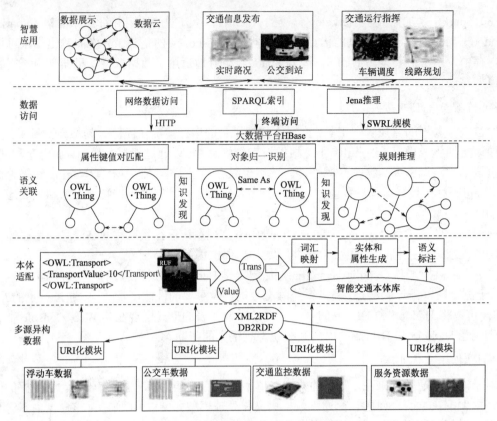

图 7.10　交通大数据语义化处理模型

5）大数据检索

大数据检索包含分布式数据库中数据的实时检索以及分布式文件系统中数据的过滤提取。前者针对智能交通服务应用的实时分析需求，提供数据的多维检索支持；后者针对智能交通服务应用的复杂分析需求，提供数据的时空特征，以支持后续的数据分析。根据多源异构数据具有的空间相关性，对于具有时空属性的数据需要建立统一的空间索引结构。

（1）基于 HBase 的空间索引：针对各类交通数据的空间相关性建立索引。不同场景下各类数据通过空间相关性进行组织和管理。采用网格、R 树、VONMOI 图等空间分区方法，建立欧几里得空间与路网拓扑的映射关系，对空间进行分区。通过分级分区策略，将同一级别同一区域内的数据作为数据单元，提供数据服务。利用 HBase 灵活的数据结构，将同一区域内的多源数据进行统一存储。

（2）基于 HDFS 的数据聚簇索引：分布式文件系统支持文件的灵活存储，包括文件的格式、压缩、大小等。为了支持实时计算的数据读取，根据数据访问需求设计数据分割方法，建立数据的聚簇索引，以减少数据遍历的时间和 I/O 开销。

6）可视化展示

可视化展示是通过对 GNSS 数据、刷卡数据、过车数据、卡口数据等的语义化处理和分析，形成基础设施、公交运营、服务质量、安全与应急及客流分析等的可视化界面。能够全面实现基础设施、交通运行速度、客流、公交服务、运输行业等信息的日常监测展示，极端天气、客流变化、道路路面状况等条件的安全与应急协调展示，轨道交通、公交到站、出租车监控、客流态势等综合信息服务展示。

交通大数据平台能较好解决智能交通领域海量数据的累积和处理,有效地为交通运行协调指挥、运营监控、信息服务等提供广泛支持。该平台具有分布式异构交通数据采集与融合、大数据存储与计算、平台管理与监控、数据语义化处理、数据检索和可视化展示等综合功能。利用该平台的可视化工具,可实现对交通大数据的可视化展示和分析。交通大数据服务是未来新兴服务业的一种,具有重要的产业发展前景,能带动相关产业的发展。以大数据分析技术、智能视频监控和图像处理为支撑的智能交通服务正在逐步成为主流,并与我们的生活息息相关。

7.3 物联网环境下的交通控制系统

7.3.1 交通信号控制系统

物联网技术在智能交通控制领域中的应用,将全面提升智能交通的管控水平和信息服务水平,实现从现场物理实体的管控到信息空间中虚拟镜像的管控,为交通信息的情报化分析和交通管理模式的转变提供了强大的科技保障。

交通信号控制系统为三层分布式结构,信号机通过 RS-232/RJ-45 与中心连接,采用 RJ-45 网口形式组网,其系统的三层结构为中心层、通信层和路口层,如图 7.11 所示。

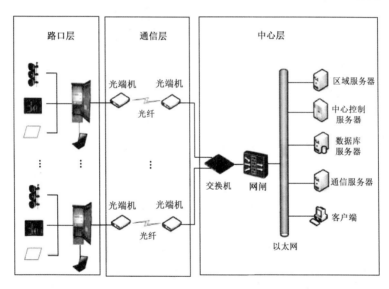

图 7.11 交通信号控制系统层级结构

1. 系统层级结构

(1)中心层。中心层是交通信号控制系统的信号控制中心,其设备主要包括中心控制服务器、区域控制服务器、通信服务器、数据库服务器、客户端等。

(2)通信层。通信层设备主要包括光端机和通信网络,该方案中信号控制点采用光端机与中心设备相连,通信接口采用 RJ-45 网口。

(3)路口层。路口层设备主要包括信号机、检测器等,信号机根据车辆检测器所检测的交通信息(包括车流量等)实时调整路口控制方案(信号周期和绿信比),实现路口的有序控制。

2. 系统逻辑结构

系统的逻辑结构自上而下分为中心级、区域级和路口级,其具体功能为中心级控制、区域

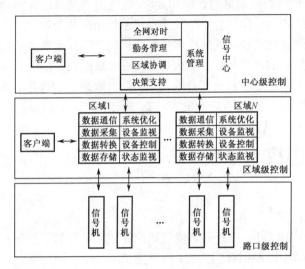

图 7.12　交通信号控制系统逻辑结构

级控制和路口级控制，如图 7.12 所示。

（1）中心级控制：主要完成对于全区域的交通管理和全市级的交通控制，包括参数设置、区域监视和勤务控制等。

（2）区域级控制：主要完成对于区域信号机的交通信息的采集、处理、预测及优化，并将控制方案下发给路口执行。区域控制服务器具有的优化预测功能可对本区域路口进行战略级的优化，即对周期长度、绿信比、相位差进行第一级优化。区域控制服务器同时负责对本区域内信号机的控制与监视。

（3）路口级控制：完成对于交通信息的采集和上传，完成中心控制方案的执行；同时根据路口的实际交通需求，在中心优化的基础上实时调整绿灯时间，使信号配时最大限度地适应路口情况，达到最佳程度的畅通。信号控制系统的交通信号控制机与上位机之间应采用先进、标准的数据通信协议，以便于系统今后的扩展。

信号控制系统必须具有的控制功能包括：黄闪、全红、手动、遥控、单点定周期、单点多时段、单点全感应、单点半感应、绿波控制、二次行人过街控制、实时自适应优化控制、感应式线协调控制、多时段定时控制、倒计时实时通信、公交优先控制、紧急车辆优先控制、强制控制、勤务预案控制等。

7.3.2　物联网交通控制系统的结构框架和层次结构

城市交通控制系统应具备的功能包括：① 通过各种检测手段和计算机信息处理技术，获取城市路网的实时交通信息；② 分析交通路况信息，及时做出交通管理宏观控制决策，以最优化的路网运行并处理事故等意外情况；③ 将有关控制决策转化为各级控制策略，以此设计信号配时方案并予以执行；④ 保持与交通信息显示、动态路线诱导等其他交通管理控制系统的通信与协作等。

ITS 是将人工智能（Artificial Intelligence，AI）的理论和方法用于解决交通问题的一套综合系统。AI 理论的快速发展为 ITS 的研究提供了智能方法，利用这些方法可以解决交通控制领域中很多过去无法解决的问题。本节介绍利用 RFID、嵌入式、模糊控制等物联网相关技术，按照多智能体系统结构对交通系统进行设计的思路。

1. 智能交通控制系统的结构框架

通常，城市道路交通控制系统可以从不同的角度进行分类。从空间关系这一角度，可以把城市交通系统分划为"点、线、面"三个层面，即单交叉口、交通干线和区域网络。由于所采用的技术方法的不断发展，城市交通控制可分为定时控制、感应控制和智能控制等。

多智能体（Multi-Agent，MA）系统是分布式 AI 的一个重要分支，其目标是将复杂的大系统构造成小的子系统，而各子系统之间为便于管理，能够相互通信和相互协调。通过子系统的自治和相互协调可以解决复杂系统的控制问题。由于城市交通网络的复杂性和实时性，比较适合应用多智能体系统结构进行智能控制。按照该结构设计的智能交通控制系统结构框架如

图 7.13 所示。在图 7.13 中，利用 RFID 技术进行车流量信息检测，利用嵌入式技术设计和开发交通信号控制机，智能算法采用模糊控制方式。

在该交通系统结构框架中，路段智能体能够实时更新单个路段的流量数据，并将交通流数据提供给与之相连接的路口，用于信号配时；区域智能体通过分析区域交通流信息来协调路段之间交通流的动态平衡；位于交通控制中心的管理智能体统一协调各区域的交通运行。

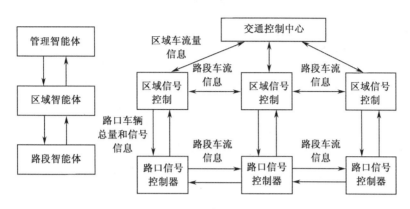

图 7.13　智能交通控制系统结构框架

2. 智能交通控制系统的层次结构

在城市交通控制系统中，智能集成与信息共享要求整个系统应具备统筹协调和灵活调整控制策略的能力，以确保在任何时候、任何地点均能正确地选取恰当的控制组织体系及控制对策，最终达到优化系统总体效益的目的。交通信号控制作为城市交通的直接控制手段和主要管理措施，在城市交通控制系统中始终起着举足轻重的作用，因此城市交通信号控制系统一直是智能交通所研究与实施的重点所在。根据城市交通控制系统分层系统结构的定义，可将智能交通控制系统划分为决策层、战略控制层、战术控制层和执行层，其层次结构如图 7.14 所示。其中，决策层主要由城市交通控制决策系统构成，战略控制层由若干区域协调控制系统构成，战术控制层由若干路口控制系统构成，执行层由检测器、信号控制器和信号灯等设备构成。

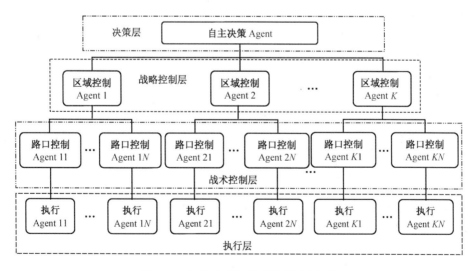

图 7.14　智能交通控制系统的层次结构

7.3.3　城市智能交通控制系统

1．系统假设

交通信号灯控制作为城市交通的主要管理措施,在整个城市交通控制系统中始终起着无可替代的作用,这里以城市路口交通信号灯的配时控制为基础阐述其设计思路与实现功能。为方便起见,不妨假设:

(1)路口是交通系统的基本控制单位。一个城市的交通系统主要由路口1、路口2……路口n共n个路口及连接这些路口的所有道路组成。

(2)各方向红绿灯基本周期相同,周期开始时刻记为$t = 0, 1, 2, \cdots$。

(3)$L_i(t)$为描述t时刻等候在i路口的车辆数量的向量。$L_i(t) = [X_i(t), Y_i(t), \cdots]$,其中"$X_i(t)$,$Y_i(t), \cdots$"分别表示$t$时刻等候在$i$路口的不同方向的等候车队长度,$L_i(t)$为状态变量。

(4)X',Y',$\cdots$分别表示系统设定的不同方向等候车队长度的阈值。一旦某方向的等候车队长度超过阈值,则Agent(智能体)开始协商、协作以使等候车队长度低于或尽量接近此阈值。此阈值需要根据具体情况动态修改。

(5)$g(t)$为在t时刻开始的周期中绿灯亮所占的比例,为控制变量。基于MA的智能交通管理系统并非用于处理这种简化假设,而恰恰是为了解决传统交通控制的模型过于简化的问题。对于复杂的实际情况和更多的功能需求,可以相应地增加Agent的知识库内容及感知器的复杂度。

2．系统结构

系统整体结构如图7.15所示。该系统结构中包括两类Agent(智能体):一类是区域控制Agent(ACA),另一类是多个路口控制Agent(CCA)。每个路口控制Agent可与邻近的Agent通信,并与唯一的区域控制Agent相连。

1)路口控制Agent(CCA)

CCA是典型的协同型Agent,即所有的CCA有着共同的全局目标——使得区域交通畅通,同时每个CCA也有与全局目标一致的局部目标——尽量使本路口交通畅通。城市中的每个路口有且仅有一个CCA。CCA的基本功能是:根据路口交通状况动态调整$g(t)$,即一个周期内的红绿灯配时方案,使得本路口的等候车队长度$L_i(t+1)$尽量取最小值,同时使L_i的每个分量$[X_i(t), Y_i(t), \cdots]$均小于系统设定的阈值,而且每个周期向相邻CCA及所从属的ACA发送当前路口状态信息。当L_i的某个分量(如X_i)高于所预定的阈值X'时,该CCA根据其邻近4个CCA及路口的状态,发出协作请求。当CCA收到邻近CCA的协作请求时,可根据自身状况及当前路口状况,接受、协商或拒绝。此外,CCA还接收ACA所发出的控制指令和策略调整指令。CCA的结构框图如图7.16所示,所有路口控制Agent有着相同的结构,均包括控制模块、推理机、感知器、执行模块、状态栏、知识库以及路口模型等部分。

2)区域控制Agent(ACA)

ACA负责协调、指挥所管辖的CCA,并收集、分析和整理所辖CCA定期发送的路口状态报告。通常,CCA享有很高的自主性,ACA不干涉CCA对本路口的交通控制,以及CCA之间的协商、协作行为。ACA仅在下列情况下通过命令直接干涉CCA的行为:

(1)突发事件产生:例如有消防车需要从某条道路通过时,ACA可强制命令该通路上所有路口的该路方向在规定时间亮绿灯。

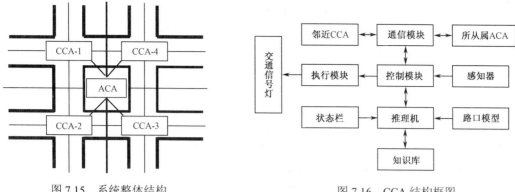

图 7.15　系统整体结构　　　　　　　　图 7.16　CCA 结构框图

（2）当发现区域网络出现负载严重不平衡现象（超过设定的阈值）时，从全局的角度对该区域进行合理化修正。此外，ACA 通过对所辖各 Agent 发送信息的收集、整理、归纳和分析，可以动态调整各 CCA 的控制策略，如红绿灯交替的基本周期Δt，请求协作的基本阈值的大小等，并可根据实际情况，对不同道路的畅通要求加权。ACA 还可以与相邻的 ACA 进行协作，其过程及方式与 CCA 之间的协作类似，只是将整个区域当作一个大路口来对待。同样，ACA 之上也可以有更高级的管理 Agent。这里所述模型只涉及一个 ACA 的情况。ACA 的结构与 CCA 的结构类似，它由通信模块、控制模块、推理机、I/O 模块、知识库、路口模型和状态栏等部分组成。

7.3.4　基于 RFID 的交通流量检测技术

RFID 是一种利用射频信号通过空间电磁耦合在无接触的情况下实现信息识别和传递的技术。RFID 系统作为一种无线系统，仅有两种基本器件，通过与 EPC 编码技术相结合，可使每个射频标签都具有唯一的编码，非常适用于海量物品的检测、跟踪和控制。该技术易于操控，简单实用，可同时识别多个标签以及可识别高速运动的情况。现在，RFID 技术已经在交通领域得到越来越广泛的应用。

应用 RFID 技术的车流量检测系统，通过在交叉路口交通信号灯上游安装阅读器，阅读器通过发射天线发送一定频率的射频信号，这样当装有 RFID 标签的车辆进入天线工作区域时就会产生感应电流，发送自身信息。当接收天线接收到标签发送来的信息时，由阅读器读取信号并对其进行处理，得出车辆通行的频率，再将数据传送给智能控制系统。最后，智能控制系统根据反馈的信息，做出调整交通信号灯转换周期的决策。

7.3.5　基于嵌入式技术的信号控制器

为了满足嵌入式应用的特殊要求，嵌入式技术应运而生，各种针对性的芯片不断出现，其中 ARM 公司的 ARM 系列芯片应用得较为广泛。ARM 在工作温度、抗干扰和可靠性等方面都采取了各种增强措施，并且只保留和嵌入式应用有关的功能。随着物联网产业的不断发展，对各种小型智能设备的需求不断增加，嵌入式技术已经越来越得到人们的重视。特别是在智能交通领域，交通现场环境对智能开发平台的软硬件有比较具体的要求，而嵌入式技术由于其高度的灵活性已经使其成为一种最优选择。嵌入式硬件平台可以很好地实现现场数据的采集、传输、控制、处理等功能，并能够进一步扩展。嵌入式软件系统主要包括嵌入式操作系统、系统初始化程序、设备驱动程序和应用程序 4 个模块。

例如，嵌入式信号控制器采用拥有 200MHz 的 ARM 920T 内核的 EP 9315 处理器，是一种高度集成的片上系统处理器，能够满足交通控制实时运算需求。该系统的嵌入式模块集成了多种通信接口，与流量数据检测设备及信号控制机的通信可以通过串口或者 CAN 接口实现，并由以太网接口完成与控制中心的通信。人机交互部分是工作人员在特殊情况下进行现场调试的重要组成部分，输入部分包括 8×8 键盘阵列，PS/2 接口和触摸屏；输出部分包括 LCD、VGA 显示器、IDE 和 CF 卡槽以及 USB 接口；JTAG 及串口调试部分提供了系统开发调试时的接口，可实现程序的下载和运行调试等功能。

7.3.6 交通信号的模糊控制

对路段智能体而言，当单个交叉路口交通需求较小时，信号周期 T 应短一些，但一般不能少于 $P×15\,s$（P 为相位数），以免因某一相位的绿灯时间小于 15 s 而使车辆来不及通过路口影响交通安全。当交通需求较大时，信号周期 T 则应长一些，但一般不能超过 120 s，否则某一方向的红灯时间将超过 60 s，使驾驶员心理上不能忍受。当交通需求很小时，一般按最小周期运行。当交通需求很大时，只能按最大周期控制，此时车辆堵塞现象已不可避免。

模糊控制器的设计包括：① 确定模糊控制器的结构，即根据具体的系统确定其输入、输出变量；② 输入输出变量的模糊化，即把输入、输出的精确量转化为对应语言变量的模糊集合；③ 模糊推理决策算法的设计，即根据模糊控制规则进行模糊推理，并决策出输出模糊量；④ 对输出模糊量进行解模糊判决，即通过各种解模糊方法完成由模糊量到精确量的转化，实现对被控对象的控制。

交通需求通常用交叉路口停车线前的排队长度，即停车线前相隔一定距离（通常为 80～100 m）的两检测器之间的车辆数来表示。所建立的模糊集如表 7.1 和表 7.2 所示，根据日常控制经验可得表 7.3 所示的模糊控制规则表。其中，下标"L"表示车辆排队长度，"G"表示绿灯时间。

表 7.1　排队长度变化模糊集

变 化 等 级		1	3	5	7	9	11	13	15	17	19	21
隶属度	PB_L	0	0	0	0	0	0	0	0	0	0.5	1
	PM_L	0	0	0	0	0	0	0	0	0.5	1	0
	PS_L	0	0	0	0	0	0	0	0.5	1	0	0
	ZO_L	0	0	0	0.5	1	0.5	0	0	0	0	0
	NS_L	0	0	1	0.5	0	0	0	0	0	0	0
	NM_L	0	1	0.5	0	0	0	0	0	0	0	0
	NB_L	1	0.5	0	0	0	0	0	0	0	0	0

表 7.2　绿灯时间变化模糊集

变 化 等 级		-20	-15	-10	-5	0	5	10	15	20
隶属度	PB_G	0	0	0	0	0	0	0	0	0.5
	PM_G	0	0	0	0	0	0	0	0.5	1
	PS_G	0	0	0	0	0	0	0.5	1	0
	ZO_G	0	0	0	0.5	1	0.5	0	0	0
	NS_G	0	1	0.5	0	0	0	0	0	0
	NM_G	1	0.5	0	0	0	0	0	0	0
	NB_G	0.5	0	0	0	0	0	0	0	0

表 7.3　模糊控制规则表

IF	PB$_L$	PM$_L$	PS$_L$	ZO$_L$	NS$_L$	NM$_L$	NB$_L$
THEN	PB$_G$	PM$_G$	PS$_G$	ZO$_G$	NS$_G$	NM$_G$	NB$_G$

7.4　物联网环境下的交通应急策略

1. 物联网环境下的交通信息传播

　　缺乏车辆信息或路况信息的交通是可怕的，只有及时地获得相关的交通信息，并做出正确而合理的诱导，才能缓解交通压力，节约时间，实现交通的智能化、合理化、安全化和高效化。在物联网环境下，车辆之间两两相联，且每辆车都和交通指挥中心相联；当发生紧急交通事件时，车辆之间可以互通信息，且每辆车的信息都会在交通指挥中心获得。图 7.17 所示为在物联网环境下的交通信息传播示意图。

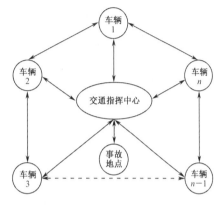

图 7.17　在物联网环境下的交通信息传播示意图

2. 物联网环境下的交通事故应急策略

　　一般情况下，根据交通事故发生时所面临的不同情况，相应的交通事故应急策略如下：

　　（1）优先救援伤病人员的应急策略：当发生交通事故时，若人员伤痛严重，最关心的是如何能把受伤者尽快送到医院得到治疗。此时所遇到的实际问题是在众多的路径中选择一条路径，使得在保证及时把受伤者送往医院的同时，又能保证将对交通状况的影响控制在一定范围之内。在物联网环境下，由于车车相联并和交通指挥中心相联，因此指挥中心可根据发生事故的地点、路径上现有的流量能很快地做出反应，并通过计算来诱导车辆选择路径，以避免驾驶员盲目地选择路径，导致更坏的交通状况。

　　（2）考虑事故地周边交通的应急策略：若发生交通事故的地方车辆很多，如在超市或体育中心附近，这时候最关心的问题是，尽可能减少由于事故给周边交通带来的压力。此时需要解决的问题是，在尽快疏散交通状况的情况下，周边的通行时间不能超过某个限度，否则就会造成交通瘫痪。可想而知，若没有实时交通流量信息，要做出正确的诱导是不可能的，在物联网环境下，交通指挥中心对车辆的位置和信息都非常清楚，因此可以做出正确的诱导。

　　（3）事故地在十字路口处的应急策略：十字路口的交通状况一直都不是很乐观，特别是当发生交通事故时，与该路口相连接的路段都无法正常通行。若车辆得不到及时、正确的诱导，都拥挤在与发生事故路口相连的路段上，可想而知，后果是相当严重的。不但可能导致更多、更严重的交通事故，而且增加了车辆的通行时间。在物联网环境下，车辆在选择路径时可向指挥中心发出请求，或者指挥中心可在第一时间通知驾驶员如何选择路径。

　　在物联网环境下，交通控制中心对车辆的信息（位置、数量）能够及时、准确地掌握；当发生交通事故而需要根据实际情形进行交通疏导时，可以根据实时信息及时准确地做出合理的决策来解决问题，以达到所需的目标。

7.5　公交车辆智能调度系统

众所周知，以往改善公共交通服务水平的措施通常是增加布设公共线路、调整公交路网结构和增加公交车辆等，这些措施虽然能在一定程度上起作用，但就其实质而言都是静态方法，存在一定的局限性。先进公共交通系统（APTS）是 ITS 的一个重要子系统，它将高度先进的信息化通信技术应用于传统的公共交通系统中，使公共交通系统智能化。APTS 能够使交通供给满足实时、动态的交通需求，克服原有静态方法的局限性，提高公共交通的准时率和舒适度，提供快速、便捷、经济的换乘服务，实现调度与运营的高效率以及公交优先的智能化目标。

ITS 对公交智能化功能的要求主要包括：①运用车载数据采集技术实现对运营车辆的监控；②运用有效调度策略和措施使晚点车辆恢复正常运营；③运用当前的操作数据及其他数据编制运营管理计划；④要求应答系统为乘客提供个人出行服务；⑤提供安全协调监控与紧急救援服务系统的接口；⑥综合运用历史数据及其他因素规定司售人员的活动；⑦编制运营车辆的维修计划并为维修人员进行工作分配；⑧实现车内收费和为乘客提供车辆运营信息及可达车辆信息。

7.5.1　系统总体框架

公交车辆智能调度系统的总体设计框架是智能指挥调度系统结构标准化的指导性框架，可用于设计、研发和管理现有的公交运输系统。针对 ITS 对公交智能化功能的要求，公交车辆智能调度系统的总体框架如图 7.18 所示。其基本思路是：结合 ITS 对公交智能化的逻辑结构和管理系统的总体设计要求，首先确定管理系统信息流程和物理结构；然后结合公交的调度体制，确定运营调度、通信、车辆定位导航、计算机网络以及调度中心显示等方案。该系统总体方案的实施，能够优化公共交通运营模式，提高现有公交系统的管理水平和运营效率。

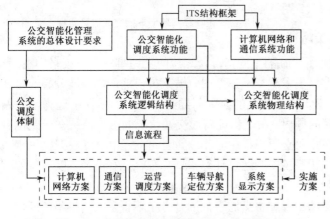

图 7.18　公交车辆智能调度系统的总体框架

公交车辆智能调度系统的总体结构布局为：公交总公司配有一个层交换高速以太网，并通过 Internet 服务器与外部进行联系；总公司的局域网通过固定通信网与各运营分公司和保养分公司的局域网相连；各运营分公司和保养分公司通过 PSTN 与运营车队联系，车队配有微机；公交车辆和电子站牌通过移动通信网与各运营分公司和总公司进行通信联系。

7.5.2　系统基本构成

公交车辆智能调度系统主要由车载子系统、网控中心、站调中心三个子系统构成，如图 7.19 所示。该系统的主要功能是，实现公交车辆的自动调度和指挥，保证车辆的准点运行，并使出行者能够通过电子站牌了解车辆的到达时刻，从而节约出行者的等车时间。

（1）车载子系统：实现车辆自身的定位，获取车辆自身的定位信息，将地理信息和车辆位置信息结合在一起给驾乘人员提供综合的导航信息。同时，车载子系统通过通信模块将自身的位置信息传送到网控中心系统。

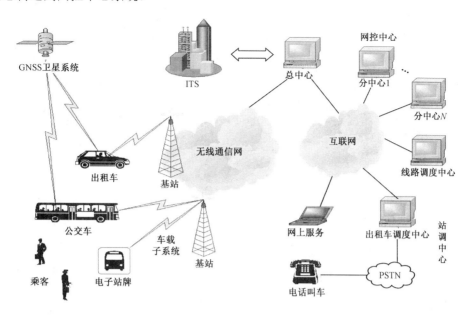

图 7.19　公交车辆智能调度系统的基本构成

（2）网控中心：通过其通信模块接收车辆发送过来的信息，对这些信息进行分析、处理，获得并收集有效的信息，并将这些信息以一个公共的接口提供给需要查询的用户。

（3）站调中心：通过访问网控中心的公共访问接口获得当前车辆数据，同时站调中心可以通过网控中心向车辆发送各类指令，实现对车辆初步的远程控制。

系统中的数据传输包括无线传输和有线传输两部分。无线传输可利用中国移动提供的GPRS 移动通信网实现，有线部分可利用公交公司现有的内部网络实现。系统中的数据主要有两个流向：上行和下行。上行数据主要由车辆将自身的综合信息通过 GPRS 通信模块传送到中心数据服务器；下行数据主要由中心数据服务器将收到的车辆信息经处理后，按不同的需要转发到不同的电子站台、中心操作终端和站调操作终端以及乘客。

7.5.3　技术路线与实现功能

1．技术路线

公交智能调度系统总体设计的技术路线如图 7.20 所示。总体设计的技术路线是：从公交目前存在的问题出发，寻求利用 ITS 解决这些问题的方法，并从信息流程的角度将其分为信息采集、信息传输、信息处理与信息输出等技术手段。信息采集内容包括车辆定位导航信息（如车载 GNSS/INS/DM 导航仪）、乘客流量信息（如公交智能卡）、交通状况信息（如远程交通微波传感器——RTMS）等。这些信息通过通信网络传输到指挥调度中心，指挥调度中心运用智能调度系统对其进行统计、分析及处理，产生合理的车辆运营调度方案，提供给指挥调度中心调度员和管理人员，并将车辆实时运行状态及路况信息提供给车辆驾驶员和乘客。

2．实现功能

公交车辆运营调度的智能化是指将高度先进的信息化技术和通信技术有效地应用于整个公共交通系统的指挥调度及车辆的运营管理，准确实现公交车辆的定位导航跟踪与监控，并通过信息共享增强对乘客的信息服务功能，具体实现的功能如下：

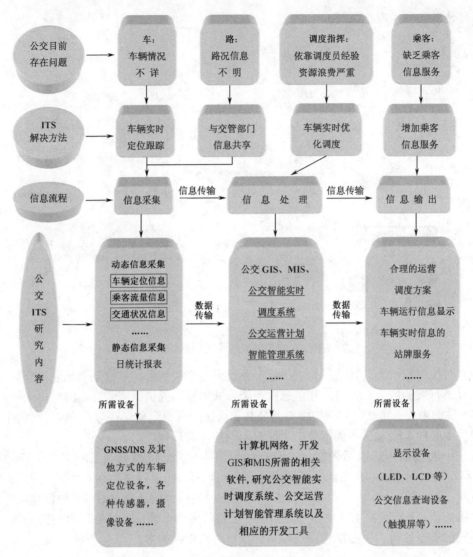

图 7.20　公交车辆智能调度系统的技术路线

（1）公交运营车辆定位：针对公交车辆智能化调度系统的特点，采用 ID 码方式实现运营车辆的区间定位（车号、线路号、行驶位置和时间等），将车辆所在的区间位置数据传送到调度指挥中心，并不时向公众发送公共交通信息。

（2）公交运营车辆实时监控：通过对运营车辆位置信息的实时采集，采用视频和音频技术，在调度指挥中心的大屏幕上实现对公交运营车辆的实时监控和跟踪，调度管理人员可以随时观察或获得公交线路每辆车的运行状态、载客量、正点率等实时信息；当发现某站乘客过于集中和车辆超载时，调度管理人员可以及时调度车辆以疏散客流。同时，可及时发现突发事故，并可对驾驶员提供危险警告。

（3）实时通信：根据所采集的数据信息可及时调度车辆，实现运营车辆与调度指挥中心的实时通信，并支持公交车辆驾驶员和交通设施之间的双向通信。

（4）自动调整发车间隔和行车顺序：根据采集到的运营车辆的动态信息，科学安排固定线路车辆的运营；自动调整发车间隔及行车顺序，同时在线路上优化配置驾驶员，调整停车站点。

（5）乘客信息采集：在公交车上设置公交智能卡读写器（POS），乘客依次排队验卡、读卡上车，通过智能卡读写器记录所采集的乘客信息，并将乘客信息传送到调度指挥中心。

（6）公共交通中心多种移动交通方式的协调：在路段和特定交叉路口采取公共交通优先通行措施，并与其他交通方式进行协调。

（7）车站乘客服务信息：根据公交车辆智能化开发的目的，对公交运营车站的乘客提供必要的交通服务信息——静态信息和动态信息。静态信息采用可变信息板 LED 显示或者磁翻板显示，不断发布首末车时间、天气预报、主要换乘引导等信息，必要时可增加广播方式；动态信息主要包括车辆到站时间、路况信息、车次、运行方向、车辆拥挤状况等，为乘客提供必要的信息服务。

7.5.4　调度机理与信息流程

1. 调度机理

公交车辆智能调度机理如图 7.21 所示。从图 7.21 可以看出，实现公交车辆调度的智能化，可对公交车辆运营的指挥调度起到辅助决策作用。从内部讲，可提高公交车辆管理的集约化水平；从外部讲，可提高公共交通的社会服务水平。因此利用公交车辆智能化调度的研究成果，可以改变原来调度员和管理人员对公交车辆运营信息不清、路况不明，仅凭经验调度的方式。运用智能化调度手段，可以汇集调度专家及调度预案，形成调度经验和知识库；借助模型及优化算法，可形成推理及决策，提高调度员的判断能力和决策水平，用最少的车辆完成最大的运力，从而提高公交车辆的整体运营效率。

同时，根据公交智能指挥调度系统的总体设计框架构想以及智能指挥调度策略，针对公交智能化指挥调度系统结构体系，以交通控制和管理系统为基点，可实现公交智能化指挥调度系统结构体系的模型化。

（1）服务功能模型化：便于分析不同部门、不同区域对智能调度的要求，从而进行针对性的设计，避免盲目性。这样，交通管理部门可以充分了解 ITS 所提供的高质量服务，为系统的整体规划和管理提供一定的参考价值和实用价值。

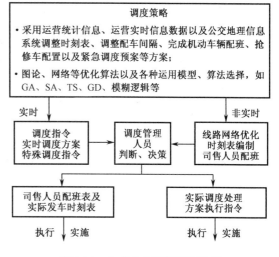

图 7.21　公交车辆智能调度机理

（2）网络层次模型化：从系统化角度设计公交智能调度系统，以便规范不同层次之间的接口协议以及各层次设计的标准性。

（3）信息模型化：从信息及信息技术角度考虑，车辆智能调度系统是一个以交通信息为核心内容的信息系统，其智能化特征体现在每个信息基元的采集、处理和传输以及所用到的每个信息基元上。

2. 信息流程

公交车辆智能指挥调度系统的信息流程框图如图 7.22 所示。公交车辆的管理和运营信息的采集应达到实时化和高精度，其中主要包括三类交通信息：① 公交车辆行驶状态信息（时间、空间以及行驶速度等）；② 公交车辆运营信息（发车频率与沿途的供求匹配状况以及突发事件）；③ 联系道路系统和换乘系统的交通状况信息。针对实际客流需求和交通状态变化，智能化的公交运营与管理系统可自动生成交通运营和管理方案，改变公交车辆的行驶类型和到站时刻,使整个公交系统的效益最佳。通过实时采集公交运行状况数据和运用公交优先通行措施,能够改善公交运行状况,实现公交车辆的最优调度。

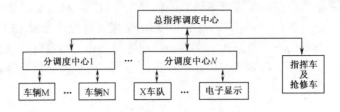

图 7.22　系统信息流程框图

7.5.5　系统逻辑结构与物理结构

1. 系统逻辑结构

为了实现系统的总体目标,需要通过系统的逻辑结构概念性地表现系统中的各要素以怎样的形式相互作用或作为整体共同作用,描述系统及各个要素的机能以及各要素之间的信息交换等。公交智能化指挥调度逻辑结构(如图 7.23 所示)是实现公交智能调度的基础。

2. 系统物理结构

公交车辆智能指挥调度系统的物理结构如图 7.24 所示。公交车辆智能指挥调度系统是一个分层次的分布式大型综合管理与控制系统,通过各种不同的设备连接在一起,实现各部分信息的共享及协调工作,完成智能化综合管理功能。这样,公交车辆智能指挥调度系统就能提高交通管理部门的自动化水平,不仅可以管理和控制某个交通设备,也能管理和控制整个区域的交通设备,使得整个区域的交通状况得以改善和提高。

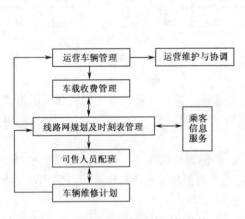

图 7.23　公交车辆智能调度逻辑结构

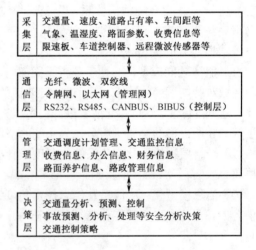

图 7.24　公交车辆智能调度物理结构

7.5.6　公交车辆动态调度

1. 动态调度策略

公交车辆运营调度问题十分复杂,有许多因素难以准确进行预测估计和建模分析,因此建立在数学模型基础上的调度算法都只是实际调度问题的某种近似。公交车辆运行环境的开放性，使得运营调度问题变得更加复杂。在这种情况下，人的因素显得十分重要，由于人的经验、直觉和对复杂情况的判断能力是计算机所无法拥有的，这正是近年来交互式调度受到广泛关注的原因。

交互式调度是指在建立调度递阶结构和动态维护调度的过程中，充分利用人的经验和能力，通过人与算法中的有关接口的信息交互，调整算法的条件和参数，得到良好的实施方案。这里采用的公交车辆运营调度策略是：① 当运营车辆按照约定时间出现时间延误时，基于静态调度方法自动调整行车间隔或行车类型；② 借助数据通信、计算机及定位导航等技术监控运营中的公交车辆，出现意外事故或突发事件时进行有效的动态重调度，以便及时处理紧急情况。图 7.25 所示为公交车辆动态调度策略架构。

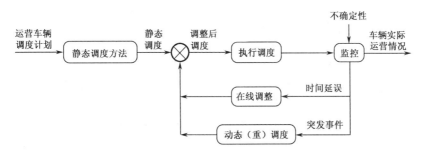

图 7.25　公交车辆动态调度策略架构

图 7.25 中的监控环节是交互式调度的关键，用以判断意外事故的发生、确定动态参数变化对调度影响的大小以及决定采取在线调整或动态重调度方式等。若采用基于周期性和事件驱动的动态方法进行在线调整，那么人的作用还体现在对前一段调度结果的监控及路况信息分析方面，即确定后一段某初始参数。若能够将人所特有的各种非量化知识进行整理、归纳，建立知识库和相应的数据库，以 AI 代替实际人的作用，就可形成基于算法和知识相结合的新型调度方法。

2．动态调度方法

当公交运营车辆运行条件或其他条件发生变化时，要求系统迅速做出反应，但是只有当动态变化幅度大到必须对调度进行彻底修改时，方采用重调度策略；而对于变化幅度不大的情况，采取对运营车辆进行适当的调度调整方法。公交车辆运营调度的在线调整方法，是指在给定调度系统参数及路况信息，给定初始调度信息和动态变化的情况下，适当地修改初始调度，使得其变化对后续运营调度的影响达到最小，即寻找一个在动态变化条件下对初始调度跟踪最好的调整方法。为此，将动态维护调度过程分为三个层次：（重新）建立调度；在线调整；执行与监控。其原理如图 7.26 所示。其中，底层对调度进行监控，通常采用自动车辆监控系统，借助电子地图在大屏幕上显示，实现对运营车辆的监控、跟踪；中间层负责对底层检测到的突发事件进行及时处理，实施在线调整或修改调度；上层是重建调度层，只有当环境参数发生很大变化时，方可启动该层。

公交车辆运营调度的在线调整可认为是一种时

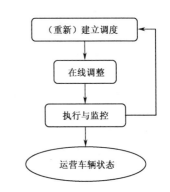

图 7.26　公交车辆调度动态维护原理

间轴上的反馈控制，其中包括对运营车辆的监控与跟踪。当运营车辆遇到交通延误（如堵车、意外纠纷），就需要对原有调度进行在线调整或修改。这里的交通延误主要是指当前运营车辆不能准时或根本无法执行原有调度中的运输任务。解决交通延误的方法通常是将受到干扰运营车辆的开始时间在时间轴上进行移动和更换相应交通故障涉及的公交运营车辆两种。具体来说，就是通过在线调整行车间隔、调整中途停站次数（该措施虽然容易使在临时不停车车站候车的乘客产生意见，但是在车辆晚点、同时到站车辆较多时比较有效）、调整行车区段或更换其他的运营车辆，得到一个接近于初始调度的可行解。公交运营车辆动态调度的在线调整有以下 3 种方法：

（1）简单移动法。简单移动法是指通过改变行车间隔以消除干扰或者将干扰移至后续运作，以便对尚未执行的运作给出一个可行解。根据调度处理时间的变化方向，有 4 种不同的移动策略：向前移动、向后移动、双向移动以及不移动。

（2）预测调度法。针对当前正在执行的操作，估计所有正在执行操作的完成时间，通过适当地移动尚未执行操作的开始时间，依据可能发生的突发事件和路况状况随时在线调整运营车辆的行车顺序、行车间隔以及车辆行驶区段，以便及时有效地履行车辆运营任务。

（3）基于时间和事件驱动的动态调度法。当调度执行过程发生动态变化时，只要将系统此时的参数作为基于时间和事件驱动方法的初始条件，就可采用基于时间和事件驱动的调度方法。基于时间的调度方法是指在受到客观条件影响，车辆数和车辆的到达、发出时间与行车时刻表的要求差距过大时，要根据实有车数、单程行驶时间、停站时间和客流量，计算出行车间隔，维持线路运营；基于事件驱动的调度方法是指发生全市性重大活动时的有关线路到站、绕行、断路、停驶等行车组织方案，即根据上级确定的线路，计算线路客车辆配备数量、单程行驶时间、停站时间和行车频率，拟定临时行车计划和重大活动结束后迅速恢复线路正常运营的措施或方案。

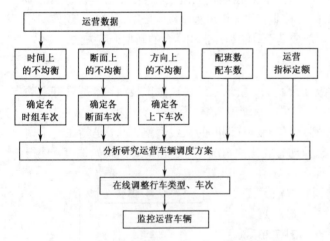

图 7.27 公交车辆动态调度实施方案工作流程

3. 动态调度方法应用

选择公交车辆调度方法时应该遵循符合客流规律、提高车辆周转率、车辆载客均衡满载以及经济使用车辆等原则。在实际运营时，公交车辆乘客流量在时间上的不均衡规律决定行车类型和车次，断面上和方向上（交通流量）的不均衡规律决定行车调度方法。因此，只有与配车数、配班数、指标数相互综合平衡，才能准确、有效地确定调度方法和行车类型及车次。根据相关文献，并结合运营车辆实际运行情况，公交车辆动态调度实施方案的工作流程如图 7.27 所示。

1）简单移动法应用

为简单起见，这里以公交车辆运营周转率最快（即周转时间最短）为运营调度基础，在公交车辆实际运营时出现车辆运营延误或发生故障时，利用动态调度策略中的简单移动法在线调整运营车辆的行车间隔，以避免运营车辆发车间隔的不均衡。这里以北京市 375 路运营线路（西直门—北宫门）为对象进行研究。假定 375 路运营线路所有公交车辆均装有 GPS 定位装置，这样可以对公交运营车辆的运行情况进行监控、跟踪，并利用远程交通微波传感器（RTMS）得到实时路况交通信息。在实际运营中，假定 ID 号码为 03 的运营车辆在高峰运营期间发生故障。为了避免运营车辆发车间隔不均衡状况出现，针对运营车辆 03 所处的运营时段，即 01、02（03 车辆以前的时段）和 04、05、06（03 车辆以后的时段）运营车辆的运营时段，在保证运营车辆顺序不变的前提下，利用智能算法自动调整运营车辆行车间隔，即发车时间。

调整方法有两种：若不需要加车运营，调整后 01、02、04～06 运营车辆行车间隔由原来的 5 min 变为 6 min，具体操作如表 7.4 所示；若因客流量增加需要采取加车运营时，也要调整行车间隔，避免间隔或大或小的现象出现，在 02、04 运营车辆之间加入一辆车投入运营，调整后 01、02、04～06 运营车辆行车间隔由原来的 5 min 变为 4 min，具体操作如表 7.5 所示。

由表 7.4 可见，02 班次的发车时间推迟，04、05 班次的发车时间提前，从 06 班次起发车时间恢复正常。这一段时间的行车间隔由 5 min 改为 6 min，避免了因缺少 03 班次而出现的间隔不均匀（10 min）现象。

表 7.4　车辆减少时在线调整行车间隔示意表

班　　次	01	02	03	04	05	06
车辆到站时间	7：00	7：05	7：10	7：15	7：20	7：25
计划发车时间	7：05	7：10	7：15	7：20	7：25	7：30
实际发车时间	7：06	7：12		7：18	7：24	7：30
行车间隔/min	6	6		6	6	6

表 7.5　车辆增加时在线调整行车间隔示意表

班　　次	01	02	03	04	05	06
车辆到站时间	7：00	7：05		7：10	7：15	7：20
计划发车时间	7：04	7：09		7：14	7：19	7：24
实际发车时间	7：04	7：08	7：12	7：16	7：20	7：24
行车间隔/min		4	4	4	4	4

由表 7.5 可见，02 班次的发车时间提前，04、05 班次的发车时间推迟，从 06 班次起发车时间恢复正常。这一段时间的行车间隔由 5 min 改为 4 min，避免了因发车时间不做调整而加车时，会突然出现的 2 min、3 min 行车间隔不均衡现象。

通过以上分析可知，在运营车辆发生故障后而不能运营时，采取基于遗传算法的简单移动调度措施，可以有效避免因运营车辆故障而导致的运营车辆不能均衡满载现象的发生。

2）预测调度法应用

若实际运营线路途中出现串车现象，借助智能调度监控系统对运营车辆的有效监控，在中途车站采取基于遗传算法的预测调度措施，可有效地消除突发问题对线路运营所造成的影响。线路中途车站预测调度（临时动态调度）的具体措施就是对线路中途站进行监督、控制，统计、记录车辆运行情况，为管理调度中心提供车辆运营信息，配合完成实时动态调度，确保运营生产的正常进行。预测调度（临时动态调度）措施有：控制车组"快点"（对照中途站行车时刻表记录车辆实际到达本站的时间，遇到比计划提前到达的车组，要控制其准点出站，保证线路的行车间隔和各车辆在车载客量均衡正常）、控制晚点车组在本站的上客量（多辆车同时刻到站时，指挥晚点车组越站停车，不在本站上客，减少晚点车组的运输压力）、临时调整行车类型（全程车改发区间车，区间车改发为快车）。

基于上述分析可知，利用动态调度方法能够较好地解决公交运营车辆在出现延误或者发生故障时出现的发车间隔或大或小现象，从而保证公交车辆均衡载客，这将极大地改善运营车辆的运行效率，提高公交车辆的服务质量和管理水平，从而使公交车辆运行达到安全、迅速、经济、舒适的目的。

4. 公交系统服务质量评估

公共交通系统是一个定点、定时的服务系统，因此可将其看成一个（服务）排队系统。乘客源源而来，受到许多因素的影响，乘客到达服务站点（车站）的时刻是随机的；而公交车辆所运行的环境是复杂多变、开放的，也同样受到诸多因素的制约。在排队系统中，公交车辆和乘客是服务方和被服务方的关系。作为被服务方，乘客希望进入服务系统后能立刻得到服务，而且在系统中逗留的时间越短越好，希望公交车辆越多越好，服务效率越高越好，这样乘客因等待所遭受的损失就越小。从服务方考虑，当公交车辆增加时就得增加投资，服务率的提高也会增加开支；当公交车辆空闲时，还会造成设备损失，因此依赖增加设备提高服务率是有条件的。

从整个社会利益考虑，既要照顾乘客一方的利益，又要照顾公交公司一方的利益，在设计排队系统时应使整个系统达到最优或次最优。由此可知，对于一个排队系统的运营管理，需要考虑乘客与公交公司双方的利益，以便在某种合理指标上使系统达到最优化。因此，解决这种问题的关键是确定服务率或公交车辆数，也可选取乘客服务规则或这几种指标的组合，使之在某种意义下系统达到最优或次最优。

最优化的含义，可以从公交公司一方考虑，也可以从乘客、公交车辆运营方式双方综合考虑（社会效益）；指标可以是时间，也可以是费用。若从费用考虑，要求乘客等待损失费用与公交车辆支出费用之和到达最小值为优，即最优服务水平。乘客等待损失费用是服务水平的函数，而且是减函数；服务费用则是服务水平的增函数，一般为线性函数。总费用=服务费+等待损失费，当最小费用存在时，其对应的服务水平即为最优服务水平。事实上，为了减少乘客的等待时间，可行的方法之一是增加运营车辆，即缩小发车间隔，这样就需要增加对公交车辆的投资，同时还要考虑车辆资源的有限性。另外，公交车辆过多可能导致较多空闲时间造成的浪费。下面主要探讨的内容是依照客流到达的规律，控制和调节服务系统，使之处于最佳运营状态，达到既要适当地满足乘客需求，又要使社会总费用最小。

假定公交车辆的发车间隔为 T，在 $(0, T]$ 期间乘客到达车站的概率服从 Poisson 分布，Poisson 分布具有平稳独立增量和单跳跃的非负整值过程，即

$$P_k(t) = \frac{(\lambda t)^k}{k!} e^{-\lambda t} \qquad k = 0, 1, 2, \cdots \qquad (7.1)$$

其中，$\lambda > 0$ 时为 Poisson 过程。那么在 $(0, T]$ 期间乘客到达车站的人数 $N(t)$ 为

$$N(T) = \int_{0^+}^{T} \sum_{k=1}^{\infty} k \cdot P_k(t) \cdot \mathrm{d}t = \int_{0^+}^{T} \sum_{k=1}^{\infty} k \cdot \frac{(\lambda t)^k}{k!} e^{-\lambda t} \cdot \mathrm{d}t = \int_{0^+}^{T} \lambda t \sum_{k=1}^{\infty} \frac{(\lambda t)^{k-1}}{(k-1)!} e^{-\pi t} \cdot \mathrm{d}t = \frac{T^2}{2} \lambda$$

即

$$N(T) = \frac{T^2}{2} \lambda \qquad (7.2)$$

在 $([0, T]$ 期间乘客到达车站的等待时间 $W(T)$ 为

$$W(T) = \int_{0^+}^{T} (T-t) \cdot \sum_{k=1}^{\infty} k \cdot P_k(t) \cdot \mathrm{d}t = \int_{0^+}^{T} (T-t) \cdot \sum_{k=1}^{\infty} k \cdot \frac{(\lambda t)^k}{k!} e^{-\lambda t} \cdot \mathrm{d}t$$

$$= \int_{0^+}^{T} (T-t) \lambda t \cdot \sum_{k=1}^{\infty} \frac{(\lambda t)^{k-1}}{(k-1)!} e^{-\lambda t} \cdot \mathrm{d}t = \frac{T^3}{6} \lambda$$

即
$$W(T) = \frac{T^3}{6}\lambda \qquad (7.3)$$

公交车辆指挥调度系统结构体系的建立，能有效地改善交通状况，提高公共交通整体运营水平，达到"保障安全、提高效率、改善环境、节约能源"的目的。同时，在公交车辆优化调度的基础上，针对公交车辆运营调度管理特点，借助通信技术、计算机技术以及自动控制技术，可实现公交车辆的动态调度。基于先进的信息技术和调度方法相结合的智能调度，可极大地改善公交车辆动态调度的性能和效果，提高公交车辆运营调度管理水平和行车安全。

7.6 车联网

7.6.1 车联网的概念

车联网可以实现车与车之间、车与建筑物之间以及车与基础设施之间的信息交换，它甚至可以帮助实现汽车和行人之间、汽车和非机动车之间的"对话"，以及车与社会公共信息平台的互联互通，就像互联网把每台单个的电脑连接起来，车联网能够把独立的汽车联结在一起，是物联网的典型实例，也是物联网的重要组成部分。

车联网作为物联网的衍生品，不同的人从不同的角度给它赋予了不同的含义。从信息感知技术考虑，在《中国射频识别（RFID）技术发展与应用报告》蓝皮书中有如下定义：车联网指装载在车辆上的电子标签通过无线射频等识别技术，实现在信息网络平台上对所有车辆的属性信息和静态、动态信息进行提取和有效利用，并根据不同的功能需求对所有车辆的运行状态进行有效的监管和提供综合服务；从智能交通技术考虑，车联网是将先进的数据通信传输技术、感知技术、电子控制技术及数据处理技术等有效地集成运用于整个地面交通管理系统而建立的一种在大范围内、全方位发挥作用的，实时、准确、高效的综合交通运输管理系统；从车辆组网和通信角度考虑，车联网是无线通信技术和自动控制产业高度发展融合后的新兴概念，主要由安装有无线接口的移动车辆组成，车辆可以接入同构或异构的网络，车联网不仅能满足车与车之间的通信，也能实现车辆与固定路边设施间的通信。

车联网是物联网技术应用于智能交通领域的集中体现，是将汽车作为信息网络中的结点，通过无线通信等手段实现人、车、路与环境的协同交互，构建智能交通系统。车联网被认为是物联网最有可能率先实现并且最有实用价值的应用领域，且有望彻底解决目前存在的一些交通难题，如交通事故、交通拥塞等。上海世博会期间，上汽-通用汽车馆里基于"车联网"概念设计的未来汽车引起全球瞩目，向全世界勾画出了一幅零排放、零油耗、零堵塞、零事故且驾乘充满时尚和乐趣的 2030 美好城市交通愿景。

7.6.2 车联网与物联网的关系

车联网是物联网的一部分，当物联网中互联的对象都是车辆和一些道路基础设施时，物联网就成为车联网。物联网的范畴要比车联网大得多，车联网只是物联网的一种特定应用。然而，要真正全面实现物联网，尚存在一些困难，比如全球标准不统一、部署成本过高、技术尚不够完善以及安全性等。相比之下，车联网的实现就具有更高的可行性了。在车联网的研究过程中需要借鉴物联网的研究成果和研究思路，同时车联网的研究成果也将丰富和发展物联网的研究工作。与物联网相比，车联网有一些自己的特点：

（1）车联网当中的网络结点以车辆为主，这就决定了车联网的高动态特性。与一般的物联网相比，车联网当中的汽车结点移动速度更快、拓扑变化更频繁、路径的寿命更短。

（2）与一般的物联网相比，车联网当中的车辆结点间的通信受到的干扰因素更多，包括路边的建筑物、天气状况、道路交通状况、车辆的相对行驶速度等。

（3）车联网中受到车辆运动情况、道路分布状况等因素的影响，网络的连通性不稳定，这在一定程度上限制了车联网的推广使用。

（4）车辆中有稳定的电源供电，网络工作时一般没有能量方面的限制；车辆中有较大的承载空间，可以装备较高性能的车载计算机以及一些必要的外部辅助设备。

（5）车联网对网络的安全性、可靠性以及稳定性要求更高。在车联网的应用过程中，不能像互联网一样出现一些不安全、不可靠的事件，否则可能会造成巨大的生命财产损失，引起车辆行驶的混乱。

7.6.3 车联网系统框架和平台功能结构

1. 车联网系统框架

目前，车联网技术的应用主要局限在车主和车主所使用的车联网产品厂商之间，不同车联网厂商各自为战，产品兼容度不高，信息共享难，对车主提供的服务大部分还集中在车辆的智能监控方面，还没有实现车、人、道路、天气和公共增值服务之间的融合。这里从车联网的系统框架出发，阐述车联网平台应具有的三大功能，并分析车联网平台开发过程基于呼叫中心的车联网平台智能服务和增值服务的实现方法。

根据车联网的定义和功能，车联网系统主要由信息采集层、传输层、信息处理层和应用层组成。车联网系统框架如图 7.28 所示。

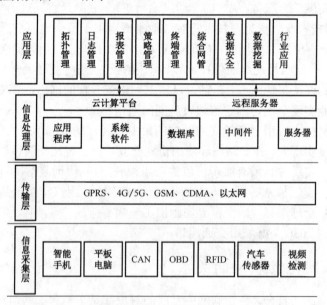

图 7.28　车联网系统框架

（1）信息采集层主要利用视频检测、汽车传感器、RFID 技术、OBD 车载智能终端、智能手机、平板电脑等信息采集设备，完成车、路环境信息的感知和采集。这些信息大致包括车辆油耗、里程、位置、车辆行驶速度等车辆信息，以及路况、交通等车辆周边信息和驾驶员的驾驶行为等，并通过传输层传送到信息处理层。

（2）传输层主要利用有线通信网、无线通信网、互联网等传输手段，采用 GPRS、4G/5G

等技术实现车联网前端所采集的有效信息的传输。

（3）信息处理层相当于车联网的神经中枢，主要由服务器、云计算平台、中间件、数据库、系统软件及应用程序等软硬件系统构成，主要完成对车联网信息的存储、控制、编码、解码、加密、管理、统计和查询等处理功能，处理后的信息供应用层各功能模块调用。具体而言，信息处理层的功能之一是建立相应的网络协议模型，该协议模型用于满足异构网络数据通信的需求，进而整合传输层的数据；信息处理层的另一个功能是通过向应用层屏蔽通信网络的类型，充分利用有线和无线网络资源，为上层应用服务器和应用程序提供透明的信息传输服务。

（4）应用层相当于车联网的大脑，面向车联网用户，主要通过运行在导航仪、手机、智能移动终端上的应用系统，为车联网用户提供包括道路导航、通信服务、远程监控等在内的各种具体服务，即为车联网用户提供所需的车联网智能化应用。

应用层的核心是通过无线和有线传输网络，与远程服务器、云计算平台进行信息交互，一般具有 GNSS 定位、轨迹回放、车辆状态监控、车况分析、道路救援、里程统计、油耗检测、远程诊断、车辆报警、电子地图等功能，能够和电信运营商、第三方支付平台、城市公共资源等实现信息共享，向驾驶员和乘客提供详细的交通信息、汽车状况、生活或工作便捷服务和互联网服务，并为用户提供多样化的增值服务。

2．车联网平台功能结构

车联网平台目前大部分还处在车辆的智能监控方面，在车与车、车与人、车与道路之间还没有真正实现连接。在车联网平台中，除了要完成对车辆进行自动监控和信息查询的应用之外，还应该和道路、天气、资讯、救援、代驾、4S 等运营商网络平台相互对接，给车主提供个性化的增值服务。车联网平台的功能结构如图 7.29 所示。

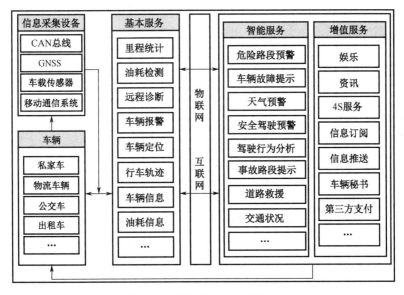

图 7.29　车联网平台功能结构

车联网功能结构图中，车联网的应用体现基本服务、智能服务和增值服务三个方面。基本服务包含里程统计、油耗检测、远程诊断、车辆报警、车辆定位、车辆检测等基本功能，是车联网产品提供给车主的基本服务；智能服务包含危险路段预警、车辆故障提示、天气预警、安全驾驶预警等，体现车与人、车与路的融合；增值服务包含娱乐、资讯、信息推送、4S 服务等，体现车与运营商之间的信息共享和应用互动。

7.6.4　车联网平台的实现

1．车联网平台基本服务的实现

车联网用户主要分为单用户（如私家车等）和多用户（如运营车队、公交车车队、出租车队等）。目前，众多的车联网产品中，车联网厂家能提供给用户的服务主要集中在里程统计、油耗检测、车辆报警、车辆定位、行车轨迹等基本服务方面。

基本服务的实现相对容易。在信息采集层，主要采用基于 OBD 技术的车载智能终端、GNSS 技术和视频采集技术。OBD 连接到车辆的电控单元，能监测车辆的发动机、变速箱、控制系统、燃油系统等多个系统和部件，并把监测到的信息通过无线通信网络发送到信息处理层。OBD 的主要目的是实现车辆检测、维护和管理的一体化。在信息处理层，通过数据库和云计算技术，实现对车辆信息的存储、处理、管理。在应用层，结合用户使用的智能终端，通常开发基于 Android 系统的各种 App（应用程序），然后下发到用户的智能终端，给用户提供车联网产品的基本服务。

2．车联网平台智能服务和增值服务的实现

基本服务仅能对用户提供汽车监控和调度等方面的基本应用，还不能完全做到车与道路、车与人、车与社会公共资源的结合，离真正意义的车联网应用还有一定的距离。但是，车联网厂商目前各自为战，车联网方面的行业标准和国家标准还不完备，这种局面在一定程度上限制了车联网平台智能服务和增值服务功能的应用。为了促进车联网平台智能服务和增值服务功能的实现，为用户提供真正意义的车联网产品，这里介绍一种基于呼叫中心的车联网平台的智能服务和增值服务的实现方法。

呼叫中心是计算机技术和电话技术的集成，将计算机网络、通信网络和信息技术进行融合，能有效、高速地为用户提供多种服务的一体化综合信息服务系统。基于呼叫中心的车联网平台示意图如图 7.30 所示，呼叫中心主要由车联网中间件、VCTI、呼叫管理系统、多媒体呼叫中心系统、业务系统组成。基于呼叫中心的车联网平台整合了车联网厂家、第三方支付、娱乐、资讯等社会公共服务，拓展了车联网平台的功能。

车联网中间件是实现两个独立应用程序互相通信的一种应用程序，是两个不同应用系统相互通信的桥梁和纽带。车联网中间件位于呼叫中心和第三方支付、4S 服务、资讯、娱乐等能提供社会公共服务的运营商之间，是一种能把社会公共服务运营平台接入呼叫中心的接口程序，传递两个系统间的指令和消息；通过车联网中间件，实现呼叫中心和社会公共服务的融合，为车联网用户提供多样化的增值服务。车联网中间件可以是动态链接库（DLL）文件、对象类别扩充组件（OCX）、系统服务程序或者开发组件，供呼叫中心调用。

VCTI 是一种基于 B/S 架构的快速集成开发应用平台，利用该平台所提供的业务接口，可以快速把呼叫中心的功能集成到车联网平台中，具有部署简单和伸缩性好的特点。VCTI 实现了车辆、计算机、电话、互联网的集成。

多媒体呼叫中心系统包含 VCTI、Web 服务器、Email 服务器、数据库系统、业务系统服务器等。服务器系统存储车联网应用的各种数据，包含地图数据、业务数据、车辆数据、道路状况数据、用户信息、邮件服务器、短信记录、呼叫记录等。

呼叫管理系统包含系统管理、用户管理、车辆管理和统计报表，实现呼叫中心的管理、接入呼叫中心的车联网用户的管理、车辆的管理以及提供给车联网用户的呼叫信息的统计、分类查询等。

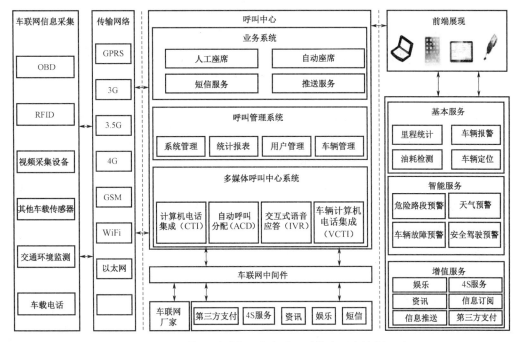

图 7.30   基于呼叫中心的车联网系统实现方法图

业务系统包含人工座席、自动座席、短信服务、推送服务等。人工座席以有人值守的电话座席的方式为车联网用户提供路况、车况、查询、导航等服务；自动座席由座席管理系统自动完成对车联网用户的服务；短信服务是以短信形式为用户提供路况等服务；推送服务是按照用户需求，为用户的车联网智能终端推送导航路径规划、行程安排、道路救援等数据信息，以满足车联网用户智能服务的需求。

车联网平台的智能服务和增值服务的实现，在车联网前端除了 OBD、GNSS、传感器之外，还应充分考虑车联网用户所使用的车载终端的情况。以 Android 系统为基础的手机以及导航仪等智能车载终端产品，为智能服务和增值服务的实现提供了有力支撑。

车联网用户的智能手机，集成了通话功能和上网功能的导航仪，以及其他车载智能终端，都可以作为接入呼叫中心的前端设备。Android 系统的车联网 App，是车联网用户和车联网平台的连接纽带。在车联网前端，用户通过 App 发起服务请求，建立与呼叫中心的连接；呼叫中心响应用户请求，并以人工和自动应答等形式为用户提供地图下载、路线规划、路况查询、在线支付、智能交通等服务，实现车联网智能服务和增值服务的功能需求。

讨论与思考题

（1）阐述面向智能交通的物联网整体架构的内容。

（2）目前智能交通中有哪些环节用到了 RFID 技术？

（3）公交车辆调度系统主要由哪三个子系统构成？

（4）根据通常发生交通事故时所面临的不同情况，分别给出相应的应急策略。试列举其中一种在物联网环境下的交通应急策略。

（5）在公交车动态调度方案中，物联网是怎样发挥作用的？

（6）车联网是什么？它与物联网有什么关系？

（7）阐述车联网的系统架构、功能和关键技术。

第8章 农业物联网应用与解决方案

农业物联网（AIoT）通过各种仪器仪表的实时显示和对温湿度、pH 值、光照强度、土壤养分、CO_2 浓度等参变量的自动控制，可以为温室精准调控提供科学依据，达到增产、改善品质、调节生长周期、提高经济效益的目的。农业物联网的一般应用是将大量的传感器结点构成监控网络，通过各种传感器采集信息，帮助农民及时发现问题，并能准确地确定发生问题的位置。这样，农业将逐渐地从以人力为中心、依赖于孤立机械的生产模式转向以信息与软件为中心的生产模式，从而大量使用各种自动化、智能化、远程控制的生产设备，提高农业生产效率与工作质量。

8.1 农业物联网概述

8.1.1 农业物联网的概念

我国是农业大国，而非农业强国。我国大多数农田生产仍以传统生产模式为主，依靠人工经验精心管理农业生产，缺乏系统的科学指导。传统耕种只能凭经验施肥、灌溉，不仅浪费大量的人力物力，也对环境保护与水土保持构成严重威胁，对农业可持续性发展带来严峻挑战。为了解决我国城乡居民消费结构和农民增收，温室种植已在农业生产中占有重要地位，这为推进农业结构调整发挥了重要作用，也对农业现代化进程具有深远的影响。

我国要实现高水平的农业生产和优化生物环境控制，突破农田信息获取困难与智能化程度低等技术发展瓶颈，实现农业信息化，信息获取手段是最重要的关键技术之一。由传感器、通信和计算机三大现代信息技术的高度集成而形成的无线传感网（WSN），是一种全新的信息获取和处理技术。WSN 由数量众多的低能源、低功耗的智能传感器结点所组成，能够协作地实时监测、感知和采集各种环境或监测对象的信息，并对其进行处理，获得详尽而准确的信息；这些信息通过 WSN 传送到基站主机以及需要这些信息的用户，同时用户也可以将指令通过WSN 传送到目标结点使其执行特定任务。因此，将物联网技术应用于农业生产，就是利用实时、动态的农业物联网信息采集系统，实现快速、多维、多尺度的农田信息实时监测，并在信息与农业专家知识系统基础上实现农田的智能灌溉、智能施肥与智能喷药等自动控制。

农业物联网是基于计算机应用、物联网、视频监控、4G/5G 通信、IPv6 等先进技术而构建的集农业专家智能、农业生产物联控制和有机农产品安全溯源三大应用为一体，实现农业综合智能信息化的解决方案。从技术角度看，农业物联网应用信号识别、传感、网络通信、计算机软件等技术，对农业生产经营过程中所涉及的生产对象、生产工具、劳动者和生产环境的内外部信号进行感知，通过互联网进行信息传递，并进行农业信息的"物""物"实时联通、模式计算和智能识别，从而为实现农业生产的高效管理提供多元支撑。

农业物联网具有感知（Instrumented）、互联（Interconnected）、智能（Intelligent）的特征。其中，"感知"即利用随时随地感知、测量、捕获和传递信息的设备、系统或流程；"互联"指先进的系统可按新的方式协同工作；"智能"则是指利用先进技术获取更智能的洞察并付诸实践，进而创造新的价值。在农业物联网中，所涉及的新技术主要有各类信息感知识别、多类型数据融合、超级计算等核心技术。由此可见，农业物联网是农业大系统中的人、机、物一体化的互联网络。在不久的将来，可以随处看见这样的情景：农民兄弟坐在电脑前，轻点鼠标，即可查看农场现场情况，了解温湿度等信息，实现翻地、播种、除虫、灌溉和收获，就如同"开心农场"一样简单。通过农业物联网产品，可以实现生产管理、安全管理、精准管理、溯源管理和信息支持等应用，降低种植成本，提高农作物产量，加强食品安全，从而构建低碳节能、高效高产、绿色生态的现代农业体系，这对我国的农业发展具有重要意义。

随着信息技术应用的进一步深入以及人工智能的快速发展，运用传感器和软件通过移动平台或者电脑平台对农业生产进行控制，使传统农业更具有"智慧"。除了精准感知、控制与决策管理外，从广泛意义上讲，农业物联网还应包括农业电子商务、食品溯源防伪、农业休闲旅游、农业信息服务等方面的内容。这样，就可以从真正意义上实现农业物联网的高级阶段——智慧农业。农业物联网与智慧农业的关系示意图如图 8.1 所示。

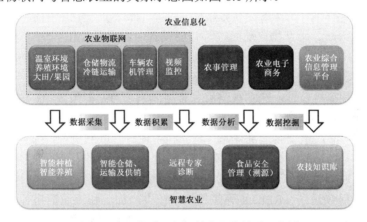

图 8.1　农业物联网与智慧农业的关系示意图

智慧农业是指在相对可控的环境条件下，采用工业化生产，实现集约、高效、可持续发展的现代超前农业生产方式，就是农业先进设施与露地相配套，具有高度的技术规范和高效益的集约化规模经营的生产方式，是现代农业的重要组成部分。智慧农业产品通过实时采集温室内温度、土壤温湿度、CO_2 浓度、湿度信号以及光照、叶面湿度、露点温度等环境参数，自动开启或者关闭指定设备，并可根据用户需求，随时进行处理，为实施农业综合生态信息自动监测，对环境进行自动控制和智能化管理提供科学依据。当今互联网、物联网的蓬勃发展，为实现基于物联网的智慧农业管理系统提供了可能。

"智慧农业"充分应用现代信息技术成果，集成应用计算机与网络技术、物联网技术、音视频技术、3S（RS/GIS/GNSS）技术、无线通信技术以及专家智慧与知识，实现农业可视化远程诊断、远程控制、灾害预警等智能管理。智慧农业是农业生产的高级阶段，是集新兴的互联网、移动互联网、云计算和物联网等技术为一体，依托部署在农业生产现场的各种传感器结点和无线通信网络实现农业生产环境的智能感知、智能预警、智能决策、智能分析、专家在线指导，为农业生产提供精准化种植、可视化管理和智能化决策。

8.1.2　农业物联网的作用

国务院 2015 年 7 月印发的《关于积极推进"互联网+"行动的指导意见》，明确了未来"互联网+"的发展目标。其中提及的"互联网+现代农业"即利用互联网提升农业生产、经营、管理和服务水平，培育一批网络化、智能化、精细化的现代"种养加"生态农业新模式，形成示范带动效应，加快完善新型农业生产经营体系，培育多样化农业互联网管理服务模式，逐步建立农副产品、农资质量安全追溯体系，促进农业现代化水平明显提升。根据该文件，农业物联网的具体作用如下：

（1）构建新型农业生产经营体系。鼓励互联网企业建立农业服务平台，支撑专业大户、家庭农场、农民合作社、农业产业化龙头企业等新型农业生产经营主体，加强产销衔接，实现农业生产由生产导向向消费导向转变；提高农业生产经营的科技化、组织化和精细化水平，推进农业生产流通销售方式变革和农业发展方式转变，提升农业生产效率和增值空间；规范用好农村土地流转公共服务平台，提升土地流转透明度，保障农民权益。

（2）开展精准化生产方式。推广成熟、可复制的农业物联网应用模式；在基础较好的领域和地区，普及基于环境感知、实时监测、自动控制的网络化农业环境监测系统；在大宗农产品规模生产区域，构建天地一体的农业物联网测控体系，实施智能节水灌溉、测土配方施肥、农机定位耕种等精准化作业；在畜禽标准化规模养殖基地和水产健康养殖示范基地，推动饲料精准投放、疾病自动诊断、废弃物自动回收等智能设备的应用普及和互联互通。

（3）提升网络化服务水平。深入推进信息进村入户试点，鼓励通过移动互联网为农民提供政策、市场、科技、保险等生产生活信息服务；支持互联网企业与农业生产经营主体合作，综合利用大数据、云计算等技术，建立农业信息监测体系，为灾害预警、耕地质量监测、重大动植物疫情防控、市场波动预测、经营科学决策等提供服务。

（4）完善农副产品质量安全追溯体系。充分利用现有互联网资源，构建农副产品质量安全追溯公共服务平台，推进制度标准建设，建立产地准出与市场准入衔接机制；支持新型农业生产经营主体利用互联网技术，对生产经营过程进行精细化信息化管理，加快推动移动互联网、物联网、二维码、射频识别（RFID）等信息技术在生产加工和流通销售各环节的推广应用；强化上下游追溯体系对接和信息互通共享，不断扩大追溯体系覆盖面，实现农副产品"从农田到餐桌"全过程可追溯，保障"舌尖上的安全"。

8.1.3 农业物联网应用领域

随着技术方案的逐渐成熟，农业物联网在大田种植、设施园艺、畜禽养殖、水产养殖、农产品溯源、农机监控等典型农业领域广泛应用。按照农业物联网的层次模型，本节分析其各方面应用的共性问题，按照监测对象的不同，进一步将它分为农业生产环境监控物联网、动植物生命信息监控物联网、农机作业监控物联网与农产品质量安全追溯物联网等。

1. 农业生产环境监控物联网

农业生产环境监控物联网主要利用传感器技术采集和获取农业生产环境各要素信息，如种植业中的光照、温湿度、CO_2浓度、土壤肥力、土壤含水量等参数，水产养殖业中的酸碱度、溶解氧、氨、氮、浊度和电导率，畜禽养殖业中的氨气、二氧化硫、粉尘等有害物质浓度等参数，通过对采集信息的分析决策来指导农业生产环境的调控，实现种养殖业的高产高效。农业生产环境复杂，需要在高温、高湿、低温、雨水等恶劣多变环境下连续不间断运行，且传感器结点布置稀疏不规则，布线不方便；而 WSN 组网简单、无须布线，具有低成本、灵活的优势，因而成为当前农业生产环境监控系统的主要应用方式。

从农产品生产不同的阶段来看，从种植阶段到收获阶段，都可以用物联网技术来提高工作效率和进行精细管理。其中：在种植准备的阶段，在温室里面布置很多的传感器，分析实时的土壤信息，以选择合适的农作物；在种植和培育阶段，利用物联网的技术手段采集温湿度信息，进行高效的管理，从而应对环境的变化，保证植物育苗在最佳环境中生长，一旦温度降低就能通过采集设备对温室加热；在农作物生长阶段，利用物联网实时监测作物生长的环境信息、养分信息和作物病虫害情况，并利用相关传感器准确、实时地获取土壤水分、环境温湿度、光照情况，通过实时的数据监测和专家经验相结合，配合控制系统调理作物生长环境，改善作物营养状态，及时发现作物的病虫害爆发时期，维持作物最佳生长条件；在农产品的收获阶段，充分利用物联网的信息，把传输阶段、使用阶段的各种性能进行采集并反馈到前端，从而在种植收获阶段进行更精准的测算；对于几千亩的农场，要对各大棚进行浇水施肥，手工加温，手工卷帘，要用大量的时间和人员来操作，而应用物联网技术，只需点击鼠标，前后不过几秒，就可完全替代烦琐的人工操作，从而提高效率。

农业物联网的典型 WSN 环境监控系统结构如图 8.2 所示。其中，WSN 结点也称为终端结点，是构成 WSN 的基本单位，主要进行本地信息的收集和数据处理，并发送自己采集的数据给相邻结点或将相邻结点发过来的数据进行存储、管理和融合，且转发给路由结点。WSN 结点通常由传感器模块、处理器模块、无线通信模块和电源模块构成。目前，国内研究 WSN 多以 2.4 GHz 和 433 MHz 频段为主，工作在 2.4 GHz 频段的主要通信技术包括 ZigBee、WiFi、蓝牙、无线 USB 等。

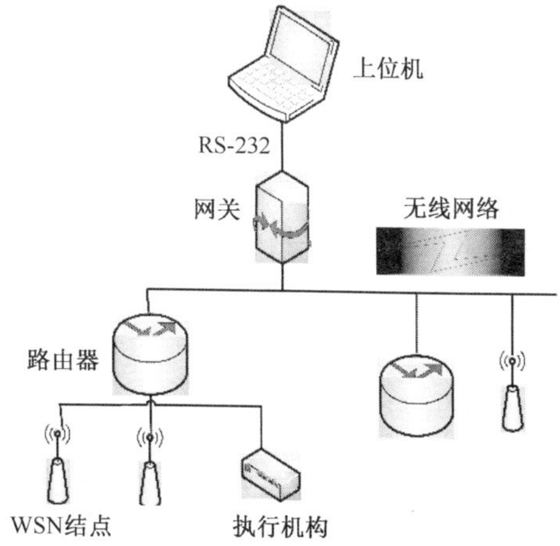

图 8.2　典型 WSN 环境监控系统结构

2. 动植物生命信息监控物联网

对植物信息采集的研究主要包括表观可视信息的获取和内在信息的获取，其中表观信息包括作物苗情长势、病虫害、果实膨大状况、生物量、茎干直径及叶面积等信息，内在信息包括叶绿素含量、作物氮素、光合速率、种子活力及叶片温湿度等，其主要监测手段为光谱技术及图像分析等。对动物生命信息的监测主要包括动物的体温、体重、行为、运动量、取食量及疾病信息等，通过相关监测，了解动物自身的生理状况和营养状况以及对外界环境条件的适应能力，确保动物个体健康生长，其主要监测手段包括动物本体监测传感器、视频分析等。

3. 农机作业监控物联网

近年来，随着土地流转的进行，农机作业范围不断扩大，农机作业信息滞后、时效性差，缺乏有效的监管手段，机收的组织者和参与者对信息快捷、准确、详细的要求难以满足等问题逐渐突显。如何通过技术手段有效地进行农机作业远程监控与调度，提高工作效率和作业质量，尤其是保障农机夜间作业质量和农机装备的智能化水平，是农机作业监控物联网发展的迫切需求之一。农机作业监控物联网的主要研究方向，包括农机作业导航自动驾驶技术、农机具远程监控与调度、农机作业质量监控等方面。

4. 农产品质量安全追溯物联网

农产品信息主要包括农产品颜色、大小、形状和缺陷损伤等外观信息以及农产品成熟度、糖度、酸度、硬度和药残留等内在品质信息。在农产品质量安全与追溯方面，农业物联网的应用主要集中在农产品仓储和农产品物流配送等环节，通过电子数据交换、条形码和 RFID 电子标签等技术实现物品的自动识别和出入库，利用 WSN 对仓储车间及物流配送车辆进行实时监控，从而实现主要农产品来源可追溯、去向可追踪的目标。

8.2 农业物联网体系结构

8.2.1 农业物联网体系结构研究现状

由于缺乏对整个农业物联网系统层次结构的分析，导致当前各农业物联网应用呈现出碎片化、垂直化、异构化等问题。农业物联网体系结构可以精确地定义系统的各组成部分及各部分之间的连接关系，引导应用开发人员遵循一些原则来实现系统，使得最终建立的系统符合预期的需求。因此，农业物联网体系结构是设计和实现农业物联网系统的重要基础。为此，国内外研究人员对物联网体系结构进行了广泛深入的研究，提出了多种具有不同样式的体系结构。

欧盟第七框架计划（FP 7）专门设立了两个关于物联网体系结构的项目。其中一个是SENSEI，将互联网看作连接物理世界与数字世界的包罗万象的基础设施，其目标是整合RFID、无线传感与执行网络（WSAN）及网络嵌入式设备等技术，建立开放的基于业务驱动的真实世界互联网（RWI）结构，通过统一的接口来提供服务和应用；另一个是IoT-A，主要制定了物联网参考模型（IoT-RM）和物联网参考结构（IoT-RA），其目标是建立物联网体系结构参考模型和定义物联网关键组成模块，该参考结构和模型是物联网机理的抽象集而不是某个具体应用的结构，从而为不同应用领域的研究人员开发更好兼容性的物联网结构提供了最佳范例。此外，美国麻省理工学院和英国剑桥大学、日本东京大学、韩国电子与通信技术研究所（ETRI）、美国弗吉尼亚大学、欧洲电信标准组织（ETSI）、法国巴黎第六大学以及我国的北京大学、北京航空航天大学、苏州大学，都从不同角度对物联网体系结构进行了探讨和设计。

DUQUENNOY和纪阳等提出了一种物联网结合Web技术演化而成的WoT开放结构。沈苏彬等比较了物联网与下一代网络、网络物理系统（CPS）、泛在网、机对机通信（M2M）和WSN的区别与联系，并从已经构建的物联网应用系统和应用实例出发，研究了物联网的体系结构。钱志鸿等认为物联网网络通信协议、物联网网络控制平台、物联网应用终端平台构成了物联网体系结构。于君等总结了物联网应用实践的案例，分析了物联网体系结构和相关技术，并指出电信运营商在物联网体系中的作用与价值。GUBBI等提出一种以用户为中心、基于云计算的物联网实现架构，不仅可以降低物联网系统的实现成本，而且具有很强的可伸缩性，通过云计算提供基础设施、平台、软件等形式的服务，充分挖掘用户的创造力。

AL-FUQAH等着重研究了物联网的使能技术、协议和应用问题，给出了物联网研究的总体概况，分析了物联网面临的主要挑战，探索了物联网和其他新兴技术（包括大数据分析、云计算）之间的关系。SICARI等从物联网安全性、隐私性和信任机制方面出发，阐述了当前研究存在的挑战和物联网领域已经存在的解决方案，并给出了物联网未来研究方向。

当前，各个国家与机构制定的物联网发展和管理计划，对科研人员从事物联网研究与应用开发起到了很好的引导作用，但是都没有指出设计与实现物联网系统的具体方法。况且，农业生产环境的多样性和生产流程的复杂性，决定了它必须针对不同的应用场景（大田、设施、畜禽、水产等）考虑不同的网络通信和控制方式。因此，对于不同应用的农业物联网系统的设计，其要求也不尽相同。

8.2.2 农业物联网体系结构的建立原则

现行农业物联网主要集中于单体的应用，其特点是闭环于一个具体的应用，导致整个系统的可伸缩性、可扩展性、模块化和互操作性不能满足农业物联网日益发展的需求。如何从各种应用需求中统一抽取出系统的各组成部件以及它们之间的组织关系，进而指导农业物联网体系结构的建立和实现，是目前农业物联网研究领域亟待解决的问题之一。对于农业物联网体系结构的研究，应遵循国际电信联盟（ITU）采用的相关研究方法：首先抽象出农业物联网的应用类型和应用场景，作为设计和验证农业物联网结构的主要依据；然后提出农业物联网体系结构的通用原则和总体需求；最后进一步划分农业物联网的基本结构，确定通用框架和功能结构模型。

建立农业物联网体系结构的原则如下：

（1）可扩展性。可扩展性是指农业物联网系统能够扩展自身并未包含的功能。各种异构智能终端设备的接入和退出系统，或者其在物联网中的位置移动，都可能引起网络拓扑结构发生变化，这就要求系统能够自动进行网络运行环境配置。对于系统中新增加的数据采集结点，在不会导致其他结点或者服务端的应用改变的情况下，它必须能够快速地建立数据采集程序而不影响整个系统的运行，这就要求依据农业物联网体系结构所建立的农业物联网系统具有良好的可扩展性。

（2）可复用性。可复用性是指采集层提供的各种数据资源能够重复应用在多个工程当中。农业物联网是个复杂的系统工程，不同的农业物联网应用，所使用的智能设备不尽相同，不同智能设备所需的采集程序也不一样。因此，需要对采集层获取的数据资源进行清洗、转换等操作，实现资源的高度聚合与共享，这样能够大大缩短工程的开发周期和减少开发成本。

（3）安全性和可靠性。安全和可靠是对系统的基本要求，也是农业物联网体系结构设计所追求的主要目标之一。由于农业生产环境复杂多变，特别是信息感知和传输环节，要充分考虑系统的可靠性。一方面要选用稳定、可靠、集成度高的感知和传输设备；另一方面应从体系结构上增加事件管理、任务调度、权限管理等方式，进一步保障系统的可靠性和安全性。

8.2.3 农业物联网体系结构层次划分

农业物联网是依托电信网络、下一代互联网（IPv6）、云计算、物联网、"全球眼"等技术，基于云计算的、可运营的物联网应用智能服务平台，它能够实现物联网应用的快速配置、快速部署和快速上线，并实现传感数据的共享共用。

在农业物联网体系结构层次划分上，大多数学者采用物联网技术通用架构层次划分法，将其划分为感知层、传输层和应用层3个层次。本节介绍南京邮电大学张宇与张可辉等学者提出的农业物联网5个层次的体系结构，即对象层、感知层、传输层、应用层和用户层。这种5个层次结构既能够表征物联网技术在各具体产业应用中的特色和差异，又能够体现出具体用户的特征和差异。其各层功能、构成和逻辑关系如图8.3所示。

1. 对象层

对象层是指农业物联网的作用对象。不同的农业产业，其具体作用对象不同。一般根据农业产业大类可以将作用对象分为设施农业、水产养殖、畜禽养殖和大田作物4种类型。其中，在设施农业领域农业物联网技术应用最为广泛；在水产养殖和畜禽养殖领域的应用近年发展较快；在大田农业领域，除了智能灌溉技术外，其技术应用水平还较低，不少技术应用还处在探索阶段。

农业物联网用户通过各种终端设备使用集成管理信息系统的各个模块，访问物联网云端中心，获取其所要感知和监测的数据，以达到实时感知和监测目标对象及其环境的目的，并根据需要对环境或对象本身施加影响，从而使农业生产、流通和交换等各环节更加远程化、智能化、数字化和可溯源化。

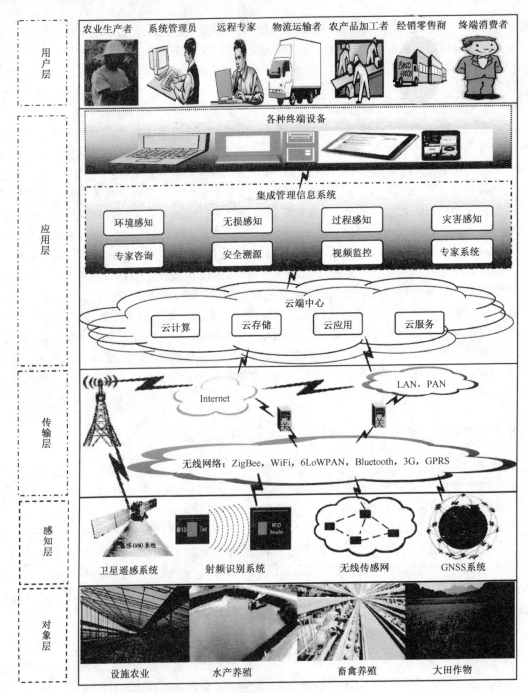

图 8.3 农业物联网体系结构各层功能、构成和逻辑关系

2. 感知层

感知层是利用卫星遥感（RS）技术、射频识别（RFID）、二维码、传感器件、GNSS 等技术实现对农业生产监测对象实施感知和监控的环节。遥感技术可以用来对土地资源的营养状况、墒情、作物长势等信息进行实时感知和监测。RFID 和二维码技术可以将标识物的信息通过读卡器传入无线传感网（WSN）。传感器件（如温度、湿度、光照、pH 值、光谱等传感监测仪器）通过对农业生产监测对象所处环境或其自身进行实时信息监测，以便于进行预警或施加影响，以适应其生长需要。因此，通过感知获取农业环境中发生的物理事件和数据信息，通

过汇聚点到边缘网关，网关通过传输层上报到应用层平台，然后边缘网关通过传输层接收应用平台指令，由汇聚点通过执行器或其他智能终端对感知结果做出反应，实现智能控制。图 8.4 所示为农业物联网感知层示意图。

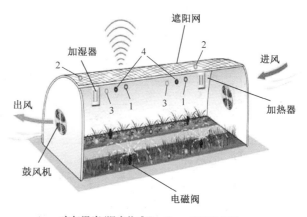

图 8.4　农业物联网感知层示意图

1——空气温度/湿度传感器　　2——光照传感器
3——土壤温度/湿度传感器　　4——二氧化碳传感器

3. 传输层

随着信息与通信技术的发展，物联网技术在农业各行业得到广泛应用，大量传感设备部署于各应用场地。由于商业、技术成熟度或者历史原因，这些感知设备的功能、接口和数据传输协议等都存在着明显差异。感知设备通过 CAN 总线或者 RS-485 总线等有线方式以及蓝牙（Bluetooth）、WiFi、ZigBee、RFID 等无线方式获取监测对象的相关信息，再通过 GPRS、WiFi、以太网等形式传送至远端服务器。WSN、总线网络、互联网之间的数据结构、传输方式等各不相同，这就使得用户必须针对各种感知网络进行单独开发，从而加大了上层应用程序开发的难度和复杂度。如何有效地实现不同网络、不同设备之间的互联互通以及获取所需的各类服务，是农业物联网应用中的一个核心问题。

传输层将来自感知层的各类信息通过成熟的基础承载网络传输到应用层，为感知层和应用层提供可靠的数据传输的基础。具体传输过程是：由传感器件、遥感设备和身份识别标签等获取感知监测对象的各种数据信息，传入 WSN，由其通过网关传入有线网络，由有线网络传入物联网云端中心进行加工和存储等。传输层示意图如图 8.5 所示。

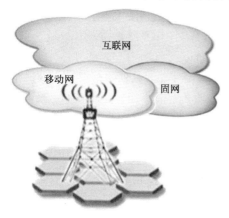

图 8.5　农业物联网传输层示意图

（1）传输层包括移动通信网、互联网、固网等，以及与卫星网、广电网、行业专网形成的融合网络。

（2）传输层主要关注来自感知层的经过初步处理的数据，为感知层和应用层提供安全稳定的信息通道。

（3）传输层涉及不同网络传输协议的互通、自组织通信等多种网络技术，末端的接入形式上可以是 ADSL、LAN/WLAN、CDMA EVDO 或者 CDMA1X 等。

传输层主要由硬件网关接口、接口驱动及嵌入式中间件等构成。传输层的主要功能是为应用层中间件程序提供外部设备的操作接口，并实现设备的驱动程序；应用层程序可以不管所操作设备的内部实现，只需调用驱动的接口即可。中间件的主要功能包括感知终端数据采集配置、通信协议转换、数据融合、数据封装等，它可以有效地屏蔽底层异构感知网络的复杂性，并提供统一的抽象管理接口，为农业物联网业务应用的快速建立提供基础。同时，中间件还可用于执行数据的压缩、融合等操作，从而节省传输层（特别是使用电信网络时）的数据传输量。异构网络传输层功能结构如图 8.6 所示。

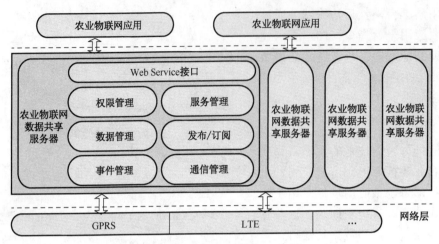

图 8.6 异构网络传输层功能结构

4. 应用层

应用层将物联网技术与行业专业系统相结合，实现广泛的物物互联的应用，实现对信息资源进行采集、开发、利用和存储，形成与业务需求相适应、实时更新的动态数据资源库，为农业的各类业务提供统一的信息资源支撑。其主要任务是：① 建立实时更新、可重复使用的信息资源库和应用服务资源库，根据用户的需求组合，以适应不同业务；② 用户与"农业物联网"的交互门户，是用户进行业务操作和管理操作的入口，用户可以使用手机等移动终端或者PC 门户操作具体业务，手机客户端支持主流的 Android、IOS 等操作系统。

应用层主要包括终端设备、由各模块集成的管理信息系统以及云端中心 3 部分。其中，终端设备主要指农业物联网各级用户使用的各类网络计算机、智能手机、其他手持终端以及其他身份识别标签读取设备；集成管理信息系统主要包括环境感知、无损感知、过程感知、灾害感知、专家咨询、安全溯源、视频监控及专家系统等功能模块；云端中心主要指提供云计算、云存储、云服务和云应用的物联网云端中心。

另外，在目前的农业物联网行业应用中，物联网设备通常由不同的设备制造商提供，且基于这些设备的应用和服务都是独立开发的，使得数据格式兼容性较差，信息在各系统之间无法融合而彼此形成信息孤岛，使得企业之间的数据分享和服务协同变得异常困难。同时，农业物联网感知层将产生数以万计的海量信息，若将这些海量的原始数据直接发送给上层应用，势必导致上层应用系统计算处理量的急剧增加，甚至引起系统崩溃。因此，在农业物联网应用层之间构建农业物联网数据共享，对海量传感信息进行过滤和分析处理，进而为上层应用程序的开发提供更为直接和有效的支撑是大势所趋。

农业物联网数据共享应位于应用层和传输层之间，它是整个农业物联网系统的数据中心，是所有应用层程序获取数据或者提供数据访问服务的需求方，通过订阅数据交换与共享的相应服务，将会收到服务提供者推送的发生变化的源数据。从以上数据请求与发布过程可以看出，通过服务提供和服务请求的分离，可以对松散耦合的各种服务进行分布式部署、组合和使用，从而实现对各种粒度松耦合服务的集成，为各农业物联网应用系统间的数据交换与共享提供有效的解决方案。

在农业物联网数据共享系统实现过程中，应结合具体业务，采用基于服务的架构（SOA），利用 Web Service 作为通信接口，以 XML 作为数据交换的中间载体建立共享的数据与业务服务，以降低上层农业物联网应用系统集成的难度，满足各系统对访问速度和数据共享的要求。农业物联网数据共享中心的功能，包括权限、服务、数据、事件、通信、服务发布订阅管理以及调度管理。农业物联网数据共享结构框图如图8.7所示。需要申请或发布信息的应用系统，首先必须通过服务注册接入到数据共享中心，再由该中心提供的 Web 服务接口进行数据的交换与共享。具体来说，当上层农业物联网应用申请共享数据时，通过数据采集接收接口向数据共享中心提出服务请求，由数据共享中心

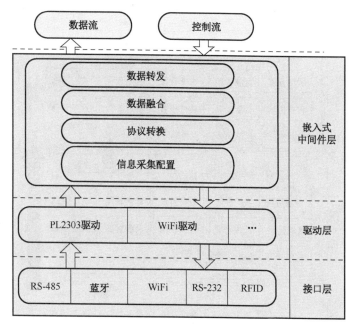

图 8.7　农业物联网数据共享结构框图

进行服务查找，并向相应的服务提供者发出请求，获得服务提供者提供的响应，再将共享数据返回给提出申请的应用系统；当上层应用系统需要发布数据时，首先通过交换数据的数据采集接收接口发布到数据共享中心，按数据交换流程来设计服务粒度，从而实现服务之间的低耦合性和高可重用性。

5. 用户层

农业物联网的用户包括农业生产者、系统管理员、远程专家、物流运输者、农产品加工者、经销零售商、终端消费者等各环节使用者。各环节用户使用的技术类别和实现的技术功能有所差异。

8.3　农业物联网平台功能

农业物联网平台是一套现代化农业生产管理的业务体系，其功能范围涵盖了生态环境管理、生产过程管理、农业装备及设施管理、农产品溯源管理和农业信息知识支撑，同时平台的管理功能为用户从后端的运营支持到前端的业务操作都提供了一系列应用支持，如图8.8所示。

8.3.1　平台门户

平台门户主要包括大棚门户、灌溉门户、仓储门户、农产品溯源门户、农机定位门户以及管理门户。

大棚门户为那些进行规模化生产管理或者种植高附加值农作物的大棚、温室等应用的农业提供应用支持，其主要功能包括：① 大棚环境感知；② 大棚关键设备远程控制；③ 大棚作业流程管理与监控；④ 农业智能分析、控制和报表；⑤ 告警通知与处理。

仓储门户应用的目标客户主要是有粮仓（特别是中央储备粮库、农场集中管理的粮库）应用需求的农户，其主要功能包括：① 仓储环境感知；② 仓储关键设备远程控制；③ 仓储作业流程管理和监控；④ 仓储智能分析、控制和报表；⑤ 告警通知与处理。

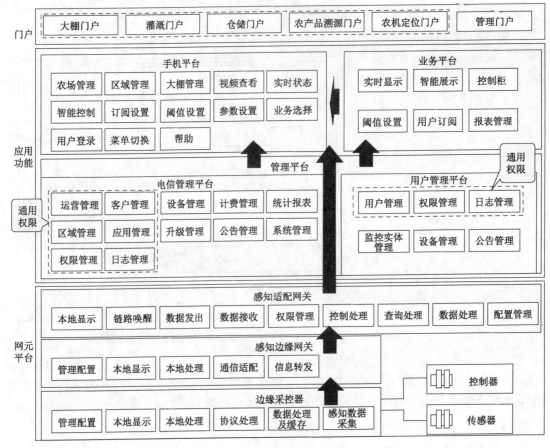

图 8.8　农业物联网平台功能

灌溉门户的目标客户主要是有规模化生产管理的水稻等农田灌溉应用需求的农户，其主要功能包括：① 农田漫灌季节的水位监测及漫灌控制；② 农田滴灌季节的土壤湿度监测及滴灌控制；③ 蓄水池水位、水温等的监测，蓄水池出水控制和进水（水泵抽水）控制；④ 回水池优先灌溉控制。

农产品溯源门户的目标客户主要是由农业部、商务部、国家工商行政管理总局、国家食品药品监督管理总局、公安部、卫计委、国家质量监督检验检疫总局等政府部门联合主导的食品安全追溯体系中的农业客户群，其主要功能包括：① 农产品标识管理；② 农产品生产流程记录及分析。

农机定位门户为那些拥有农业大型机具的农户或合作社在生产过程中提供远程查询、跟踪与调度的服务，其主要功能包括：① 农机车辆的定位；② 运行轨迹回放；③ 车辆信息查询和设置；④ 车辆位置、速度、里程统计等；⑤ 电子围栏功能。

管理门户为超级用户、电信管理员、用户管理员以及最终各级用户使用系统级和基础应用配置等功能提供入口，其主要功能包括：① 用户、认证、权限等的管理；② 采控器、传感器等设备的管理；③ 区域管理；④ 业务、计费管理；⑤ 公告管理；⑥ 统计报表管理。

8.3.2　平台应用功能

平台应用功能主要包括电信管理平台、用户管理平台、手机平台、业务平台等的功能。农业物联网实现了统一认证、集中管理控制，包括通用权限管理、设备管理、认证管理等功能，主要有电信管理功能和用户管理功能等四部分。

1. 电信管理功能

（1）运营管理：电信平台管理员可以通过登录管理平台实现对整个"农业物联网"的运营管理。

（2）参数设置：电信平台管理员登录管理平台后可以对底端采集设备进行参数调整。

（3）客户鉴权：电信平台管理员登录管理平台后实现对接入客户的鉴权，实现对接入客户的权限分配。

（4）客户接入：电信平台管理员登录管理平台后可以通过相应操作实现对客户的接入申请进行审核等。

（5）业务选择：电信平台管理员登录管理平台后可以对不同的接入客户进行业务选择。

（6）计费管理：电信平台管理员登录管理平台后可以按照用户、业务等进行计费相关管理。

（7）统计报表：电信平台管理员登录管理平台后可以对接入客户、设置参数、签约用户、计费等进行报表统计。

2. 用户管理功能

（1）区域管理：用户管理平台管理员可以通过登录管理平台实现对平台的区域业务管理。

（2）终端管理：用户管理平台管理员可以通过登录管理平台对终端采集设备进行管理（如添加、删除等）。

（3）智能控制：用户管理平台管理员可以通过登录管理平台对终端采集设备、传感器进行远程控制（如设置相应参数、调节摄像头云台等）。

（4）实时状态：用户管理平台管理员登录平台后可以在后台看到采集到的实时信息。

（5）业务选择：用户管理平台管理员登录平台后可以对业务进行选择。

3. 业务管理功能

（1）区域管理：业务平台管理员可以通过登录管理平台实现对平台的区域业务管理。

（2）终端管理：业务平台管理员可以通过登录管理平台对终端采集设备进行管理（如添加、删除等）。

（3）智能控制：业务平台管理员可以通过登录管理平台对终端采集设备、传感器进行远程控制（如设置相应参数、调节摄像头云台等）。

（4）实时状态：业务平台管理员登录平台后可以在后台看到采集到的实时信息。

（5）业务选择：业务平台管理员登录平台后可以对业务进行选择。

4. 手机平台功能

手机平台为农业物联网用户提供更加便捷的远程监控服务，该平台利用移动互联网技术在手机上实现对农业生产现场的查看和实时监控，实现与电脑同样的功能。通过简单的手机操作可以实现以下功能：

（1）大棚管理：用户登录手机客户端可以实现对大棚的管理。

（2）智能控制：用户登录手机客户端后可以对终端采集设备进行远程开关控制等。

（3）终端管理：用户登录手机客户端后可以对采集终端设备进行管理。

（4）实时状态：用户登录手机客户端后可以对大棚现场环境参数进行实时查看。

（5）视频查看：用户登录手机客户端后可以通过视频查看大棚现场环境情况。

（6）参数设置：用户登录手机客户端后可以对终端采集设备参数进行远程调整。

（7）菜单切换：用户登录手机客户端后可以对相应菜单进行切换。

8.3.3　平台基础业务功能

平台基础业务功能主要包括：环境智能感知与数据采集、远端智能控制、视频监控、数据分析与存储、作业流程管理、告警通知与处理、农产品标识管理、生产流程记录及分析、统一外部接口，等等。

（1）数据采集：农业现场温度、湿度、光照强度、土壤含水量等数据，通过有线或无线网络传递给数据处理系统进行智能分析和处理。

（2）数据存储：系统可对历史数据进行存储，形成知识库，以备随时进行分析和处理。

（3）远程控制：用户在任何时间、任何地点通过任意能上网的终端，均可实现对农业现场各种设备进行远程控制。

（4）视频监控：用户随时随地通过 4G/5G 手机或电脑可以观看农业现场的实际影像，对农作物生长进程进行远程监控。

（5）自动控制：根据提前定义的逻辑，触发控制器的自动操作。例如，当湿度过大时，控制开窗通风。

（6）错误报警：系统允许用户制定自定义的数据范围，超出范围的错误情况会在系统中进行标注，以达到报警的目的。

（7）数据分析：系统将采集到的数据通过直观的形式向用户展示时间分布状况（折线图）和空间分布状况（场图），提供日报、月报等历史报表。

（8）统一外部接口："农业物联网"规范了对外开放数据接口的标准，在统一的外部接口平台中可实现农业种植业、水产养殖业、环境监测等行业的标准接入，实现综合业务管理、预测预警、智能控制、远程视频、综合运营等功能。

8.4　农业物联网应用

农业物联网是面向农业生产管理的信息化服务平台，具有多种业务接入能力，广泛应用于农田生态环境监测、动植物生物信息监测、农业节水灌溉、农产品安全溯源、育种育秧、农业大棚/温室、水产养殖、粮食仓储、冷链运输等领域，其示例如图 8.9 所示。这些领域的特点是：① 大规模人工作业，传统人工方式无法适应生产；② 投入成本大、产值高，需要依靠精确化信息管控；③ 需要智能化设备管控手段；④ 管理手段滞后。

8.4.1　农业监测与监控

我国是一个农业大国，又是一个自然灾害多发的国家，农作物种植在全国范围内都非常广泛。农作物病虫害防治工作的好坏、及时与否，对于农作物的产量、质量至关重要。当农作物出现病虫害时能够及时诊断，这对农业生产具有重要的指导意义；而农业专家又相对匮乏，不能做到在灾害发生时及时出现在现场。因此，农作物无线远程监控产品在农业领域就有了用武之地。

1. 监控系统

利用无线网络，可获取植物生长环境信息，如监测土壤水分、土壤温度、空气温度、空气湿度、光照强度、植物养分含量等参数。其他参数也可以选配，如土壤中的 pH 值、电导率等。

农业物联网监控系统如图 8.10 所示。它负责接收 WSN 汇聚结点发来的数据，并进行存储、显示和数据管理；实现所有基地测试点信息的获取、管理、动态显示和分析处理，以直观的图表和曲线的方式显示给用户，并根据以上各类信息的反馈对农业园区进行自动灌溉、自动降温、自动卷模、自动进行液体肥料施肥、自动喷药等的自动控制。

图 8.9　农业物联网应用领域示例

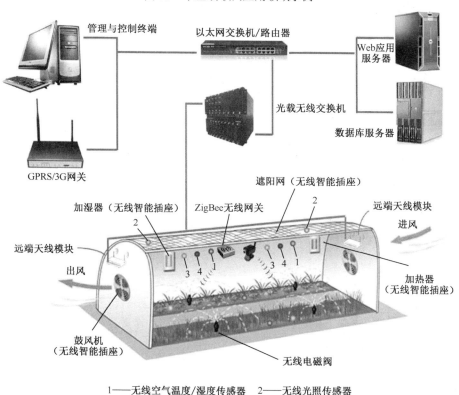

图 8.10　农业物联网监控系统

针对农业园区、农业企业、科研机构、专业大户研发的智慧农业监控系统，包括布置在农业生产现场的传感器、摄像机、控制器等硬件设备，以及用于数据处理、数据查看、操作控制的软件平台。用户通过手机、电脑等终端设备使用该监控系统，可随时随地查看农业现场的环境数据、图片、视频信息，并在手机或电脑上实现对现场设备的远程控制。另外，通过该系统还可以实时查看空气温度、空气湿度、光照时长、光照强度、降雨量、风速、风向、CO_2浓度等气象数据，土壤温度、土壤含水率、土壤 pH 值、土壤 EC（基质中可溶性盐含量）值等土壤数据，高清图片、360°视频监控、叶面湿度等作物情况，水泵压力、水肥流量、设备运行记录等设备状态。该监控系统具有以下特点：

（1）采用全智能化设计，一旦设定监控条件，可完全自动化运行，远程控制生产现场的设备，自动实现灌溉、排风、降温等作业，无须人工干预，节约劳动力成本。

（2）建立远程农业设施智能控制系统，基于农业生产地环境因子数据，远程控制机井、灌溉阀门、温室设施、水产养殖增氧机等。用户可以基于警报系统，对某些设备进行联动控制。例如，用户可基于土壤含水量的情况，联动控制灌溉电磁阀。 自动设置开启的时间和持续灌溉的时间。

（3）建立作物科学智能管理模块，实现标准化、集约化、精准管理。用户可根据研究对象植物，创建研究指标，根据创建的研究指标来设置警报和控制的功能，对灌溉、施肥及设施农业中的一些灯光、温控、通风等设备实现远程自动化管理，并可根据研究指标来预测病虫害的爆发情况，依据警报及时采取防治措施；用户可根据作物生长生理期，制定生产管理周期图，用于指导生产过程中各阶段生理期的措施处理。

（4）根据设定条件，一旦有异常情况发生，系统将自动向管理员手机发送警报，并对农业生产现场的设备进行自动控制以处理异常情况，或由管理员干预解决问题。

2．监测系统

在农业园区内实现自动信息检测与控制，通过配备无线传感器结点、太阳能供电系统、信息采集和路由设备、无线传感传输系统，每个基地测试点配置无线传感器结点，每个无线传感器结点可监测土壤水分、土壤温度、空气温度、空气湿度、光照强度、植物养分含量等参数。其他参数也可以选配，如土壤中的 pH 值、电导率等。系统接收 WSN 汇聚结点发来的数据，并进行存储、显示和数据管理；实现所有基地测试点信息的获取、管理、动态显示和分析处理，以直观的图表和曲线的方式显示给用户，并根据种植作物的需求提供各种声光报警信息和短信报警信息。农业物联网监测系统如图 8.11 所示。

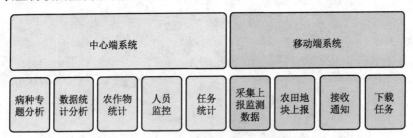

图 8.11 农业物联网监测系统

在大棚内安装环境检测传感器，自动检测空气温度、湿度，土壤温度，光照强度等农作物生长关键参数。这些数据通过通信终端上传到系统平台，与农作物生长模型、病害发生模型进行对比分析，平台自动发送农事提醒短信。系统也能根据作物生长需要，智能控制大棚滴灌、通风等设备，使农作物生长在最适合的环境中，并有效防治病虫害。

建立灾害预警系统：针对任意监测指标及基于监测指标计算的二级指标，进行条件设置，当一个或多个条件达到时，系统发出警报。警报可以通过 Email、短信、网络电话等形式通知设定好的人群。生产者可采取预防应对措施，减少冻害、涝害、病虫害等农业灾害的损失。灾害预警系统主要工作包括：① 建立信息化的农业病虫害数据库；② 实现快速精确的农业病虫害监测；③ 规范调查员的信息采集报送工作；④ 实现农业病虫害信息化的统计、分析和预警。

建立作物精准农药管理系统：由专家根据作物生长和病虫害防治科学依据，制定喷施农药时间、种类、剂量的周期表，用于指导生产过程中农药的精准使用，减少农药的滥用现象，减少农药残留，达到健康绿色食品的生产要求。

农业物联网监测系统可以实现以下功能：

（1）温室灾害性气候无线预警。通过密集分布的 ZigBee，无线温度、湿度、光照和 CO_2 等传感器，定期实时采集大棚内和土壤的温湿度、棚内光照强度、空气中的 CO_2 含量等数据，将数据实时通过 WiFi 传输到控制中心。控制中心的软件中已经预设各种数据的临界范围，一旦某个参数超出范围，系统将发出预警信号，通过声光装置进行报警，并可发出控制指令，启动智能插座令各种设施（如加温器、加湿器、进/排气扇、遮阳棚以及喷淋器等）进行工作，以对抗低温、干旱、光照过强以及昼夜温差大等气候的影响。

（2）温室节水高效滴灌控制。采用土壤湿度传感器，对土壤的湿度进行实时监测，并将数据上传到控制中心，一旦土壤湿度低于预设值，系统将发出指令启动喷淋滴灌系统，做到精准控制；当土壤湿度恢复到农作物生长的正常值之后，系统又可发出指令让喷淋滴灌系统停止工作，以最大限度地达到高效滴灌、节约用水的目的。

（3）分布式日光温室群监测。通过在每个大棚中部署光照传感器以及 CO_2 浓度传感器，将数据汇集到控制中心，实现集群式的光照强度和 CO_2 环境数据的采集和控制。通过手动或者自动控制遮阳棚、进/排气扇的启动和关闭，可以有效地成片控制温室大棚内的光照强度和空气质量，以达到农作物最为适宜的光照和 CO_2 浓度。

（4）专家远程生产指导。通过无线传感器收集大棚中农作物实时生长环境的温度、湿度、光照强度等参数，将这些环境实时信息通过网络传输到中心控制室并保存在数据库中，可以随时供专家系统软件调用分析。同时，系统软件中还预置了专家经验数据库，给出了各种参数值的范围和理想值，以及针对各种问题的指导意见和解决问题的详细操作指导。另外，用户可以在大棚现场通过手机拍照，将图片通过 WiFi 上网直接发送给专家进行诊断。部署在现场的无线视频头也可以提供实时的大棚内农作物的生长态势照片和视频图像，通过系统传输并存储在控制中心，随时供专家调用和分析，实现远程指导。

8.4.2　农产品溯源管理

农产品质量安全追溯系统，是面向政府监管、消费者溯源、企业生产管理的电子化监管与追溯平台。该系统综合采用网络、产品编码以及多媒体查询等技术，解决政府农业生产监管及农产品质量溯源两个方面问题，使得农业生产中的生产流程及投入品使用可以上报管理部门进行监管，并在农产品进入流通领域后可以通过网络进行产品产地、批次、流向等数据的回溯，在最大范围内对农产品质量进行有效监管。农产品溯源系统主要针对农业园区、农业企业、科研机构和专业大户，其中包括布置在农业现场的传感器等硬件设备，以及用于数据处理、农产品档案建立、农产品档案溯源的软件平台，如图 8.12 所示。

该系统总体上实现产前管理、产中监管、产后追溯、生产预警、统计分析、二维码打印以及消费者端的质量追溯、质量反馈等功能，贯穿农产品整个生产、流通和检测等环节，通过生产档案电子化管理为生产者安全生产服务，通过农残检测和流通环节的信息化为消费者提供追溯服务，从而搭建数据整合、查询、分析服务平台，实现"安全可预警、源头可追溯、流向可跟踪、信息可查询、责任可认定、产品可召回"的信息化、网络化，立体化、智能化的质量安全监管网。

在该二维码上记录，农产品产地、种植户名、
大棚号、采摘时间、品种、特性等信息

后台数据库，供用户进
行筛选和网站信息查询

图 8.12　农业物联网农产品溯源系统

可追溯农产品加工包装管理系统，对农产品从采收、称重、包装、装箱全程进行管理。该系统利用物联网技术，把种植过程中每一时刻农作物生长环境记录下来，利用专家系统判断它们是否处于良好发育的环境中，利用实时记录的环境数据和专家系统，在指导农业生产的同时，让消费者看到农业设施实际的管理状况，且会评出管理等级，使得消费者对于他们购买的农产品的"出身"有直观的了解。

在农产品生产区域部署的传感器，可全自动实时采集与农作物生长相关的重要环境数据，并与全生长期图片、肥料记录、农药记录汇总，建立农产品溯源档案。通过与条形码、二维码技术结合，将农产品档案从农业生产环节向下游流通环节传递，消费者使用手机扫描产品包装上的二维码可便捷地实现产品溯源。为一个出产的商品标识二维码，让消费者可通过短信、电话、上网、手机上网查询等方式查询自己购买的商品的信息；让蔬菜、水果、水产品等农产品都有完整的"生产管理档案"，在各个环节都有完整的文字记录，方便追溯。

通过建立农业物联网软件管理平台，可接收无线传感器监测的数据，实现随时随地查看实时数据。农业物联网硬件设备由传感器、遥测数采（即 RTU）、网关基站、服务器以及 PC 终端或手机终端组成。每个监测点都以 RTU 为核心完成数据的采集和传输。依据传输距离的不同，RTU 可以通过无线（Radio）或者 GPRS 两种方式传输，RTU 之间可以自组网。RTU 承担数据采集、缓存、传输的任务，同时担任中继的角色，以实现扩大传输距离的目的，如图 8.13 所示。每个网关基站可以组建含 1 000 个 RTU 站点的庞大监测网络，站点可以分布在全国能接收到中国移动信号的任意角落。用户可以通过 PC 终端或手机终端在任意地点、任意时间上网登录系统服务器，查看、处理数据。

8.4.3　农业物联网管理系统

本节介绍江苏省农业科学院农业科技信息中心刘家玉等人提出的江苏省农业物联网管理解决方案。该方案提出的是一种基于物联网提供高速率远程接入和信息共享的智慧农业管理系统，可根据实际需求进行设计与实施。

1. 江苏省农业物联网平台总体结构

江苏省农业物联网平台是从江苏农业经济发展、农业科技水平的提高和农业物联网的应用研究现状出发，集成先进传感器、WSN 以及智能处理等技术，研发集约化农业生产的智能管理平台。它能实现不同环境下农业科研生产数据的实时感知、精确管理以及设备的智能控制。

根据信息生成、传输、处理和应用的原则，该平台主要包括感知层、传输层和应用层 3 个层次，其总体结构如图 8.14 所示。

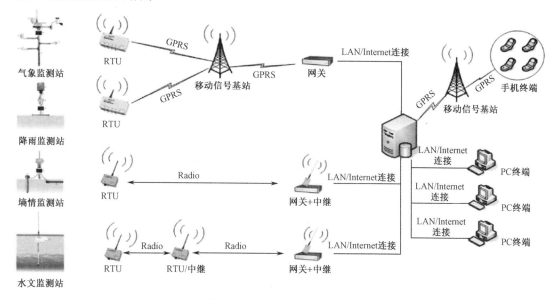

图 8.13 农业物联网硬件设备

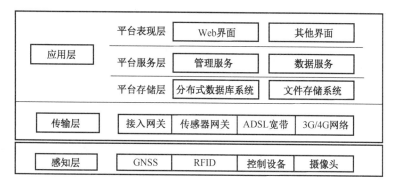

图 8.14 江苏省农业物联网平台总体结构

（1）感知层：用于信息的获取感知，包括 WSN、RFID、GNSS、摄像头等各类感知器件，可以实现信息的实时动态感知、快速识别和信息采集。感知层主要采集内容包括光照强度、空气温湿度、氧气及土壤湿度等方面的实时数据。

（2）传输层：用于感知层与应用层之间的信息传输，包括物联网感知层设备的有线无线连接，与互联网、通信网进行数据融合的网关，以及可以将底层感知数据传输到应用层的互联网传输。

（3）应用层：用于对所获取的感知信息进行智能分析和综合处理。其中包括由分布式文件系统和分布式数据库集群组成的数据存储子系统，存储海量数据，为物联网提供数据服务和管理服务，支持多种标准的服务接口的管理平台，为物联网用户提供数据表现和管理界面。该平台通过数据处理和智能化控制来提供农业智能化管理，结合农业自动化设备实现农业生产智能化与信息化管理，达到农业生产中节省资源、保护环境、提高产品品质和产量的目的。

江苏省农业物联网平台的 3 个层次，分别赋予了物联网全面感知信息、传输数据可靠、有效优化系统以及智能处理信息等特征。

2. 江苏省农业物联网平台功能

江苏省农业物联网平台遵从安全、可靠、稳定、可行及可扩展的原则设计，从实际情况出发，所具备的基本功能包括：① 通过传感设备，全天候实时感知光照强度、温湿度等数据信息，采集和存储感知数据，并提供历史报表查询功能；② 通过 PC 和手机等多种终端对大棚和猪舍等的生产环境进行监控，真正做到全方位可视化，让工作更轻松，管理更加精确和高效；③ 监控各类环境数据，一旦数据超过设定阈值，立即短信通知管理人员；④ 对现场设备加装控制线路，实现对设备的远程控制；⑤ 设置合理的权限控制，对不同的用户提供不同的服务，保证系统安全。

江苏省农业物联网平台功能组成如图 8.15 所示。

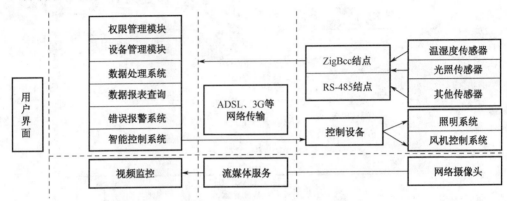

图 8.15　江苏省农业物联网平台功能组成

3. 江苏省农业物联网平台系统构成

江苏省农业物联网平台的系统扩展性很强，更换底层传感器和交互界面即可实现不同的应用。

（1）环境感知系统。环境感知系统主要负责大棚和猪舍等设施内部光照、温度、湿度、CO_2 和 NH_3 含量以及视频等数据的采集，数据上传分为 ZigBee 和 RS-485 两种方式。根据传输方式的不同，现场部署分为无线版和有线版两种。其中，无线版采用 ZigBee 发送模块将传感器的数据传送到结点上，具有部署灵活、扩展方便等优点；有线版采用电缆方式将数据传送到 RS-485 结点上，具有传输速率高、数据更稳定等特点。

（2）数据分析与处理系统。数据分析与处理系统负责对所采集的数据纳入传感信息数据库进行分析、存储与挖掘，将采集到的原始感知数据通过归纳与处理，以直观的形式进行展示，向用户提供报表功能。可对历史数据进行存储，形成数据仓库。该系统为用户提供分析决策依据；允许用户设定自定义的数据范围，超出范围的异常情况会通过短信通知管理人员。

（3）智能控制系统。智能控制系统主要由控制设备和相应的继电器控制电路组成，通过继电器可以自由控制各种农业生产设备，主要包括喷淋、滴灌等喷水系统和卷帘、风机等空气调节系统等。该系统分为手动控制和自动控制两种。其中，手动控制就是通过 Web 端或手机端发送控制命令到控制服务器，控制服务器将命令转化成控制系统可识别的信号，以此来改变设备的运行状态，而且通过设备控制的操作者，可在现场直接对设备进行开关控制；自动控制就是采集到的数据经过中心服务器逻辑处理分析后，与设置的阈值比对，判断设备应该处于何种状态，并发送控制命令到控制服务器，从而改变设备的状态。

（4）视频监控系统。视频监控系统采用高精度的网络摄像机，通过流媒体服务提供网络视频监控，系统的清晰度和稳定性等参数均符合国内相关标准。用户通过 3G/4G 手机或电脑可以随时随地观看到大棚内的实际影像，对农作物的生长进程进行远程监控。

（5）用户界面。用户界面就是用户通过 PC 或手机应用客户端访问系统时看到的网页内容与交互界面，而且整个界面从需求与用户体验出发，集实用方便和美观于一体，便于用户查看数据和操作。图 8.16 和图 8.17 所示是该物联网平台界面示例。

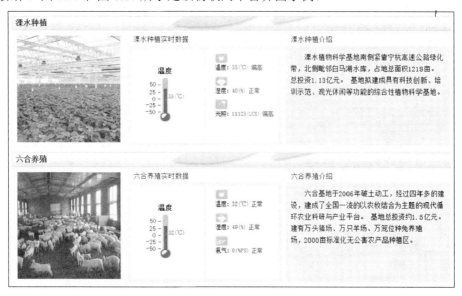

图 8.16　江苏省农业物联网平台首页截图

图 8.17　江苏省农业物联网平台紫金生态园物联网监测界面

8.4.4　农业物联网典型案例

我国在物联网方面的应用正处于快速发展中，农业物联网为种植业、畜禽养殖和水产养殖的生产管理带来巨大便利，目前已经有很多应用实例。农业部推出了《节本增效农业物联网应用模式推介汇编 2015》，集中发布了大田种植、设施园艺、畜禽养殖、水产养殖和综合 5 大类共 116 项可复制、可推广的节本增效农业物联网应用模式。图 8.18 所示为农业物联网典型应用案例。

1. 农业物联网的采收溯源系统

农业物联网自从诞生以来就受到了人们的广泛关注，其应用相当广泛，在采收、加工、收购流通等方面都有涉及。农业物联网由于其高效、便捷、智能等特点受到了农业生产人员的欢迎。通常，农业物联网采收溯源系统由采收控制系统，加工控制系统，收购、流通与销售控制系统，视频监控系统，溯源系统，以及农业生产、生产环境控制与监测系统等组成。

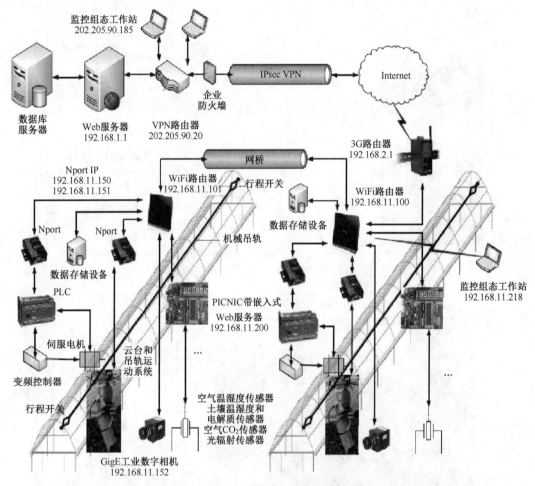

图 8.18　农业物联网典型应用案例

（1）采收控制系统。一般来说，农业园区种植或养殖面积远超传统农户种植养殖面积，而且传统的农业生产主要根据人工观察与经验来决定农作物采收时间，这种方式往往错过最佳采收时间，从而降低农产品商品价值，影响企业经济效益。设置物联网采收控制系统，可通过设定的采收时间和轮询（依次询问检测器），自动预报农作物采收期。该系统的应用，将显著提高农产品价值，降低劳动消耗成本，提高企业规模化生产管理能力。

（2）加工控制系统。目前，国内农产品企业大多采用半人工半机器进行农作物和养殖产品的加工，其中人工占主要地位。由于工人加工水平良莠不齐，加之加工环境无保障，使得产品品质无保障，而且很可能出现微生物污染。设立加工控制系统，可通过对清洗、保鲜、干燥等自动化生产技术的控制，减少人工直接加工，避免人为污染，统一生产加工技术，有效提高生产效率，降低劳动消耗。

（3）收购、流通与销售控制系统。针对农产品产后商品化过程中所涉及的收购、流通、销售等环节的需求以及市场信息获取，构建收购控制系统、流通控制系统以及销售控制系统，以获取各环节农产品价格变动以及市场供求等信息，并实现对农产品各环节的跟踪，确保农产品流通过程中的安全。

（4）视频监控系统。将视频监控系统与种植养殖监管、病虫害预警预报防治、加工控制等系统结合，实现对农业生产、加工、流通环节的可视化跟踪，方便技术人员观察并及时采取有效措施，确保生产、加工、流通的顺利进行。

（5）溯源系统。农产品化肥、农药等的残留量超标事件时有发生，部分唯利是图的不良分子违禁使用激素、药物等，是制约我国农业国际竞争力的首要因素，也是造成农产品市场价格波动大、市场紊乱的主要因素之一。溯源信息服务平台的建立，其信息采集覆盖动植物种子采购、播种（养殖）、施肥用药、收获、加工、运输、进入超市等各个环节。同时，还可适时引入第三方监管，强化对农产品生产过程的质量管理，配合有效的法律法规，为实现农产品各个生产环节安全性的可查询和从餐桌到产地的可追溯提供了便利。

（6）农业生产、生产环境控制与监测系统。对农业生产过程中的植物生长状态、水肥管理、环境监测等过程管理要素进行自动化、信息化和智能化的监控。

2. 农业物联网大棚监控系统

农业物联网网络拓扑图如图 8.19 所示。各种农业传感器与 ZigBee 无线采集器有线连接，ZigBee 无线采集器通过直流弱电压供电（同时给各种农业传感器供电），采集传感器的感应信号通过 ZigBee 网络向上传输。

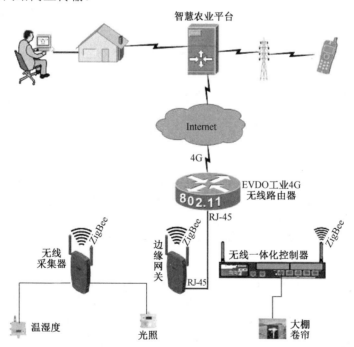

图 8.19 农业物联网网络拓扑图

控制模块主要由 ZigBee 无线一体化控制器、执行设备和控制电路组成，通过 ZigBee 无线一体化控制器可以自由控制各种农业生产执行设备，包括喷水系统设施、空气调节系统、补光系统等，其中喷水系统可支持喷淋、滴灌等多种设备，空气调节系统可支持卷帘、风扇等设备，补光系统包括补光灯等设备。

ZigBee 边缘网关与现场同一信道、同一网络的所有 ZigBee 无线采集器、ZigBee 无线一体化控制器组建为一个 ZigBee 局域网络。一台 ZigBee 边缘网关最多可容纳 50 台相同信道、网络 ID 的 ZigBee 无线采集器组网，无线组网半径长达 1 000 m，而设备功耗也比较低。ZigBee 边缘网关的大容量组网性能为物联网技术的普及提供了可能，它大大降低了智慧农业物联网的部署成本，可实现关键设备的稳定复用。

ZigBee 边缘网关设备将接收到的传感器采集数据和 ZigBee 无线一体化控制器的控制状态通过 EVDO 工业 4G 路由器上传到智慧农业平台上，供用户通过电脑或手机随时随地访问。用户还可以通过手机或电脑对现场的农业设施进行实时控制。传统的用户智慧农业系统需要通过有线连接各种设备，通过有线网络查看数据，需要在用户现场部署服务器并有专人值守，成本高昂且数据共享率极低。而该部署方案不需要用户提供任何网络，全程采用无线网络传输，不需要用户在现场建设任何信息中心，仅通过手机或电脑联网即可实现对农业现场各种传感器数据的实时访问。同时，智慧农业平台部署于 7×24 小时的云计算数据中心，并配有大容量的不间断电源（UPS）系统，能够提供 7×24 小时的不间断服务。由于用户只需通过手机或电脑联网使用账号登录即可查看大棚现场的环境数据，因此用户单位内任何已授权用户均可实时查看大棚现场数据，实时接收大棚现场数据的告警信息，从而大大提高数据的共享性。

3. 农业物联网其他应用

联想佳沃有限公司通过应用蓝莓物联网生产管控系统，实现了节本增效。技术员不需要到现场即可查看田间土壤水分、pH 值等参数。据统计，蓝莓物联网生产管控系统能使灌溉水的利用率由以前的 0.50 提高到 0.95，可节约灌溉用水 30% 以上，节约耕地 5%～7%，节能 20%～30%，节省灌溉管理用工 30%～40%，年新增经济效益 25.19 万元，综合节水率可达 45%，增产率达 53%。

天津市无公害农产品管理中心通过应用"放心菜"质量安全与追溯系统，实现了生产可控、安全可管、产品可溯。该系统以模拟模型、移动互联、在线检测、安全生产、物联网等技术为支撑，开发了"放心菜"基地管理系统、质量安全监管系统、质量安全追溯系统和"放心菜"信息服务平台，建设了市、县、镇、基地相结合的 4 级监管网络，应用规模达到 35.47 万亩，技术成果达到国际先进水平，有效保障了农产品质量安全。

山东兰陵县在现代农业示范园引进了浙江托普农业物联网技术，为提高种植效率，在其所建设的蔬菜大棚中全部安装农业物联网监测设备，通过农业物联网技术实时监测大棚蔬菜温度、湿度、光照、CO_2 浓度等生长环境，根据产生的智能监测信息对蔬菜进行精确控制和管理。例如，通过无线传感器对温室环境进行自动和手动调节，通过自动控制风机等设备进行温度和通风调节，通过土壤温湿度等传感器对灌溉和施肥进行自动控制，促进有机高效农业的发展。

重庆市原种猪场采用智能猪舍与母猪自动饲喂系统，每年节省人工成本 20 万元。浙江托普云农科技股份有限公司应用塑料大棚温室小管家系统，每百亩大棚可减少人员 3～4 人。

在江苏宜兴，新兴的农业物联网技术正在改变传统的螃蟹养殖业生产方式。2010 年初期的水产养殖 1 000 亩单点试验，远程增氧、智能投喂、预警资讯，制定地方标准，物联网设备纳入"农机补贴目录"和开发省级农业物联网总平台，推动建立"全国水产养殖物联网数据中心"。

湖北炎帝农业科技股份有限公司通过应用食用菌工厂化生产环境智能监控系统，实现了食用菌生产环境的智能监测和控制。该系统可实时采集每间菇房的温度、湿度、培养料 pH 值、O_2 浓度、CO_2 浓度、光照强度以及外围设备的工作状态等参数，结合专家管理系统，根据食用菌的生长规律自动控制风机、加湿器、照明等环境调节设备，保证最佳生产环境。实施物联网技术后与之前相比，可减少生产人员劳动强度 50%，使食用菌杂菌感染率降低 5%，产量提高 10%。

新疆生产建设兵团第六师 105 团 1 万亩棉花基地应用精准生产物联网技术，实现每年节水 40 万米^3、节肥 40 吨，重点围绕在农业种养殖和生产加工全过程中应用物联网技术，实现智能监测、智能防治、智能控制和智能决策，提升农业生产经营效率。这些成果在大田种植、设施大棚、畜禽水产养殖、农产品质量安全监管、农产品电子商务等方面已经显示出重要作用。在大田种植方面，通过综合运用 3S（RS/GIS/ GNSS）技术、智能化农机装备、作物生产管理专家决策系统等，实现了生产管理的定量化、精确化，亩均减少农药、化肥施用量 10%以上，单产提高 5%～10%。在设施园艺方面，通过对光、热、水、气、肥等环境因子的实时监控，创造植物生长的最佳环境，设施温室和大棚的产量和效益平均提高 10%以上。在畜禽养殖方面，运用自动调控畜舍环境和智能化变量饲养技术，实现养殖环境因子远程调控和预警预报，平均减少劳动用工 30%以上，养殖和疫病防控水平显著提高。在水产养殖方面，推广应用以调控水体溶解氧为主要目标的智能控制系统，实现了养殖环境自动调控和水体环境闭环控制，水产品产量和质量明显提高，节本增效 10%以上，而且水体环境污染得到有效控制。

8.4.5 我国农业物联网发展面临的问题及解决措施

物联网虽然已获得许多实际应用，但作为一项刚刚走入百姓视野的新技术，它要真正实现"走入寻常百姓家"，还有一段路要走。国家大规模兴起物联网技术与应用，实际上起源于 2009 年，从目前来看，物联网还没有取得技术上的真正突破。

未来 5～10 年，我国农业物联网发展要坚持以保障国家农产品有效供给、质量安全和农民持续增收为目标，以改革创新为动力，以农业物联网战略产品研发和产业化示范基地建设为突破口，充分发挥企业、高校和科研院所的联合攻关能力，加快关键技术研发和产品成熟化，强化以应用为导向的自主创新，为全国现代农业发展提供强有力的技术支撑和示范服务。其具体措施如下：

（1）加强农业物联网技术规范研究。围绕低成本、可通、可达、可信等目标，研究农业物联网统一的技术规范，主要包括自组织网络技术规范、有线/无线统一服务网络（USN）接入规范、感知结点部署规范、传感器结点的地址标识方法、数据融合技术规范、网络嵌入式系统构建规范、物联网应用规范、物联网跨层数据访问与交换技术规范等。研究农业物联网相关基础标准和行业应用标准，推进物联网与新一代移动通信、云计算、下一代互联网、卫星通信等技术的融合发展。

（2）加强核心关键技术产品研发。围绕应用和产业紧急需求，重点突破农业感知数据标准、农业专用传感器、农业信息处理、农业智能决策与云服务等共性关键技术，开展系统集成和产业化应用技术的研究以及环境适应性强、低成本设备的研发。

（3）加强农业物联网技术集成平台建设。以构建农产品"产—检—控"高效智能服务环境为指导，以"星—地—网"泛在网络为基础，基于终端簇/服务群模式，研究农业资源环境监测、精细农业生产、农产品与食品安全管理等领域物联网感知结点部署模型、有线/无线 USN 空间、农业信息远程实时报送网关、数据融合框架、农业智能决策系统、物联网自治控制系统和网络终端系统等，构建规模可扩展、网络可复制、网间可互联的农业物联网技术集成平台。

（4）加强农业物联网产品设备检测。规范我国农业物联网技术产品市场准入的技术门槛，依托具有资质和技术实力的高校和科研机构建立农业物联网产品技术检测中心，对进入市场的农业物联网技术产品的技术性能以及稳定性、准确性、可靠性、环境适应性和电磁兼容性等指标进行权威检测，确保农业物联网技术产品的质量。加强农业物联网技术设备的监管与运维，确保技术设备的安全运行及其功效的发挥。

（5）加强农业物联网应用布局。养殖业的农业物联网需求比种植业大，设施农业比大田种植需求大，尤其是产品附加值高、见效快、收益好的规模化畜禽养殖、水产养殖、设施农业、种业四大产业。建立农业物联网试验区工程专项，围绕农业产业化龙头企业、农民专业合作社、种养大户和家庭农场等新型农业经营主体的应用需求，在上述四大产业的优势产区优先推进物联网技术的全程（生产、加工、包装、物流、销售）示范应用。在已有试点区域的基础上，适度扩大实施规模和范围。

（6）进一步优化和完善政策环境。物联网作为高新技术，具有高投入、高风险的特点，政府要加大资金投入力度，加快制定农业物联网应用发展的优惠政策体系，在税收上给予优惠或减免，引导物联网企业和社会资本进入农业领域。尽快将农业物联网技术产品纳入农机补贴目录，根据产品的不同应用领域和市场成熟度制定补贴标准。

讨论与思考题

（1）农业物联网是什么？它与"互联网+农业"有什么区别？
（2）简述农业物联网的体系架构，并指出它与物联网架构的异同。
（3）结合农业物联网平台功能，举例说明农业物联网的具体应用。
（4）简述农业物联网的发展现状、挑战和未来方向。

第9章　物联网与智慧生活

智慧生活是一种新内涵的生活方式。智慧生活平台依托云计算技术的存储，在家庭场景功能融合、增值服务挖掘的指导思想下，采用主流的互联网与物联网通信渠道，配合丰富的智能家居产品终端，构建享受智能家居控制系统带来的新的生活方式，多方位、多角度地呈现家庭生活中更舒适、更方便、更安全和更健康的具体场景，进而共同打造出具备共享智慧生活理念的智能社区。智慧生活平台可以自由地与主流智能家居品牌产品互通，任何时候、任何场合，家庭用户可以自由地通过无线方式连接 Internet，直接上互联网远程查询到所需的相关信息并具备社交互动特点。

9.1　物联网与智能家居

智能家居系统是将先进的 RFID、计算机、网络通信技术等有效结合在一起而组成的一套完整的运行体系，它融合了用户的个性需求，将与家居生活有关的各方面技术（如灯光控制、窗帘控制、家电控制、场景控制、卫生防疫及安防保安等）有机地结合在一起，通过网络化智能的实施和管理，实现"以人为本，物物相联"的全新家居生活体验。智能家居从广义上来说就是以住宅作为实施平台，利用先进的智能技术将与家居生活有关的各项设施组成一套完整的体系，构建出智能高效的生活节奏和生活理念。这套体系提升了智能家居各方面的性能，无须用户指挥也能根据不同指令准确进行实施，实现快捷便利、环保节能的居住环境。

9.1.1　物联网智能家居体系框架

智能家居系统以智能电网为基础，以物联网技术为依托，涵盖适合家庭使用的微型新能源接入装置、储能及户内控制设备，如家庭智能终端、智能插座、智能开关、家庭网络通信设备、智能家用电器等，可全面实现智能电网信息的实时双向互动，支持微型分布式能源的接入和管理，支持智能家用电器和智能家居的全面集成，能更有效地管理家庭住宅能源的消耗，使用户更智能、更高效合理地用电。智能家居系统拓扑结构如图 9.1 所示。

由于传统的智能家居存在功能单一、误报率高、不能实现实时远程控制、不能网络报警、不能记录现场情况等不足，为了满足人们对现代家居的智能化新需要，基于物联网技术的智能家居系统应运而生，并得到了广泛的应用。基于物联网的智能家居系统通过安装各种传感器来采集住宅内的环境、设备及人员信息，利用 ZigBee 无线网络将上述各种信息接入物联网网关，再由网关将这些信息转发给服务器，通过手机 App 或者浏览器可以实时查看各个系统的运行情况，控制家居设备的运行。基于物联网技术的智能家居应用如图 9.2 所示。

智能家居系统通常主要涵盖智能灯光、家庭安全、家电控制、室内环境控制、背景音乐、家庭影院、云健康体系、智能厨房以及智能园艺等九大应用领域。依据物联网的体系结构，智能家居系统结构主要包括感知层、网络层、应用层三个层次，如图 9.3 所示。

（1）感知层：感知层的主要作用是"感知"环境参数及电气设备的工作参数，主要包括各类传感器（如温湿度传感器、光照传感器）、智能开关、智能插座、智能水表电表热表、烟感探测器及紧急报警按钮等。这些设备是物联网智能家居中的最低层，具有无线接口和接入网络的通信端口。目前，智能家居中应用最广泛的是视频监控、安全报警和远程抄表等方面的设备。

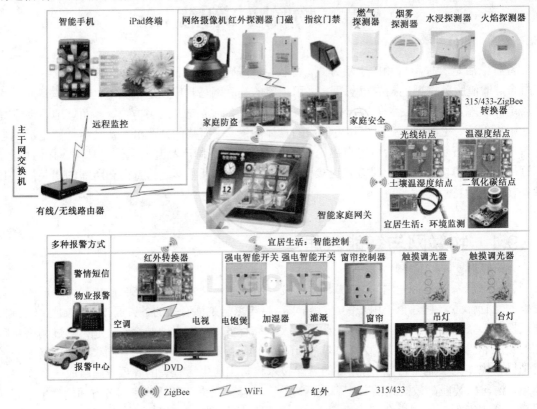

图 9.1　智能家居系统拓扑结构

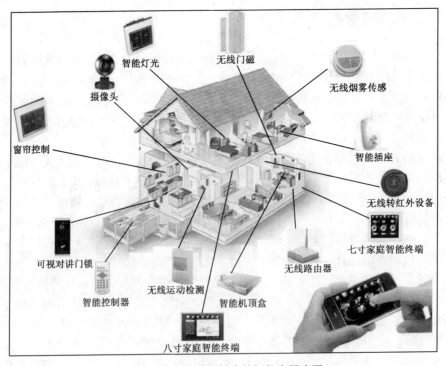

图 9.2　基于物联网技术的智能家居应用

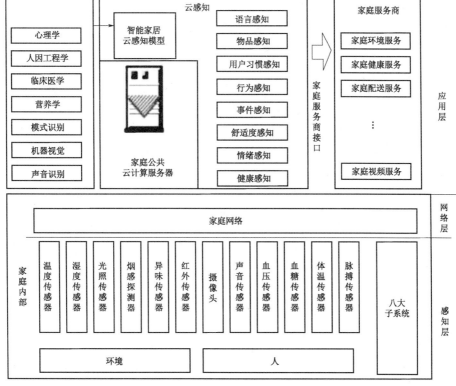

图 9.3　物联网智能家居系统结构

（2）网络层：网络层是物联网网关，主要负责将感知层的感知设备信息接入互联网中。它接收感知设备发送的信息，并通过网络接口接入互联网，实现远程通信服务。

（3）应用层：应用层主要包括台式电脑、便携式电脑、智能手机等终端设备，通过浏览器或者手机 App 软件为用户提供一个可以与智能家居系统远程交互的人机接口。应用层还可以利用大数据、云计算等技术把大量的数据处理放在家庭外部，构成智能家居的核心。借助于临床医学、营养学、机器视觉等技术实现云感知模型，也可为家庭服务商提供各种服务。

9.1.2　物联网智能家居的感知层

利用物联网技术构建感知层，主要通过采用 RFID、GNSS、摄像头、二维码、传感器等技术手段，实现系统设备对家庭环境以及其他感知对象信息的采集与简单处理，并下达指令完成任务。感知功能的有效发挥，既提高了各子系统的智能化程度，又实现了更多的智能家居服务，方便了居民合理而高效地利用智能家居系统的各个功能。同时，也促使了智能家居系统自身的不断完善，如在设计与功能优化上的创新，以实现更多、更完善的服务。此外，物联网技术在智能家居中应用的典型感知技术，还包括无线燃气泄漏传感器、无线温湿度传感器、无线门磁及窗磁等。

在智能家居设计中，通常感知层主要运用的探测器有温度、湿度、红外、光照、燃气泄漏以及空气质量等传感器。

（1）温湿度传感器：主要用来检测室内的温度和湿度。家用空调在出风口也有探测器来检测室内温湿度，会让人感觉探测的数据不准确；在房间内设置多个无线温湿度传感器，通过无线网络传输给客户的移动手机或电脑，可以更加精确地提供数据参考，通过大数据平台更能给出室内外的温差，给客户提供穿衣参考。

（2）红外传感器：主要用于家居安防系统，防止非法入侵。可以在家庭的窗户、阳台等地设置多个红外传感器，当客户外出设防后，有人非法入侵就会发出报警信号并使用灯光照明和视频监控系统拍摄等，同时可通过无线网络向手机、物业公司发出报警指令。

（3）光照传感器：主要用来监测室内的光照强度。当光照强度很大时，可根据设定值或者客户根据自己的需求通过手机 App 自动关闭百叶窗或窗帘，以达到人体最舒适的状态；客户还可以通过手机 App 设置各种灯光模式，以符合人体的需求。

（4）燃气泄漏传感器：主要安装在厨房和卫生间，用来监测燃气的泄漏情况。该传感器无须布线，一旦监测到有燃气泄漏，能直接报警，并把报警信息传输到客户的手机上。

（5）空气质量传感器：现代人类对居住的环境要求越来越高，室内的空气质量是否达标、空气是否清新等，一直是客户迫切想知道的。空气质量传感器通过探测空气质量，告诉客户目前室内空气是否影响健康，并通过无线网络启动新风系统。

9.1.3　物联网智能家居的网络层

物联网智能家居的网络层，主要包括通信网络与互联网形成的融合网络，以及家居物联网中心、信息处理中心、云计算平台及专家系统等。其中，融合网络是系统中信息连通的基础，是实现智能化处理的主要部分。利用物联网技术构建的网络层，不但要有强大的网络运营能力，而且要确保信息传送的可靠性以及数据处理的智能化。网络层的有效构建，可确保智能家居系统用到高质量的网络，解决传统智能家居智能化程度低和信息数据分析能力差的问题，使人们居家办公或休闲娱乐都能顺畅进行。

基于物联网的智能家居系统，要选择合适的无线网络，对无线网络主要有低功耗、寿命长、数据传输可靠等要求。目前，常见的无线网络主要有 WiFi、GPRS、蓝牙、ZigBee 等。

在智能家居系统中，所有结点都在住宅之内，结点与结点之间的距离一般都在十几米之内，结点之间传输的信息很少，这样对资源大小、传输的距离、带宽没有太多的要求。结点一般以电池供电，因此系统更应该关注电池的使用时间。ZigBee 工作时功耗低，电池使用时间长，适用于低数据量的传输，是智能家居系统最好的网络平台。ZigBee 可以实现数千个传感器结点间的通信，可以通过接力传输方式将数据由一个传感器结点传输到下一个结点，从而提高通信效率。

在智能家居物联网系统的前端，无线传感网（WSN）中的传感器大部分应为开关型（如门磁、烟感、水浸、人体热释等传感器），少数为数字量传输（如温湿度传感器、电量表等）。执行机构为声光报警器、风扇、灯光等，均可由继电器来控制。物联网智能家居传感网络如图 9.4 所示。传感器结点与执行机构结点可以采用 CC2530 芯片为核心，组成支持 ZigBee PRO 协议的 WSN。采用 ZigBee 通信方式，使得各结点可随意分散部署，非常适合智

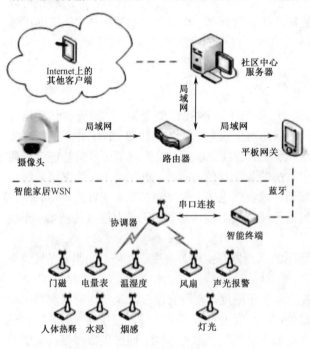

图 9.4　物联网智能家居传感网络

能家居应用场合。

WSN 的中心是协调器，它负责整个前端网络的调度，普遍采用的设计办法是由它连接平板网关的串口，而家用平板网关不具备串口。因此，增加智能终端设备，协调器连接智能终端串口，智能终端作为信息汇聚结点，对来自协调器的信息进行分析，处理各传感结点的报警信号，并直接自动回送命令来控制相应的执行机构。同时，将报警信息和处理结果通过蓝牙转发给平板网关显示。若平板网关有命令要发送到前端 WSN，也必须通过智能终端进行转发。平板网关和摄像头、社区中心服务器一起接入局域网。登录平板网关的 Android App，可查看摄像头监控画面、报警信息提示，查询报警历史记录，并可通过平板网关对智能终端设定控制策略。平板网关还向社区中心服务器发送即时报警信息；社区中心服务器作为物业管理平台，向 Internet 上的其他客户端 App 推送报警信息，提供信息浏览。

9.1.4 物联网智能家居的应用层

物联网智能家居应用层，是物联网技术与智能家居专业技术的深度融合，它使智能家居的应用性增强，主要分为智能电网、多媒体娱乐、家庭安防、家庭医疗和家庭控制等应用。利用物联网技术构建应用层，需要分析应用的物联网技术对改善智能家居现有的不足所起的作用，进而制定更优的实施方案，确保物联网技术与智能家居的完美结合，实现智能家居的智能监测、智能安防、智能报警、智能家庭环境控制以及家用电器的自动记忆与智能化服务，从而提升家居生活的智能化水平。应用层的有效构建，确保了智能家居系统各设备运行的安全性、舒适性、节能性和智能性，实现了物体与人之间的数字信息交流。例如，WSN 在智能家居安防系统布线中的应用，极大地降低了布线和维护的复杂性，而且传感器结点兼具信息处理功能，当有异常情况发生时，系统不但能够自动控制险情，还能将报警信号及时发送给住户本人或监控者，从而可实现用户对家居随时随地进行主动监控。

在目前的智能家居中，对环境的控制要求非常高，主要包括对空调系统、灯光和安全防范系统等的控制。环境控制即实时检测室内环境质量，联动家中的智能设备，改善用户生活环境。在家庭中设计了温湿度探测器、二氧化碳探测器、粉尘探测器、光照探测器等多个模块，也可以根据使用习惯实现（远程）手机、平板控制、（联动）传感器联动控制、（定时）根据时间自动启动等控制方式。

灯光控制系统是智能家居最基本的控制模块，本节介绍的案例中所有开关都设计为智能控制开关。其控制方式按照使用习惯通常可以实现（手动）墙面面板直接控制、（远程）手机与平板控制、（联动）传感器联动操作以及（定时）根据时间自动启动四种方式。

安防系统也是智能家居最基本的控制模块，主要涉及入侵探测、门窗磁、紧急按钮、视频监控、烟雾火警探测、可燃气体探测以及漏水探测等模块。根据使用习惯可以实现（远程）手机与平板控制、（联动）传感器联动控制以及（定时）根据时间自动启动；也可以根据场景设定，如设定为白天在家、晚上在家、离家及休息等场景。

1. 门禁系统

现阶段，门禁系统（ACS）主要有 PIN 码式门禁系统、射频卡门禁系统以及指纹门禁系统等类型。其中，射频卡门禁系统智能化程度较高、成本适中，使用范围最广。现有门禁系统存在以下不足：① 种类较多、功能较单一，没有对持卡人、读卡器和门禁卡的三结合认证机制，存在门禁卡丢失被冒用的风险；② 大多基于明文形式的射频通信，存在传输的门控指令容易被截取后伪造门禁卡和重放攻击等风险；③ 目前普遍使用的 M1 卡存在被破解的风险，门禁控制

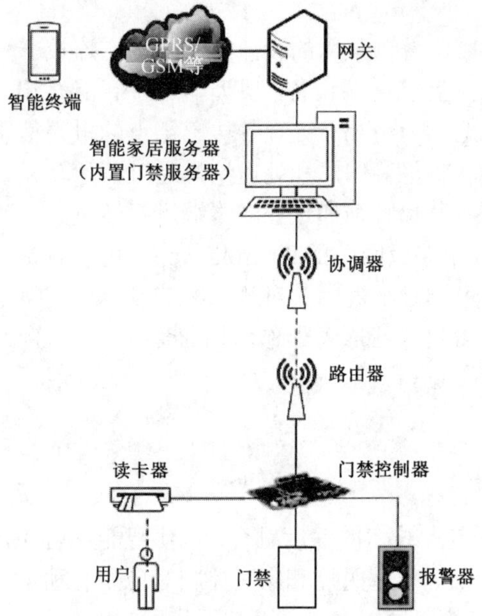

图 9.5　智能家居门禁系统组成

功能的安全性得不到保障；④ 难以应对拒绝服务等攻击；⑤ 很少能支持对门控状态的远程实时监控。

智能家居门禁系统与普通门禁系统相比，其优势主要表现为信息化和智能化水平更高，能够取得更强的控制安全性、使用灵活性和功能多样性。用户可以通过智能手机、iPad 等多种智能终端远程登录智能家居服务器查询门禁信息，远程控制门禁的开关。智能家居门禁系统引入保密通信和认证机制，从而提升系统的安全性。

智能家居门禁系统的远程通信或近程通信保密的实现，均基于 AES-128 的 CCM 安全模式，确保通信链路的安全。基于物联网技术的智能家居门禁系统的组成如图 9.5 所示。其中，协调器和路由器不仅用于门禁系统，还为智能家居的其他子系统提供服务。用户可以选择通过刷卡（即近程控制）和用智能手机等终端发送控制指令（即远程控制）两种方式打开门锁。当采用刷卡方式时，需要通过持卡人、门禁卡和读卡器的三结合认证，认证通过后，门禁控制器打开门锁，并向门禁服务器反馈结果以生成开门记录。当采用智能终端方式时，智能终端向门禁服务器发送开门指令，门禁服务器获得开门指令后对其进行解密和指令解析处理，判断指令格式是否合法，并对合法的指令基于时间戳服务判定指令是否属于重放攻击；全部验证均通过后，门禁服务器向门禁控制器下发开门指令；执行指令动作后，门禁控制器将执行结果向门禁服务器反馈，门禁服务器生成开门记录，并将执行结果反馈给智能终端。不成功的开门指令都将触发门禁控制器向报警器发出报警指令。智能家居门禁系统的工作流程如图 9.6 所示。

另外，智能家居门禁系统涉及远程通信和近程通信两种方式。其中，远程通信是用户通过智能终端上安装的 App 软件非接触式向门禁系统远程发送控制指令；近程通信是用户面向门禁系统通过键盘输入 PIN 码，确认用户身份后再刷卡开门，规避因卡遗失而产生的风险，即使非授权方获得门禁卡却因不知晓 PIN 码而仍无法开门，这种双重保护机制有助于门禁系统控制安全的进一步增强。不过，这两种工作模式可根据需要灵活选用。

2. 灯光控制系统

灯光控制器由无线射频灯光控制面板开关和调光器组成，其中调光器的作用是发送命令和接收命令，发送和接收命令通过无线电传播。每个面板开关都具备不同的遥控识别代码，这些代码利用识别技术使接收器能准确接收并辨别每个命令；即使多个邻居同时在使用，也不会影响它的传输速度与准确率。调光开关内部同样有无线射频发射器，它能独立使用于遥控器或移动开关之外，可以任意控制落地灯或桌灯的开/关及亮度。调光开关的背面还配有夹子，可自由地夹在电线或其他显眼处，不易遗失，使用灵活。

照明控制器采用 AT89C51 单片机作为控制芯片，与 CC2430 之间采用串口异步通信的方式进行信息的传递，其结构框图如图 9.7 所示。由图 9.7 可以看出，照明控制部分主要由延时选择电路、光照检测电路、热释电传感器、信号处理电路、单片机系统（MCU）以及输出控制电路等组成。工作时，光照检测电路和热释电红外传感器采集光照强弱、室内是否有人等信息并传输到单片机；单片机根据该信息通过输出控制电路对照明设备进行开关操作，从而实现智能照明控制，达到节能的目的。与此同时，和空调控制器类似，该模块中 ZigBee 通信模块 CC2430 通过串口通信方式与照明控制器相连，使得用户用手机即可控制照明控制系统实现各种控制命令。

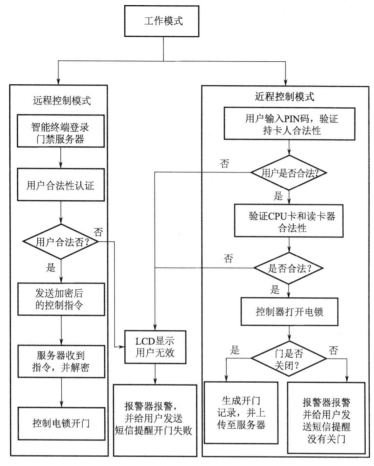

图 9.6　智能家居门禁系统工作流程

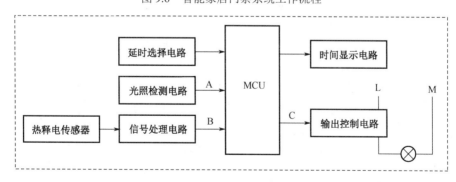

图 9.7　照明控制器结构框图

3. 空调控制系统

以 Ayla 模组与空调主控板连接为例，模组通过 WiFi 将空调连接到云平台。手机客户端可以通过互联网连接到云平台，从而对模组进行交互控制，进而对空调主控板进行控制。

Ayla 模组主要由数据传输单元、数据处理单元及电源管理芯片三部分构成。电源管理芯片为模组各部分提供稳定的 3.3 V 直流电压，使整个模组正常工作。数据传输单元和数据处理单元完成空调、移动客户端及云平台三者之间数据的传输和处理。具体来说，数据处理单元通过 UART 方式与空调主控板相连接，对接收到的数据进行处理，并及时将处理后的有效数据通过 SPI 总线发送给空调或者数据传输单元；数据传输单元通过家庭网关连接到云平台或者移动客户端，可以将空调本地上传的数据及时传送给云平台，并可将移动端或云平台下发的数据发送到数据处理单元。

空调控制系统整体框架如图 9.8 所示。可以看出，Ayla 模组是连接传统设备、云平台和移动客户端的桥梁。用户通过对客户端 App 操作，使系统在以下两种情况下均可实现 App 对智能家居的控制：① 家居设备与智能终端设备处于同一网络，也就是局域网状态；② 设备网关与智能终端设备处于不同的网络，即进入广域网状态。局域网状态下，App 发出命令后直接发送到 Wi-Fi 模组，模组接收命令后对空调控制板执行操作，同时 App 把命令上传至云平台，修改云端相应的变量；广域网状态下，App 发出命令后会先改变云端相应变量，进而云端将数据传回本地家居设备。

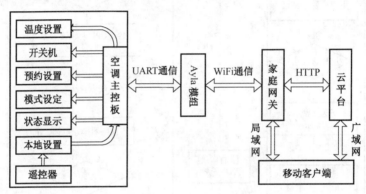

图 9.8　空调控制系统整体框架

4. 安防系统

目前，由于国内的经济发展和人们生活水平的不均衡等特点，绝大多数人对智能家居设备的要求不尽相同。对于一部分用户来说，他们只需要具有简单报警功能的安防设备；而对生活环境要求较高的用户，他们有更高的要求。但无论哪种情况，家居舒适性、设备的智能性以及个性化等是其共同的追求。

随着硬件设备和网络信息技术的快速发展，智能家居安防系统的构造原理也呈现出巨大的差别，但大部分的智能家居安防系统功能的设计都差别不大。通过分析不难发现，大部分智能家居安防系统的功能模块如图 9.9 所示。

从图 9.9 可见，智能家居安防系统的功能模块主要包括智能电源、智能门禁、报警处理、应急处理、摄像监视、中央控制器、PC 或 PDA、移动手机（终端）、智能遥控、光电感知、气

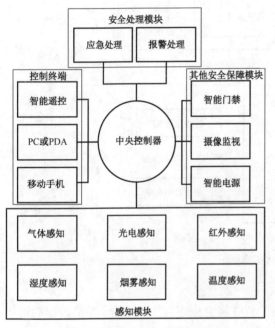

图 9.9　智能家居安防系统功能模块

体感知、温度感知、湿度感知、烟雾感知以及红外感知等。这些模块主要实现系统的环境信息

感知、处理与控制等功能，其目的是尽可能保障家居的一切安全。其中，感知模块主要通过各种传感器感知室内环境信息，将数据通过网络传输到中央控制器进行处理；报警处理、应急处理等安全处理模块，其监测和控制功能都可集成到中央控制器上，通过监控软件和硬件平台实现。而 PC、PDA、移动手机及智能遥控作为终端控制设备可通过 Internet 或无线网络实现家居的远程监控、信息查询和管理。对于其他安全保障模块，可根据客户需要设定。例如，智能门禁模块可以通过身份识别保证家庭成员出入等安全，摄像监视模块为家庭成员提供视频资料和家居环境查询等安全服务，智能电源模块则可方便家庭成员合理管理家电设备的安全用电等。

9.1.5 物联网智能家居安防系统应用案例

为了进一步说明智能家居安防系统的功能实现，下面介绍利用物联网、WSN、嵌入式系统、LBS（基于位置的服务）等技术实现基于物联网的智能家居安防系统解决方案，以实现身份识别、家庭异常、环境监测与报警处理、移动物体定位等主要功能。

1. 系统功能

基于物联网的智能家居安防系统的功能架构如图 9.10 所示。该系统实现的功能主要包括：
① 用户身份识别，可以通过采集到的人脸、语音和指纹等数据中的一种或多种个人特征完成；
② 特定物体检测和报警，对需要监控的物体进行实时跟踪定位，保证人身财产安全；③ 室内特定区域的实时监控，通过摄像头以及移动物体检测算法和自动预警，当发现区域内出现不明物体时自动进行报警；④ 远程监控，对于传感器收集到的数据，使用所搭建的 Web 服务器，用户可以通过互联网进行远程查看和监控；⑤ 自动报警，用户可以通过设置，当特定区域内出现浓烟、高温、门窗破裂时向主人或保安中心发出报警，同时启动室内视频监控系统。

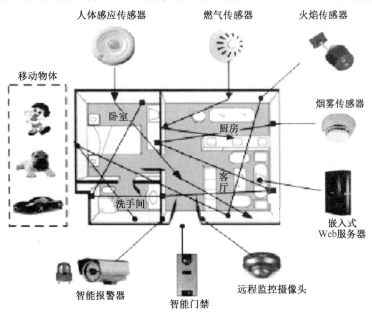

图 9.10　基于物联网的智能家居安防系统的功能架构

2. 系统功能模块

基于物联网的智能家居安防系统的功能模块构成如图 9.11 所示。

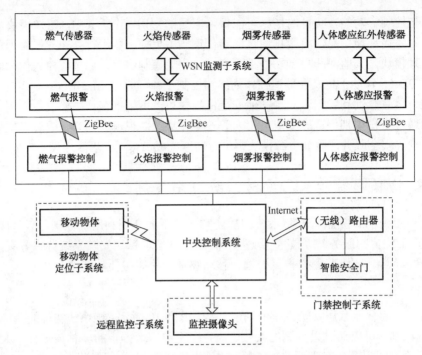

图 9.11　基于物联网的智能家居安防系统的功能模块构成

由图 9.11 可见，基于物联网的智能家居安防系统，主要由中央控制系统、WSN 监测子系统、移动物体定位子系统、门禁控制子系统和远程监控子系统等功能模块组成。

中央控制系统是智能家居的中枢，主要通过在家用电脑或 PDA 等设备上基于嵌入式 Web 服务器技术，设计相应的服务器控制端程序，与作为客户端的 WSN 监测子系统、门禁控制子系统和移动物体定位子系统等的应用程序保持实时连接和通信。整个系统采用 B/S（客户/服务器）通信方式实现安防监测与防护功能。

WSN 监测子系统主要针对家居环境的动态变化情况进行实时监测和感知，监测室内环境变化。该子系统通过 ZigBee 网络搭建 WSN，由各类传感器组成智能信息采集模块，将采集到的实时数据信息及时存入数据库，使用预先设置的预警阈值实现报警功能，用户可在本地服务器或者远程终端在线查看数据库信息。当采集到数据后，经过 ZigBee 网络传输到中央控制系统进行数据分析和处理；若发现异常，将通过 ZigBee 网络发出相应的控制命令，进而进行各种报警或采取安全防护措施等。而室内各种传感器构成一个 WSN，在其中通过相应路由算法和协议实现数据的采集、传输和处理等。

门禁控制子系统主要用于用户对家居进入权限进行限制。它利用现有门禁并在其上通过嵌入式单片机技术实现安全门的进一步智能化；在该安全门上通过红外传感器可以感知人的存在，通过人脸识别可以进行进门时的身份认证等。智能安全门将其采集到的数据通过有线网络或无线路由器传输到中央控制系统进行数据分析和处理，发出相应控制命令给智能安全门，并将相关信息传输给远程用户的智能手机。该子系统的核心功能是通过使用摄像头、麦克风、指纹识别器以及可控开关等硬件，实现多元特征的身份识别，用户可以选择在身份识别时启用或关闭一个或多个生物特征进行身份验证。若识别为合法用户，则允许进入；在多次验证失败后，向用户或小区保安发出报警信号。

移动物体定位子系统主要使用目前成熟的单片机技术，通过对预先安装在移动物体上的 GNSS 模块，对该物体进行实时跟踪和定位，帮助用户通过 GIS 地图确定移动物体的实际位置，并能发现和找到移动物体，发生特殊情况时可及时处理。其实现的过程就是利用现代智能手机，通过现代移动通信技术，将实时监测到的移动物体（主要是丢失的贵重物品、家电设备以及丢失的宠物、迷路的老人或小孩等）的位置传输到用户智能手机上，为用户提供信息服务，以便及时找到所遗失的物品、人和宠物等。在这些移动物体上必须安装接收信号装置，如 GSM 卡等；而在智能手机上必须设计一个移动物体监测应用程序，以便和移动物体上的 GSM 卡建立通信。智能手机也可通过将信息传输到中央控制系统，由中央控制系统来完成数据的保存和处理等。

远程监控子系统主要利用和中央服务器所连接的网络摄像头，在用户想知道家居状况时，能通过 Internet 用远程计算机和智能手机查看家中的实时环境。

9.2 物联网与共享单车

共享单车是指企业在校园、地铁站点、公交站点、居民区、商业区、公共服务区等提供自行车单车共享服务，是一种分时租赁模式和一种新型环保共享经济。共享单车实质上是一种新型的交通工具租赁业务——自行车租赁业务，其主要依靠载体为自行车（单车）；它可以充分利用城市因快速发展而带来的自行车出行萎靡状况，最大化地利用公共道路通过率，同时起到健康身体的作用。

9.2.1 共享单车的物联网架构

共享单车系统结构如图 9.12 所示，这是典型的物联网系统架构。

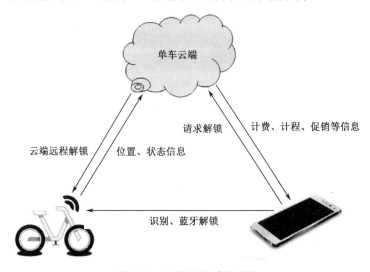

图 9.12　共享单车系统结构

物联网系统通常分为三个层次：① 感知层，利用 RFID、传感器、二维码等随时随地获取物体的信息；② 网络层，通过各种电信基础网络与互联网的融合，实现对物体信息的实时准确传递；③ 应用层，对感知层得到的信息进行处理，实现对物体的识别、定位、跟踪、监控和管理等实际应用。

共享单车智能锁集成了具有与云端保持通信能力（GPRS 数据传输功能）、带有独立号码的 SIM 卡，能够及时将车辆所在位置（GNSS 定位信息）和车辆电子锁状态（锁定状态或使用状态）报送云端。用户通过手机 App 查找到附近单车后扫描车身二维码，获取单车编号上传云端，并发出解锁请求，手机和单车（智能锁）共同构成感知层；云端对应物联网的应用层，是整个共享单车系统的控制和计算平台，与所有单车进行数据通信，收集信息与下达命令，为管理人员和手机 App 提供服务，响应用户和管理员的操作，向单车终端发送解锁命令；而在手机、单车和云端三者之间建立的通信链路和信息传输网络，对应物联网的网络层。

9.2.2 共享单车的感知层

1. 二维码识别

目前，包括共享单车在内的所有共享物件的识别，几乎都是通过手机扫描二维码来实现的。二维码是用某种特定的几何图形按一定规律在平面（二维方向上）分布的黑白相间的图形来记录数据符号信息的。在代码编制上，利用构成计算机内部逻辑基础的"0""1"比特流的概念，使用多个与二进制相对应的几何图形来表示文字数值信息，通过图像输入设备或光电扫描设备自动识读，以实现信息自动处理。它具有条码技术的一些共性：① 每种码制有其特定的字符集；② 每个字符占有一定的宽度；③ 具有一定的校验功能等；④ 具有自动识别不同行的信息及处理图形旋转变化等特点。若纯粹从应用上来看，RFID 其实有着比较突出的优势。首先是识别距离，理论上 RFID 可以识别从几米到 1 km 的距离，而二维码目前识别距离只有 10 cm 左右。其次是移动目标识别。二维码本质上是对图形的识别，这样需要有一个相对稳定的瞬间来提供给终端，使得物体在移动过程中要准确识别二维码变得非常困难。而 RFID 标签在进入读写器的磁场后通过接收读写器发出的射频信号，使用感应电流所获得的能量发出存储在芯片中的信息，或者主动发出某一固定频率的信号，由读写器在接收信号后解码并进行传输处理。这种信息识别和传输机制使得电子标签在移动识别的过程中有着二维码无可比拟的速度优势。正是由于有以上两种优势，RFID 目前被广泛应用于大型物流、仓储、高速公路 ETC 收费等领域。

那么，共享单车为什么不采用 RFID 电子标签而采用二维码呢？主要问题在生产成本上，二维码与一维条码一样，几乎是零成本的信息存储技术。二维码将信息通过一定的算法转化成计算机易识别的特殊图形，再将这些图形打印到物品上；打印或印刷一个特殊图形的成本仅仅在于印刷材质本身的价格，故成本极低。而 RFID 电子标签相对较高的成本就是它推广应用的瓶颈，对于一般的小商品而言，电子标签的价格要占据整体生产销售成本的一大部分，甚至可能超出商品本身的价格，因此一般的厂商或销售商都难以接受。目前，在共享单车的应用中，由于二维码被人为涂改遮盖和破坏的情况非常多，需要修复甚至多次修复的概率较高；但若采用 RFID 电子标签，则对于单车运营商来说成本压力显然很大。

2. 智能电子锁

智能电子锁是一种高度集成的机电一体化车载控制器，也是实现单车共享的核心部件。其内部装备了一块集成多功能的中央处理单元（CPU），从而实现卫星定位、远程开锁、计时收费和防盗监控等多种功能。智能电子锁的功能模块如图 9.13 所示。

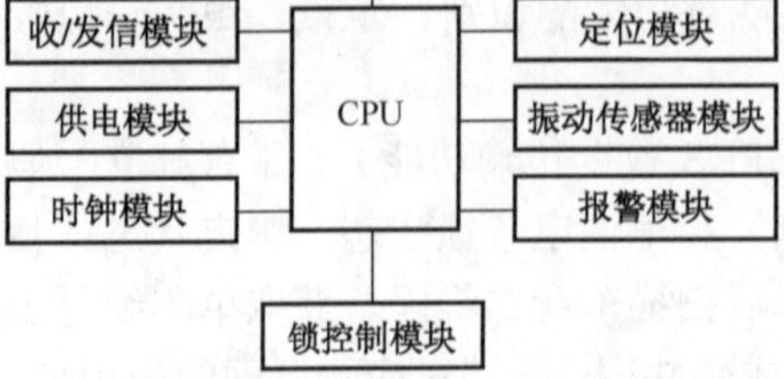

图 9.13 智能电子锁功能模块

用户通过手机 App 寻找车辆，云端系统会根据用户当前位置，通过定位模块得到用户附近单车的经纬度，并以地图 API（应用程序接口）模式在 App 上展示给用户。当用户找到单车后，扫描单车上的二维码，使得单车信息、用户个人信息通过收/发信模块一起被发送到云端系统。接着，系统会向锁控制模块发送开锁指令。车载 CPU 便触发电机组件转动，从而带动锁舌驱动构件将锁舌从锁销的档槽内移出，锁销在拉簧的作用下变位至开锁状态。当用户到达目的地之后，将单车停放在路边白线公共停车区域，手动将锁销向闭锁方向拉动时，使得锁舌在弹簧的推力下进入档槽，卡定锁销。最后，CPU 会通知云端系统锁车成功，实现远程开闭锁功能，同时时钟模块自动计时收费。

为了解决用户临时性停车和单车被盗问题，智能电子锁内装备有振动传感器模块和报警模块。振动传感器模块里设有加速度传感器和位置传感器等用于振动检测；报警模块内置光报警模块和声音报警模块。共享单车防盗流程如图 9.14 所示。云端系统通过无线网络与电子智能锁建立通信，周期性地唤醒 CPU 模块检查锁的状态。若锁处于闭合状态，加速度传感器检测到大于阈值的振动强度，就会向 CPU 模块提供振动强度和位置等信息。CPU 模块发送报警指示信号给报警模块，通过声音报警和光警报等方式进行现场报警，同时连接云端系统报备。考虑到自行车可能处于通信不畅的环境下，此时可先把时间和位置信息保存至存储器，待自行车移动到可通信的环境下再发送。

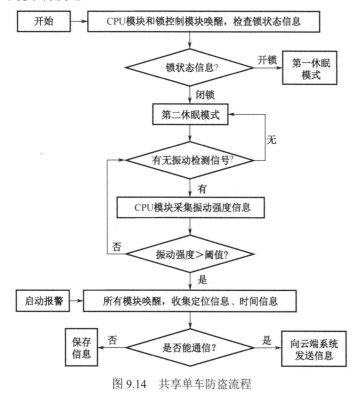

图 9.14　共享单车防盗流程

3. 物联网定位

目前，主流的共享单车（OFO 小黄车除外）内部都安装了高集成度的物联网芯片，这种芯片一般都支持 GNSS 多重卫星定位系统，还集成了 2G/3G/4G 调制解调器，并继承了 GNSS 秒速定位功能和极低耗电精准轨迹追踪功能。

通过集成的通信模块和定位系统，运营商平台可以完全掌握区域内单车的数量、状态、位置等关键信息，同时可积累大量的用户出行数据，为车辆投放、调配和运维提供智能指引。只有拥有准确的定位技术，才能继续提供一系列的后续服务和拓展应用。随着各地共享单车的应用标准纷纷出台，无随车定位技术的单车将被强制升级。OFO 在 2017 年提出与中国电信合作，利用窄带物联网（NB-IoT）技术进行多模定位传输，并在京津冀地区首先配备"北斗智能锁"，除了实现定位等功能，还可以实施电子地理围栏，车辆不进入停放区就无法上锁。但是，由于目前技术原因，其最新的电子锁仍然是利用 GPRS 和 GNSS 结合的定位技术。

摩拜单车（Mobike）的定位统一应用多模导航芯片，集成低功耗物联网 GPRS 通信以及多模定位（"北斗+GPS+GLONASS"定位）等技术，提供了比较完备的定位技术。其定位功能的实现首先为其日常运营管理带来了便利。此外，其巨大的投放量以及随之产生的海量数据，通过物联网技术可以采集回平台。这些大数据在完成其基本管理功能的同时也可提供给研究部门进行进一步的数据挖掘，由此可以获得骑行的需求、骑行的时间、骑行的路线等种种对于城市规划有益的数据。截至 2017 年 5 月 26 日，摩拜单车在全球已投放 450 万辆以上，在新加坡等海外城市也在进行推广。

9.2.3　共享单车的网络接入层

目前主流共享单车的接入基本上通过 GSM 和 GPRS，在没必要采用昂贵的 4G 模块的情况下，这样能够有效降低单车成本。但是，随着 4G/5G 标准的大量使用和普及，传统的 GSM 和 GPRS 已逐渐边缘化。另外，随着物联网技术被越来越多地应用到生活中的方方面面，开发专门针对物联网特点的专用网络已迫在眉睫，而 LPWAN（低功耗广域网）正是在这种情况下应运而生的。LPWAN 专为低带宽、低功耗、远距离、大量连接的物联网应用而设计。LPWAN 包含多种技术，如 LoRa、Sigfox、Weightles、eMTC 和 NB-IoT 等，特别是 NB-IoT，早在 2015 年 9 月就已被 3GPP 确定为窄带蜂窝物联网的标准。2016 年 6 月，NB-IoT 技术协议在 3GPP 无线接入网（RAN）技术规范组会议上获得通过，从立项到协议冻结仅用时不到 8 个月，成为史上建立最快的 3GPP 标准之一。

现有蜂窝移动网络应用于物联网时还需要进行网络升级。目前，经过升级后应用于物联网的移动网络包括 EC-GSM、eMTC 和 NB-IoT（又称 LTE Cat NB1）三种。EC-GSM 又称 EC-GPRS 或 EC-GSM-IoT，是一项基于 GSM/GPRS/EDGE 的技术，使大部分已安装的基站无须更换或升级硬件设备；其优势在于移动基础设施已经就绪，大部分情况下只需更新网络结点上的软件。eMTC 又称 LTE-M、LTE-Machine-to-Machine 或 LTECat.M1，是适用于 LTE 网络的物联网技术，其数据输入输出的速率可达 1Mbps。eMTC 在价格、覆盖、自动运行期限以及与现有移动基础设施的兼容性等方面更适用于大众物联网的应用，eMTC 网络可在现有 LTE 网络基础上通过更新软件的方式进行建设。NB-IoT（窄带物联网）技术与 LTE 网络拥有密切的协调性和兼容性，但支持这一技术需要研制新型的接收器。NB-IoT 可提供许多重要的优势，包括：支持超过 10 万个连接，设备电池寿命可长达 10 年，覆盖广（一个基站的覆盖面积是传统 GSM 的 10 倍），通过相互验证和增强的加密接口提高安全性，为运营商的物联网应用提供稳定条件。eMTC 和 NB-IoT 相比，各有各的优势和特点。例如，eMTC 有移动性，速率比较高，支持语音，它对 LTE 的能力保留比较多，适用于一些需求比较大的领域，如楼宇安防、穿戴设备等。而 NB-IoT 基本上把 LTE 的能力压缩到极致了，它追求的是最低的成本、最长的续航时间（主要是低成本），它没有移动性、没有语音、数据率非常低，比较适合对成本很敏感、拥有海量的数据但是单个能力要求比较弱的应用。一直以来，物联网应用者在用户体验和技术实现方面不断追求均衡。共享单车既要给用户提供精准定位、快速解锁和及时结算等方面的优秀体验，又要实现车锁低功耗运行、精准定位和精细管理。

NB-IoT 使用的带宽大约为 200kHz，支持 100kbps 以下速率传输低流量数据，这也使得终端和核心网络的复杂性进一步降低，可实现更低功耗，延长续航时间，通过冗余传输实现更深覆盖，完全符合目前物联网设备对于传输速率要求不高、低功耗、低成本的需求。NB-IoT 技术具有深度覆盖、强连接、低成本以及超低功耗等优势。强连接就是在同一基站的情况下

NB-IoT 可以提供比现有无线技术多几十倍的接入数，一个扇区能够支持 10 万个连接；由于 NB-IoT 构建于蜂窝网络，可直接部署于 GSM 网络、UMTS 网络或 LTE 网络，从而降低部署成本，实现平滑升级，低速率、低功耗、低带宽也同样给 NB-IoT 芯片和模块带来低成本优势；由于 NB-IoT 集中于小数据量、低速率应用，因此 NB-IoT 设备功耗可以做到非常小，设备续航时间可以从过去的几个月大幅提升到几年甚至 10 年以上。

相对而言，NB-IoT 技术具有覆盖广、连接多、功耗低、成本低四大特点。NB-IoT 技术既能提升用户体验，又能加强管理，因此使用 NB-IoT 模块的共享单车不需要安装人力供电装置，用户体验更加轻便，电池使用寿命可达 3 年。目前，运营商正加快 NB-IoT 规模化商用。相比于其他移动网络，NB-IoT 覆盖范围更广，这不仅使地下车库、地下室、地下管道等偏僻位置的单车可收到信号，提高了解锁率，也能保证车辆永远在线，一定程度上解决了定位、丢车和乱停乱放的问题。

9.2.4　共享单车的云端应用层

1. 解锁方式

（1）短信解锁。最早的摩拜共享单车，用户手机扫描车体二维码，10 s 以内电机自动完成开锁。这是通过在终端中安装 SIM 卡和短信接收模块，接收来自服务器端的短信内容，并通过对该短信内容进行解析处理；若解析通过，则对应控制开锁模块控制门打开。短信解锁比较稳定，开锁不需要通过 GPRS/3G 网络，比较省电。低功耗在共享经济中是非常重要的。在共享出行尚未普及时，单车的骑行者同时也在充当着发电机供电的角色（最早的摩拜单车用的是轴承不是链条，靠骑车来发电），若某辆车长时间没人骑，它的电量耗尽后就变成一辆僵尸车；一旦这种情况多起来，线下维护的成本就非常高。

（2）GPRS 解锁。GPRS 解锁是目前共享单车主流的解锁方式，其好处是等待时间明显缩短，从短信开锁的 10 s 左右，变成了 3 s 内开锁，提升了用户体验。随着网络流量价格的降低，在频繁使用过程中要比短信更便宜，获取的信息量也更大，此时 GPRS 解锁的优势就凸显出来了。若采用 3G/4G 模块，通信模块成本过高。随着物联网的兴起，虽然国内已有多家蜂窝通信模块厂商，但现有蜂窝通信技术的高功耗、高成本仍然不如其他制式有优势。

（3）蓝牙解锁。蓝牙解锁的原理是通过业务层校验，手机下载指令加密包，再将包发送到蓝牙，从而完成解锁。这是让手机与车锁直接交互的一种短距离连接方式。单纯的蓝牙解锁有明显的弊端：首先，各品牌手机商（这里主要指安卓手机）蓝牙的芯片版本兼容性太差，甚至同一品牌手机不同型号、不同批次之间都可能存在蓝牙兼容性问题，其主要原因是采购的蓝牙芯片差异太大；其次，用户需要手动打开蓝牙，并要准确定位对应的车辆才行。比较好的方案是蓝牙辅助流量解锁，即手机扫码后读取车辆蓝牙信息，尝试配对，并发送信息到服务器端，服务器端收到信息后同时向车辆和手机发送开锁指令：若车辆先接收到指令，则直接开锁；若手机先接收到指令，则通过蓝牙把指令发送给车辆进行解锁。这样，既不完全依赖智能锁中通信模块的稳定性，同时手机通信的稳定、快速的特点也得以发挥，开锁时间慢、不稳定、能耗等问题都基本被解决。

2. 电子围栏

单车不但要方便骑行，还要文明停放；能够成功引导用户将单车停放至合理的区域，是单车企业要解决的问题。在这方面，OFO 推出了自己的"电子围栏"计划，并在北京通州测试成功后上线运营。

技术人员会根据城市地区情况，在后台通过定位来划定虚拟电子围栏：当用户停放在该电子围栏内时，可闭锁；当停在电子围栏外时，用户停放时不能成功闭锁，必须停放在规定区域内。OFO 可根据大数据技术和北斗定位数据来更细致地划分停放区域，并向政府提报禁停区及推荐停放区的规划方案。据了解，北京通州区目前共施划了 296 个电子围栏，大多集中在小区、地铁、学校、公交站、地铁站以及重要商圈周边。电子围栏的位置信息已经通过卫星测绘，并上传到系统。目前，OFO 小黄车在北京通州投入了 2 000 辆符合条件的车辆进行试点，已经实现了信息接入。

另一方面，摩拜（Mobike）与 OFO 的做法不同，推出了摩拜智能推荐停车点（SMPL）。SMPL 主要由智能停车桩和地面围栏线所划出的区域组成。摩拜智能锁支持北斗/GPS/GLONASS 三模卫星定位，结合 DGNSS 差分定位技术，其精度达到亚米级。这种停车方案不仅采用 GNSS 定位的方式来检测用户的停车位置，还将采用自行车与地面智能停车桩之间通信的方式来联合检测单车是否停在围栏线内，停车桩对位置的检测比 GNSS 更加精准。这样的做法可以有效改善 GNSS 定位受环境影响很大以及恶劣条件定位会严重偏移的问题。另外，摩拜还将引入征信系统，并采用优惠券奖励等方式鼓励用户养成文明停车的好习惯，从而解决城市停车的问题。

3. 连接管理平台

艾瑞咨询公司 2017 年 5 月的数据显示，OFO 月度活跃用户增长至 6 272 万户，OFO 已出现在滴滴、百度地图、支付宝等 App 中。其中，在支付宝 App 中，芝麻信用分数在 650 分以上的用户可以免押金租车。

在连接管理平台方面，2017 年 7 月 13 日，中国电信、华为和 OFO 联合研发的 NB-IoT"物联网智能锁"全面商用，这与 NB-IoT 网络的覆盖与平台建设密切相关。华为与中国电信携手打造了覆盖最广的 NB-IoT 商用网络，同时在芯片、IoT 平台、云计算、大数据以及应用生态领域展开深入合作。OFO 正是采用了中国电信的连接管理平台。

摩拜的注册用户超 1 亿户，每天有超过 2500 万人次骑行。2017 年 3 月，摩拜全面接入微信，用户可以通过微信钱包直接进行摩拜单车的骑行。2017 年 5 月 19 日，摩拜单车正式宣布"摩拜+"开放平台战略，全面布局"生活圈""大数据"和"物联网"三大开放平台。首批入驻摩拜"生活圈"的有中国联通、招商银行、中国银联、百度地图、悦动圈、神州专车、华住酒店、富力地产等 8 家行业领军品牌，覆盖通信、金融、出行、健康、酒店和地产等众多领域。另外，摩拜的"魔方"是业内唯一的人工智能（Artificial Intelligence，AI）大数据平台，通过摩拜智能锁提供的实时数据，精准掌控每辆单车的位置和状态，预测供需平衡、骑行趋势并进行智能停放管理，为城市管理和交通规划部门提供科学参考。

9.3 物联网与无人超市

无人超市是指超市里没有营业员，购物、付款全部由顾客自助完成。付不付钱、付多少钱全由顾客自己决定，就算有人拿了东西就走人也不会受到任何阻拦。未来，在技术和成本可控的前提下，人们将围绕无人超市展开更多的授权合作，无人超市在商业领域将有极高的可复制与扩张能力。有了无人超市背后的物联网支付方案，把这种方案开放赋能给线下实体店，并在硬件改造上尽可能不去改变线下实体店的原有布局，具有良好的推广应用前景。

9.3.1 无人超市兴起的背景

无人超市，准确地说是"无人便利店"，是一种介于专卖店和自助售货机之间的无人营销方式，是为了应对高房租、高人工成本和省去结算排队等而产生的一种新零售方式。

无人超市的兴起，有其社会背景：

（1）政策支持。据我国百货商业协会调查，受经营成本不断上涨、消费需求结构调整、网络零售快速发展等诸多因素影响，实体零售店发展面临前所未有的挑战，全国百货商超关店潮仍在持续。2016 年 11 月，国务院发布《关于推动实体零售创新转型的意见》，明确鼓励线上线下优势企业通过战略合作、交叉持股、并购重组等多种形式整合市场资源，培育线上线下融合发展的新型市场主体；同时也从减轻企业税费、加强财政金融支持等方面给予支持。很多大型商超如合肥百大集团、武商集团、中百集团、中商集团、银泰百货等纷纷转型，除自建平台外，均加强与阿里巴巴、腾讯等电商大佬的合作，加快线上线下融合。

（2）技术创新。随着技术的进步，人类让一切皆有可能。从技术上讲，Amazon Go 主要运用了机器视觉、深度学习算法和传感器融合三项核心技术；阿里的"淘咖啡"主要涉及生物特征自主感知和学习系统，结算意图识别和交易系统，以及目标检测与追踪系统；Take Go 无人商店应用了卷积神经网络（CNN）、深度学习（Deep Learning）、机器视觉、生物识别、生物支付等 AI 领域前沿技术；缤果盒子主要采用 RFID 技术、人脸识别技术等；便利蜂、小 e 微店等主要利用二维码来完成对货物的识别。上述这些技术都是目前最为热门的前沿技术。

（3）人工成本增加。据相关数据显示，我国的人工成本在短短 10 年内暴涨到原来的 7 倍，致使很多劳动密集型企业转向劳动力更低廉的东南亚、印度地区。在"当前企业经营发展中遇到的最主要困难"的选项中，选择"人工成本上升"的企业占 75.3%，这一选项连续 3 年排在所有选项的第一位。其他选择比重较高的选项还有"社保、税费 负担过重"（51.8%）、"企业利润率太低"（44.8%）、"资金紧张"（35%）和"能源、原材料成本上升"（31.3%）。因此，有人算了一笔账，无人超市由于没有人工成本，其成本支出大约只有传统超市的 1/4，商品价格也将大幅度降低。

（4）便于实现精准营销。由于无人超市与新技术的联合，让越来越多数据可以上传到数据终端，经营者可以根据数据来总结消费者的消费偏好（比如：大部分消费者逛超市最喜欢走的路线是怎样的，哪些商品被拿起又放回去的频次最高，哪些商品最常被客人毫不犹豫地带走，等等），通过对消费者的行为进行分析，直接把相关数据信息传达给物流配送终端，通过匹配相应物资来实现一对一直连，减少商品的折损率与返库率，降低运输成本；还能够根据客人前几次的购物记录，推送一个补货清单，由此实现更精准、更优质的服务。

（5）互联网流量红利的消失。进入"互联网+"时代，我国庞大的人口数量产生了巨大的流量红利。然而，目前市场逐渐饱和、流量红利逐渐消失，导致电商零售的经营成本逐年上升，利润压缩严重。面对现实，连接线上线下的"无人超市"似乎成了电商转型的新战场。

9.3.2 无人超市的运作原理

无人超市是一种免排队、自助结账的服务。继共享单车之后，无人便利店、自动售卖系统等无人超市应用成了 2017 年另一个互联网风口。由于人力、租金成本的上升和互联网电商流量红利的消失，传统零售业转型迫在眉睫。而移动支付、AI、人脸识别技术、大数据技术等的快速发展和普及，为零售创新带来更多可能。作为连接线上线下，融合互联网和实体经济的新零售表现方式，无人超市弥补了传统线下零售和线上电商的短板。

无人超市综合利用 AI、图像识别、射频感应扫描、大数据、云计算、计算机软件等技术，把支付系统集成到门禁系统，把货物软件与支付系统（如微信、支付宝）捆绑进行支付，利用视频监控系统和人脸识别系统来保证购物安全；货架区则用视频信息捕捉来优化运营，帮助结算。它利用信用系统约束人们的购买行为，进行商业化运营。无人超市工作流程如图 9.15 所示。

1.扫码开门　　　2.商品智能识别　　　3.一键支付
　　　　　　（一次可识别多个商品）

图 9.15　无人超市工作流程

从图 9.15 可以看出，无人超市的工作流程如下：

（1）进店，扫码开门：用户打开智能手机，通过无人超市 App、微信公众号或支付宝扫码获得电子入场券（签署数据使用、隐私保护、微信、支付宝代扣协议等条款）接入相应界面，系统将自动定位到当前门店，通过闸机认证后，进入无人超市进行购物。

（2）选货，即商品智能识别：选货过程跟普通超市没啥区别，扫描商品的条形码或者二维码，加入购物车，或者将商品直接放置到识别硬件上进行自动识别（一次可识别多件商品）。

（3）支付，即一键支付：用户确认所购商品，可以选择支付宝或微信支付等支付方式，App 会自动显示促销价和会员价，用户必须经过结算门（该门共有两道）：第一道门感应到顾客离店的需求，将指令传达给第二道门；第二道门完成结算扣费后开启，完成付款即可离店。整个购物流程结束。

9.3.3　无人超市的应用与发展

随着缤果盒子、蚂蚁金服"淘咖啡"进入运营阶段，以及各种品牌的无人超市的相继出现，众多创业者和风险投资（VC）机构都在摩拳擦掌，跑步卡位无人零售。

无人超市从兴起到现在经历了开放式货架、半开放式货架、全封闭式货架三个阶段的无人便利店模式。其中，开放式货架最早在 2015 年 6 月雏形初现，其成本和技术壁垒较低，但防盗措施简陋，丢失率较高；半开放式货架以 Amazon Go 为代表，加上国内的缤果盒子和蚂蚁金服"淘咖啡"，他们运用 RFID 或计算机视觉半开放式货架通过大量的黑科技加持，应用了软件、硬件、芯片、IoT、大数据等技术，比开放式货架阶段的性能有所提升；全封闭式货架模式是半开放式货架的升级版。

我国的新零售业时代已经到来了，马云的"无人超市"不是最终目的，只是为了减少中间环节、降低成本、保持利润增长的一个手段。近两年来，无人超市、开放式货架等在世界各地纷纷涌现，发展十分迅猛。在 2016 年初，瑞典就出现了通过手机扫描二维码进门、用手机绑定信用卡支付的无人便利店——Nraffr；2016 年下半年，日本经产省推出"无人便利店"计划，日本的便利店巨头罗森、日本 7-11、全家等 5 家大型便利店都引入该系统，实行无人收银台与"电子标签"；2016 年年底，美国亚马逊推出了 Amazon Go 便利店，在技术上更为先进，采用了计算机视觉、深度学习算法以及传感器、图像分析等多种智能技术；2017 年 5 月，韩国乐天集团则在 7-11 的高端版本"7-11Signature"基础上，开始测试使用生物技术的"刷手"支付。

在国内，缤果盒子 2016 年 8 月开始在广东中山地区启动项目测试，2017 年 7 月 3 日宣布在一年内铺设 5 000 个网点；2017 年 2 月"去哪儿"前 CEO 庄辰超斥资 3 亿美元押注可自主购物的新型便利店——"便利蜂"；2017 年 6 月初北京居然之家宣布无人便利店 EAT BOX 开业；2017 年 6 月创新工场宣布完成对无人便利店企业 F5 未来商店 3 000 万元 A+轮融资，计划在 3～6 个月内开出 30 家至 50 家门店。2017 年 5 月 10 日，第一个开放式货架 Mini U 店在武汉市招商银行金银湖支行亮相，大受欢迎；随后两个月，开放式货架在武汉市推广了 700 多个。2017 年 7 月 7 日最火的莫过于阿里巴巴的杭州无人超市"淘咖啡"，2017 年 7 月 8 日开业当天，吸引了大量的市民前来排队体验。另外，娃哈哈早期创始人之一宗泽后对外宣布与深蓝科技（Take Go 无人商店）达成战略合作，签下了 3 年 10 万台无人商店。紧接着京东也正式宣布要在全国开设 50 万家京东便利店以及大量京东无人超市，其首家无人超市于 2017 年 10 月 17 日在京东总部亦庄落地，开业 50 天销售额已达 100 多万元，坪效非常高。

因此，无人超市的对决，实际上是一场场景争夺战。无人超市落地后，失败与成功的案例都有。上海首家无人超市缤果盒子试营业期间因空调故障导致食物融化，被迫关门。青岛首家无人超市 2017 年 11 月 23 日落地青岛北站，一个月内入户门被拽坏 7 次，运营方不得不雇专人看门；目前其日均销售额为 4 000 元左右，预计 7 个月收回成本。无人超市面临的考验，是要考虑在不同场景下的设计：写字楼、火车站、高档社区以及城市广场、景区，不同的场景体验，其设计是不一样的。

2017 年 12 月 30 日，京东首个社会化无人超市在烟台大悦城开业，这体现出线上巨头孵化的实验性产品携手商业地产网红。从用户体验来讲，要求品类齐全，价格适中；从运营来讲，坪效等指标要非常"良性"。烟台大悦城无人超市的目标是三四个月后赢利。据了解，2017 年 12 月 14 日，京东集团与中海地产签订了战略合作协议，将利用双方优势在全国主流城市建设数百家无人超市，联合布局无界零售，X 无人超市、X 无人售药柜、智能配送终端等"黑科技"项目将逐步落地。未来京东无人超市的场景，核心在购物中心、交通枢纽、写字楼、社区，不同的场景有着不同的业态和布局。烟台大悦城门店是 2.0 版本，更适合社会化运作。两个月时间，研发人员在入店流程、商品 RFID 方案以及后端人脸识别技术等方面进行了迭代，比如说把入口改成了双入口，京东将最新的人脸识别技术、视觉分析系统都融入 2.0 版本。据艾媒咨询预测，2017 年我国无人零售商店的交易规模可达 389.4 亿元，至 2022 年将达到 1.8 万亿元，用户规模也将从 2017 年的 600 万人增长到 2022 年的 2.45 亿人。

综上所述，无人超市的未来发展呈现以下几个方面：

（1）无人零售是建立在大数据基础上的物品售卖，将达到对店铺的消费者前所未有的了解——消费者最为频繁的逛超市路线，哪个货架人流量最密集，哪个货架停留时间最长，哪个货架的产品补给周期最短。无人超市有一套复杂的生物特征自主感知系统，即使在用户不看镜头的情况下，超市也能精准地捕捉到用户的生物特征。例如，你拿到某一样商品时的表情和肢体语言，都会被记录下来帮助商家判断此款商品是不是让人满意；又如，捕捉消费者在店内的行为轨迹、在货架面前的停留时长，指导商家来调整货品的陈列方式和店内的服务装置。

（2）运用人脸识别、360°无死角监控消费行为的大数据采集分析技术等，顾客从进店到离店，所有行为轨迹都将被数字化，被捕捉和记录。这些高科技手段将一个小小的无人便利店变成了对消费者消费行为进行科学实验的"实景实验室"。无人便利店凭借技术优势在成本上领先于传统便利店，为更具竞争力的产品定价提供了空间；通过 AI 技术，不仅解决了人力成本的问题，完全自动化的结算模式可以消除传统便利店排队付款环节，从而提供更加便捷的购物环境和更佳的消费体验。

无人超市与大数据的紧密结合，通过采集和分析消费数据，透过消费行为识别顾客需求，划分类别，摸清不同群组消费者的个性与共性，从而在日常消费中进行精准引导、营销。实时了解消费群体的需求变化，以及同类产品市场竞争力的动向，形成更精准的市场管理，指导企业自身的经营管理。

9.3.4 无人超市对传统零售业的影响

无人超市的快速发展，已经成为无法忽视的现象。无人超市在成本上比传统超市高出20%～30%，主要在于商品管理和后台维护成本；但节约了人力，以一个 24 小时店三班倒来算，节省了 6 个人力。虽然，因初期投入成本高、技术不成熟、上货速度慢等缺点，不可能在短期内彻底颠覆传统零售业的运行模式，但在未来数年，它将与传统零售业运行模式共存。

零售是向最终消费者个人或社会集团出售生活消费品及相关服务。零售形式主要包括百货商店、专业商店、超级市场、便利商店和仓储商店。由于零售形式的复杂多样，因此要全面分析无人超市对零售业产生的影响十分困难。考虑到零售业涉及的是供给方和需求方两个要素，从宏观角度对零售活动的供方要素和需方要素进行分析，解读无人超市对零售业的影响。

（1）对传统零售业供给方的影响。百货商店、专业商店、超级市场和仓储商店这些零售供给方多是从生产厂家或经销商直接供货，商品价格相对较低；但由于其商品品种齐全，环境舒适，已经成为消费者大批量采购的主要去处，具有很强的竞争力。便利商店是接近居民生活区和办公区的小型商店，其经营范围跟无人超市相似，都是在最接近消费者的区域。因此，无人超市会因价格优势和体验感对便利店造成一定威胁。

（2）对需求方消费者的影响。消费者作为无人超市的重要主体，其受到的影响跟无人超市的特性紧密相关。无人超市具有便捷性、体验性、经济性的特点：① 无人超市分布在居民区、景区、办公区、学校，消费者可以很方便地购买到自己需要的商品而无须在店员的"监视"下完成购物，也省去了排队结账的麻烦；② 无人超市融入大数据、云计算，人脸识别、物联网、学习系统、结算意图识别、交易系统以及目标检测与追踪系统等高科技的技术，利用各种最新的数字化技术甚至黑科技，提供给消费者的是绝佳的消费体验；③ 无人超市因为节省了人工成本，使得其产品价格具有经济性。因此可以说，无人超市的经济性不仅能够让消费者节约开支，还能给消费者带来高科技心理满足体验。

9.3.5 无人超市实现方案

1. 传统无人超市实现方案

（1）Scan&Go 方案。沃尔玛公司在 2013 年推出的"Scan&Go"项目将消费者的手机作为扫描枪，允许消费者通过智能手机的沃尔玛应用扫描商品，信息同步到自助结账柜台上，消费者完成购物后可在自助柜台结账或在软件内进行移动支付。该方案在一定程度上免去了消费者排队付款的烦恼，但增加了"扫描商品"这一额外操作。由于"Scan&Go"没能解决防盗防损问题，盗损率过高，对于薄利多销的超市而言损失过于巨大，该项目以失败告终。

（2）无人收银机方案。无人收银机方案类似于地铁无人售票机，消费者完成购物后依次将每样商品放入无人收银机扫描，然后付款结账。根据机器优劣不同，无人收银机提供付款前后称重等简单的防盗措施。该方案的智能化程度较低且防盗效果不佳，在人工成本高昂的国家应用较多，实际上并不能减少消费者付款结账的困扰，且因操作复杂，难以实现完全非人工作业。

（3）RFID 方案。RFID 可以通过无线射频（RF）信号识别特定目标并读写相关数据，是一种非接触式的自动识别技术。RFID 工作装置一般由一对工作在同一频率下的 RFID 识别器、RFID 标签构成。应用于无人超市时，商品上需粘贴一枚其存储器写有商品相关信息的 RFID 标签，消费者完成购物后经过一个设有 RFID 识别器的感应装置，识别器发出编码过的无线电信号来识别 RFID 标签，商品上的标签收到信号后向识别器发出售价等自身的识别信息作为应答。如此一来，消费者仅需在购物完成后推着购物车经过感应区域，即可通过移动支付等方式完成付款。RFID 技术目前被广泛应用于动物追踪、物流系统、图书馆管理等领域，但由于对多个同时进入识别范围的 RFID 标签的识别准确度不太高，有一定概率出现漏读、误读、重复读，而且给商品贴上 RFID 标签的人力成本、RFID 标签本身的成本均不可小觑，故 RFID 技术在无人超市场景下的应用受到了很大限制。

2. Amazon Go 方案

2016 年年底，亚马逊（Amazon）公司发布了一款概念视频，推出了一家将在西雅图开业的新型无人超市——Amazon Go。在视频中，亚马逊是这样描述这家超市将带给消费者的购物体验的：你只需在进入超市时用手机应用扫描一下，把超市各种传感器（包括摄像头）记录的"你"和你的亚马逊账户关联起来，接着去各个货架挑选自己心仪的商品，费用将在你走出超市时自动扣除。

Amazon Go 自动检测消费者从货架上拿走或放回的商品，并把这些商品与消费者亚马逊账户下的虚拟购物车关联起来，随着消费者的拿走或放回，实时修改其虚拟购物车中的商品内容，并在检测到消费者离开商店时自动从其账户中扣款。

Amazon Go 之所以能够成为现实，系统之所以能够准确无误地识别商品、跟踪消费者在超市中选购的行为，其背后的技术与无人驾驶汽车相似：计算机视觉、深度学习与传感器融合。其重中之重是近年来 AI 技术取得突破性进展的一个子领域——卷积神经网络（CNN）。

人工神经网络（简称神经网络）由一组结点（神经元）组成，结点间由线（突触）连接。这些线代表一个神经元的输出将被连接到它下一层上另一个神经元的输入。几个神经元组合起来就形成了神经网络中的一层。第一层叫作输入层，紧跟着是几个隐藏层，最后是输出层，如图 9.16 所示。神经网络的层数以及每层中神经元的数目决定了这个网络的结构。每根神经元间的连线都包含有可调整的权重，这些权重在训练和测试的过程中会被激活，并依照一定的学习策略进行调整。神经元可以模拟出一个关于其输入的非线性函数。同时，隐藏层中的每个神经元都带有一个偏置值和一个激活函数。大量的层数和结点数使得神经网络有了从观测到的数据中"学习"的强大能力，它几乎可以近似任何一种函数。当给定一个特定的数据

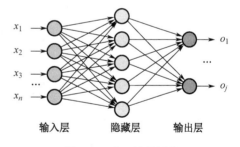

图 9.16 人工神经网络

集时，通过反复测试与修正，神经网络的层数、每层中神经元的数目、每次进行权重更新的幅度、每批小训练集的数据量等可被确定为一组合适的值。若该网络的结构、评估网络输出优劣的损失函数、权重更新策略选择得当，就可以得到一个有着优异表现的人工神经网络。

和普通神经网络相比，卷积神经网络（CNN）引入了卷积层的概念。卷积层的基本结构包括特征提取层和特征映射层。其中，特征提取层每个神经元的输入与前一层的局部接受域相连，并提取该局部的特征；特征映射层网络的每个计算层由多个特征映射组成，特征映射的结构采用 Sigmoid 函数作为卷积网络的激活函数，每个特征映射是一个平面，平面上所有神经元的权值相等。CNN 的特殊结构使得图像这一特殊数据可以免去复杂的特征提取步骤，直接输

入网络。通常 CNN 由卷积层和池化层交替构成，其后还有一定数目的全连接层。这种深层的结构使得 CNN 可以从输入图像中自动获得一些按层次划分的特征，根据这些特征，CNN 的最后一层（输出层）能够输出当前输入属于各个类别的可能性。和普通神经网络（全连接网络）相比，CNN 中的连接以及变量都少得多，因此用来训练的时间也会短得多。也就是说，经过适当的训练，通过无人超市里摄像头拍下的一张图像，CNN 就有可能识别消费者和消费者手中的商品。融合参考其他摄像头、压力传感器、红外传感器等设备给出的信息，再综合对该消费者购买记录、购物习惯等数据进行深度学习而得到的结果，一个准确的判断就产生了。

因此，无处不在的摄像头、传感器和 AI 技术的突破，使得 Amazon Go 成为现实。而 Amazon Go 利用所积累的大量消费者线下购物习惯的数据，又能进一步借助于 AI 的力量对消费者的行走路线、眼部视线等进行有效分析，进而优化超市的货物摆放，甚至为将来个性化虚拟现实/增强现实（VR/AR）超市方案打下基础。

9.4 物联网与智慧医疗

智慧医疗通过打造健康档案区域医疗信息平台，利用先进的物联网技术，实现患者与医务人员、医疗机构、医疗设备之间的互动，从而使患者只要用较短的等疗时间，支付基本的医疗费用，就可以享受安全、便利、优质的诊疗服务。随着技术的进步，在不久的将来医疗行业将融入人工智能（AI），使智慧医疗走进寻常百姓的生活，从根本上解决"看病难、看病贵"等问题，真正做到"人人健康，健康人人"，让医疗服务走向真正意义的智能化与人性化。

9.4.1 智慧医疗概述

智慧医疗是指利用互联网和物联网等技术并通过智能化的方式，将与医疗卫生服务相关的人员、信息、设备、资源连接起来并实现良性互动，以保证人们及时获得预防性和治疗性的医疗服务。智慧医疗系统框图如图 9.17 所示。

智慧医疗是生命科学和信息技术融合的产物，是现代医学和通信技术的重要组成部分，一般包括智慧医院服务、区域医疗交互服务和家庭健康服务等基本内容。智慧医疗与数字医疗、移动医疗等概念存在相似性，但是智慧医疗在系统集成、信息共享和智能处理等方面存在明显的优势，是物联网在医疗卫生领域具体应用的更高阶段。

智慧医疗目前尚无非常明确的定义，从不同的角度出发，专家学者们对于智慧医疗都有其不同的见解。智慧医疗是以医疗数据中心为基础，以电子病历、居民健康档案为核心，以自动化、智能化为表现，综合应用物联网、射频技术、嵌入式无线传感器、云计算等信息技术，构建便捷化的医疗服务、人性化的健康管理、专业化的业务应用、科学化的监督管理、高效化的信息支撑、规范化的信息标准以及常态化的信息安全等体系，打造高度集成的人口健康信息服务平台，使得医疗服务更加便捷可及，健康管理更加全面及时，医疗工作更加高效优质，监管决策更加科学合理，使整个医疗生态圈的每一个群体均可从中受益。

智慧医疗具有互联性、协作性、预防性、普及性、可靠性、创新性等特点。经授权的医生能随时查阅患者病历、档案等，患者也可自主选择更换医生或医院。智慧医疗将个体、器械、机构整合为一个整体，将病患人员、医务人员、保险公司、研究人员等紧密联系起来，实现业务协同，增加社会、机构、个人的三重效益。同时，通过移动通信、移动互联网等技术，将远程挂号、在线咨询、在线支付等医疗服务推送到每个人的手中，缓解"看病难"问题。

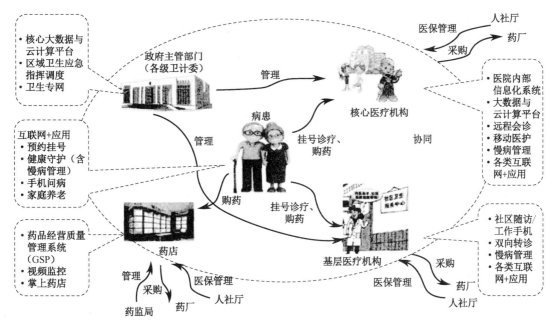

图 9.17 智慧医疗系统框图

9.4.2 我国智慧医疗发展现状

1. 智慧医疗在我国的快速发展

自智慧地球理念和智慧医疗概念产生以来，IBM 中国地区政府与公众事业四部经理刘洪在 2009 年的国际医疗卫生信息与管理系统协会（HIMSS）大会上，将智慧医疗的主要内容概括为数字化医院和区域卫生信息化两部分。HIMSS 对移动互联网医疗的定义：通过使用移动通信技术（如 PDA、移动电话和卫星通信）来提供医疗服务和信息。移动医疗使得医疗便携化，提高了诊疗的效率，实现了医疗服务的"随手可得"。目前，全球医疗行业采用的移动解决方案基本上可概括为：无线查房、移动护理、药品管理和分发、条形码病人标志带的应用、视频诊断等。

我国中央和部分地方政府也相继提出了关于智慧医疗的设计方案和实施规划。国家出台了关于智慧地球实行的相关文件，为智慧医疗的实施提供了宏观指导。同时，部分城市提出了关于智慧医疗的建设理念和实施方案，为智慧医疗这一抽象的概念提供了实践的机会，以积累实施的经验，推动智慧医疗这一信息体系在我国医疗行业的应用与发展。

各城市智慧医疗的推进、实施和快速发展主要体现在：① 明确包括深化医疗卫生体制改革和提高医疗水平及服务质量在内的智慧医疗建设目标和规划蓝图；② 为提高医院运作效率和医疗服务的水平，利用物联网技术打造医疗服务信息平台；③ 为缓解看病挂号难问题的预约挂号服务平台的普遍推广使用；④ 利用先进的智能医疗设备提高诊疗水平和质量的智慧诊疗的推行；⑤ 关注弱势群体的远程医疗服务项目的开展；⑥ 方便结算和提高医疗服务效率的医疗卡结算方式的推广应用。例如，浙江省瑞安市妇幼保健院实施了网上预约挂号服务，不仅利用先进的互联网技术为患者及其家属提供了快速便捷的预约门诊通道，也为患者提供了极大的便利。30 台医疗服务自助机陆续启用，实现了自助挂号、预约取号、自助缴费、自助查询、自助打印等功能，患者在机器上不仅可以查询门诊就诊流程、医师出诊信息、专家介绍、物价信息、检验结果等，还可以自助打印化验单、取药单等。机器上还可以直接进行银行转账服务，减少了窗口排队的时间。自助机的启用，不仅提高了就诊效率，解决了排队难挂号难的问题，方便了患者，也减轻了医院的负担。2014 年浙江省温州医科大学附属第一医院联手中国移动温州分公司，率先在国内推出"智慧医疗"手机门诊系统，开启了复诊病人"足不出户、在家看病"的就医新模式，切实为公众提供了方便、快捷、全面的医疗服务。

2. 智慧医疗在我国发展过程中出现的问题

智慧医疗已有些成功的应用案例，也取得了一定的实际效果，但是在宏观指导、信息资源共享、信息安全以及相关法律法规等方面都存在问题。

（1）智慧医疗的推行实施缺乏专门的宏观指导性文件。目前，我国智慧医疗在整体规划和具体实施等方面都没有现成的可供借鉴和学习的经验，一般只有城市制定的智慧医疗建设的规划目标和实施意见，没有专门针对智慧医疗建设的宏观指导性文件，智慧医疗的实施中出现了宏观指导缺位的问题。我国目前已有关于智慧地球的宏观指导意见，但不能为智慧医疗具体推进和在建设过程中出现的具体问题提供指导和解决方案,在一定程度上造成了部分地区和单位参与建设智慧医疗的积极性不高，推进智慧医疗的步伐不一致，不利于智慧医疗的进一步推进和建设，也不利于医疗服务水平和质量的提高。

（2）具体实施过程中存在信息资源共享未充分实现的问题。智慧医疗实施中利用先进的互联网和物联网技术打造的医院信息管理系统和医疗服务信息服务平台，就是通过对患者信息资源的共享，提高医院的运作效率以及医疗服务的水平和质量。而目前在我国与医疗服务有关的各单位在日常工作中产生的包括居民健康信息和临床医疗信息在内的公共卫生信息未实现充分共享。例如，市级医疗机构与省级大医院未建立信息共享机制，在某一医院做的相关检查在另一医疗机构不能获得认可，这在一定程度上给群众就医带来不便，不利于患者享受及时高效统一的诊疗服务。

（3）智慧医疗服务中的信息安全问题。众所周知，在高度发达的信息社会，信息安全对于维护个人的隐私权和公共安全及公共秩序的维护产生着十分重要的影响。智慧医疗的运用在为患者提供就医便利的同时，也对信息安全提出了新的考验和挑战。因此，各医疗机构在充分利用互联网技术推动智慧医疗实施时，也要提高对信息安全的重视，加强网络建设，加强信息数据的保护，确保信息系统的稳定，以避免信息数据泄露。

（4）在智慧医疗的实施过程中存在相关法律法规欠缺的问题。目前，在智慧医疗的推进和实施中，关于如何保护公民个人电子档案信息和患者的隐私等方面，仍然存在着法律空白和相关法律法规不完善、不健全的问题。因此，在智慧医疗的建设实践中，需要加强相关法制建设，以法律的强制性保证智慧医疗相关规定和措施的落实，指导智慧医疗的推进和落实，使医疗机构的医疗服务和管理行为有法可依。

3. 智慧医疗的发展趋势

人们生活水平的提高，对个人的健康及日常保健提出了更高的要求，使得对先进医疗技术的需求也日益增长；智慧医疗恰恰就是满足这一需求而诞生的。未来随着物联网技术的发展与普及，智慧医疗越来越接近人们的生活，其发展趋势涉及以下方面：

（1）政府参与加强化。虽然智慧医疗在发展过程中，存在缺乏宏观指导性文件和相关法律法规欠缺的问题，但是从政府对智慧医疗的支持和扶持力度，可以看出在智慧医疗的发展过程中呈现政府参与加强化的趋势。一方面，由于智慧医疗是一种新型的医疗服务方式，没有相对成熟的模式可供借鉴。为避免在智慧医疗的实践过程中出现更多的问题，国家有必要通过制定相应的政策规范和法律法规，对智慧医疗的具体实施提供一定的指导和引领。另一方面，国家和政府参与度的加强不仅可以给智慧医疗的实施提供宏观性指导，规范智慧医疗的实施行为，而且有利于维护公众的信息安全、合法权益，实现智慧医疗的规范化和进一步推动医疗体制的改革。在智慧医疗的未来发展过程中，政府将制定更多的配套制度和措施并健全相关法律法规，呈现政府参与度加强化的趋势。

（2）应用范围扩大化。随着智能技术的不断提高和应用系统的成熟完善，智慧医疗对提高医疗卫生水平和质量的作用越来越大，智慧医疗的功能和作用为更多的人所认可，其应用范围也将逐渐扩大。智慧医疗将贯穿公民从出生到死亡的整个生命周期，并覆盖儿童、老人、孕妇和特殊疾病患者等多类人群，适用范围将逐步扩大并惠及更多公众，将在更多医疗机构适用。在政府的不断支持和扶持下，智慧医疗的作用和功能将得到很大宣传，其适用范围还可覆盖卫计委提出的包括药物管理、新农合监管、城镇医疗保障、药品器械信息化监管、公共卫生信息管理等重点业务系统。

（3）信息共享普遍化。针对智慧医疗在实施过程中出现的信息共享未完全实现的问题，在国家和政府的相关政策及制度的支持下和互联网技术高度发达的环境中，智慧医疗呈现了信息共享普遍化的发展趋势。国家和政府在智慧医疗的发展过程中也十分重视医疗信息的共享，一直在采取措施推动医疗信息共享的普遍化。物联网技术和互联网技术的高度发达，为打造全方位、立体化的更成熟、更完善的数据处理和信息服务平台提供了技术支持，有利于对相关信息进行快速准确的加工和整合并实现医疗信息的融合，实现医疗信息共享的普遍化。

9.4.3 智慧医疗体系架构与业务形式

1. 智慧医疗体系架构

智慧医疗的体系架构总体上以物联网架构为平台，并结合医疗领域的感知、传输和应用特点。智慧医疗的体系架构如图 9.18 所示。

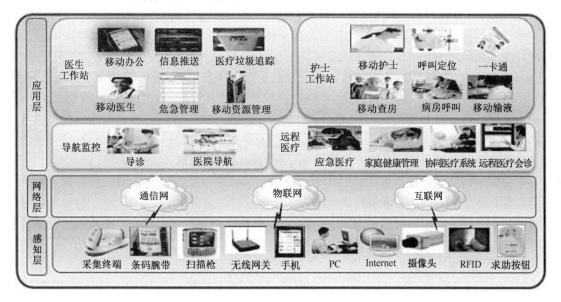

图 9.18　智慧医疗的体系架构

1）感知层

感知层主要由无线医疗传感器结点组成，也称为无线人体传感网（BSN）或体域网，主要对人体生理和疾病状态进行实时测量与监视。其应用场景可分为：① 社区/医院场景，含功能检查、内窥检查、实验、病理、射线、超声波诊断等终端，放射、理化、核医学、激光、透析护理等治疗类终端，以及消毒、制冷、血库、制/配药等辅助类终端；② 家庭/个人场景，主要是一些常规的生理/生命指标参数监测终端，如无线智能血压计、血糖仪、心率仪等；③ 车载/移动、野外救灾场景，属于急救应用场合。

感知层是智慧医疗的"眼睛"，是信息反馈环节，其测量数据的准确性和安全性直接影响到医生对患者病情和病理的推断，一旦出现纰漏和安全问题，就会导致医生的错误判断，造成病情延误甚至危及患者的生命安全。因此，该层在数据监测、保护、处理、抗干扰及网络安全保护环节的硬件、软件系统的设计与开发显得尤为重要。目前，医疗健康感知终端以数字化、标准化、智能低功耗低成本化等为发展趋势，如数字化生物传感诊断、机器人器械辅助诊断、网络医疗终端、微创化医疗终端等。

2）网络层

网络层用来实现感知层与应用层之间数据的双向远近距离的传输、云计算、打包压缩、抗干扰、文本格式化等处理，或者说实现二者之间数据的在线和实时共享。其架构是建立在固定通信和移动通信网络基础之上的。固定通信网络以国家电子政务外网作为平台，并由此部署卫生部门所有的纵向业务信息系统。该平台纵向覆盖国家、省（直辖市）、地（市）、县（市、区）级的政府职能部门，并实现乡镇（街道）、村（社区）的网络接入；横向覆盖各级政府卫生行政机构、医院、公共卫生中心、医保中心等的网络接入。移动通信网架构也称为 mHealth 平台（移动健康平台），它将患者侧的移动健康设备、医务人员侧的医疗设备和一些应用服务器作为终端接入网络。

无线局域网（WLAN）技术是现阶段能够满足移动医疗通信的首选技术，它突破了有线网络终端移动不方便、部署复杂、布线凌乱等局限性，可安装覆盖在病房、急诊、ICU、手术室等需要医护人员移动工作的区域。为了确保信号的连续性，采用无线 AP（无线接入点）中的 FIT AP（瘦型 AP）部署方式，能使患者侧和医务人员侧的 mHealth 终端真正实现无缝漫游。

移动通信网络是 WLAN 组网的基础。图 9.19 所示为医疗信息移动通信网络的功能架构，其硬件主体由 mHealth 平台、患者侧和医务人员侧移动健康诊断/医疗终端设备三部分组成。

mHealth 平台是智慧医疗的业务支撑，也是一个 IT 平台。其中的门户网站（Web Portal）为签约者、患者和医务人员提供业务操作和观察入口；B2B 管理模块为健康实施企业（医院、卫生服务中心、疾控中心等）提供管理功能。例如，医院方为医务人员提供访问权限，医保中心或行政部门向医院提供患者和医务人员的费用结算信息等；B2B 医疗数据交换模块负责移动健康平台与医疗企业的数据库之间的数据信息往来。

患者侧的移动健康设备均安装有移动网络 SIM 卡，以便对签约者的身份进行管理，确保以消费者具体身份与网络之间进行操作和信息交换。

医务人员侧医疗设备可用于浏览医疗数据，且该数据的安全性由设备中的通用集成电路卡（UICC）提供。

3）应用层

应用层由业务应用平台（急救类、慢病类、个人健康管理类）和云计算支撑平台共同完成，借助于联网的各医疗机构的分工协作、资源共享和互联互通，实现共享协作。这两个组成部分也可以直观地分别称为终端设备层和应用程序层。前者提供人机接口及各终端设备的"物物相联"；后者进行数据的融合处理，主要包括支付、监控、定位、盘点、预测等，涵盖了患者与医疗机构相关的方方面面，是智慧医疗与物联网行业技术的深度融合。

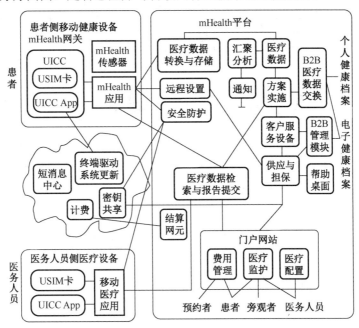

图 9.19　医疗信息移动通信网络功能架构

2. 智慧医疗业务形式

根据信息互动主体的不同，智慧医疗的业务形式大体分为智慧医院服务、区域医疗交互服务、社区家庭自助健康监护服务。

1）智慧医院服务

智慧医院服务主要指在医院范围内部开展的智能化业务。一方面，有便于患者的智能化服务，如患者无线定位、患者智能输液、智能导医等，在药品配发、输液耗材配发、人药匹配上均自动化实现；另一方面，有便于医护人员的智能化服务，如防盗、视频监控、一卡通、无线巡更、手术示教、护理呼叫等。此外，医院之间的远程会诊也是智慧医疗业务的重要组成部分。

智慧医院服务依靠内部信息化平台实现。该平台是以患者为中心，以优化流程为导向，以电子病历为信息单元的医疗临床信息标准化、电子化、语义化处理平台。同时，在有资源有实力的医院逐步整合医学影像存储与传输、实验室信息管理以及会诊等系统，实现临床科研一体化以及医疗信息集成与共享交换，实现医疗临床信息的深层次利用。

对医护人员而言，智慧医院服务的提供，采用智慧终端来实现。随着终端产品的小型化以及屏幕分辨率的提高，移动护士站、医用终端已进入大规模推广阶段。

2）区域医疗交互服务

区域医疗交互服务以用户为中心，将公共卫生、医疗服务、疾病控制甚至社区自助健康服务的内容相互联系起来。该服务以健康档案信息的采集、存储为基础，自动产生、分发、推送工作任务清单，为区域内各类卫生机构开展医疗卫生服务活动提供支撑。

区域医疗交互服务的实现依赖于区域医疗服务平台。该平台连接区域内的医疗卫生机构基本业务信息系统，实现各系统的数据交换和共享，是不同系统间进行信息整合的基础和载体。图 9.20 所示是基于电子健康档案的区域医疗信息平台基本架构。从业务角度看，该平台可支撑多种业务，而非仅服务于特定应用层面。

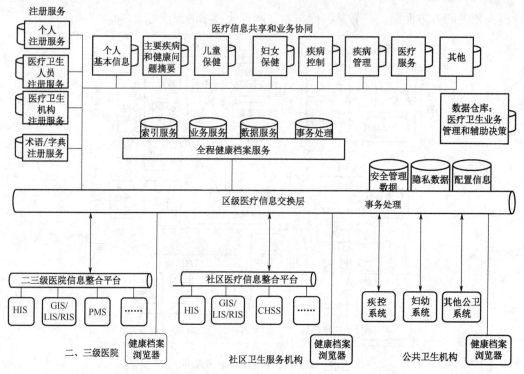

图 9.20 基于电子健康档案的区域医疗信息平台基本架构

3）社区家庭自助健康监护服务

社区家庭自助健康监护服务主要针对个人或家庭客户，其实现方式为通过手机、家庭网关或专用的通信设备，将用户使用各种健康监护仪器所采集到的体征信息实时或准实时传输至中心监护平台，同时可与专业医师团队进行互动、交流，获取专业健康指导。进一步还可结合区域医疗服务信息化平台，开展全民建档及电子健康档案信息更新。与应急指挥联动平台结合，根据定制化手机或定位网关也可提供一键呼、预报警等功能。

依据应用场景的不同，自助健康监护服务可分为家庭健康监护业务、个人健康监护业务和车载急救监护业务等种类；不同场景对平台、网络及终端的关键技术和实现形式有不同的需求。图 9.21 所示为个人健康监护业务系统构成，其中涵盖健康监护终端、数据传送网关、信息展现平台等环节。

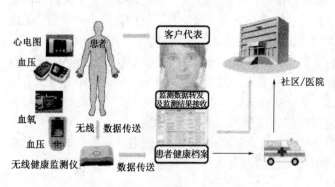

图 9.21　个人健康监护业务系统构成

9.4.4　社区智慧医疗系统解决方案

社区医疗系统扎根基层，直接面向社区居民提供医疗服务，具有服务群众数量多、反应时间快等特点，特别是在老年人健康护理、慢性病人的病情监护等方面具有较大优势。但是，目前社区医疗存在人力投入不足、医疗服务效率低等问题，极大制约了社区医疗的服务水平和服务质量，无法充分发挥社区医疗系统的独特优势。

物联网技术的发展，给社区医疗的变革与发展带来了新的契机。本节介绍的基于物联网构建的社区智慧医疗系统，在家居环境部署医疗传感器网络，感知和监测人体的体征相关数据；每户传感器网络采集的人体健康监测数据汇聚传输到社区医疗数据库，医护人员、群众或家属可以通过因特网、手机等多种方式访问被监测对象的健康监护信息；当数据发生异常时，立即向家属、医生、急救中心发送报警信号，为抢救赢得宝贵时间；医生也可依据健康监控数据，为用户的健康情况提出建议和咨询服务。基于物联网的社区智慧医疗系统，可以为人们提供日常的健康监护，提高医疗资源的合理配置效率，对及早发现病情、老年人和慢性病人监控、急救报警等具有重要意义。

1. 基于物联网的社区智慧医疗系统拓扑结构

基于物联网的社区智慧医疗系统，其目标是建立一个覆盖社区的智慧医疗服务系统，其主要功能包括人体体征数据采集，人体异常数据的报警，基于人工智能和数据挖掘算法的人体体征数据智能处理三个方面。

图 9.22 所示为基于物联网的社区智慧医疗系统拓扑结构。在社区居民的家居环境内，通过在智慧医疗系统用户的身上安装可穿戴的各种医疗传感器结点，感知人体的多种体征数据，如脉搏、血压、血氧、计步、加速度、位置数据等。人体穿戴的各种医疗传感器结点之间，通过低速率、低功耗、近距离的 ZigBee 协议自组织构成医疗传感器网络。医疗传感器结点组网后，可以将所采集的数据通过 ZigBee 协议和其他结点协作发送给家庭网关。

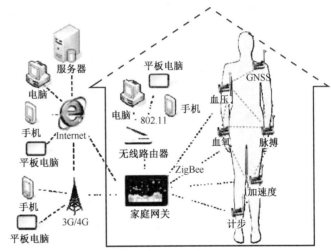

图 9.22　基于物联网的社区智慧医疗系统拓扑结构

家庭网关基于嵌入式技术实现，一方面可以实现人体体征数据的汇聚，另一方面实现网络互联，通过协议转换和数据包格式的变换，将被监护人的人体体征数据发送给因特网（Internet）、3G/4G 等外部网络。

被监护人的人体体征数据通过 3G/4G、因特网传输后最终到达社区智慧医疗数据中心服务器。该数据中心存储社区智慧医疗系统中所有被监护的社区居民的人体体征数据，既包括实时的数据，也包括历史数据。在该数据中心服务器上，运行数据挖掘算法，以发现被监护人的体征数据的变化规律和异常情况，并依据专家系统发现被监护人的体征数据潜在异常情况，及时提前给出健康建议和健康预警，以便及早采取措施，降低疾病危害，保障和维护被监护人员的生命健康。若数据中心服务器发现被监护人的体征数据产生危险或异常情况（如血压骤降、人体发生跌倒等紧急情况），将立即向急救中心、社区医护中心、家属同时发出报警，为病人抢救赢得宝贵时间，尽力挽救病人生命。图 9.23 所示为医疗应急中心应用架构。

2. 基于物联网的社区智慧医疗系统设计

1）面向社区智慧医疗的医疗传感器结点设计

在基于物联网的社区智慧医疗系统中，被监护人需要佩戴医疗传感器，以便采集和感知其人体体征数据，如血压、脉搏、血氧等。为此，首先需要对医疗传感器结点进行设计。

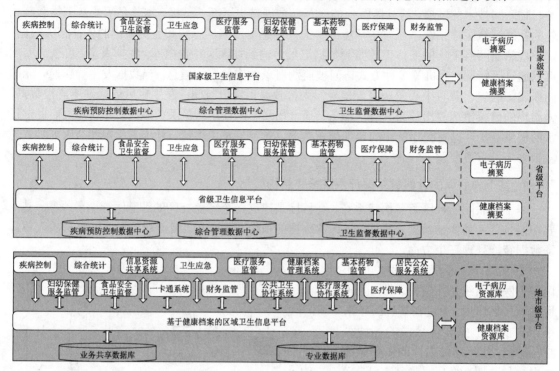

图 9.23　医疗应急中心应用架构

医疗传感器结点的结构与普通传感器结点类似，分为处理器模块、医疗传感器、无线射频模块和能量供应模块。但是，为了便于携带和方便被监护人长时间舒适地使用，医疗传感器结点需要在体积、能耗、外形等方面进行改进和优化，以便于被监护人穿戴和使用。

同时，为了使得医疗传感器结点具有通用性，便于组装和模块化，将处理器模块、无线射频模块和能量供应模块组建成通用的医疗传感器结点平台，可以通过通用接口来连接多种类型的医疗传感器结点。在后期维护过程中，若需要增加感知数据的类型或者当传感器模块发生故障时，只需更换传感器模块即可，使得医疗传感器结点具有较好的可扩展性和可维护性。用于社区智慧医疗系统的医疗传感器结点结构如图 9.24 所示。

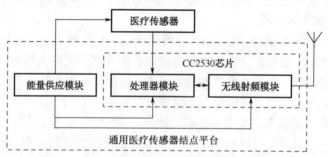

图 9.24　用于社区智慧医疗系统的医疗传感器结点结构

作为一个典型例子，处理器模块和无线射频模块集成，采用美国德州仪器公司（TI）生产的 ZigBee 射频芯片 CC2530，其中集成了一个 51 单片机内核和 ZigBee 射频模块。CC2530 芯片和能量供应模块，构成了通用的医疗传感器结点平台。在该平台上可以通过串口或通用 I/O 口连接多种类型的医疗传感器，以便进行各种人体体征数据的采集和感知。

2）面向社区智慧医疗的家庭网关设计

在基于物联网的社区智慧医疗系统中，被监护人通过医疗传感器结点采集到的数据都要汇聚到家庭网关。因此，家庭网关在整个系统中占据重要的地位：它一方面直接与被监护人交互，并采集其体征数据；一方面负责数据协议格式的转换，将人体体征数据传输到其他网络上。该系统的家庭网关结构如图 9.25 所示。

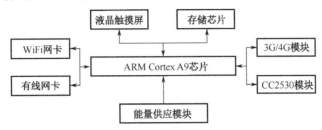

图 9.25　用于社区智慧医疗系统的家庭网关结构

作为典型应用，家庭网关的处理器采用 ARM Cortex A9 系列芯片，负责整个网关的数据计算和控制。液晶触摸屏提供人机交互接口，用户通过它可以发送指令，也可以查看历史数据。存储芯片可以缓存一定时间段内家居环境中所有被监护人的人体体征历史数据。能量供应模块负责对整个电路板和所有芯片供电。

同时，家庭网关还将不同网络的数据包格式进行转换，实现网络的互联互通以及数据包的正常传输。家庭网关带有 4 个通信模块，分别是 WiFi 网卡、有线网卡、3G/4G 模块、CC2530模块。CC2530 模块相当于 ZigBee 网络中的协调器结点，家居环境中被监护人通过医疗传感器结点采集和发送的体征数据全部汇聚到该模块。CC2530 模块将得到的人体体征数据，通过串口发给 A9 处理器。有线网卡和 WiFi 网卡可以使得家庭网关接入因特网，进而将 CC2530 模块收到的人体体征数据通过因特网发送给数据中心服务器。3G/4G 模块则使得网关可以接入移动通信网络，让用户通过手机终端访问人体体征数据，或发送相应的控制命令。当被监护人的人体体征数据发生危险或异常时，医疗结点立即将异常报警数据发送给家庭网关；家庭网关可以通过其丰富的网络接口，通过多种网络和方式（如短信、系统报警等）向医护人员、家属、急救中心报警，为挽救人员生命争取宝贵的抢救时间。

讨论与思考题

（1）结合智能家居体系架构，谈谈物联网技术在智能家居中的应用。

（2）除安防系统外，请再举一个智能家居案例，要求给出类似于图 9.11 的示意图。

（3）物联网技术在共享单车中的应用主要体现在什么方面？

（4）运用物联网技术解决共享单车乱用乱停乱放的问题，谈谈你的想法。

（5）阐述无人超市的运作原理，并思考其中运用到了哪些物联网技术。

（6）比较各种无人超市实现方案，谈谈其优劣势。

（7）智慧医疗的"智慧"主要体现在什么地方？其中用到了哪些物联网技术？

（8）简述智慧医疗在实际应用与推广中遇到的问题及其对策。

附录 A 缩 略 语

ABAC	Attribute-based Access Control	基于属性的访问控制
ACA	Area Control Agent	区域控制智能体
ACL	Access Control List	接入控制列表
ACM	Association for Computing Machinery	国际计算机学会
ACS	Access Control System	门禁系统
ADSL	Asymmetric Digital Subscriber Line	非对称数字用户线
AES	Advanced Encryption Standard	高级加密标准
AGV	Automated Guided Vehicle	自动导引车
AI	Artificial Intelligence	人工智能
ALE	Application Level Event	应用级事件
AMI	Advanced Metering Infrastructure	高级量测体系
ANMP	Ad-hoc Network Management Protocol	Ad-hoc 网络管理协议
AP	Access Point	接入点
API	Application Programming Interface	应用程序接口
ANCC	Article Numbering Center of China	中国物品编码中心
APTS	Advanced Public Transportation System	先进公共交通系统
AR	Augmented Reality	增强现实
AS	Autonomous System	自治系统
ARS	Address Resolution Service	地址解析服务
B2B	Business-to-Business	企业对企业
BFD	Bidirectional Forwarding Detection	双向转发检测
BNSS	BeiDou Navigation Satellite System	北斗导航卫星系统
BPSK	Binary Phase Shift Keying	二进制相移键控
BSN	Body Sensor Network	人体传感网
CAN	Controller Area Network	控制器区域网络
CCA	Cross Control Agent	路口控制智能体
CCM	Continuous Conduction Mode	连续导通模式
CDMA	Code Division Multiple Access	码分多址
CDS	Cloud Disk Service	云磁盘服务
CNN	Convolutional Neural Network	卷积神经网络
COPS	Common Open Policy Service	公共开放策略服务
CORBA	Common Object Request Broker Architecture	公共对象请求代理体系结构
CORS	Continuously Operating Reference Station	连续运行（卫星定位服务）参考站
COS	Chip Operating System	卡内操作系统
CPS	Cyber Physical System	网络物理系统
CPU	Central Processing Unit	中央处理单元
CRC	Cyclic Redundancy Check	循环冗余校验
CRM	Client Relationship Management	客户关系管理
CSMA/CA	Carrier Sense Multiple Access with Collision Avoidance	载波侦听多路访问/冲突避免
CW	Carrier Wave	载波
DaaS	Data as a Service	数据即服务
DAC	Discretionary Access Control	自主访问控制
DAD	Duplicate Address Detection	地址冲突检测
DAM	Data Access Middleware	数据访问中间件
DAS	Direct-Attached Storage	直连存储

DCM	Distributed Connection Management	分布式连接管理
DCOM	Distributed Component Object Model	分布式组件对象模型
DDoS	Distributed Denial of Service	分布式拒绝服务
DES	Deeply Embedded System	深度嵌入式系统
DHCP	Dynamic Host Configuration Protocol	动态主机配置协议
DNA	Distributed Network Agent	分布式网络代理
DNS	Domain Name Service	域名解析服务
DNS	Domain Name Server	域名服务器
DSRC	Dedicated Short Range Communication	专用短程通信
DSSS	Direct Sequence Spread Spectrum	直接序列扩频
DTU	Data Transfer Unit	数据传输单元
FTU	Feeder Terminal Unit	馈线终端单元
DWT	Distributed Wavelet Transform	分布式小波变换
DLL	Dynamic Link Library	动态链接库
OCX	Object Cass Extension	对象类别扩充组件
EAN	European Article Number	欧洲物品编码协会
ECC	Ellipse Curve Cryptography	椭圆曲线密码
ECR	Efficient Consumer Response	有效客户反应
EEPROM	Electrically-Erasable Programmable Read-Only Memory	电擦除可编程只读存储器
EPC	Electric Product Code	电子产品代码
EPCIS	EPC Information Service	EPC 信息服务
ERP	Enterprise Resource Planning	企业资源计划
ETC	Electronic Toll Collection	电子收费系统
ETP	Entity Transfer Protocol	实体传输协议
FC	Fiber Channel	光纤通道
FCC	Federal Communications Commission	美国联邦通信委员会
FDD	Frequency Division Duplexing	频分双工
FDMA	Frequency Division Multiple Access	频分多址
FFD	Full Function Device	全功能设备
FRR	Fast ReRoute	快速重路由
FTP	File Transfer Protocol	文件传输协议
GIS	Geographic Information System	地理信息系统
GNSS	Global Navigation Satellite System	全球导航卫星系统
GPIB	General-Purpose Interface Bus	通用接口总线
3GPP	3rd Generation Partnership Project	第三代合作伙伴计划
GPRS	General Packet Radio Service	通用分组无线服务
GPS	Global Positioning System	全球定位系统
GSM	Global System for Mobile Communications	全球移动通信系统
GTIN	Global Trade Item Number	全球贸易项目代码
HDFS	Hadoop Distributed File System	Hadoop 分布式文件系统
HFRFID	High Frequency RFID	高频射频识别
H2H	Human to Human	人到人
HLR	Home Location Register	归属位置寄存器
H2T	Human to Thing	人到物品
HTML	Hyper Text Mark-up Language	超文本标记语言
HTTP	Hypertext Transfer Protocol	超文本传输协议
IaaS	Infrastructure as a Service	基础设施即服务
IBE	Identity-based Encryption	基于身份标识加密算法
ICA	Information Communication Architecture	信息通信架构
ICR	Image Character Recognition	图像字符识别
ICR	Intelligent Character Recognition	智能字符识别

ICU	Intensive Care Unit	重症加强护理病房
IDE	Integrated Development Environment	集成开发环境
IDE	Integrated Drive Electronics	集成驱动电子设备
IDS	Intrusion Detection System	入侵检测系统
IEC	International Electro-technical Commission	国际电工委员会
IETF	Internet Engineering Task Force	Internet 工程任务组
ILAM	Insecure Location Avoidance Module	不安全位置避免模块
IoT	Internet of Things	物联网
IoT-RM	IoT Reference Model	物联网参考模型
IoT-RA	IoT Reference Architecture	物联网参考结构
IP	Internet Protocol	网际协议
IPSec	Internet Protocol Security	互联网协议安全
ISM	Industrial，Scientific and Medical	工业科学医疗
ISO	International Organization for Standardization	国际标准化组织
ISP	Internet Service Provider	互联网服务提供商
ITS	Intelligent Transport System	智能交通系统
ITU	International Telecommunications Union	国际电信联盟
IVHS	Intelligent Vehicle Highway Systems	智能车辆公路系统
JDBC	Java Database Connectivity	Java 数据库连接
JMS	Java Message Service	Java 信息服务
LAN	Local Area Network	局域网
LBS	Location-based Service	基于位置的服务
LCC	Life Cycle Cost	生命周期成本
LCD	Liquid Crystal Display	液晶显示器
LDAP	Lightweight Directory Access Protocol	轻量目录访问协议
LED	Light Emitting Diode	发光二极管
LoWPAN	Low power WPAN	低功耗无线个人域网
LPI	Low Probability of Interception	低截获率
LPWAN	Low Power Wide Area Network	低功耗广域网
LTE	Long Term Evolution	长期演进
LTE-M	LTE-Machine to Machine	机器类通信的 LTE
MA	Multi-Agent	多智能体
MAC	Mandatory Access Control	强制访问控制
MAC	Media Access Control	媒体访问控制
MANET	Mobile Ad-hoc Network	移动自组织网
MC-CDMA	Multi-Carrier Code Division Multiple Access	多载波码分多址
MIB	Management Information Base	管理信息库
MIM	Metal-Insulator-Metal	金属-绝缘体-金属
MIMO	Multiple-Input Multiple-Output	多输入多输出
MIS	Metal-Insulator-Semiconductor	金属-绝缘体-半导体
MIS	Management Information System	管理信息系统
M2M	Man to Man	人到人
M2M	Man to Machine	人到机器
M2M	Machine to Machine	机器到机器
MMO	M2M Mobile Operator	M2M 移动运营商
MOI	Management Object Information	管理对象信息
MOM	Message Oriented Middleware	面向消息中间件
MOS	Mean Opinion Score	主观评分
MPI	Message Passing Interface	信息传递接口
MPLS-TE	Multiprotocol Label Switching-Traffic Engineering	多协议标签交换-流量工程
MPP	Massively Parallel Processing	大规模并行处理

MSC	Mobile Switch Center	移动交换中心
MVNE	Mobile Virtual Network Enabler	移动虚拟网络提供商
MVNO	Mobile Virtual Network Operator	移动虚拟网络运营商
MEMS	Micro-Electro-Mechanical System	微机电系统
NAS	Network-Attached Storage	网络附加存储
NB-IoT	Narrow Band Internet of Things	窄带物联网
NFV	Network Function Virtualization	网络功能虚拟化
NFC	Near Field Communication	近场通信
NM	Network Middleware	网络中间件
NMS	Network Management System	网管系统
NOS	Network Operating System	网络操作系统
OA	Office Automation	办公自动化
OBD	On-board Diagnostic	车载诊断系统
ODBC	Open Database Connectivity	开放数据库连接
OCR	Optical Character Recognition	光学字符识别
OFDM	Orthogonal Frequency Division Multiplexing	正交频分复用
OFDMA	Orthogonal Frequency Division Multiple Access	正交频分多址
OLAP	On-Line Analytical Processing	联机分析处理
ONS	Object Name Service	对象名解析服务
OOM	Object Oriented Middleware	面向对象中间件
OPGW	Optical Power Grounded Waveguide	地线复合光缆
OSI	Open System Interconnection	开放系统互连
OQPSK	Offset-QPSK	偏移四相相移键控
PaaS	Platform as a Service	平台即服务
PAN	Personal Area Network	个人域网
PDA	Personal Digital Assistant	个人数字助理
PDT	Portable Data Terminal	便携式数据终端
PFTTH	Power Fiber to The Home	电力复合光纤到户
PHY	Physical Layer	物理层
PIN	Personal Identification Number	个人识别密码
PKG	Private Key Generator	私钥生成中心
PKI	Public Key Infrastructure	公钥构架
PLC	Power Line Communication	电力线通信
PML	Physical Markup Language	实体标示语言
PMS	Production Management System	生产管理系统
PSTN	Public Switched Telephone Network	公共交换电话网
QoS	Quality of Service	服务质量
QPSK	Quadrature Phase Shift Keying	正交相移键控
RAD	Rapid Application Development	快速应用开发
RAM	Random Access Memory	随机存储器
RAN	Radio Access Network	无线接入网
RBAC	Role-based Access Control	基于角色的访问控制
RDBMS	Relational Database Management System	关系型数据库管理系统
RF	Radio Frequency	射频
RFD	Reduced Function Device	简约功能设备
RFID	Radio Frequency Identification	射频识别
RFID-MP	RFID Managing Protocol	RFID 网络管理协议
RM-ODP	Reference Model for Open Distributed Processing	开放分布式处理参考模型
R-MOI	Reader Management Object Information	读写器管理对象信息
ROM	Read-Only Memory	只读存储器
RPC	Remote Procedure Call	远程过程调用

RRU	Radio Remote Unit	无线遥控单元
RS	Remote Sensing	遥感
RTSA	Real Time Spectrum Analyzer	实时频谱分析仪
RTU	Remote Terminal Unit	远程终端单元
RWI	Red World Internet	真实世界互联网
SaaS	Software as a Service	软件即服务
SAN	Storage Area Network	存储区域网络
SAP	Systems，Applications & Products	系统、应用与产品（企业管理解决方案）
SAR	Synthetic Aperture Radar	合成孔径雷达
SCADA	Supervisory Control And Data Acquisition	监控和数据采集
SC-FDMA	Single-Carrier Frequency Division Multiple Access	单载波频分多址
SCSI	Small Computer System Interface	小型计算机系统接口
SDMA	Space Division Multiple Access	空分多址
SDN	Software Defined Network	软件定义网络
SIM	Subscriber Identification Module	用户识别模块
SNMP	Simple Network Management Protocol	简单网络管理协议
SOA	Service Oriented Architecture	基于服务的架构
SOAP	Simple Object Access Protocol	简单对象访问协议
SoC	System on Chip	片上系统
SP	Smart Protocol	智能协议
SPI	Serial Peripheral Interface	串行外设接口
SQL	Structured Query Language	结构化查询语言
STP	Smart Transport Protocol	智能传输协议
T2T	Thing to Thing	物品到物品
TCP	Transmission Control Protocol	传输控制协议
TDD	Time Division Duplexing	时分双工
TD-LTE	Time Division Long Term Evolution	分时长期演进
TDMA	Time Division Multiple Access	时分多址
TD-SCDMA	Time Division-Synchronous Code Division Multiple Access	时分同步码分多址
T-MOI	Tag Management Object Information	标签管理对象信息
TPM	Transaction Processing Monitor	事务处理监控器（事务中间件）
TRM	Trust Routing Module	信任路由模块
TRON	The Real-time Operating system Nucleus	实时操作系统内核
UART	Universal Asynchronous Receiver/Transmitter	通用异步收发器
UC	Ubiquitous Communicator	泛在通信器
UCC	Uniform Code Council	（美国）统一代码协会
UICC	Universal Integrated Circuit Card	通用集成电路卡
UMTS	Universal Mobile Telecommunications System	通用移动通信系统
U-NII	Unlicensed National Information Infrastructure	非许可国家信息基础设施
UPC	Universal Product Code	通用产品码（商品统一代码）
UPS	Uninterruptible Power System/Supply	不间断电源
URI	Uniform Resource Identifier	统一资源标识符
URL	Uniform Resource Locator	统一资源定位符
USB	Universal Serial Bus	通用串行总线
USN	Ubiquitous Service Network	统一服务网络
UWB	Ultra-wideband	超宽带
VC	Venture Capital	风险投资
VCTI	Vehicle Computer Telephony Integration	车辆计算机电话集成
V2G	Vehicle to Grid	车辆到电网
VGA	Video Graphics Array	视频图形阵列
VICS	Vehicle Information and Communication System	车辆信息与通信系统

VLAN	Virtual Local Area Network	虚拟局域网
VLR	Visitor Location Register	拜访位置寄存器
VMI	Vender Managed Inventory	供应商管理库存
VPN	Virtual Private Network	虚拟专用网
VR	Virtual Reality	虚拟现实
VSN	Visual Sensor Network	视觉传感网
WCDMA	Wideband Code Division Multiple Access	宽带码分多址
WLAN	Wireless Local Area Network	无线局域网
WMAN	Wireless Metropolitan Area Network	无线城域网
WoT	Web of Things	物品万维网
WPAN	Wireless Personal Area Network	无线个人域网
WSAN	Wireless Sensor and Actuator Network	无线传感与执行网络
WSN	Wireless Sensor Network	无线传感网
WTO	World Trade Organization	世界贸易组织
XML	Extensible Markup Language	扩展标记语言

参 考 文 献

[1] 李中民. 我国物联网发展现状及策略[J]. 计算机时代，2011（3）：13-15.

[2] 房夏. 中国物联网的现状及其发展因素分析[J]. 电子技术应用，2010（6）：6-7.

[3] 王殊，阎毓杰，胡富平，等. 无线传感器网络的理论及应用[M]. 北京：北京航空航天大学出版社，2007.

[4] 孙其博，黎羴，范春晓，等. 物联网：概念、架构与关键技术研究综述[J]. 北京邮电大学学报，2010，33（6）：1-9.

[5] 王保云. 物联网技术研究综述[J]. 电子测量与仪器学报，2009，23（12）：1-7.

[6] 许岩，李胜琴. 物联网技术研究综述[J]. 电脑知识与技术，2011，7（9）：2039-2040.

[7] 姚万华. 关于物联网的概念及基本内涵[J]. 中国信息界，2010（5）：22-23.

[8] 谭民，刘禹，曾隽芳. RFID 技术系统工程及应用指南[M]. 北京：机械工业出版社，2007.

[9] 张铎. 物联网大趋势[M]. 北京：清华大学出版社，2010.

[10] 刘云浩. 物联网导论[M]. 北京：科学出版社，2010.

[11] 杨刚，沈沛意，郑春红. 物联网理论与技术[M]. 北京：科学出版社，2010.

[12] 吴功宜. 智慧的物联网[M]. 北京：机械工业出版社，2010.

[13] 余立建，王茜，李文仲. 物联网/无线传感网实践与实验[M]. 成都：西南交通大学出版社，2010.

[14] 刘化君，刘传清. 物联网技术[M]. 北京：电子工业出版社，2010.

[15] 周洪波. 物联网技术、应用、标准和商业模式[M]. 北京：电子工业出版社，2010.

[16] 郑和喜，陈湘国，郭泽荣，等. 物联网原理与应用[M]. 北京：电子工业出版社，2010.

[17] 朱晓荣，齐丽娜，孙君. 物联网泛在通信技术[M]. 北京：人民邮电出版社，2010.

[18] 张春红，裘晓峰，夏海轮，等. 物联网技术与应用[M]. 北京：人民邮电出版社，2011.

[19] 沈苏彬，毛燕琴，范曲立，等. 物联网概念模型与体系结构[J]. 南京邮电大学学报（自然科学版），2010，30（4）：1-8.

[20] 陈海滢，刘昭，等. 物联网应用启示录[M]. 北京：机械工业出版社，2011.

[21] 中国 RFID 产业联盟. 中国 RFID 与物联网发展 2009 年度报告，2009.

[22] 葛涵涛，张宏莉，石美宪.NB-IoT 产业发展现状与趋势[J]. 电信网技术，2017（9）：49-56.

[23] 林长勇. 基于 NB-IoT 的物联网应用研究[J]. 信息与电脑（理论版），2017（17）：167-168+171.

[24] 侯海凤. NB-IoT 关键技术及应用前景[J]. 通讯世界，2017（14）：1-2.

[25] 石建兵. 窄带物联网应用与安全[J]. 信息安全与通信保密，2017（6）：27-31.

[26] 刘桄序. 物联网 NB-IoT 技术解析（上、下）[N]. 电子报，2017-05-28（010）/2017-06-04（010）.

[27] 王计艳，王晓周，吴倩，等. 面向 NB-IoT 的核心网业务模型和组网方案[J]. 电信科学，2017，33（4）：148-154.

[28] 张万春，陆婷，高音.NB-IoT 系统现状与发展[J]. 中兴通讯技术，2017，23（1）：10-14.

[29] 孙知信，洪汉舒.NB-IoT 中安全问题的若干思考[J]. 中兴通讯技术，2017，23（1）：47-50.

[30] 张诺亚. NB-IoT 及 eMTC 产业现状及展望[C] //2016 广东蜂窝物联网发展论坛专刊. 广东省通信学会，中国电信股份有限公司广东研究院，《移动通信》杂志社，2016.

[31] 陈平辉. NB-IoT 发展现状、规划与面临挑战浅析[C] // 2016 广东蜂窝物联网发展论坛专刊.广东省通信学会，中国电信股份有限公司广东研究院，《移动通信》杂志社，2016.

[32] 钱小聪，穆明鑫.NB-IoT 的标准化、技术特点和产业发展[J]. 信息化研究，2016，42（5）：23-26.

[33] 殷玲. 浅谈互联网与物联网的联系及发展现状[J/OL]. 机电工程技术，2017(S1)：189-191[2017-12-25]. http://kns.cnki.net/kcms/detail/44.1522.TH.20170716.2347.092.html.

[34] 吴建伟. 中国农业物联网发展模式研究[J]. 中国农业科技导报，2017，19（7）：10-16.

[35] 邹存芝，白娜. 基于物联网的农业环境远程监测系统研究[J/OL]. 电子测试，2017(09)：64-65[2017-12-25]. https://doi.org/10.16520/j.cnki.1000-8519.2017.09.094.

[36] 朱新琴. 物联网产业对区域经济增长的影响研究[D]. 南京：东南大学，2017.

[37] 金炜皓. 物联网技术的发展和应用[J]. 电子技术与软件工程，2017（2）：16.

[38] 许剑剑，梅杰，Pathan Z H，等. 物联网发展驱动因素分析与前景初探[J]. 北京邮电大学学报(社会科学版)，

2016，18(06)：52-57.

[39] 王昊天. 物联网智能家居发展分析[J]. 信息系统工程，2016（6）：38.

[40] 丛林. 基于技术、应用、市场三个层面的我国物联网产业发展研究[D]. 沈阳：辽宁大学，2016.

[41] 四川中唯. 高速公路交通智能诱导系统. http:/www.zonwi.com/detail.html?cate=102_144&id=466.__

[42] 中智讯. 智能电网物联网实训系统. http://www.zonesion.com.cn/content/?254.html.

[43] 无忧文档. 智能物流平台介绍PPT. https://www.51wendang.com/doc/35620cb6d9e460b5300d0cfc/9.

[44] 文郎润城. 智慧农业解决方案. http://www.vlongsoft.com/solutions/?id=7&type=detail.

[45] 李振论道物联网. 物联网还是概念吗？. http://news.rfidworld.com.cn/2017_11/3a62d9752aad0f9c.html.

[46] 中国智能制造网. 中国M2M市场潜力巨大到2020年连接数可达10亿. http://news.makepolo.com/5868709.html.

[47] 智能电网. 海外解读：看日本如何建设智能电网.
http://smartgrids.ofweek.com/2015-10/ ART-290017-8500-29014031.html.

[48] 前瞻产业研究院. 美国、欧洲、日本智能电网发展模式分析.
https://www.qianzhan.com/analyst/ detail/220/160525-ccc66f10.html.

[49] 北极星智能电网在线. 欧洲智能电网总投资额达31.5亿欧元.
http://www.chinasmartgrid.com.cn/ special/?id=527819.

[50] 人民网. 中国网民规模已达7.51亿 占全球网民总数五分之一.
http://media.people.com.cn/n1/ 2017/0805/c40606-29451289.html.

[51] 中国产业信息. 2016年中国无线传感器网络行业市场前景预测.
http://www.chyxx.com/industry/ 201601/379509.html.

[52] 中国产业信息. 2016年中国无线M2M终端设备市场容量分析.
http://www.chyxx.com/industry/ 201611/470039.html.

[53] 王俊宇，闵昊. EPC系统结构及其面临的问题[J]. 小型微型计算机系统，2006，27（7）：1280-1284.

[54] 刘鹏，屠康，侯月鹏. 基于EPC体系的稻米安全追溯编码系统研究[J]. 中国粮油学报，2009，24（8）：
129-134.

[55] 曾行. 基于EPC编码的猪肉质量安全追溯体系研究[D]. 陕西杨凌：西北农林科技大学，2008.

[56] 甘勇，郑富娥，吉星. RFID中间件关键技术研究[J]. 电子技术应用，2007，13（9）：130-132.

[57] Myers M B, Daugherty P J, Autry C W. The Effectiveness of Automatic Inventory Replenishment in Supply
Chain Operations：Antecedents and Outcomes[J]. Journal of Retailing，2000，13（4）：455-481.

[58] 李凯年，姜荃. 国外对食品药物残留控制的发展趋势[J]. 世界农业，2003（5）：44-46.

[59] 周圆. 基于物联网管理系统的EPC规范研究[D]. 成都：西南交通大学，2007.

[60] 于辉，安玉发. 实施可追溯体系的相关问题分析[J]. 中国禽业导刊，2006，23（14）：36.

[61] 易莹，王耀球. EPC技术在汽车制造行业的应用[J]. 物流技术，2004（11）：77-79.

[62] 杨威. EPC系统对供应链的影响探讨[J]. 物流科技，2005（6）：59-61.

[63] 王忠敏. EPC技术基础教程[M]. 北京：中国标准出版社，2004.

[64] 张书存，项玉燕，徐厚则. 欧美一些国家对猪肉产品质量的监控[J]. 国外畜牧科技，2001（6）：2-3.

[65] 中国物品编码中心. 条码技术与应用[M]. 北京：清华大学出版社，2003.

[66] 柳飞. EAN/UCC系统在现代物流信息标准化中的作用[J]. 厦门科技，2005（6）：16-19.

[67] 陈子侠. 电子标签技术的应用与现代物流[J]. 商业研究，2003（6）：139-140.

[68] 赵同刚，徐科. 食品企业危害分析与关键控制点（HACCP）质量控制体系[M]. 北京：经济管理出版社，2003.

[69] Davis J R，Dikeman M E. Practical aspects of beef carcass traceability in commercial beef processing plants
using an electronic identification system[J]. Journal Animal Science，2002，supplement 2：47-48.

[70] Dickinson D L，Bailey D. Meat traceability：Are U.S. consumers willing to Pay for it?[J]. Journal of Agricultural
and Resource Economics，2007，27（2）：248-364.

[71] Pettit R G. Traceability in the food animal industry and supermarket chain[J]. Scientific and Technical Review，
2001，20（2）：584-597.

[72] Harrison M. EPC Information Service（EPCIS）. Cambridge Auto-ID Lab, University of Cambridge，2005：
13-21.

[73] Savry O，Vacherand F. Security and Privacy Protection of Contactless Devices [C]//The Internet of Things：
Proceedings of the 20th Tyrrhenian Workshop on Digital Communications，Sep 2-4，2009，Sardinia，Italy.
Berlin，Germany： Springer-Verlag，2010： 409-418.

[74] Medaglia C M，Serbanati A. An Overview of Privacy and Security Issues in the Internet of Things [C]//The

Internet of Things: Proceedings of the 20th Tyrrhenian Workshop on Digital Communications, Sep 2-4, 2009, Sardinia, Italy. Berlin, Germany: Springer-Verlag, 2010, 389-394.

[75] 董晓荔，阎保平. EPC 网络中的 ONS 服务[J]. 微电子学与计算机，2005，22（2）：17-21.

[76] 沈宇超，沈树群，樊荣，等. 射频识别系统中通信协议的模块化设计[J]. 通信学报，2001，22（2）：54-58.

[77] 周彦伟，吴振强. TA-ONS：新型的物联网查询[J]. 计算机应用，2010，30（8）：2202-2206.

[78] 刘志峰，张宏海，王建华，等. 基于 RFID 技术的 EPC 全球网络的构建[J]. 计算机应用，2005.

[79] Naganand Doraswamy, Dan Harkins. IPSec：新一代因特网安全标准[M]. 北京：机械工业出版社，2000：12-46.

[80] Willlam Stallings. 网络安全基础教程：应用与标准[M]. 北京：清华大学出版社，2002.

[81] Vixie P, Homson S T, Rekhter Y, et al. Dynamic Updates in the Domain Name System. IETF RFC 2136, April 1997.

[82] Wellington B. Secure Domain Name System (DNS)Dynamic Update. IETF RFC 3007, November 2000.

[83] 周长义. 基于 DNS 的对象名称解析服务系统研究与设计[D]. 武汉：华中科技大学，2006.

[84] 李再进，谢勇，邬方，等. 物联网中 PML 服务器的设计和实现[J]. 物流技术，2004（11）：43-47.

[85] 宁焕生，张瑜，刘芳丽，等. 中国物联网信息服务系统研究[J]. 电子学报，2006，34（12A）：2514-2517.

[86] 王帅，沈军，金华敏. 电信 IPv6 网络安全保障体系研究[J]. 电信科学，2010，26（7）10-13.

[87] 李再进. EPC 网络中信息服务的设计与应用研究[M]. 武汉：华中科技大学出版社，2005.

[88] 张福生. 物联网：开启全新生活的智能时代[M]. 太原：山西人民出版社，2010：175-184.

[89] 李晓维. 无线传感器网络技术[M]. 北京：北京理工大学出版社，2007.

[90] 姚远. 基于中间件的物联网安全模型[J]. 电脑知识与技术，2011，7（1）：68-76.

[91] 周园春，李淼，张建，等. 中间件技术综述[J]. 计算机工程应用，2002，38（15）：80-82.

[92] 阴躲芬，龚华明. 中间件技术在物联网中的应用探讨[J]. 科技广场，2010（11）：36-38.

[93] 陈冀康. RFID 技术的神经中枢：中间件[J]. 计算机世界报，2006（2）：1-4.

[94] 宋丽华，王海涛. 中间件技术与网格计算[J]. 信息技术与标准化，2004（11）：50-54.

[95] 黎立，朱清新，等. EPC 系统中的中间件研究[J]. 计算机工程与设计，2006，27（18）：3360-3363.

[96] 刘宴兵，胡文平，杜江. 基于物联网的网络信息安全体系[J]. 中兴通讯技术，2011（1）：17-20.

[97] 刘宴兵，胡文平. 物联网安全模型及其关键技术[J]. 数字通信，2010，37（4）：28-29.

[98] 传感器：物联网成引擎 新技术催生新机遇[N]. 中国电子报，2010-07-13.

[99] 2010 年政府工作报告 [EB/OL]. [2010-03-15]. http://www.china.com.cn/policy/txt/ 2010-03/ 15/content_ 19612372_8.htm.

[100] 张飞舟，杨东凯，陈智. 物联网技术导论[M]. 北京：电子工业出版社，2010.

[101] 刘化君. 物联网体系结构的构建[J]. 物联网技术，2015（1）：78-80

[102] 张元金. 云计算环境下物联网系统构架结构研究[J]. 网络安全技术与应用，2016（6）：77-78

[103] 陶玉芬. RFID 技术应用展望[J]. 电脑应用技术，2006（6）：5-8.

[104] 游战清. 无线射频识别技术（RFID）理论与应用[M]. 北京：电子工业出版社，2004.

[105] 刘扬. 第四代移动通信系统的概念、特征与关键技术[J]. 河南科技，2010（4）：1-6.

[106] 杨庚，许建，陈伟，等. 物联网安全特征与关键技术. 南京邮电大学学报（自然科学版），2010，30（4）：20-29.

[107] 任丰原，黄海宁，林闯. 无线传感器网络[J]. 软件学报，2003，14（7）：1282-1291.

[108] 孙利民，李建中，陈渝. 无线传感器网络[M]. 北京：清华大学出版社，2005.

[109] 于倩. 4G 移动通信关键技术浅析[J]. 电脑知识与技术，2009（2）：1-3.

[110] 李扬. UWB 关键技术及其应用探究[J]. 福建电脑，2010（02）：1-5.

[111] 王忠思，黄辉，邵晓. UWB 无线通信关键技术及应用分析[J]. 通信电源技术，2009（4）： 1-6.

[112] 马驹. ZigBee 在物联网中的应用[J]. 科协论坛，2011（2）：34-36

[113] 封瑜，葛万成. 基于 ZigBee 技术的无线传感器网络构建与应用[J]. 电子工程师，2007，33（3）：21-23.

[114] 高磊. 基于 ZigBee 的小区停车场智能管理系统设计[J]. 低压电器，2009（10）：13-15.

[115] 付杨. 物联网安全模型分析与研究[D]. 南京理工大学，2010.

[116] 沈苏彬，范曲立，宗平等. 物联网的体系结构与相关技术研究[J]. 南京邮电大学学报（自然科学版），2009，29（6）：1-11.

[117] 李如年. 基于 RFID 技术的物联网研究[J]. 中国电子科学研究院学报，2009，4（6）：595-596.

[118] 李睿阳. 物联网中间件系统的研究与设计[D]. 上海：上海大学，2007.

[119] 唐浩. IPv6 在物联网中的应用[J]. 电信技术，2010（9）：35-36.

[120] 陈仲华. IPv6 技术在物联网中的应用. 电信科学，2010，26（4）：16-19.

[121] 孙家炳. 遥感原理与应用[M]. 武汉：武汉大学出版社，2009.

[122] 房正荣，张绍乾，苗军. 遥感技术在煤矿探测中的应用[J]. 城市建设，2010（29）：83-84.

[123] 李明华，李传中. 物联网物品流动中一种基于 GPS／GSM 的经济实用监控技术研究[J]. 中国制造业信息化，2009，28（21）：44-47.

[124] 赵海林，杨树兴. 全球定位技术与导航制导[J]. 飞航导弹，2004（3）：51-55.

[125] 俞亚新. 全球定位技术在现代农业机械中的应用[J]. 中国农机化，2005（3）：22-25.

[126] 李熙莹，倪国强，蔡娜. 红外探测系统在反巡航导弹中的应用[J]. 激光与红外，2003，33（1）：8-12.

[127] 林武文，徐锦，徐世录. 红外探测技术的发展[J]. 激光与红外，2006，36（9）：840-843.

[128] 王大海，梁宏光，邱娜，等. 红外探测技术的应用与分析[J]. 激光与红外工程，2007（36）：107-112.

[129] 宋合营，赵会群. 物联网分布式识读器数据采集方案设计与实现[J]. 北方工业大学学报，2008，20（1）：22-26.

[130] 王鹏. 云计算的关键技术与应用实例[M]. 北京：人民邮电出版社，2009.

[131] 张永福，马礼. 浅谈云计算与物联网[J]. 考试周刊，2010（9）：128-129.

[132] 王鹏. 云计算技术及产业分析[J]. 成都信息工程学院学报，2010，25（6）：565-568.

[133] 陈全，邓倩妮. 云计算及其关键技术[J]. 计算机应用，2009，29（9）：2562-2567.

[134] 任超，王鹏，董静宜，等. 云模式及其在物联网中的应用[J]. 成都信息工程学院学报，2010，25（5）：453-456.

[135] 刘普霖，褚君浩. 红外探测器件的发展[J]. 量子电子学报，1998，15（6）：578.

[136] 彭晓睿. 物联网中 M2M 技术与标准进展[J]. 信息技术与标准化，2010（11）：33-35.

[137] 潘海滨. 浅析 M2M 应用架构及发展现状[C]∥北京通信学会. 2009 年无线及移动通信研讨会论文集.

[138] 王尧. 物联网及其关键技术[J]. 软件导刊，2010，9（10）：147-14.

[139] 魏佳杰，郭晓金，李建寰. 无线传感网发展综述[J]. 信息技术，2009（6）：175-178.

[140] 黄宇红，王晓云，刘光毅. 5G 移动通信系统概述[J]. 电子技术应用，2017，43(08)：3-7.

[141] 刘晨，陈鹏. 5G 通信关键技术探究[J]. 无线互联科技，2017(09)：3-5.

[142] 李旭茹，徐晓宇，岳亚伟. 5G 技术综述[J]. 山西电子技术，2017(02)：91-93.

[143] 曾梦岐，陶建军，冯中华. 5G 通信安全进展研究[J]. 通信技术，2017，50(04)：779-784.

[144] 李继蕊，李小勇，高云全，等. 5G 网络下移动云计算节能措施研究[J]. 计算机学报，2017，40(07)：1491-1516.

[145] 曹亘，李佳俊，李轶群，等. 5G 网络架构的标准研究进展[J]. 移动通信，2017，41（2）：32-37.

[146] 肖子玉. 5G 核心网标准进展综述[J]. 电信工程技术与标准化，2017，30(01)：32-37.

[147] 王胡成，徐晖，程志密，等. 5G 网络技术研究现状和发展趋势[J]. 电信科学，2015，31（9）：156-162.

[148] 张顺颐，宁向延. 物联网管理技术的研究和开发. 南京邮电大学学报（自然科学版），2010，30（4）：30-35.

[149] Masajedian S M S，Khoshbin H. A novel location management method based on Ad-hoc networking. Telecommunications Network Strategy and Planning Symposium. Networks 2004，11th International. Berlin：VDE Verlag GmbH，2004.

[150] Chen W T，Chen P Y. Group mobility management in wireless Ad-hoc networks. Proceedings of Vehicular Technology Conference. Piscataway：IEEE，2003.

[151] Sivavakeesar S，Pavlou G，Bohoris C，et al. Effective management through prediction□based clustering approach in the next generation Ad-hoc networks. Proceedings of 2004 International Conference on Communications. Piscataway：IEEE，2004.

[152] Shen C C，Srisathapornphat C，Jaikaeo C. An adaptive management architecture for Ad-hoc networks . IEEE Communications Magazine，2003，41(2)：108-115.

[153] Phanse K S，Dasilva L A. Protocol support for policy-based management of mobile Ad-hoc networks. Proceedings of the IEEE Symposium Record on Network Operations and Management Symposium. Piscataway：IEEE，2004.

[154] Kulkarnia B，Spackmann R，Kuthethoor G. Self-organized management of mobile Ad hoc networks. Proceedings of IEEE Military Communications Conference. Piscataway：IEEE，2006.

[155] 文凯，陈劼，郭伟. Ad-hoc 网络管理方案研究[J]. 电信科学，2005（9）：41-46.

[156] 刘福杰，常义林，沈中，等. 一种自组织网络管理实现方法的研究[J]. 西安电子科技大学学报（自然科学版），2004（2）：182-185.

[157] IETF. Mobile Ad-hoc Networks（MANET）Working Group[EB/OL]. http://www. iet.forg/htm.l charters/manetcharter. htm .l.

[158] Weniger K，Zitterbart M. Mobile Ad-hoc networks current approaches and future directions. IEEE Network，

2004，18（4）：6-11.

[159] Phanse K S，Dasilva L A，Midkiff S F. Design and demonstration of policy-based management in a multihop ad hoc network. Ad Hoc Networks，2005，3（3）：389-401.

[160] 宁焕生，王炳辉. RFID 重大工程与国家物联网[M]. 北京：机械工业出版社，2009.

[161] Li Jun，Zhang Shunyi，Zhang Zailong，et al. A Novel Network Management Architecture for Self-organizing Network. Proceedings of IEEE International Conference on Networking，Architecture，and Storage. Piscataway：IEEE，2007.

[162] Song W C，Rehman S U，Lutfiyya H. A Scalable PBNM Framework for MANET Management. Proceedings of 2009. IFIP/IEEE International Symposium on Integrated Network Management. Piscataway：IEEE，2009：234-241.

[163] 赖旭东，张光昭. 移动 Ad-hoc 网络（MANET）的网络管理几种协议的分析. 数据通信，2003（1）：1-4.

[164] 刘晓丹，苗付友，熊焰，等. 基于移动代理的分布式 Ad-hoc 网络管理[J]. 计算机工程，2004（17）：47-49.

[165] 岑贤道，安常青. 网络管理协议及应用开发[M]. 北京：清华大学出版社，1998.

[166] 范红. 物联网安全技术实现与应用[C] //中国计算机学会. 第 32 次全国计算机安全学术交流会论文集. 中国计算机学会，2017.

[167] 张玉清，周威，彭安妮. 物联网安全综述[J]. 计算机研究与发展，2017，54（10）：2130-2143.

[168] 易琦. 物联网系统安全威胁与措施[J]. 科技风，2016（1）：29

[169] 田原. 物联网安全体系的构建及关键技术研究[J]. 网络安全技术与应用，2017（9）：115-116.

[170] 范红，邵华，李海涛. 物联网安全技术实现与应用[J]. 信息网络安全，2017（9）：38-41.

[171] 厉正吉. 物联网终端安全技术挑战与机遇[C].//TD 产业联盟，《移动通信》杂志社. 面向 5G 的 LTE 网络创新研讨会（2017）论文集. 2017-4.

[172] 王小君. 物联网时代的 RFID 信息安全探讨[J]. 网络安全技术与应用，2017(08)：126，128.

[173] 赵健，王瑞，李正民，等. 物联网系统安全威胁和风险评估[J]. 北京邮电大学学报，2017，40(S1)：135-139.

[174] 王福成. 论物联网时代信息安全问题及应对措施[J]. 网络安全技术与应用，2017（9）：11-12.

[175] 李海霞. 物联网感知数据传输的安全多方计算关键技术研究[D]. 武汉：中国地质大学，2017.

[176] 卢炼. 物联网中的隐私数据安全研究[J]. 现代计算机(专业版)，2017（10）：60-64.

[177] 于笑，赵金峰，张澜. 基于 SDN 的物联网安全架构研究[J]. 移动通信，2017，41（3）：30-35.

[178] 杨天成. 大数据背景下的物联网安全问题[J]. 电子世界，2017（9）：53+55.

[179] 吴亚婷. 物联网网络安全防护问题[J]. 网络安全技术与应用，2016（12）：15-16.

[180] 王欢. 物联网安全架构及关键技术研究[J]. 自动化与仪器仪表，2016（8）：80-81.

[181] 夏有华，林晖，许力，等. 基于 Core-Selecting 机制的物联网安全路由协议[J]. 计算机系统应用，2016，25（4）：128-134.

[182] 华仔. 我国电子标签标准介绍. http：//tech.hqew.com/fangan_128160.

[183] 万斌，徐明，龚琦. 物联网管理技术的研究和开发[J]. 数字技术与应用2016（1）：22.

[184] 武传坤. 物联网安全关键技术与挑战[J]. 密码学报，2015，2（1）：40-53.

[185] 思托科技. 无线传感网络. http://www.stosoft.com/default.aspx?pageid=66.

[186] 中国信息产业网. SD-UTN 网络发展及应用场景探讨. http://www.cnii.com.cn/EnterpriseColumn/2016-09/05/content_1818664.htm.

[187] 刘禹，等. RFID 相关技术和应用标准简介[OL]. RFID 世界网，2005-7-22.

[188] 郭艳丽，苏冠群. RFID 相关标准总览 [EB/OL]. （2005-11-30）http：//www.rfidchina.org/news/readinfos-2299-71.html.

[189] 胡啸，陈星，吴志刚. 无线射频识别安全初探[J]. 信息安全与通信保密，2005（6）.

[190] 中华人民共和国科学技术部等十五部委. 中国射频识别（RFID）技术政策白皮，2006.

[191] Jacomet M. Contactless Identification Device with Anticollision Algorithm. Berne Switzerland：University of Applied Science，2001.

[192] 广州芯通智能科技有限公司. 智能 RFID 图书馆馆藏管理系统方案书. 2008.

[193] 卞庆祥. RFID 系统环境下图书馆管理与服务创新研究[J]. 江苏科技大学学报，2010，10（4）.

[194] 蔡孟欣. 图书馆 RFID 研究[M]. 北京：国家图书馆出版社，2010.

[195] 邬明里，李书芳. 金属对 RFID 系统影响研究[J]. 科学技术与工程，2008，8（18）.

[196] 孙一钢，董曦京. 图书馆 RFID 技术应用标准化问题分析[J]. 中国图书馆学报，2007（4）.

[197] Elena Engel. RFID Implementations in California Libraries：Costs and Benefits[EB]. http：

//www.cla-net.org/included/docs/IT3.pdf.

[198] 孔晓波. 物联网概念和演进路径[J]. 电信工程技术与标准化, 2009（12）: 12-14.

[199] 邬贺铨. 物联网的应用与挑战综述[J]. 重庆邮电大学学报（自然科学版）, 2010, 22（5）: 526-531

[200] 崔璐, 张翠莲. 智能 RFID 图书馆管理系统研究[J]. 山东轻工业学院学报, 2010, 24（3）: 84~86.

[201] 刘绍荣, 杜也力, 张丽娟. RFID 在图书馆使用现状分析[J]. 大学图书馆学报, 2011（1）: 83-85.

[202] 刘东. RFID 图书馆管理系统在高校图书馆的应用[J]. 图书馆界, 2011（4）: 70-73.

[203] 庞思睿, 许鸿飞, 杜剑雯, 等. 面向物联网与三维可视化的智能变电站运行辅助管理系统研究与设计[J]. 电信科学, 2015, 138: 1-4.

[204] 苏州博美讯智能科技有限公司. 24 小时自助还书分拣系统. www.selfcheck.cn/32.html.

[205] 广州创展虹膜信息技术有限公司. RFID 智能化监狱管理系统概述. www.youboy.com/s47826580.html.

[206] 李铁臣, 刘淑玲, 肖政. 智能电网在物联网中的应用[J]. 中国电力企业管理, 2011（1）: 64-65.

[207] 李娜, 陈晰, 吴帆, 等. 面向智能电网的物联网信息聚合技术[J]. 信息通信技术, 2010（2）: 21-28.

[208] 李宏, 于弘毅, 杨白薇. 无线传感器网络的一种聚合时机控制算法[J]. 计算机工程与应用, 2006（13）: 1-4.

[209] 刘振亚. 智能电网知识读本[M]. 北京: 中国电力出版社, 2010.

[210] 李虹. 物联网: 生产力的变革[M]. 北京: 人民邮电出版社, 2010.

[211] 李祥珍, 刘建明. 面向智能电网的物联网技术及其应用[J]. 电信网技术, 2010（8）: 41-45.

[212] 吴佳伟. 智能电网中无线传感器网络技术的应用研究[J]. 供用电, 2010, 27（4）: 17-21.

[213] 陈晰, 李祥珍, 王宏宇. 物联网在智能电网中的应用[J]. 华北电业, 2010（3）: 50-53.

[214] 甘志祥. 物联网发展中问题的初析[J]. 中国科技信息, 2010（5）: 94-96.

[215] 郝文江, 武捷. 物联网技术安全问题探析[J]. 信息网络安全, 2010（1）: 49-50.

[216] 江海燕, 路庆凯. 物联网技术及其在智能电网建设中的应用[C]. Proceedings of 2010 The 3rd International Conference on Power Electronics and Intelligent Transportation System, PEITS 2010, 2010: 309-312.

[217] 王春新, 杨洪, 王焕娟, 等. 物联网技术在输变电设备管理中的应用[J]. 电力系统通信, 2011, 32（5）: 116-172.

[218] 饶威, 丁坚勇, 李锐. 物联网技术在智能电网中的应用[J]. 华中电力, 2011（2）: 1-5.

[219] 李祥珍. 物联网与智能电网的融合与发展[J]. 办公自动化, 2010, 182（6）: 7-10.

[220] Han Dahai, Zhang Jie. Convergence of Sensor Networks/Internet of Things and Power Grid Information Network at Aggregation Layer. International Conference on Power System Technology, 2010: 1-6.

[221] 雷煜卿, 汪洋, 丁慧霞. 面向智能电网的物联网接入网关技术[C]//2011 电力通信管理暨智能电网通信技术论坛论文集, 2011: 64-69.

[222] 钟旭, 郭馨. 中国智能电网建设[J]. 现代建设, 2011, 11（1）: 38-40.

[223] 周逢权, 李瑞生, 陈辉, 等. 面向智能电网的物联网应用分析[C]//中国智能电网学术研讨会论文集, 2011（6）: 58-62.

[224] 傅华渭. AMI 体系结构及应用[J]. 电测与仪表, 2010, 47（536A）: 49-53.

[225] 刘俊卿. 智能电网与物联网[J]. 中国电力教育, 2010（23）: 68-70.

[226] 刘珅, 王孜, 朱晓岭, 等. 北斗卫星导航系统在配电终端状态监测中的设计及应用[J]. 电力信息与通信技术, 2016（12）: 90-94.

[227] 张为. 基于物联网相关技术的智能交通控制系统设计[J]. 电脑知识与技术. 2011, 7（10）: 2375-2376.

[228] 颜志国, 唐前进. 物联网技术在智能交通中的应用[J]. 警察技术, 2010（6）: 4-7.

[229] 陇小渝, 楼旭明, 武小平. 物联网环境下城市交通应急策略研究[J]. 西安邮电学院学报, 2010（6）.

[230] 张艳萍. 物联网在交通领域中的应用与分析[J]. 成功（教育）, 2010（9）: 288-289.

[231] 安徽科力信息产业有限责任公司. 物联网智能交通系统[J]. 中国科技投资, 2010（10）: 43-45.

[232] 张海亮. 智能交通物联网发展展望[J]. 中国交通信息化, 2011（12）: 30-32.

[233] 李振龙, 陈德望. 交通信号区域协调优化的多智能体博弈模型[J]. 公路交通科技, 2004, 21（1）: 85-89.

[234] 于德新, 杨兆升, 王媛, 等. 基于多智能体的城市道路交通控制系统及其协调优化[J]. 吉林大学学报（工学版）, 2006, 36（1）: 113-118.

[235] 欧海涛, 张卫东, 张文渊, 等. 基于多智能体技术的城市智能交通控制系统[J]. 电子学报, 2000, 28（12）: 52-55.

[236] 俞峥, 李建勇. 多智能体在交通控制中的应用[J]. 交通运输工程学报, 2001, 1（1）: 55-57.

[237] 翟高寿, 查建中, 鄂明成. 集成智能城市交通控制系统体系结构的提出[J]. 系统工程理论与实践, 2000, 20（7）: 80-84.

[238] 黄良骥. 集成智能城市交通控制系统体系结构的提出. 系统工程理论与实践, 2001, 21（1）: 120-24.

[239] 王朝晖, 陈浩勋, 胡保生. 化工批处理过程调度[J]. 控制与决策, 1998, 13（2）: 119-123

[240] 北京市公共交通总公司. 运营调度管理[M]. 北京：中国劳动出版社，1994.

[241] 黄溅华，关伟，张国伍. 公共交通实时调度控制方法研究[J]. 系统工程学报，2000，15（3）：277-280.

[242] 史其信，陆化普. 中国 ITS 发展战略构想[J]. 公路交通科技，1998，15（3）：13-16.

[243] 邹迎. 浅谈北京公交智能交通系统工程[J]. 城市公共交通，2000（4）：29-32.

[244] 张国伍. 北京市公共交通智能化调度管理系统的建设与开发[J]. 北方交通大学学报，1999，23（5）：1-6.

[245] 王亦兵，韩曾晋，罗赞文. 智能交通系统初探[J]. 控制与决策，1997，12（3）：403-407.

[246] 蔡延光，钱积新，孙优贤. 智能运输调度系统的设计与实现[J]. 决策与决策系统支持，1996，6（4）：108-110.

[247] 杨晓光. 中国交通信息系统基本框架体系研究[J]. 公路交通科技，2000，17（5）：50-55.

[248] 张滔，凌萍. 智慧交通大数据平台设计开发及应用[C]//第九届中国智能交通年会大会论文集，2015：311-320.

[249] 杨东凯，张其善，吴今培. 智能交通系统及其模型化研究[J]. 北京航空航天大学学报，2000，29（2）：342-346.

[250] 博飞电子. 其它监测检测. http://www.perfect.net.cn/qtjc.htm.

[251] 华青科技. 基础设施服务. http://www.tjhq.com/intelligent.htm.

[252] 安防知识网. 安防大数据下全新智慧交通的需求分析. http://security.asmag.com.cn/magazine/201609/1230.html.

[253] 余江，党利宏，庞雄昌. 车联网平台功能及实现方法研究[J]. 物联网技术，2015（6）：76-79.

[254] 梁卓宇. 车联网在智能交通中的应用现状及发展趋势研究[J].交通世界，2017（22）：14-15.

[255] 孙敏. 车联网应用现状及关键技术研究[J].中国新通信，2017，19（13）：95.

[256] 刘宴兵，宋秀丽，肖永刚.车联网认证机制和信任模型[J]. 北京邮电大学学报，2017，40（3）：1-18.

[257] 冯中华，曾梦岐，陶建军. 5G 时代车联网安全和隐私问题研究[J]. 通信技术，2017，50（5）：1010-1015.

[258] 宿峰荣，管继富，张天一，等. 车联网关键技术及发展趋势[J]. 信息技术与信息化，2017（4）：43-46.

[259] 丁男，聂率航，许力，等. 面向车联网应用的数据关联性任务调度算法[J]. 计算机学报，2017，40（7）：1614-1625.

[260] 刘宴兵，王宇航，常光辉. 车联网安全模型及关键技术[J]. 西华师范大学学报（自然科学版），2016，37（1）：44-50+2.

[261] 周斌. 基于车联网仿真平台的城市交通信号控制[D]. 杭州：浙江大学，2016.

[262] 李静林，刘志晗，杨放春. 车联网体系结构及其关键技术[J]. 北京邮电大学学报，2014，37（6）：95-100.

[263] 孙小红. 车联网的关键技术及应用研究[J]. 通信技术，2013，46（4）：47-50.

[264] 唐光海，马素英. 农业物联网应用创新探析[J]. 陕西农业科学，2017，63（1）：97-100.

[265] 肖磊. 农业物联网研究与应用现状及发展对策探讨[C]//《智能城市》杂志社，美中期刊学术交流协会. 2016 智能城市与信息化建设国际学术交流研讨会论文集 II. 2016-1.

[266] 马川. 农业物联网技术的应用推广研究[D]. 陕西杨凌：西北农林科技大学，2016.

[267] 龚燕飞，聂宏林. 基于农业物联网技术的农业种植环境监控系统设计与实现[J]. 电子设计工程，2016，24（13）：52-54+58.

[268] 李素梅，张伟杰，黄家怿，等. 中山农业物联网云服务平台建设[J]. 现代农业装备，2016（3）：50-54.

[269] 陈茂坤，曾辉，卓辉.Web 服务-B/S 架构下农业物联网中信息远程监控分析[J]. 农业网络信息，2016（1）：50-52.

[270] 李灯华，李哲敏，许世卫. 我国农业物联网产业化现状与对策[J]. 广东农业科学，2015，42（20）：149-157.

[271] 李瑾，郭美荣，高亮亮. 农业物联网技术应用及创新发展策略[J]. 农业工程学报，2015，31（S2）：200-209.

[272] 贾浩，沈岳，温佑杰. RFID 在农业物联网中的应用[J]. 湖南农业科学，2015（9）：122-125.

[273] 陈晓栋，原向阳，郭平毅，等. 农业物联网研究进展与前景展望[J]. 中国农业科技导报，2015，17（2）：8-16.

[274] 高泗俊，张永刚，周小林，等. 农业物联网应用服务监测系统的设计[J]. 上海师范大学学报(自然科学版)，2015，44（1）：51-59.

[275] 张媛媛，邹能峰.家庭农场应用农业物联网技术的可行性——以安徽省为例[J].山西农业大学学报（社会科学版），2015，14（1）：27-31.

[276] 杨英茹，郭利朋，黄媛，等. 设施农业物联网远程监测系统的发展现状[J]. 河北农业科学，2014，18（6）：103-105.

[277] 张宇，张可辉，严小青. 农业物联网架构、应用及社会经济效益[J]. 农机化研究，2014，36（0）：1-5，67.

[278] 葛文杰，赵春江. 农业物联网研究与应用现状及发展对策研究[J]. 农业机械学报，2014，45（7）：222-230，277.

[279] 李颖. 基于 OMNeT++的农业物联网仿真平台设计研究[D]. 上海：复旦大学，2014.

[280] 高泗俊. 农业物联网应用服务监测系统设计研究[D]. 上海：复旦大学，2014.

[281] 杨林. 农业物联网标准体系框架研究[J]. 标准科学，2014（2）：13-16.

[282] 李鑫. 农业物联网平台的研究与实现[D]. 北京邮电大学，2014.

[283] 余欣荣. 关于发展农业物联网的几点认识[J]. 中国科学院院刊，2013，28（6）：679-685.

[284] 许世卫. 我国农业物联网发展现状及对策[J]. 中国科学院院刊，2013，28（6）：686-692.

[285] 唐珂. 国外农业物联网技术发展及对我国的启示[J]. 中国科学院院刊，2013，28（6）：700-707.

[286] 何勇，聂鹏程，刘飞. 农业物联网与传感仪器研究进展[J]. 农业机械学报，2013，44（10）：216-226.

[287] 熊鹰. 网络视频技术在农业物联网中的应用研究[D]. 长沙：湖南农业大学，2012.

[288] 周泽学. 农业物联网中数据流挖掘技术的应用[D].复旦大学，2012.

[289] 郑纪业，阮怀军，封文杰，等. 农业物联体系结构与应用领域研究进展[J]. 中国农业科学，2017，50（6）：657-668。

[290] 王建仑，张晓建，郑鸿旭. 我国农业物联网应用及其实例[J]. 农民科技培训，2016（1）：43-46

[291] 刘家玉，周林杰，荀广连，等. 基于物联网的智能农业管理系统研究与设计[J]. 江苏农业科学，2013，41（5）：377-379.

[292] 耿淼，徐燕华，包莹莹. 基于物联网技术的共享单车发展趋向分析[J]. 无线互联科技，2017（22）：12-13.

[293] 彭秀萍，黎忠文. 共享单车背后的物联网技术解析[J]. 信息与电脑(理论版)，2017（18）：151-153.

[294] 张祖雯. 共享单车发展现状及前景分析[J]. 现代经济信息，2017（16）：335-336.

[295] 董平. 共享单车定位技术分析[J]. 微型电脑应用，2017，33（8）：68-71.

[296] 肖凯龙，张军朋."共享单车"关键技术中的物理原理——以"摩拜单车"为例[J]. 物理教学，2017，39（8）：79-80，59.

[297] 王光荣. 共享单车发展问题系统探究[J]. 长安大学学报（社会科学版），2017，19（2）：30-35.

[298] 丁诺舟. 日本共享单车的历史、现状与启示[J]. 长安大学学报（社会科学版），2017，19（2）：36-43.

[299] 公伟，王曙光，王庆升，等. 智能家居物联网系统安全测评指标研究[J]. 信息技术与信息化，2017（10）：106-109.

[300] 袁志坚. 智能家居中 RFID 技术创新应用分析[J]. 科技创业月刊，2017，30（16）：95-97.

[301] 韩忠华，吕哲，王金涛，等. 基于物联网的智能家居系统网络层设计[J]. 沈阳建筑大学学报(自然科学版)，2017，33（4：759-768.

[302] 张大权. 基于物联网技术的智能开关设计[J]. 科技风，2017（11）：12.

[303] 张锐英. 基于物联网的智能家居环境检测[D]. 淮南：安徽理工大学，2017.

[304] 刘橦. 基于嵌入式的智能家居系统设计与实现[D]. 长春：吉林大学，2017.

[305] 陈子坤. 智能家居企业国内竞争策略的情报支持[D]. 南京：南京大学，2017.

[306] 赵元绍. 基于物联网的智能家居控制终端设计研究[D]. 北京：北方工业大学，2017.

[307] 卢海峰. 基于云平台的智能家居分析控制系统的设计与实现[D]. 上海：东华大学，2017.

[308] 徐文. 基于 WiFi 与 Android 的智能家居监控系统设计[D]. 成都：西南交通大学，2017.

[309] 王金帅. 智能家居控制系统的设计[D]. 郑州：郑州大学，2017.

[310] 吕星星，曹三省. 物联网下智能家居的发展浅析[C] //中国电子学会有线电视综合信息技术分会，等. 第25届中国数字广播电视与网络发展年会暨第16届全国互联网与音视频广播发展研讨会论文集. 2017-4.

[311] 谢济励. 基于动态密码的物联网云智能家居门锁系统[J]. 黑龙江科技信息，2017（4）：159.

[312] 田仲富，王述洋. 基于物联网远程无线组网技术的嵌入式智能家居监控系统设计[J]. 重庆理工大学学报(自然科学)，2017，31（1）：79-86.

[313] 谭华，林克. 物联网热点技术及应用发展分析[C]. 广东省通信学会，中国电信股份有限公司广东研 究院，《移动通信》杂志社. 2016 广东蜂窝物联网发展论坛专刊. 2016-6.

[314] 胡向东，唐飞. 智能家居门禁系统的安全控制方法[J]. 重庆邮电大学学报(自然科学版)，2016，28（6）：863-869.

[315] 李大兴，夏革非，李文龙，等. 智能家居能源管理系统[J]. 电力系统及其自动化学报,2016,28(S1):186-193.

[316] 杜强. 基于物联网的智能家居系统的设计与实现[J]. 数字技术与应用，2016（12）：175-176.

[317] 刘兰方. 基于智能家居的一体化能效管理体系的构建[C]//中国机电工程学会电力信息化专业委员会，国家电网公司信息通信分公司. 2016 电力行业信息化年会论文集. 2016-5.

[318] 张艳玲，田军委，柯成虎. 嵌入式智能家居物联网网关系统设计[J]. 物联网技术，2016，6（8）：105-107，110.

[319] 胡向东，王鹏，孙乾. 嵌入式智能家居安全网关的构建[C]//中国自动化学会控制理论专业委员会，中国系统工程学会. 第35届中国控制会议论文集（E）. 2016-6.

[320] 廖申雪. 基于物联网的智能家居系统设计与实现[J]. 计算机时代，2016（6）：29-31.

[321] 刘民. 物联网技术在生活和智能家居中的应用分析[J]. 无线互联科技，2016（10）：64-65.

[322] 巩庆超. 基于物联网的智能家居系统设计与实现[D]. 济南：山东大学，2016.

[323] 王师民. 智能家居远程控制系统研究与实现[D]. 沈阳：沈阳航空航天大学，2016.

[324] 王文平. 基于自适应神经网络的智能家居网关的设计[D]. 哈尔滨：哈尔滨理工大学，2016.

[325] 俞萍，刘辉，郭有环. 智能家居门禁系统的设计与研究[J]. 哈尔滨师范大学自然科学学报，2015，31（6）：91-94.

[326] 李广天. 基于 ARM 的智能家居无线网关的设计与实现[D]. 天津：天津大学，2016.

[327] 朱迪奇. 物联网智能家居网关设计与实现[D]. 北京：中国科学院大学（工程管理与信息技术学院），2015.

[328] 肖振远. 基于物联网技术的智能家居安防控制系统[D]. 天津：天津大学，2015.

[329] 张庆松，王飞，张建平.RFID 在智能家居控制系统中应用研究[J]. 山西电子技术，2015（2）：72-73+76.

[330] 张定. 基于物联网的智能家居的设计与研究[D]. 武汉：武汉理工大学，2015.

[331] 杨琪. 3D 技术在智能家居系统中的应用研究[D]. 北京：北京邮电大学，2015.

[332] 徐振福. ZigBee 技术在智能家居系统中的应用研究[D]. 北京：中国科学院大学（工程管理与信息技术学院），2014.

[333] 王伟超. 基于 6LoWPAN 技术的智能家居系统设计与实现[D]. 哈尔滨：哈尔滨工业大学，2013.

[334] 王镜伟. 基于物联网的智能家居系统的软件设计[D]. 济南：山东大学，2013.

[335] 刘赟充. 智能家居系统中智能网关的设计与实现[D]. 武汉：华中科技大学，2012.

[336] 郭冉. 物联网智能家居监控系统平台的设计与研究[D]. 长沙：湖南大学，2011.

[337] 吴巍. 面向智能家居的照明系统研究与开发[D]. 杭州：浙江大学，2006.

[338] 徐卓农. 智能家居系统的现状与发展综述[J]. 电气自动化，2004，26（3）：3-4，8.

[339] 顾鸿铭. 从"Amazon Go"看人工智能时代无人超市实现方案[J]. 数字通信世界，2017（3）：151-152，154

[340] 赵红梅. 论无人超市对传统零售的影响及其应对措施[J]. 全国流通经济，2017（6）：13-14

[341] 海英. 无人超市 APP 软件开发解决方案. www.ifenguo.com.

[342] 中国数字科技馆. 无人超市兴起背后的物联网崛起. https://www.cdstm.cn/gallery/zhuanti/ptzt/201707/t20170724_536055.html.

[343] 智库百科. 无人超市. http://wiki.mbalib.com/wiki/%E6%97%A0%E4%BA%BA%E8%B6%85%E5%B8%82MBA.

[344] 亿邦动力. 京东无人超市首家社会化门店开业. https://mbd.baidu.com/newspage/data/landingsuper?context=%7B%22nid%22%3A%22news_17882820249135939411%22%7D&n_type=0&p_from=1.

[345] 中伟科计算机研究院. 中伟科无人超市、无人收银系统一站式解决方案. http://www.shoujilab.com/index.php/Home/Index/index_msg?id=124

[346] 上源物联网. 智能家居带来的革命性变化. http://www.origiot.com/solutionview.asp?ID=9.

[347] 博客园. 神经网络. http://www.cnblogs.com/xmeo/p/6743837.html.

[348] 百度文库. 大数据解密无人超市的前世今生. https://wenku.baidu.com/view/fcf6ca1103768e9951e79b89680203d8cf2f6a0c.htmlhttps//baike.baidu.com/item/%E6%99%BA%E6%85%A7%E5%8C%BB%E7%96%97/9875074?fr=Aladdin.

[349] 游世梅. 智慧医疗的现状与发展趋势[J]. 医疗装备，2014（10）：19-21.

[350] 方媛. 智慧医疗应用探索[J]. 医学信息学杂志，2014，35（12）：2-6.

[351] 李建功，唐雄燕. 智慧医疗应用技术特点及发展趋势[J]. 医学信息学杂志，2013，34（6）：2-8.

[352] 邵星，王翠香，等. 基于物联网的社区智慧医疗系统研究[J]. 软件，2015，36（12）：45-48.

[353] 郑改成. 基于物联网下的智慧医疗体系架构及其应用[J]. 山西电子技术，2016（5）：66-68.